Der Mensch – Irrläufer der Evolution

Arthur Koestler

Der Mensch – Irrläufer der Evolution

Die Kluft zwischen unserem
Denken und Handeln –
eine Anatomie menschlicher
Vernunft und Unvernunft

Für Daphne

Einzig berechtigte Übertragung aus dem Englischen von Jürgen Abel.
Titel des im Verlag Hutchinson & Co., Ltd., London, erschienenen Originals: »Janus. A Summing Up.«

Lizenzausgabe mit Genehmigung des Scherz Verlages, Bern und München,
für die Buchgemeinschaft Donauland Kremayr & Scheriau, Wien,
die Bertelsmann Reinhard Mohn GmbH, Gütersloh,
die Buch- und Schallplattenfreunde GmbH, Zug/Schweiz,
und die Europäische Bildungsgemeinschaft Verlags-GmbH, Stuttgart.
Diese Lizenz gilt auch für die Deutsche Buch-Gemeinschaft
C. A. Koch's Verlag Nachf., Berlin · Darmstadt · Wien.

Bestellnummer: 02159 2

Inhalt

Vorbemerkung des Verfassers

Dieses Buch ist eine Zusammenfassung und zugleich eine Fortsetzung von Arbeiten, die ich in den letzten fünfundzwanzig Jahren veröffentlichte, nachdem ich mich von politischen Romanen und Essays abgewandt hatte, um mich der Wissenschaft vom Leben – das heißt, der Evolution, Kreativität und Pathologie des menschlichen Geistes – zu widmen.

Eine solche Zusammenfassung hat ihre besonderen Schwierigkeiten. Wenn ein Autor eine wissenschaftliche Abhandlung oder ein Buchkapitel mit einer Zusammenfassung beschließt, kann er davon ausgehen, daß seine vorangegangenen Ausführungen dem Leser noch einigermaßen gegenwärtig sind. Nicht so in diesem Fall, wo ich versucht habe, aus einer Reihe von Büchern, die der Leser – wenn überhaupt – vor einigen Jahren gelesen haben mag, die Essenz herauszudestillieren. Deshalb konnte ich nie sicher sein, wieviel ich als bekannt voraussetzen durfte, und hielt es manchmal für angebracht, bereits früher Gesagtes zu wiederholen, auch auf die Gefahr hin, daß dem einen oder anderen Leser die betreffenden Zeilen bekannt vorkommen. Was ich zeigen möchte, ist, daß meine Überlegungen von einst und von heute ein umfassendes System bilden, das dem Materialismus eine Absage erteilt und neues Licht auf die Lage des Menschen wirft. Falls das anmaßend klingt, lassen Sie mich aus dem Vorwort meines Buches Der göttliche Funke *zitieren:*

»Ich mache mir keine Illusion über das Schicksal der von mir aufgestellten Theorie: sie wird den Weg der meisten Theorien gehen und im Laufe der Zeit durch neue Erkenntnisse in vielen – vielleicht sogar in den meisten – Punkten überholt werden. Dennoch hoffe ich, daß sie wenigstens einen Schattenriß der Wahrheit enthält.«

Der neue Kalender

Prolog

1

Wenn man mich nach dem wichtigsten Datum in der Geschichte und Vorgeschichte der Menschheit fragte, würde ich ohne Zögern den 6. August 1945 nennen. Dafür gibt es einen einfachen Grund. Seit dem Heraufdämmern seines Bewußtseins bis zu diesem Augusttag des Jahres 1945 mußte der Mensch mit der Aussicht auf seinen Tod als Individuum leben; seit dem Tag aber, an dem die erste Atombombe über Hiroschima den Himmel verdunkelte, muß er mit der Aussicht auf seine Vernichtung als Spezies leben.

Man hat uns gelehrt, die Vergänglichkeit der eigenen Existenz zu akzeptieren und zugleich die potentielle Unsterblichkeit der Gattung Mensch als selbstverständlich hinzunehmen. Dieser Glaube hat seine Gültigkeit verloren. Wir müssen, was wir für unumstößlich hielten, revidieren.

Das ist keine leichte Aufgabe. Es braucht eine gewisse Inkubationszeit, ehe eine neue Idee vom menschlichen Geist Besitz ergreift. Fast ein Jahrhundert verging, bis das Weltbild des Kopernikus, das den Stellenwert des Menschen im Universum so radikal reduzierte, in das europäische Bewußtsein eindrang. Die neue Herabsetzung unserer Spezies auf den Status der Sterblichkeit ist noch schwerer zu verkraften.

Es sieht allerdings so aus, als sei diese Einsicht wieder in Vergessenheit geraten, bevor sie noch richtig zur Kenntnis genommen wurde. Schon ist der Name Hiroschima ein historisches Klischee geworden wie die Bostoner »Tea Party«. Wir sind zu einem Stadium pseudo-normaler Verhältnisse zurückgekehrt. Nur eine kleine Minderheit ist sich der Tatsache bewußt, daß die Menschheit, seit sie die nukleare Büchse der Pandora öffnete, von geborgter Zeit lebt.

Jede Epoche hat ihre Kassandras, doch der Menschheit gelang

es bisher, all ihre finsteren Prophezeiungen zu überleben. Diese tröstliche Feststellung ist indessen nicht länger gültig, denn nie zuvor hat eine Gruppe oder eine Nation über die notwendigen technischen Mittel verfügt, um diesen Planeten für Leben untauglich zu machen. Bisher konnte man seinen Feinden nur begrenzten Schaden zufügen – und tat es bei jeder Gelegenheit. Heute kann man die gesamte Biosphäre erpressen. Wäre Hitler zwanzig Jahre später geboren worden, hätte er es wahrscheinlich unter Androhung einer atomaren Götterdämmerung getan.

Das Dumme ist, daß eine einmal gemachte Erfindung nicht rückgängig gemacht werden kann. Die Atombombe ist eine Realität; sie ist zum Bestandteil der menschlichen Daseinsbedingungen geworden. Wir werden fortan mit ihr leben müssen: und zwar nicht nur bis zur nächsten oder übernächsten Konfrontation oder Krise, nicht nur bis zum nächsten Jahrzehnt oder Jahrhundert, sondern für immer – das heißt, solange die Menschheit überlebt. Anzeichen weisen darauf hin, daß es nicht mehr sehr lange sein wird.

Für diese Schlußfolgerung gibt es zwei Hauptgründe. Der erste ist technischer Natur: Da die Mittel zur nuklearen Kriegführung immer wirkungsvoller werden und ihre Herstellung immer weniger Schwierigkeiten bereitet, kann man nicht verhindern, daß junge und unreife Nationen bald ebenso darüber verfügen werden wie alte und überhebliche Staaten, und eine globale Kontrolle der Kernwaffenproduktion ist nicht durchführbar.

In der überschaubaren Zukunft wird überall auf der Erde, von Nationen aller Hautfarben und aller Ideologien, atomares Kriegsgerät in großen Mengen hergestellt und gelagert werden. Die Wahrscheinlichkeit, daß ein Funke, der die Kettenreaktion auslöst, früher oder später absichtlich oder unabsichtlich gezündet wird, dürfte dementsprechend zunehmen und sich auf lange Sicht der statistischen Gewißheit nähern. Man versetze sich in die Lage einer Schar von straffälligen Jugendlichen, die, eingesperrt in einen Raum voller leicht brennbarem Material, eine Schachtel Streichhölzer erhalten – und dazu den guten Rat, sie nicht zu benutzen.

Der zweite Hauptgrund, der auf eine niedrige Lebenserwartung des Homo sapiens in der Nach-Hiroschima-Zeit schließen läßt, ist die paranoide Veranlagung, die seine bisherige Geschichte offenbart. Ein objektiver Beobachter von einem höher entwickelten Planeten, der die Geschichte der Erdbewohner von Cro-Magnon bis Auschwitz mit einem Blick überschauen könnte, würde zweifellos zu dem Schluß gelangen, daß der Mensch in mancher Hinsicht ein bewundernswertes, im wesentlichen jedoch ein krankes biologisches Produkt sei; gemessen an den Chancen eines längeren Überlebens, fielen die Folgen seiner Geisteskrankheit schwerer ins Gewicht als all seine kulturellen Leistungen. Der Klang, der am nachhaltigsten durch die Geschichte der Menschheit hallt, ist der von Kriegstrommeln. Stammeskriege, Religionskriege, Bürgerkriege, Erbfolgekriege, Nationalkriege, Revolutionskriege, Kolonialkriege, Eroberungs- und Befreiungskriege, Kriege zur Verhütung und Beendigung aller Kriege folgen einander wie in einer Kette zwanghafter Wiederholung, und es besteht aller Grund zu der Annahme, daß diese Kette auch in Zukunft nicht abreißen wird.

In den ersten zwanzig Jahren nach Hiroschima, von 0 bis 20 n. H. – oder zwischen 1946 und 1966, nach unserer überholten Zeitrechnung – registrierte das amerikanische Verteidigungsministerium vierzig Kriege mit konventionellen Waffen, und mindestens zweimal standen wir am Rande eines Atomkrieges: 1948 in Berlin, 1962 in Cuba.[1*] Und sobald wir unser bequemes Wunschdenken aufgeben, wird uns klar, daß die Brennpunkte potentieller Konflikte weiterhin über den Globus wandern wie Hochdruckgebiete über eine Wetterkarte. Und der einzige fragwürdige Schutz vor der Eskalation eines lokalen Konflikts, nämlich die gegenseitige Abschreckung, steht und fällt mit der Zurückhaltung oder Skrupellosigkeit fehlbarer politischer Schlüsselfiguren und fanatischer Regime. Russisches Roulett ist ein Spiel, das man nicht lange spielen kann.

Das auffälligste Kennzeichen für das Pathologische unserer Spezies ist der Gegensatz zwischen ihren einzigartigen technolo-

* Die hochgestellten Ziffern beziehen sich auf die entsprechenden Nummern der *Anmerkungen* am Ende des Buches.

gischen Leistungen und ihrer ebenso einzigartigen Unfähigkeit, ihre sozialen Probleme zu meistern. Wir können Satelliten um ferne Planeten steuern, aber wir sind außerstande, die Situation in Nordirland unter Kontrolle zu bekommen. Der Mensch kann die Erde verlassen und auf dem Mond landen, er kann aber nicht ungehindert von Ostberlin nach Westberlin fahren. Prometheus greift nach den Sternen – mit einem irren Grinsen im Gesicht und einem Totemzeichen in der Hand.

2

Ich habe noch nichts über die zusätzlichen Schrecken der biochemischen Kriegführung gesagt; nichts über die Bevölkerungsexplosion, die Umweltverschmutzung und dergleichen, die, so bedrohlich sie auch sein mögen, die Aufmerksamkeit der Öffentlichkeit ungebührlich von dem zentralen, alles andere überschattenden Problem abgelenkt haben: daß nämlich unsere Spezies seit 1945 die diabolische Fähigkeit besitzt, sich selbst zu vernichten und, nach ihrer bisherigen Geschichte zu urteilen, alle Aussicht besteht, daß sie diese Fähigkeit bei einer der vielen Krisen in nicht allzu ferner Zukunft auch einsetzen wird. Das Ergebnis wäre die Verwandlung des Raumschiffs Erde in einen Fliegenden Holländer, der mit seiner toten Besatzung im Sternenmeer umhertreibt.

Wenn aber diese Aussicht wahrscheinlich ist, welchen Sinn hat es dann, daß wir unsere partiellen Bemühungen fortsetzen, um den vom Aussterben bedrohten Pandabären zu retten oder die Verwandlung unserer Flüsse in Kloaken zu verhindern? Oder Vorsorge für unsere Enkel zu treffen? Oder dieses Buch weiterzuschreiben? Das ist keine rhetorische Frage, wie die allgemeine Desillusionierung unter den Jugendlichen beweist. Doch es gibt mindestens zwei gute Antworten.

Die erste liegt in den beiden Worten »als ob«, auf die der deutsche Gelehrte Hans Vaihinger ein System aufbaute, das zu Beginn unseres Jahrhunderts viele Anhänger hatte: die *Philosophie des Als Ob.*[2] Sie besagt in kurzen Worten, daß der Mensch keine andere Wahl hat, als von Fiktionen zu leben – so zu tun, *als ob* die von unseren Sinnen wahrgenommene Welt die absolute Realität darstelle; so zu tun, *als ob* er einen freien Willen hätte, der ihn für seine Handlungen verantwortlich macht; so zu tun, *als ob* es einen Gott gäbe, der ehrbares Verhalten belohnt und so fort. Entsprechend muß der einzelne so leben, *als ob* das Todesurteil nicht bereits über ihn verhängt sei, und die Menschheit muß ihre Zukunft planen, *als ob* ihre Tage nicht schon gezählt wären. Nur mit Hilfe dieser Fiktionen gelang es dem menschlichen Geist, ein bewohnbares Universum zu schaffen und ihm einen Sinn zu verleihen.

Die zweite Antwort leitet sich von der einfachen Tatsache ab, daß wir es, obgleich unsere Spezies gleichsam von einem Jahrzehnt zum anderen von geborgter Zeit lebt und, allem Anschein nach, auf die endgültige Katastrophe zutreibt, doch immer noch mit Wahrscheinlichkeiten und nicht mit Gewißheiten zu tun haben. Es besteht immer noch Hoffnung auf das Unerwartete, Unvorhergesehene. Seit dem Jahr Null des neuen Kalenders trägt der Mensch eine Zeitbombe um den Hals und wird ihrem Ticken – das mal lauter, mal leiser, dann wieder lauter ist – lauschen müssen, bis sie explodiert oder bis es ihm gelingt, sie zu entschärfen. Die Zeit drängt, die Geschichte beschleunigt sich auf schwindelerregenden Exponentialkurven, und die Vernunft sagt uns, daß die Chancen einer erfolgreichen und rechtzeitigen Entschärfung gering sind. Wir können indes nichts weiter tun, als so handeln, *als ob* wir noch genug Zeit dafür hätten.

Das Entschärfen der Bombe erfordert allerdings radikalere Anstrengungen als UNO-Resolutionen, Abrüstungskonferenzen und Appelle an die vielgerühmte Vernunft. Derartige Appelle sind schon seit den Tagen der alttestamentarischen Propheten stets auf taube Ohren gestoßen, und zwar aus dem einfachen Grund, weil der Homo sapiens kein vernünftiges Wesen ist – denn wenn er es wäre, hätte er aus seiner Geschichte keinen solchen Schlachthof gemacht. Es gibt auch keine Anzeichen dafür, daß er dabei ist, ein vernünftiges Wesen zu werden.

3

Um eine mögliche Therapie zu entwickeln, muß man zunächst diagnostizieren, was mit unserer Spezies schiefgegangen ist. Es hat zahlreiche Versuche gegeben, eine solche Diagnose zu stellen, von der Beschwörung des biblischen Sündenfalls oder des Freudschen »Todestriebs« bis zum »territorialen Imperativ« zeitgenössischer Verhaltensforscher. Keiner dieser Versuche war sehr überzeugend, weil keiner von der Hypothese ausging, daß der Homo sapiens möglicherweise eine anomale biologische Spezies, ein evolutionärer Irrläufer sein könnte, von einer endemischen Störung gezeichnet, die ihn von allen anderen Lebewesen unterscheidet – wie Sprache, Wissenschaft und Kunst ihn in einem positiven Sinn unterscheiden. Diese unangenehme These bildet den Ausgangspunkt meines Buches.

Die Evolution hat viele Fehler gemacht; Julian Huxley hat sie mit einem Labyrinth von zahllosen Sackgassen verglichen, die alle zu Stagnation oder in den Untergang führen. Auf jede lebende Spezies kommen Hunderte anderer, die in der Vergangenheit ausgestorben sind; die Fossiliensammlungen unserer Museen sind gleichsam die Müllplätze für die verworfenen Modelle des großen Chefkonstrukteurs.

Indizien aus der bisherigen Menschheitsgeschichte und der modernen Gehirnforschung deuten darauf hin, daß an irgendeinem Punkt des letzten explosiven Entwicklungsstadiums des Homo sapiens irgend etwas falsch gelaufen ist; daß es einen Defekt in unserem angeborenen Rüstzeug – genauer gesagt, in den Schaltkreisen unseres Nervensystems – gibt, einen möglicherweise verhängnisvollen technischen Fehler, der für jenen paranoiden Zug verantwortlich ist, welcher unsere Geschichte durchzieht. Das ist die häßliche, aber plausible Hypothese, die bei jeder ernst zu nehmenden Untersuchung der Wissenschaft vom Menschen berücksichtigt werden muß. Unsere besten intuitiven Diagnostiker – die Dichter – haben immer wieder darauf hingewiesen, daß der Mensch geisteskrank ist und es von jeher war, doch Anthropologen, Psychiater und Evolutionsforscher nehmen Dichter nicht ernst und ignorieren weiterhin die Indizien, die ihnen ins Gesicht starren. Natürlich ist schon diese mangelnde Bereitschaft, der Realität ins Auge zu sehen, ein unheilvolles Symptom. Nun wäre zwar der Einwand möglich, von einem Geisteskranken sei nicht zu erwarten, daß er sich seiner Geisteskrankheit bewußt ist. Die Antwort lautet jedoch, daß er sich ihrer sehr wohl bewußt sein könnte, weil er nicht die ganze Zeit vollkommen geisteskrank ist. Schizophrene haben in ihren Remissionsperioden erstaunlich scharfsinnige Berichte über ihre Krankheit geschrieben.

Ich will nun versuchen, einige der auffälligsten pathologischen Symptome zusammenzustellen, wie sie sich in der verhängnisvollen Geschichte unserer Spezies widerspiegeln, um abschließend ihre denkbaren Ursachen zu diskutieren. Ich habe die Liste der Symptome auf vier Hauptpunkte beschränkt.[3]

1. In einem der ersten Kapitel der Genesis gibt es eine Episode, die zu vielen großartigen Gemälden angeregt hat. Es handelt sich um die Szene, in der Abraham seinen Sohn aus purer Gottesliebe auf einem Holzstoß festbindet und Vorbereitungen trifft, ihm die Kehle zu durchschneiden und ihn zu verbrennen. Seit den Anfängen der Geschichte stehen wir vor einem verblüffenden Phänomen, das Anthropologen bisher viel zu wenig beachtet haben: Menschenopfer, das rituelle Töten von Kindern, Jungfrauen und Helden, um Götter zu besänftigen und Göttern zu schmeicheln, jenen Hervorbringungen furchtbarer Alpträume. Es war ein überall anzutreffendes Ritual, das vom Morgengrauen der Vorgeschichte bis zum Höhepunkt der präkolumbischen Zivilisationen und in einigen Teilen der Erde bis zum Beginn unseres Jahrhunderts ausgeübt wurde. Von den Südseeinsulanern bis zu den skandinavischen Moorleuten, von den Etruskern bis zu den Azteken entwickelten sich diese Bräuche unabhängig voneinander bei den unterschiedlichsten Kulturen als Ausdruck einer wahnhaften Tendenz der menschlichen Psyche, für die offenbar die gesamte Spezies anfällig war und ist. Die Sache als ein gespenstisches Kuriosum vergangener Zeiten abzutun, wie es gewöhnlich geschieht, heißt die Universalität des Phänomens ignorieren und die Hinweise übersehen, die es für den paranoiden Zug in den geistigen Anlagen des Menschen und dessen Bedeutung für sein Schicksal liefert.

2. Der Homo sapiens ist praktisch einzigartig im Reich der Lebewesen, was das Fehlen instinktiver Schutzvorkehrungen gegen das Töten von Artgenossen betrifft. Das »Gesetz des Dschungels« kennt nur ein legitimes Motiv zum Töten: den Nahrungstrieb, und auch dann nur, wenn Räuber und Beute zu verschiedenen Arten gehören. *Innerhalb* derselben Spezies werden Rivalität und Konflikte zwischen einzelnen oder Gruppen durch symbolische Drohgebärden oder ritualisierte Duelle geregelt, die mit der Flucht oder Unterwerfungsgeste eines Widersachers enden und fast nie zu tödlichen Verletzungen führen. Die hemmenden Kräfte – instinktiven Tabus – gegen das Töten oder tödliche Verwunden von Artgenossen sind bei den meisten Tieren einschließlich der Primaten genauso stark wie die Triebe Hunger, Sexualität oder Furcht. Der Mensch steht (abgesehen von einigen umstrittenen Beobachtungen bei Ratten und Ameisen) allein auf weiter Flur, was das spontane oder organisierte Morden von einzelnen oder Gruppen der eigenen Art aus Motiven angeht, die von sexueller Eifersucht bis zu Spitzfindigkeiten über metaphysische Lehren reichen. Intraspezifischer Dauerkrieg ist ein Hauptmerkmal der *conditio humana*. Er wird durch die verschiedensten Praktiken des Folterns, von der Kreuzigung bis zu Elektroschocks, ergänzt. [4]

3. Das dritte Symptom ist eng mit den beiden zuvor genannten verknüpft: Es manifestiert sich in der chronischen, fast schizophrenen Spaltung zwischen Vernunft und Emotion, zwischen den rationalen Fähigkeiten des Menschen und seinen irrationalen, affektgebundenen Überzeugungen.

4. Schließlich gibt es noch die bereits erwähnte auffallende Diskrepanz zwischen den Wachstumskurven der Wissenschaft und Technologie einerseits und des ethischen Verhaltens andererseits; oder, um es anders zu sagen, zwischen der Macht des Intellekts, wenn es darum geht, die Umwelt in den Griff zu bekommen, und seinem Unvermögen, harmonische Beziehungen innerhalb der Familie, der Nation und der Menschheit insgesamt aufrechtzuerhalten. Vor ungefähr zweieinhalb Jahrtausenden, im 6. Jahrhundert v. Chr. leiteten die Griechen jenes wissenschaftliche Abenteuer ein, das uns schließlich zum Mond führte – zweifellos eine eindrucksvolle Wachstumskurve. Aber das 6. Jahrhundert v. Chr.

sah auch den Aufstieg des Taoismus, Konfuzianismus, Buddhismus, während das 20. Jahrhundert den Aufstieg des Hitlerismus, Stalinismus und Maoismus erlebte – in diesem Bereich ist keine Wachstumskurve zu erkennen. Der Biologe Ludwig von Bertalanffy hat es so ausgedrückt:

»Was man allgemein als menschlichen Fortschritt bezeichnet, ist eine rein intellektuelle Angelegenheit ... Im moralischen Bereich dagegen zeichnet sich keine besondere Entwicklung ab. Es erscheint zumindest zweifelhaft, ob die Methoden der modernen Kriegführung den großen Steinen vorzuziehen sind, mit denen der Neandertaler seinem mißliebigen Nachbarn den Schädel einschlug. Es läßt sich nicht leugnen, daß der moralische Standard von Laotse und Buddha dem unsrigen keinesfalls unterlegen war. Der menschliche Cortex enthält etwa zehn Milliarden Neuronen, die den Fortschritt von der Steinaxt zum Flugzeug und zur Atombombe von der primitiven Mythologie bis zur Quantentheorie ermöglicht haben. Im Bereich unserer Instinkte gibt es aber keine vergleichbare Entwicklung, die den Menschen zu einer moralischen Besserung antriebe. Aus diesem Grund haben sich auch die Moralpredigten, die durch die Jahrhunderte hindurch der Menschheit von Religionsgründern und edlen Führern vorgesetzt wurden, als bemerkenswert unwirksam erwiesen.«[5]

Die Liste der Symptome ließe sich erweitern. Ich denke jedoch, daß die erwähnten das Dilemma des Menschen deutlich genug in Erscheinung treten lassen. Die Symptome sind natürlich voneinander abhängig; so könnte man Menschenopfer als eine Auswirkung der schizophrenen Spaltung zwischen Vernunft und Emotion betrachten und den Unterschied zwischen den Wachstumskurven der technologischen und der moralischen Leistung als weitere Folge davon sehen.

4

Bisher haben wir uns im Bereich der Fakten bewegt, die von historischen Zeugnissen und anthropologischen Forschungsergebnissen über die Vorgeschichte belegt werden. Wenn wir uns nun von den *Symptomen* abwenden, um die *Ursachen* zu behandeln, müssen wir auf mehr oder weniger spekulative Hypothesen zurückgreifen, die miteinander in Beziehung stehen, aber aus verschiedenen Disziplinen stammen, nämlich aus der Neurophysiologie, der Anthropologie und der Psychologie.

Die neurophysiologische Hypothese leitet sich von der sogenannten Papez-MacLean-Theorie der Emotionen ab, die durch das Ergebnis von etwa dreißig Jahren experimenteller Forschung gestützt wird.[6] Ich habe in *Das Gespenst in der Maschine* ausführlich darüber gesprochen und werde mich an dieser Stelle mit einer zusammenfassenden Darstellung begnügen, ohne in die physiologischen Einzelheiten zu gehen.

Die Theorie beruht auf den grundlegenden anatomischen und funktionalen Unterschieden zwischen den archaischen Gehirnstrukturen, die der Mensch mit den Reptilien und niederen Säugetieren gemeinsam hat, und dem spezifisch menschlichen Neocortex, den die Evolution darübergestülpt hat – ohne jedoch sicherzustellen, daß beide richtig koordiniert sind. Die Folge dieses evolutionären Versehens ist eine gespannte Koexistenz mit häufigen, eruptiv sich entladenden Konflikten zwischen den frühen Strukturen des Gehirns – den Zentren vor allem des instinktmäßigen und emotionalen Verhaltens – und dem Neocortex, dem der Mensch die Sprache, die Logik und das Denken in Symbolen verdankt. MacLean hat den daraus resultierenden Stand der Dinge in einem wissenschaftlichen Aufsatz ungewöhnlich anschaulich beschrieben:

»Der Mensch befindet sich in der mißlichen Lage, daß die Natur ihn im Prinzip mit drei Gehirnen ausgestattet hat, die trotz erheblicher Strukturunterschiede gemeinsam funktionieren und sich miteinander verständigen müssen. Das älteste dieser Gehirne stammt im wesentlichen aus der Reptilienphase. Das zweite hat er von den niederen Säugetieren geerbt, und das dritte hat sich in der späten Säugetierphase entwickelt; . . . dieses hat den Menschen erst zu dem gemacht, was er heute ist.

In metaphorischer Form könnte man die drei Gehirne in dem einen Gehirn so erklären: Wenn ein Psychiater seinen Patienten auffordert, sich auf die Couch zu legen, dann verlangt er von ihm, sich neben einem Pferd und einem Krokodil auszustrecken.«[7]

Wenn wir den Patienten durch die Menschheit insgesamt und die Couch des Psychiaters durch die Bühne der Geschichte ersetzen, erhalten wir ein groteskes, aber im wesentlichen zutreffendes Bild von der Situation des Menschen.

In einer neueren Reihe von neurophysiologischen Abhandlungen hat MacLean einen anderen Vergleich gebracht:

»Man könnte sich diese drei Gehirne auch als drei biologische Computer vorstellen, von denen jeder seine individuelle Form der Subjektivität und seine individuelle Intelligenz, seinen eigenen Sinn für Zeit und Raum, sein eigenes Gedächtnis, seinen individuellen Antrieb und seine individuellen anderen Funktionen hat.«[8]

Das »reptilische Gehirn« und das »Paläosäugetier-Gehirn« bilden zusammen das sogenannte limbische System, das man der Einfachheit halber als »Althirn« bezeichnen kann, im Gegensatz zum Neocortex, der spezifisch menschlichen »Denkhaube«. Während jedoch die vorsintflutlichen Strukturen im Zentrum unseres Gehirns, die die Instinkte, Leidenschaften und biologischen Triebe steuern, von den flinken Händen der Evolution kaum berührt wurden, vergrößerte sich der Neocortex der Hominiden in den letzten fünfhunderttausend Jahren mit einer geradezu explosionsartigen Geschwindigkeit, die in der Geschichte der Evolution ohnegleichen ist – manche Anatomen haben den Vorgang mit dem rapiden Wachstum eines Tumors verglichen.

Es scheint, als sei diese Gehirnexplosion in der zweiten Hälfte des Pleistozäns (also vor etwa einer halben Million Jahre) auf der Bahn jener Exponentialkurven verlaufen, die uns in jüngster Zeit so vertraut geworden sind – Bevölkerungsexplosion, Informationsexplosion usw. –, und vielleicht liegt hier mehr als nur eine oberflächliche Analogie vor, denn alle diese Kurven zeigen den beschleunigten Ablauf der Geschichte an. Explosionen haben nun einmal keine harmonischen Ergebnisse, und in diesem Fall war das Ergebnis offenbar, daß die Denkhaube, die sich so rasant entwickelte und dem Menschen seinen Verstand bescherte, mit den älteren emotionsgebundenen Strukturen nicht richtig verbunden und koordiniert wurde. Die Nervenbahnen zwischen den archaischen Strukturen des Stammhirns und dem Neocortex sind anscheinend unzulänglich.

So ließ das explosive Gehirnwachstum eine geistig unausgeglichene Spezies entstehen, bei der sich altes Gehirn und neues Gehirn, Gefühl und Intellekt, Glaube und Vernunft in den Haaren liegen. Auf der einen Seite der blasse Abdruck rationalen Denkens, eine an einem dünnen, allzu leicht reißenden Faden hängenden Logik; auf der anderen Seite das angeborene Ungestüm leidenschaftlich vertretener irrationaler Glaubenssätze, das sich in den Massenmorden der Vergangenheit und der Gegenwart austobt.

Hätten die neurophysiologischen Indizien uns nicht das Gegenteil bewiesen, wäre zu erwarten gewesen, daß sich das primitive alte Gehirn im Verlauf der Evolution allmählich zu einem komplizierteren Instrument entwickelt hätte – wie die Kiemen in die Lunge oder die Vordergliedmaßen des Reptilvorfahren in die Flügel des Vogels, die Flossen des Wals, die Hände des Menschen verwandelt wurden. Statt jedoch das alte Gehirn in ein neues *umzuwandeln,* gab die Evolution sich damit zufrieden, der alten Struktur einfach eine neue, differenziertere Struktur *aufzupfropfen,* ohne Funktionsüberschneidungen zu verhindern und ohne das neue Gehirn mit eindeutigen Kontrollbefugnissen über das alte auszustatten.

Kraß ausgedrückt: Die Evolution hat ein paar Schrauben zwischen dem Neocortex und dem Hypothalamus locker gelassen. Für diese endemische Unzulänglichkeit im Nervensystem des Menschen prägte MacLean den Terminus *Schizophysiologie.* Er definierte sie als »eine Dichotomie in der Funktionsweise des phylogenetisch älteren und des neueren Cortex, die der Grund für den Kontrast zwischen emotionalem und verstandesmäßigem Verhalten sein könnte. Während unsere intellektuellen Funktionen sich im jüngsten und am höchsten entwickelten Teil des Gehirns abspielen, wird unser affektives Verhalten weiterhin von einem relativ undifferenzierten und primitiven System, von archaischen Strukturen im Gehirn gesteuert, deren Grundmuster sich im gesamten Verlauf der Evolution von der Maus bis zum Menschen nur wenig verändert.«[9]

Die Hypothese, diese Art von Schizophysiologie gehöre zu unserem genetischen Erbteil, sei gleichsam in die Spezies eingebaut, könnte die zuvor erwähnten Krankheitssymptome weitgehend erklären. Der chronische Konflikt zwischen rationalem Denken und irrationalem Glauben, der daraus resultierende paranoide Zug in unserer Geschichte, der Kontrast zwischen den Wachstumskurven der Wissenschaft einerseits und der Ethik andererseits, ließe sich endlich erklären und physiologisch ausdrücken. Und jedes Leiden, das sich physiologisch ausdrücken läßt, sollte letzten Endes auf Heilmittel ansprechen – worauf ich später zu sprechen kommen werde. Im Augenblick mag der Hinweis genügen, daß der evolutionäre Fehler, der die schizophysiologische Veranlagung des Menschen entstehen ließ, mit der schnellen, fast brutalen *Aufpfropfung* (statt *Umwandlung*) des Neocortex auf die älteren Strukturen, begonnen hat, wodurch es zu der *ungenügenden Koordinierung* zwischen dem neuen und dem alten Gehirn und der *unzulänglichen Kontrolle* des ersteren über das letztere kam.

Ehe wir diesen Abschnitt beschließen, sollten wir noch einmal betonen, daß die Annahme, das angeborene Rüstzeug des Menschen sei dem vieler Tierarten zwar überlegen, enthalte aber irgendeinen schwerwiegenden Fehler im Schaltkreis des Nervensystems, jenem kostbarsten und empfindlichsten aller Instrumente, für den Evolutionsforscher nichts Unwahrscheinliches hat. Wenn der Biologe von »evolutionären Schnitzern« spricht, wirft er der Evolution nicht etwa vor, sie habe es nicht geschafft, ein theoretisches Ideal zu erreichen, sondern er spielt auf eine ganz bestimmte, einfache Tatsache an: auf eine offensichtlich von den naturgegebenen Normen der technischen Leistungsfähigkeit abweichende Erscheinung, die ein Organ seines wirksamen Einsatzes beraubt – man denke an das monströse Geweih des inzwischen ausgestorbenen irischen Elchs. Schildkröten und Käfer werden durch ihren Panzer gut geschützt, aber er macht sie so toplastig, daß sie sich nicht mehr mit eigener Kraft umdrehen können, wenn sie beim Kampf oder infolge eines Mißgeschicks auf dem Rücken zu liegen kommen; sie müssen deshalb verhungern, ein grotesker Konstruktionsfehler. Kafka sah darin einen symbolischen Ausdruck für das Schicksal des Menschen.[10]

Die größten Fehler traten jedoch bei der Evolution der verschiedenen Gehirnarten auf. So entwickelte sich das Gehirn der Wirbellosen um die Speiseröhre herum, so daß diese bei der Vergrößerung und Weiterentwicklung der Nervenmasse immer mehr zusammengedrückt werden mußte (was zum Beispiel den Spinnen und Skorpionen widerfuhr: sie können durch Schlund und Speiseröhre nur Flüßigkeiten aufnehmen und sind zu Blutsaugern geworden). In seinem Werk *The Origin of Vertebrates* (»Der Ursprung der Wirbeltiere«) erklärt der englische Physiologe Walter H. Gaskell dazu:

»Zur Zeit der ersten Wirbeltiere führte die Evolution der Gliederfüßler wegen der Art, wie das Gehirn von der Speiseröhre durchbohrt wurde, zu einem tragischen Dilemma: Entweder hatte das Tier die Fähigkeit, die Nahrung zu verdauen, aber nicht die Intelligenz, sie zu erbeuten; oder es hatte die Intelligenz, sie zu erbeuten, aber nicht die Fähigkeit, sie zu verdauen.«[11]

Und Wood Jones, ein anderer großer Naturwissenschaftler, meint:

»Hier ist also der Weiterentwicklung des Gehirns bei den Wirbellosen ein Schlußpunkt gesetzt ... Die Wirbellosen begingen einen fatalen Fehler, als sie begannen, ihr Gehirn rings um die Speiseröhre zu entwickeln. Ihr Versuch, ein großes Gehirn zu erwerben, mißlang ... Es mußte ein neuer Anfang gemacht werden.«[12]

Der neue Anfang wurde von den Wirbeltieren gemacht. Eine der Hauptordnungen der Wirbeltiere, die australischen Marsupialier oder Beuteltiere (die ihre Embryos im Gegensatz zu uns Plazentaliern in Beuteln tragen), landete in einer neuen Sackgasse. Ihrem Gehirn fehlt ein wichtiger Bestandteil, das *Corpus callosum* (der Balken), ein ausgeprägter Nerventrakt, der bei plazentalen Säugetieren die rechte mit der linken Gehirnhemisphäre verbindet.[13] Die neuere Gehirnforschung hat inzwischen eine grundlegende funktionale Trennung zwischen den beiden Gehirnhemisphären nachgewiesen, die einander ergänzen wie Yin und Yang. Die beiden Hemisphären müssen offenbar zusammenarbeiten, damit das Tier (oder der Mensch) seine Möglichkeiten voll ausschöpfen kann. Das Fehlen des *Corpus callosum* läuft also auf eine *unzulängliche Koordinierung* zwischen den beiden Hälften des Gehirns hinaus – eine Tatsache, die verdächtig bekannt klingt. Sie trägt vielleicht die Hauptverantwortung dafür, daß die Evolution bei den Marsupialiern zwar viele Arten hervorgebracht hat, die ihren plazentalen Vettern verblüffend ähnlich sind, dann aber beim Koalabär auf der evolutionären Leiter steckenblieb.

Ich werde später noch einmal auf das faszinierende und zu unrecht vernachlässigte Thema »Beuteltiere« zu sprechen kommen. In diesem Zusammenhang hier sollen uns die Beuteltiere und die Gliederfüßler nur nachdenklich stimmen und es uns etwas leichter machen, die Möglichkeit zu akzeptieren, daß vielleicht auch der Homo sapiens das Opfer einer fehlerhaften Gehirnkonstruktion ist. Wir haben zum Glück ein ausgeprägtes *Corpus callosum,* das die linke und die rechte Gehirnhälfte *horizontal* integriert; aber in der *vertikalen* Richtung, von der Region des begrifflichen Denkens bis zu den dumpfen Tiefen des Instinkts und der Leidenschaft, steht es nicht so gut. Die Befunde aus dem physiologischen Laboratorium, die tragischen Annalen der Geschichte und die banalen Anomalien unseres täglichen Verhaltens führen alle zu derselben Schlußfolgerung.

5

Es gibt noch einen anderen Ansatzpunkt, über die mißliche Lage des Menschen nachzudenken: Das Kleinkind hat eine weit längere Periode der Hilflosigkeit und totalen Abhängigkeit von seinen Eltern durchzumachen als die Jungen irgendeiner anderen Spezies. Die Wiege ist ein ausbruchsichereres Gefängnis als der Beutel des Känguruhs.

Man könnte nun spekulieren, daß diese frühe Erfahrung der Abhängigkeit das ganze Leben hindurch nachwirkt und daß sie zumindest teilweise für die Bereitschaft des Menschen verantwortlich ist, sich der Autorität von Individuen oder Gruppen zu unterwerfen und durch Doktrinen und moralische Imperative beeinflussen zu lassen. Die Gehirnwäsche beginnt in der Wiege.

Ein Hypnotiseur suggeriert seinem Patienten zunächst, daß er sich seinen Suggestionen öffnen soll. Der Patient wird also konditioniert, für Konditionierung empfänglich zu werden. Das hilflose Kleinkind ist einem ähnlichen Prozeß unterworfen. Es wird in einen willigen Empfänger vorgefaßter Meinungen verwandelt.[14] So lange die Geschichte zurückreicht, entwickelten oder wählten die meisten Menschen das System von vorgefaßten Meinungen und Glaubenssätzen, für die sie zu leben und zu sterben bereit waren, nicht etwa selbst; sie wurden ihnen zugewiesen durch die zufälligen Gegebenheiten ihrer Geburt. *Dulce et decorum est pro patria mori,* süß und ehrenvoll ist es, für das Vaterland zu sterben, sagt das Sprichwort – in welchem Vaterland einen der Storch auch absetzen mag. Bei der Entscheidung für einen Glauben, einen Sittenkodex, eine Weltanschauung, für ein Leben als eifernder christlicher Kreuzritter, als fanatischer, in den Heiligen Krieg ziehender Mohammedaner, als überzeugter Puritaner oder Royalist, spielte die kritische Vernunft bestenfalls eine untergeordnete Rolle. Die zahlreichen Katastrophen in der Geschichte des Menschen gehen vor allem auf seine exzessive Fähigkeit und sein brennendes Verlangen zurück, sich mit einer Gruppe oder einer Nation, mit einer Kirche oder Sache zu identifizieren und deren Credo selbst dann unkritisch und begeistert zu übernehmen, wenn die betreffenden Dogmen aller Vernunft widersprechen, den eigenen Interessen schaden und dem Selbsterhaltungstrieb Hohn sprechen.

Dies führt uns zwangsläufig zu der altmodischen Schlußfolgerung, unsere Spezies leide nicht etwa an einem Übermaß an *Aggression,* sondern an einer übermäßigen Neigung zu fanatischer Hingabe. Schon ein flüchtiger Blick auf die Geschichte zeigt: Die Zahl der individuellen Morde, begangen aus selbstsüchtigen Motiven, spielt in der menschlichen Tragödie eine unbedeutende Rolle, verglichen mit der Zahl der Menschen, die aus *selbstloser* Loyalität gegenüber einem Stamm, einer Nation, einer Dynastie, einer Kirche oder einer politischen Ideologie hingemetzelt wurden – *ad majorem Dei gloriam.* Abgesehen von wenigen Kriegen, die aus Gewinnsucht oder sadistischen Beweggründen ausgetragen wurden, wurde in Kriegen nicht etwa um persönlicher Vorteile willen gefochten, sondern weil man sich einem König, einem Land oder einer Sache verschrieben hatte. Mord aus persönlichen Motiven kommt in allen Kulturen, unsere eigene eingeschlossen, statistisch gesehen, selten vor. Das vorherrschende Phänomen in der Geschichte ist Mord aus *selbstlosen* Beweggründen, unter Einsatz des eigenen Lebens.

Hier muß ich zwei kurze polemische Bemerkungen einschieben.

Erstens: Als Freud *ex cathedra* verkündete, Kriege würden verursacht durch aufgestaute aggressive Instinkte auf der Suche nach einem Ventil, war man geneigt, ihm zu glauben, weil man sich schuldig fühlen konnte – obgleich er nicht die Spur eines historischen oder psychologischen Beweises für seine Behauptung vorlegte. Wer je in einer Armee gedient hat, kann bezeugen, daß gegen den Feind gerichtete Aggressionsgefühle im trostlosen Einerlei des Krieges kaum eine Rolle spielen. Soldaten hassen nicht. Sie haben Angst, langweilen sich, hungern nach Sex und haben Heimweh; entweder sie kämpfen aus Resignation, weil sie keine andere Wahl haben, oder mit Begeisterung für König und Vaterland, die wahre Religion, die gerechte Sache – nicht von Haß, sondern von *Loyalität* getrieben. Denn wie gesagt: Die Tragödie des Menschen liegt nicht in einem Übermaß an Aggression, sondern in einem Übermaß an Hingabebereitschaft.

Die zweite polemische Bemerkung richtet sich gegen eine andere Theorie, die in letzter Zeit bei den Anthropologen Anklang fand: der sogenannte »territoriale Imperativ«. Er besagt, daß der Ursprung der Kriege in dem Trieb einiger Tierarten liegt, ihr Land- oder Wasserrevier um jeden Preis zu verteidigen. Mich überzeugt diese Theorie nicht mehr als Freuds These. Die Kriege des Menschen wurden, von wenigen Ausnahmen abgesehen, nicht um individuellen Besitz an Grund und Boden geführt. Tatsache ist, daß der Mann, der in den Krieg zieht, sein Haus *verläßt*, das es angeblich zu verteidigen gilt, und seine Waffen weit davon entfernt abfeuert. Was ihn dazu veranlaßt, ist nicht der biologische Trieb, seine eigenen Felder und Wiesen zu schützen, sondern seine Devotion gegenüber Symbolen, die ihre Kraft aus Stammeskulten, göttlichen Geboten oder politischen Schlagworten beziehen. Kriege werden nicht um Territorien geführt, sondern um Worte.

6

Das bringt uns zum nächsten Punkt unserer Bestandsaufnahme der möglichen Ursachen der menschlichen Misere. Die tödlichste Waffe des Menschen ist die *Sprache.* Er ist für die hypnotische Wirkung von Schlagworten ebenso anfällig wie für ansteckende Krankheiten. Und bei einer Epidemie ist es dann die Gruppenmentalität, die zur Herrschaft gelangt. Sie gehorcht ihren eigenen Gesetzen, die sich von den Verhaltensregeln des Individuums unterscheiden. Wenn sich ein Mensch mit einer Gruppe identifiziert, wird seine Fähigkeit zu vernünftigem Denken vermindert, seine Empfindungen und Leidenschaften aber durch so etwas wie eine Gefühlsresonanz oder positive Rückkoppelung intensiviert. Der einzelne ist kein Killer, die Gruppe ist es, und indem er sich mit ihr identifiziert, wird er in einen Killer verwandelt. Diese teuflische Dialektik spiegelt sich in der Geschichte von Kriegen, Verfolgungen und Völkermord. Und die hypnotische Macht des Wortes ist der Hauptkatalysator solcher Umwandlung.

Die Reden Adolf Hitlers waren seinerzeit die mächtigsten Triebkräfte der Zerstörung. Lange vor der Erfindung der Druckerpresse lösten die Worte von Allahs erwähltem Propheten eine emotionale Kettenreaktion aus, die die Welt von Mittelasien bis zur Atlantikküste erschütterte. Ohne Worte gäbe es keine Dichtung – und keinen Krieg. Die Sprache ist der wichtigste Faktor unserer Überlegenheit über unsere Brüder, die Tiere – und in Anbetracht ihres explosiven Gefühlspotentials eine ständige Bedrohung für unser Überleben.

Diese anscheinend paradoxe Feststellung wird durch neuere Freilandbeobachtungen japanischer Affengesellschaften veranschaulicht, bei denen man festgestellt hat, daß verschiedene Horden einer Spezies überraschend unterschiedliche Gewohnheiten – man könnte fast sagen, verschiedene Kulturen – entwickeln können. So haben sich manche Horden angewöhnt, Kartoffeln vor dem Verzehr in einem Fluß zu waschen, andere tun dies nicht. Gelegentlich treffen umherziehende Gruppen von Kartoffelwäschern auf Nichtwäscher, und beide Gruppen beobachten das seltsame Verhalten der anderen mit offensichtlicher Verwirrung.

Anders als die Bewohner von Liliput, die wegen der Frage, an welchem Ende das Ei von Rechts wegen aufgeklopft werden müsse, heilige Kriege führten, erklären die kartoffelwaschenden Affen ihren nicht waschenden Brüdern keineswegs den Krieg, denn die bedauernswerten Geschöpfe haben keine Sprache, die ihnen erlaubt, das Waschen zu einem göttlichen Gebot und den Verzehr ungewaschener Kartoffeln zu einer todeswürdigen Gotteslästerung zu erklären.

Der sicherste Weg, den Krieg abzuschaffen, wäre offensichtlich, die Sprache abzuschaffen. Jesus scheint das erkannt zu haben, denn er sagte: »Eure Rede aber sei: Ja, ja – nein, nein. Was darüber ist, das ist vom Übel.« Und in gewissem Sinn hat die Menschheit schon vor langer Zeit tatsächlich auf die Sprache verzichtet, wenn wir unter Sprache eine Kommunikationsmethode für die gesamte Spezies verstehen. Der Turm von Babel ist ein zeitloses Symbol.

Andere Arten besitzen eine einzige, allgemeine Kommunikationsmethode – durch Zeichen, Laute oder das Absondern von Gerüchen –, die von allen Artgenossen beherrscht wird. Wenn ein Bernhardiner einem Pudel begegnet, verstehen sie einander ohne Dolmetscher, so verschieden sie auch aussehen. Der Homo sapiens dagegen ist in etwa dreitausend Sprachgruppen gespalten. Jede Sprache – und jeder Dialekt der betreffenden Sprache – wirkt als bindende Kraft innerhalb der Gruppe und als trennende Kraft zwischen Gruppen. Das ist einer der Gründe dafür, weshalb die trennenden Kräfte in unserer Geschichte so viel stärker sind als die verbindenden. Die Menschen weisen in ihrem Aussehen und Verhalten eine weit größere Vielfalt auf als jede andere Spezies (mit Ausnahme der Produkte künstlicher Züchtungen); und die Gabe der Sprache dient nicht etwa dazu, diese Unterschiede zu überbrücken, sondern errichtet weitere Schranken und betont den Gegensatz. Wir haben Nachrichtensatelliten, die Botschaften an die gesamte Bevölkerung des Planeten schicken könnten, aber keine *lingua franca*, keine globale Verkehrssprache, die sie allgemein verständlich machen würden. Sonderbar, daß mit Ausnahme einiger kühner Esperanto-Anhänger noch niemand, weder die UNESCO noch irgendeine andere internationale Organisation, darauf gekommen ist, daß der einfachste Weg zur Völkerverständigung dieser wäre, eine Sprache zu fördern, die von allen verstanden wird.

7

Bertrand Russell erzählt in seinen *Unpopulären Betrachtungen* eine aufschlußreiche Anekdote:

»Der Gelehrte Frederick Myers, den der Spiritismus zum Glauben an ein Fortleben im Jenseits bekehrt hatte, fragte einmal eine Frau, die vor nicht langer Zeit ihre Tochter verloren hatte, was ihrer Ansicht nach aus der Seele des Mädchens geworden sei. Die Mutter antwortete: ›Nun, ich hoffe zu Gott, daß sie die Freuden der ewigen Seligkeit genießt; aber ich wollte, Sie sprächen lieber nicht von so unerfreulichen Dingen.‹« [15]

Der letzte Punkt auf meiner Liste der Faktoren, die für die Pathologie unserer Spezies verantwortlich sein könnten, ist die »Entdeckung des Todes«, oder vielmehr die Tatsache, daß der Intellekt sich mit ihm beschäftigt, während Instinkt und Gefühl ihn verdrängen. Darin äußert sich wiederum die Schizophrenie des menschlichen Geistes, der fortdauernde Widerspruch zwischen Glaube und Vernunft. Der Glaube ist der ältere und stärkere Partner. Im Konfliktfall ist die rationale Hälfte des menschlichen Geistes gezwungen, differenzierte rationale Erklärungen zu liefern, um das Entsetzen des älteren Partners vor der Leere zu beschwichtigen. Doch nicht nur die naive Vorstellung von den »Freuden der ewigen Seligkeit« (oder von den ewigen Qualen für die Bösen), sondern auch die subtileren metaphysischen Theorien vom Leben nach dem Tode werfen Probleme auf, die zu lösen jenseits unserer Verstandesgrenze zu liegen scheint. Vielleicht gibt es auf Planeten, die Millionen Jahre älter sind als unsere Erde, Millionen anderer Kulturen, für die der Tod kein Problem mehr ist. Tatsache aber bleibt, daß wir, um im Computerjargon zu sprechen, für diese Einsicht nicht »programmiert« sind. Vor eine Aufgabe gestellt, für die er nicht programmiert ist, schweigt ein Computer entweder, oder er spielt verrückt. Letzteres scheint in den verschiedensten Kulturen mit beklemmender Regelmäßigkeit geschehen zu sein.

Ausgeliefert dem Paradoxon eines Bewußtseins, das aus pränataler Leere auftaucht und in postmortalem Dunkel wieder versinkt, lief der menschliche Verstand Amok. Er erfand ganze Heere von Geistern der Verstorbenen, von Göttern, Engeln und Teufeln, bis die Atmosphäre mit unsichtbaren Wesen gesättigt war – bestenfalls launenhaften und unberechenbaren, meist aber böswilligen und rachsüchtigen Dämonen. Sie mußten verehrt, umschmeichelt und besänftigt werden – durch ausgeklügelt grausame Rituale, durch Menschenopfer, Heilige Kriege oder Ketzerverbrennungen.

Fast zweitausend Jahre lang hegten Millionen ansonsten intelligenter Menschen die Überzeugung, daß jene überwiegende Mehrheit der Erdenbürger, die ihr Glaubensbekenntnis nicht mit ihnen teilte, nicht die gleichen Riten zelebrierte, auf Befehl eines liebenden Gottes für alle Ewigkeit in Flammen schmoren würde. Andere Kulturen hatten ähnlich gespenstische Phantasievorstellungen entwickelt – wiederum ein Beweis für die Allgegenwart der paranoiden Veranlagung des Menschen.

Doch auch dieses Ding hat zwei Seiten. Die Weigerung, an die Endgültigkeit des Todes zu glauben, ließ Pyramiden im Wüstensand entstehen, führte zu festgefügten ethischen Grundsätzen und wurde zum wichtigsten Inspirationsquell künstlerischer Schöpfungen. Gäbe es das Wort »Tod« in unserem Sprachschatz nicht, wären die großen Werke der Literatur nie geschrieben worden. Die Kreativität und die Pathologie des Menschen sind zwei Seiten derselben Medaille, geprägt in demselben evolutionären Münzstock.

8

Um es zusammenzufassen: Alle Versuche, die verhängnisvolle Geschichte unserer Spezies zu diagnostizieren, müssen vergeblich bleiben, wenn sie nicht die Möglichkeit einbeziehen, daß der Homo sapiens Opfer einer der zahllosen Fehler der Evolution ist.

Wie unter anderem das Beispiel der Gliederfüßler und Beuteltiere zeigt, kommen solche Fehler vor und können sich negativ auf die Gehirnentwicklung auswirken.

Ich habe einige der ins Auge fallenden Symptome der Geisteskrankheit aufgeführt, die für unsere Art endemisch zu sein scheint: 1. die in grauer Vorzeit überall anzutreffenden Rituale des Menschenopfers; 2. das hartnäckige Austragen intraspezifischer Kriege, die früher nur begrenzten Schaden anrichten konnten, heute jedoch den ganzen Planeten gefährden; 3. die paranoide Spaltung zwischen rationalem Denken und irrationalem, auf Affekten beruhendem Glauben; 4. der Gegensatz zwischen der Genialität der Menschheit bei der Unterwerfung der Natur und ihrer Unfähigkeit, mit ihren eigenen Problemen fertig zu werden – symbolisiert durch die neue Grenze auf dem Mond und die Minenfelder quer durch Europa.

Es muß noch einmal betont werden, daß die anfangs geschilderten Symptome der Geistesgestörtheit, die unserer Spezies eigentümlich zu sein scheinen, in keiner anderen vorkommen. So erscheint es nur logisch, daß wir unsere Suche nach Erklärungen primär auf jene Attribute des Homo sapiens konzentrieren sollten, die ausschließlich für den Menschen gelten und in der übrigen Tierwelt nicht zu finden sind.

Doch wie zwingend diese Schlußfolgerung auch erscheinen mag, sie widerspricht dem heute vorherrschenden reduktionistischen Trend. Der »Reduktionismus« ist der philosophische Glaube daran, daß alle menschlichen Aktivitäten auf Verhaltensweisen niederer Tiere »reduziert«, das heißt, durch sie erklärt werden könnten, seien es nun Pawlows Hunde, Skinners Ratten und Tauben, die Graugänse von Lorenz oder der nackte Affe von Desmond Morris. Ferner der Glaube daran, daß diese Verhaltensweisen wiederum auf die physikalischen Gesetze der unbelebten Materie reduziert werden könnten.

Zweifellos verdanken wir Pawlow und Lorenz neue Erkenntnisse über das Wesen des Menschen – aber sie betreffen nur jene ziemlich elementaren, unspezifischen Eigenheiten unserer Natur, die wir mit Hunden, Ratten oder Gänsen gemeinsam haben, während die spezifischen und ausschließlich menschlichen Aspekte, die die Einzigartigkeit unserer Spezies ausmachen, unberücksichtigt bleiben.

Da diese einmaligen Merkmale aber sowohl in der Kreativität als auch in der Pathologie des Menschen zum Ausdruck kommen, sind die Wissenschaftler der reduktionistischen Schule ebensowenig als kompetente Diagnostiker geeignet wie als Kunstkritiker.

Darum auch sind die Wissenschaftler so jämmerlich gescheitert bei ihrem Versuch, die Tragödie der Menschheit zu erklären. Wenn der Mensch wirklich ein Automat ist, so hat es keinen Zweck, ihm ein Stethoskop an die Brust zu drücken.

Also noch einmal: Wenn die Symptome unserer Pathologie artspezifisch, das heißt, ausschließlich menschlich sind, müssen die Erklärungen dafür auch ausschließlich in seinem Bereich gesucht werden. Zu dieser Schlußfolgerung hat nicht menschliche Hybris geführt, sondern die Indizienkette der Geschichte. Die Diagnose-Ansätze, die ich skizziert habe, lauteten:

- ▷ das explosive Wachstum des menschlichen Neocortex und dessen unzulängliche Kontrolle über das Stammhirn;
- ▷ die anhaltende Hilflosigkeit der Neugeborenen und ihre daraus resultierende, unkritische Unterwürfigkeit gegenüber der Autorität;
- ▷ der doppelte Fluch der Sprache als Instrument der Demagogie und als Barriere zwischen den Völkern;
- ▷ die Entdeckung des Todes und die den Verstand überfordernde Angst davor.

Jeder dieser Faktoren wird in späteren Kapiteln ausführlicher untersucht werden. Es scheint keine unmögliche Aufgabe, diese pathogenen Erscheinungen zu neutralisieren. Gegen gewisse Arten schizophrener und manisch-depressiver Psychosen hat die Medizin Mittel gefunden. Es ist nicht mehr utopisch zu glauben, daß sie auch eine Kombination hilfreicher Enzyme entdecken wird, die dem Neocortex ein Veto gegen die Torheiten des archaischen Hirns ermöglichen, den krassen Fehler der Evolution korrigieren, die Emotionen mit der Vernunft in Einklang bringen und den Übergang vom Wahnsinnigen zum Menschen einleiten könnte.

Noch andere Wege warten darauf, erforscht zu werden, und bringen vielleicht Rettung in letzter Minute, vorausgesetzt, die Botschaft des neuen Kalenders läßt uns die Dringlichkeit des Handelns bewußt werden – und vorausgesetzt, die Situation des Menschen wird, ausgehend von einem neuen Verständnis der Wissenschaft vom Leben, richtig diagnostiziert.

Die folgenden Kapitel befassen sich mit einigen Aspekten dieses neuen Ansatzes, der in den letzten Jahren in den unfruchtbaren Wüsten der reduktionistischen Philosophie zu sprießen begann. So werden wir nun die Pathologie des Menschen verlassen und uns von der Unordnung abwenden, um einen neuen Blick auf die biologische Ordnung und geistige Kreativität zu werfen. Manche der auf den vorigen Seiten erhobenen Fragen werden dabei wiederaufgenommen werden – und sich schließlich, wie ich hoffe, in ein zusammenhängendes Muster einfügen.

Erster Teil
Entwurf eines Systems

1. Die Holarchie

1

Das neue Menschenbild – Die Revolutionierung der Wissenschaften vom Leben war das Thema eines internationalen Symposions, das zu organisieren ich 1968 die Ehre und das Vergnügen hatte – und das heftige Kontroversen auslöste.[16]

Einer der Teilnehmer, Professor Viktor E. Frankl, bereicherte die Diskussion durch einige ausgewählte Beispiele des Reduktionismus in der Psychiatrie, die aus neueren Büchern und Zeitschriften stammten. Er zitierte unter anderem, daß »viele Künstler die Sprechstunden ihrer Psychoanalytiker verlassen haben, aufgebracht über deren Deutungen, denen zufolge . . . der Maler eigentlich nur malt, weil ihn eine strenge Erziehung daran gehindert hat, mit Kot zu schmieren . . .« Und: »Man will uns glauben machen, Goethes Werk sei nichts anderes als das Resultat prägenitaler Fixierungen. Sein Kampf gelte nicht etwa einem Ideal, der Schönheit, irgendwelchen Werten, sondern in Wirklichkeit der Überwindung vorzeitigen Samenergusses.«[17]

Nun ist es zwar durchaus möglich, daß sich im Werk eines Künstlers eine gewisse sexuelle (oder sogar skatologische) Motivation bemerkbar macht, aber es wäre absurd zu behaupten, Kunst sei »nichts als zielgehemmte Sexualität, da man damit der Frage ausweicht, was Goethes Werk im Gegensatz zu dem anderer vorzeitiger Ejakulatoren Genialität verleiht«. Der reduktionistische Versuch, künstlerisches Schaffen mit der Aktivität von Sexualhormonen zu erklären, ist müßig, weil uns jene Aktivität, so lebenswichtig sie auch sein mag, nicht den leisesten Schimmer von den ästhetischen Kriterien gibt, die für ein Kunstwerk gelten. Diese Kriterien gehören zu der Stufe der bewußten geistigen Prozesse, die sich nicht auf die Stufe biologischer Prozesse reduzieren lassen, ohne dabei ihre spezifisch geistigen Merkmale einzubüßen. Die reduktionistische Psychiatrie ist ein Prokrustesbett für den müden Reisenden.

Es ist leicht, sich über jene neueren orthodoxen Freudianer lustig zu machen, die des Meisters Lehre zu einer Farce herabgewürdigt haben. Auf anderen Gebieten ist der reduktionistische Irrtum allerdings verhüllter, weniger offensichtlich und deshalb heimtückischer. Pawlows Hunde, Skinners Ratten, Lorenz' Graugänse waren eine Weile als Musterbeispiele für die Verhaltensweise des Menschen in Mode. Desmond Morris begann seinen Bestseller *Der nackte Affe* mit der Feststellung, der Mensch sei ein nackter Affe, der sich den Namen Homo sapiens gegeben habe. »Ich bin Zoologe, Tierforscher«, fuhr er fort, »und der nackte Affe ist ein Tier. Deshalb ist es durchaus berechtigt, wenn ich in ihm ein Wild für meine Feder sehe.« Zu welchen Extremen diese zoomorphe Betrachtungsweise führen kann, mag das folgende Zitat illustrieren.

»Das Innere des Hauses, der Etage, der Wohnung kann man ganz nach Lust und Laune mit Möbeln, Bildern, Vasen, Antiquitäten und allerlei Kleinkram ausstatten und dadurch unverwechselbar werden lassen. Als Erklärung für solches Tun wird gemeinhin angeführt, man wolle seine Wohnung ›besonders hübsch‹ haben. Tatsächlich aber handelt es sich hier um ein genaues Äquivalent dessen, was andere Arten mit Revierbesitz dadurch erreichen, daß sie die Grenze des Reviers mit ihrem persönlichen Duft markieren. Wenn Sie Ihr Namensschild an die Tür schrauben oder ein Bild an die Wand hängen, so machen Sie nichts anderes als beispielsweise der Wolf oder der Hund, der sein Bein hebt: Sie markieren Ihr Revier mit Ihrem persönlichen Zeichen.«[18]

Auf einer seriöseren Ebene (obgleich der zitierte Abschnitt offensichtlich sehr ernst gemeint ist) stehen wir vor zwei eindrucksvollen Bastionen des orthodoxen Reduktionismus. Die eine ist die neudarwinistische (oder »synthetische«) Theorie, derzufolge die Evolution das Ergebnis von »nichts als« zufälligen, durch natürliche Auslese erhaltengebliebenen Mutationen ist – eine Lehre, die neuerdings wachsender Kritik ausgesetzt ist,[19] aber nichtsdestoweniger weiterhin als Evangelium verkündet wird. Die andere ist die behavioristische Psychologie der Watson-Skinner-Schule, derzufolge sich das gesamte menschliche Verhalten mit Methoden, die man bei der Konditionierung von Ratten und Tauben demonstrieren könne, »erklären, voraussagen und steuern« läßt. »Sinn und Werte sind ›nichts als Abwehrmechanismen und Reaktionsbildungen‹« lautet ein weiteres aufschlußreiches Zitat, das Frankl einem behavioristischen Lehrbuch entnommen hat. Durch ihr Beharren darauf, daß für Werte, Sinngebung und Zweck im Zusammenspiel der »blinden Kräfte« kein Platz sei, haben die Reduktionisten auch über die Grenzen der Wissenschaft hinweg gewirkt und unser gesamtes kulturelles und sogar politisches Klima beeinflußt. Die Quintessenz ihrer Philosophie ist in dem folgenden Zitat enthalten, das aus einem neueren College-Lehrbuch stammt und definiert, der Mensch sei »nichts als ein komplizierter biochemischer Mechanismus, dessen Energie von einem Verbrennungssystem geliefert wird, das Computer mit Energie versorgt, die unerhört reich an Speichern für die Aufbewahrung verschlüsselter Informationen sind«.[20]

Der reduktionistische Irrtum liegt nicht im Vergleich des Menschen mit einem »Mechanismus, dessen Energie von einem Verbrennungssystem geliefert wird«, sondern in der Feststellung, er sei »nichts als« ein solcher Mechanismus, und seine Tätigkeiten seien »nichts als« eine Kette konditionierter Reaktionen, wie man sie auch bei Ratten finde. Natürlich ist es vollkommen legitim und sogar unerläßlich, daß der Wissenschaftler versucht, vielschichtige Phänomene in ihre einzelnen Bestandteile zu zerlegen – vorausgesetzt allerdings, er bleibt sich der Tatsache bewußt, daß bei diesen Analysen immer etwas verlorengeht, weil das Ganze mehr ist als die Summe seiner Teile und weil die Eigenschaften des Ganzen in ihrer Gesamtheit vielschichtiger sind als die Eigenschaften seiner Teile. Eine derartige Analyse vielschichtiger Phänomene erhellt also nur einen bestimmten Ausschnitt oder Aspekt des Bildes und gibt uns nicht das Recht zu sagen, es handle sich um »nichts als« dies oder jenes. Und doch ist dieser »Nichts-als-ismus«, wie man ihn genannt hat, immer noch – bewußt oder unbewußt – die Weltanschauung der orthodoxen Reduktionisten. Wenn man ihre Theorie konsequent anwendete, würde man letztlich zu der Definition kommen, der Mensch bestehe zu 90 % aus

Wasser und zu 10 % aus Mineralien – eine Feststellung, die ohne Zweifel zutrifft, aber uns nicht viel nützt.

2

Nichtsdestoweniger erwies sich der Reduktionismus im begrenzten Bereich seiner Anwendbarkeit in den exakten Wissenschaften als außerordentlich erfolgreiche Methode, während seine Antithese, der Holismus, nie so recht Boden gewann. Man könnte den Holismus kurz so definieren, das Ganze sei mehr als die Summe seiner Teile. Der Südafrikaner Jan Smuts prägte den Terminus »Holismus« in den zwanziger Jahren in seinem bemerkenswerten Buch *Die holonistische Welt*, das sich eine Zeitlang großer Beliebtheit erfreute. In der akademischen Wissenschaft faßte der Holismus jedoch nie Fuß – erstens, weil er gegen den Zeitgeist verstieß, und zweitens vielleicht, weil er eher ein philosophischer als ein empirischer Ansatz war und sich nicht für Laborversuche eignete.

In der Tat führen sowohl der Reduktionismus als auch der Holismus, als alleinige Richtschnur genommen, in eine Sackgasse. Gertrude Steins Sentenz »Eine Rose ist eine Rose ist eine Rose« könnte man als eine holistische Feststellung auffassen, doch sagt sie über die Rose nicht mehr aus als die Formeln ihrer chemischen Bestandteile. Für unsere Untersuchung brauchen wir einen dritten Ansatz, der über Reduktionismus und Holismus hinausgeht und die gültigen Aspekte beider in sich vereint. Er muß ausgehen von dem anscheinend abstrakten, aber fundamental wichtigen Problem der Beziehungen zwischen dem Ganzen und seinen Teilen – jedem »Ganzen«, ob Universum oder menschliche Gesellschaft, und jedem »Teil«, ob Atom oder menschliches Wesen. Das mag eine merkwürdige, um nicht zu sagen perverse Art sein, die Situation des Menschen zu diagnostizieren, ich hoffe indessen, der Leser wird schließlich einsehen, daß der scheinbare Umweg über theoretische Erwägungen, der in diesem Kapitel eingeschlagen wird, vielleicht doch der kürzeste Weg aus dem Labyrinth ist.

3

Um mit einer trügerisch einfachen Frage zu beginnen: Was meinen wir eigentlich mit den vertrauten Worten »Teil« und »Ganzes«? »Teil« signalisiert etwas Fragmentarisches und Unvollständiges, das für sich genommen keinen Anspruch auf autonome Existenz hat. Ein »Ganzes« wird dagegen als etwas in sich abgeschlossenes Vollständiges betrachtet, das keiner weiteren Erklärung bedarf. Im Gegensatz zu diesen tief wurzelnden Denkgewohnheiten und ihrem Einfluß auf einige philosophische Schulen existieren »Teile« und »Ganze« in einem absoluten Sinn nirgends, weder im Bereich lebender Organismen noch in sozialen Organisationen oder im Universum insgesamt.

Ein lebender Organismus ist keine Ansammlung elementarer Teile, und seine Aktivitäten lassen sich nicht auf elementare »Verhaltensatome« reduzieren, die eine Kette von konditionierten Reaktionen bilden. In seinen körperlichen Aspekten ist der Organismus eine Ganzheit, bestehend aus »Sub-Ganzheiten« wie dem Blutkreislaufsystem, dem Verdauungssystem usw., die sich wiederum in Sub-Ganzheiten einer niedrigeren Ordnung, zum Beispiel in die verschiedenen Organe und Gewebe, zerlegen lassen – und so fort bis zu den einzelnen Zellen und den Organellen in den Zellen. Anders ausgedrückt: Struktur und Verhalten eines Organismus lassen sich nicht durch elementare physikalisch-chemische Prozesse erklären oder auf diese »reduzieren«; ein Organismus ist eine vielstufige oder geschichtete Hierarchie von Sub-Ganzheiten, die sich gut als eine Pyramide oder ein auf den Kopf gestellter Baum veranschaulichen läßt, wobei die Sub-Ganzheiten die Knoten bilden und die Verzweigungen die Kommunikations- und Kontrollkanäle symbolisieren.

Zunächst müssen wir betonen, daß jedes Mitglied dieser Hierarchie, auf welcher Stufe es auch steht, eine Sub-Ganzheit oder ein selbständiges »Holon« ist – eine stabile, integrierte Struktur mit selbstregulierenden Mechanismen, die ein beträchtliches Maß an *Autonomie* oder Selbstbestimmung genießt. Zellen, Muskeln, Nerven, Organe, sie alle haben ihre spezifischen Aktivitätsrhythmen und -muster, die oft spontan, also ohne äußere Stimulierung,

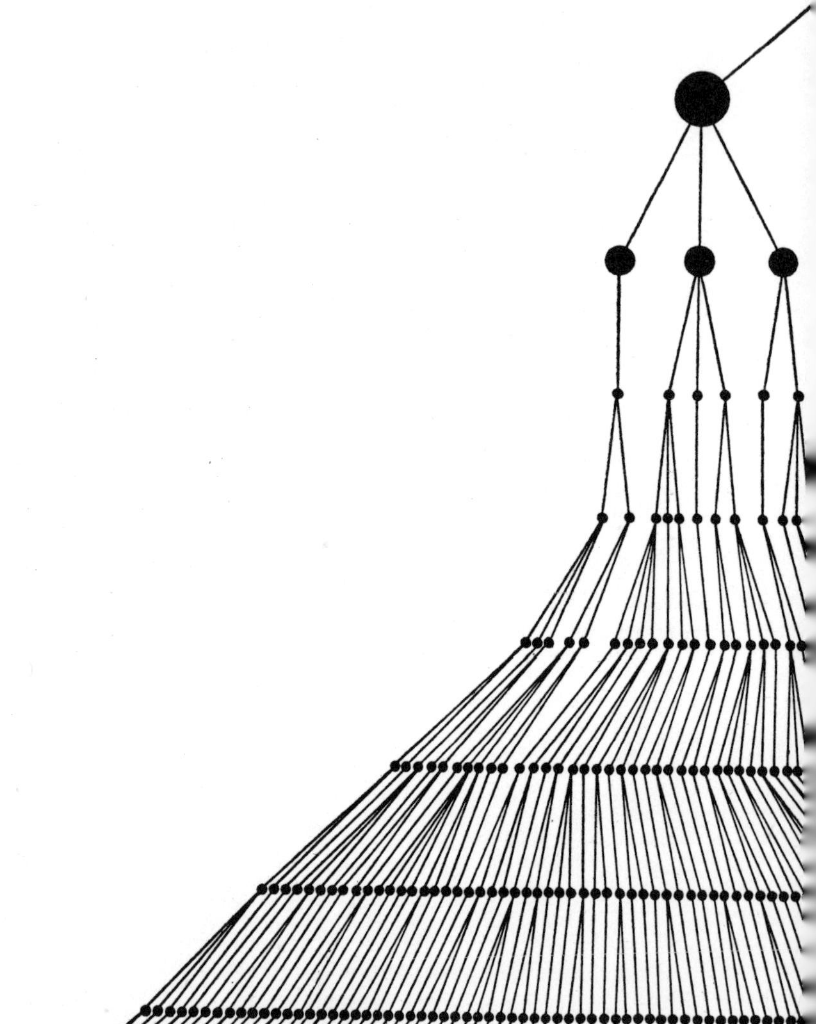

Schematische Darstellung der Hierarc

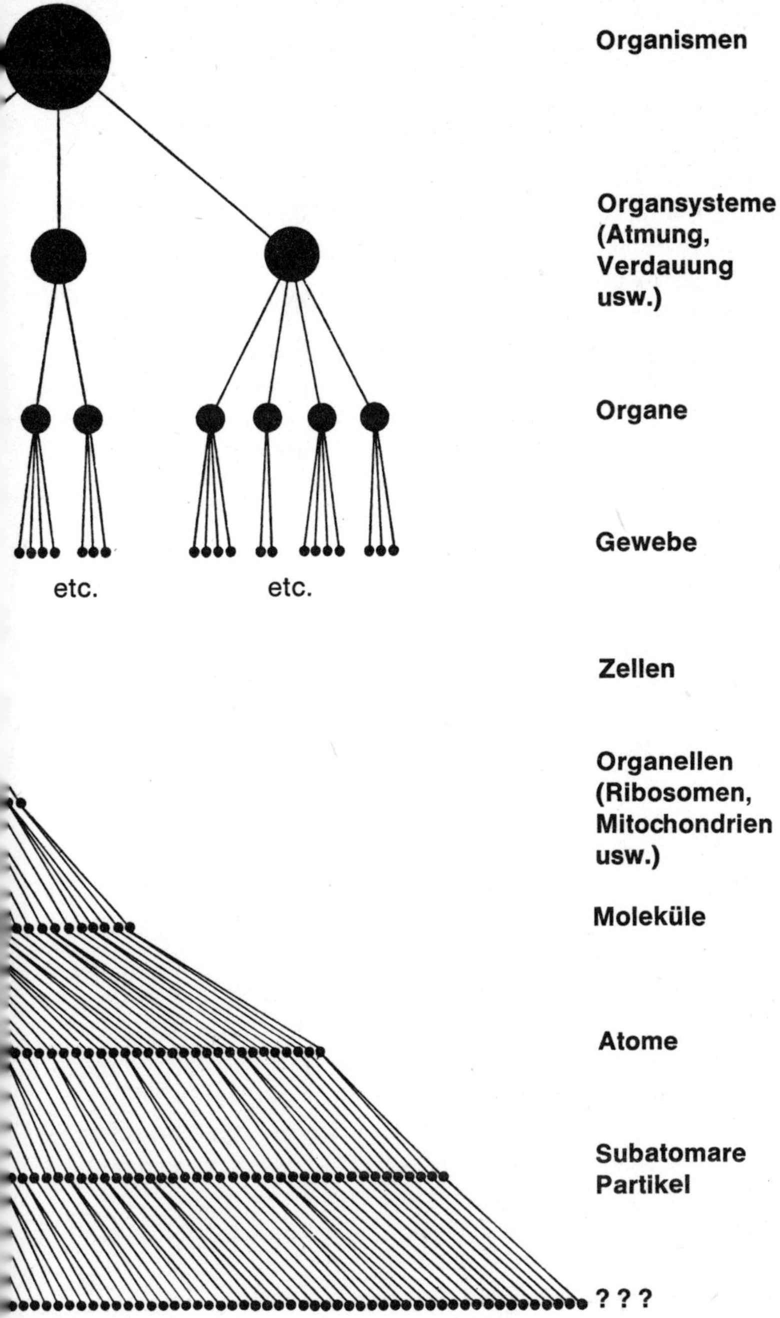
Organismen
Organsysteme (Atmung, Verdauung usw.)
Organe
Gewebe
etc.
etc.
Zellen
Organellen (Ribosomen, Mitochondrien usw.)
Moleküle
Atome
Subatomare Partikel
? ? ?

Organismen

funktionieren; sie sind den höheren Zentren der Hierarchie als *Teile* untergeordnet, arbeiten aber gleichzeitig als quasi autonome *Ganzheiten.* Sie sind janusköpfig. Das nach oben, den höheren Stufen zugewandte Gesicht ist das eines abhängigen Teils; das nach unten, zu seinen eigenen Bestandteilen gewandte Gesicht ist das eines bemerkenswert souveränen Ganzen.

Das Herz hat zum Beispiel seine eigenen Schrittmacher – mehrere Schrittmacher, die einander bei Bedarf ablösen können. Andere wichtige Organe sind mit verschiedenen Koordinierungsinstrumenten und Rückkoppelungs-Kontrollen ausgerüstet. Ihre Autonomie wird von der Transplantationschirurgie überzeugend demonstriert. Alexis Carrel zeigte schon zu Beginn unseres Jahrhunderts, daß ein winziger Gewebestreifen aus dem Herzen eines Hühnerembryos jahrelang weiterpulsiert, wenn man ihn in eine Nährlösung legt. Später wies man nach, daß komplette Organe die Fähigkeit haben, als quasi unabhängige Ganzheiten zu funktionieren, wenn sie aus dem Körper genommen und *in vitro* gehalten oder in einen anderen Körper verpflanzt werden. Und wenn wir die Leiter der Hierarchie bis zu der untersten, nur mit dem Elektronenmikroskop erkennbaren Stufe hinabgehen, entdecken wir subzellulare Strukturen oder Organellen, die weder »einfach« noch »elementar«, sondern immer noch Systeme von verblüffender Vielschichtigkeit sind. Jeder dieser winzigen Teile einer Zelle funktioniert als ein sich selbst regulierendes Ganzes, jeder gehorcht offenbar einem eingebauten *Kodex von Regeln* . Der eine Typ oder Stamm von Organellen kümmert sich um das Wachstum der Zelle, andere regeln ihren Energienachschub, ihre Fortpflanzung, ihre Kommunikation und so fort. Die Mitochondrien zum Beispiel sind Miniatur-Kraftwerke, die mittels einer rund fünfziggliedrigen Kette chemischer Reaktionen Energie aus Nährstoffen beziehen; eine einzige Zelle kann bis zu fünftausend solcher Kraftwerke haben. Die Lebensaktivitäten eines Mitochondriums können von Kontrollinstanzen auf höheren Stufen ein- oder abgeschaltet werden, doch einmal eingeschaltet, befolgt es seinen eigenen Kodex von Regeln. Es kooperiert mit anderen Organellen zum Wohlergehen der Zelle, aber gleichzeitig hat jedes Mitochondrium seine eigenen Gesetze, und handelt als autonome

Einheit, die ihre Individualität selbst dann noch wahrt, wenn die Zelle ringsum bereits stirbt.

4

Erst heute beginnt die Wissenschaft sich allmählich von den mechanistischen Vorstellungen des 19. Jahrhunderts – die Welt als Billardtisch miteinander kollidierender Atome – zu befreien und zu erkennen, daß die hierarchische Ordnung ein Grundprinzip der lebenden Natur ist; daß sie »das wesentliche und kennzeichnende Merkmal des Lebens« (Pattee)[22] und »ein realer Tatbestand ist, der uns im biologischen Objekt entgegentritt, und nicht eine Fiktion spekulativer Geister« (P. Weiss)[23]. Gleichzeitig ist die hierarchische Ordnung ein begriffliches Werkzeug, das bei manchen Gelegenheiten wie ein Sesam-öffne-dich wirkt. *Alle komplexen Strukturen und einigermaßen stabilen Vorgänge weisen eine hierarchische Ordnung auf*, und das gilt unabhängig davon, ob wir galaktische Systeme, belebte Organismen und ihre Aktivitäten, oder soziale Organisationen betrachten.

Das Baumschema mit seiner Stufenreihe kann benutzt werden, um die evolutionäre Verzweigung der Gattungen im »Baum des Lebens« darzustellen; es kann auch benutzt werden, um die schrittweise erfolgende Gewebedifferenzierung und Funktionsintegrierung bei der embryonalen Entwicklung zu veranschaulichen. Anatomen benutzen das Baumschema, um die lokomotorische Hierarchie von Gliedmaßen, Gelenken, einzelnen Muskeln und so fort bis zu den Fasern, Fibrillen und Filamenten der kontraktilen Proteine darzustellen. Verhaltensforscher benutzen es, um die verschiedenen Sub-Routinen und Aktionsmuster zu veranschaulichen, die bei so komplizierten Instinkthandlungen wie dem Bau eines Vogelnests eine Rolle spielen. Das Baumschema ist aber auch ein unerläßliches Werkzeug der neuen, von Chomsky gegründeten psycholinguistischen Schule. Ebenso unerläßlich ist es für das Verständnis der Prozesse, in deren Verlauf die chaotischen Reize, die unsere Sinnesorgane bombardieren, bei ihrem Aufstieg durch das Nervensystem zum Bewußtsein gefiltert und klassifiziert werden. Ferner illustriert das Baumschema die hierarchische Einteilung des Wissens im Sachkatalog von Bibliotheken – und die Anordnung des Wissens in unseren Gedächtnisspeichern.

Die universale Anwendbarkeit des hierarchischen Modells könnte den Verdacht erregen, es habe keinen logischen Sinn. Ich hoffe zu zeigen, daß dies nicht zutrifft und daß die Suche nach den grundlegenden Eigenschaften oder Gesetzen, die alle diese mannigfachen Hierarchien gemeinsam haben, mehr ist als ein Spiel mit oberflächlichen Analogien oder ein persönliches Steckenpferd. Man sollte es als eine Übung in Allgemeiner Systemtheorie bezeichnen – jener relativ neuen interdisziplinären, von Ludwig von Bertalanffy gegründeten Schule, die das Ziel verfolgt, theoretische Modelle zu bauen und allgemeine Prinzipien zu entdecken, welche auf biologische, soziale und symbolische Systeme jeder Art anwendbar sind. Sie sucht, mit anderen Worten, gemeinsame Nenner im Fluß der Phänomene, die Einheit in der Vielfalt.

Joseph Needham schrieb schon 1936: »Die Hierarchie der Beziehungen, von der Molekularstruktur von Kohlenstoffverbindungen bis hin zum Äquilibrium einzelner Arten und ökologischer Gesamtkomplexe, wird vielleicht die beherrschende Idee der Zukunft sein.«[24]

Noch früher betonten unter anderen Lloyd Morgan, C. D. Broad und J. Woodger, wie wichtig es sei, hierarchisch geordnete »Organisationsstufen« zu erkennen, und wiesen darauf hin, daß auf jeder nächsthöheren Stufe neue »organisierende Beziehungen« zwischen (Sub-)Ganzheiten von zunehmender Komplexität entstehen, deren Eigenschaften *nicht auf die untere Stufe zurückgeführt und nicht von der unteren Stufe prognostiziert werden können.*

Noch einmal Needham: »Sobald wir uns das allgemeine Bild des Universums als Folge von Stufen der Organisation und Komplexität zu eigen machen, sehen wir, daß auf jeder Stufe qualitativ unterschiedliche Gesetze gelten; wobei jede Stufe besondere Struktur- und Verhaltenseigenschaften aufweist, die zwar von den Eigenschaften ihrer Bestandteile abhängen, aber nur dann zum Vorschein kommen, wenn man diese in die höhere Ganzheit integriert.«[25]

Aber dieses vielstufige Modell lief dem materialistischen Zeitgeist zuwider, weil es besagte, daß sich die biologischen Gesetze des Lebens qualitativ von den physikalischen Gesetzen unterscheiden, die die leblose Materie regieren, und daß man das Leben infolgedessen nicht auf den blinden Tanz von Atomen »reduzieren« kann, und weil es gleichfalls besagte, daß sich die Mentalität des Menschen qualitativ von den konditionierten Reaktionen der Pawlowschen Hunde oder Skinnerschen Ratten unterscheidet, die von der herrschenden psychologischen Schule als Musterbeispiel für menschliche Verhaltensweisen betrachtet wurden. So harmlos das Wort »Hierarchie« klang, es erwies sich als subversiv. Es wurde noch nicht einmal als Stichwort in die Register der meisten modernen Lehrbücher der Psychologie oder Biologie aufgenommen.

Indes gab es schon immer Rufer in der Wüste, die darauf bestanden, das Konzept der hierarchischen Organisation sei eine unerläßliche Voraussetzung, eine *conditio sine qua non* für jeden methodischen Versuch, Einheit in die Vielfalt der Wissenschaft zu bringen, und es könne letzten Endes sogar zu einer umfassenden Philosophie der Natur führen, die momentan noch durch Abwesenheit glänzt.

In diesen Chor der Minderheit stimmte auch die leise Stimme des Verfassers ein, der mehrere Bücher veröffentlichte, in denen »die allgegenwärtige Hierarchie«[26] eine wichtige Rolle, oft die Hauptrolle spielt. Die betreffenden Abschnitte würden in ihrer Gesamtheit ein recht umfassendes Lehrbuch der hierarchischen Ordnung bilden (das vielleicht eines Tages das Licht der Welt erblicken wird). Das ist aber nicht der Sinn des vorliegenden Buches. Wie schon gesagt, ist der hierarchische Ansatz ein begriffliches Werkzeug – kein Selbstzweck, sondern ein Schlüssel, mit dem man einige Kombinationsschlösser der Natur öffnen kann, die allen anderen Methoden hartnäckig widerstehen.[27]

Bevor wir allerdings versuchen, den Schlüssel zu benutzen, sollten wir uns über seine Funktionsweise informieren. In diesem Kapitel möchte ich einige Grundprinzipien des hierarchischen Denkens vermitteln, damit wir eine Plattform oder Startbahn für die spekulativeren Gedankenflüge haben, die dann folgen werden.

5

Um es noch einmal zu sagen: Wenn wir irgendeine stabile soziale Organisation vom Insektenstaat bis zum Pentagon betrachten, werden wir feststellen, daß sie hierarchisch gegliedert ist; dasselbe gilt für den individuellen Organismus und, nur nicht so offensichtlich, für seine angeborenen und erworbenen Talente. Um die Gültigkeit und Bedeutung des Modells zu beweisen, muß jedoch gezeigt werden, daß es spezifische Prinzipien und Gesetze gibt, die 1. für alle Stufen einer bestimmten Hierarchie und 2. für Hierarchien verschiedenster Gebiete gelten – Prinzipien und Gesetze, die die Bezeichnung »hierarchische Ordnung« definieren. Einige dieser Prinzipien kommen uns vielleicht selbstverständlich vor, andere ziemlich abstrakt; insgesamt bilden sie die Schwelle zu einer neuen Betrachtungsweise einiger alter Probleme.

»Eine gute Terminologie«, hat man einmal gesagt »ist das halbe Spiel.« Wenn man von dem traditionellen falschen Gebrauch der Wörter »Ganzes« und »Teil« fortkommen will, muß man mit so unhandlichen Begriffen wie »Sub-Ganzheit«, oder »Teil-Ganzheit«, »Sub-Strukturen«, »Sub-Fertigkeiten«, »Sub-Aggregate« usw. operieren. Zur Vermeidung dieser Wortungetüme habe ich vor einigen Jahren einen neuen Terminus vorgeschlagen,[28] um jene janusköpfige Erscheinungen auf den einzelnen Stufen jeder Hierarchie zu bezeichnen, die sich entweder als Ganzheiten oder als Teile beschreiben lassen, je nachdem, ob man sie von »unten« oder von »oben« betrachtet. Ich schlug die Bezeichnung »Holon« vor, nach dem griechischen Wort *hólos* = ganz; das Suffix *on* deutet dabei wie in *Proton* oder *Neutron* auf den Partikel- oder Teilcharakter hin.

Das Holon hat offenbar ein echtes Bedürfnis befriedigt, denn es bahnt sich langsam seinen Weg in die Terminologie verschiedener Zweige der Wissenschaft, von der Biologie bis zur Kommunikationstheorie. Der Verfasser entdeckte zu seiner besonderen Genugtuung, daß es auch ins Französiche gedrungen ist: In Professor Raymond Ruyers vieldiskutiertem Werk *La Gnose de Princeton*[29] gibt es ein Kapitel mit der Überschrift »Les accolades domaniales et les holons« und folgender Anmerkung: »Wenn ich nicht irre, wurde der Begriff von Koestler geprägt.« Neue Worte sind wie Parvenüs: Sobald man ihren Ursprung vergißt, haben sie es geschafft.

Leider ist der Terminus »Hierarchie« nicht sehr attraktiv und erregt oft einen ausgeprägten emotionalen Widerwillen. Er ist geladen mit militärischen und kirchlichen Assoziationen und läßt daher sogleich an eine starre, autoritäre Struktur denken, während eine Hierarchie in unserer Theorie aus autonomen, sich selbst regulierenden Holons besteht, die über ein unterschiedliches Maß an Flexibilität verfügen. Ermutigt durch die freundliche Aufnahme des Holons, werde ich also von Zeit zu Zeit auch die Bezeichnungen »holarchisch« und »Holarchie« benutzen.

6

Wir haben gesehen, daß biologische Holons von den Organismen bis hinunter zu den Organellen selbstregulierende Einheiten sind, die sowohl die Unabhängigkeit von Ganzen als auch die Abhängigkeit von Teilen aufweisen. Dies ist das erste der allgemeinen Merkmale aller Arten von Holarchien, das man sich einprägen sollte; wir könnten es das *Janusprinzip* nennen. In sozialen Hierarchien ist seine Rolle selbstverständlich: Jedes soziale Holon – Individuum, Familie, Sippe, Stamm, Volk usw. – ist in bezug auf seine Bestandteile eine Ganzheit, gleichzeitig aber Teil einer größeren sozialen Einheit. Eine Gesellschaft ohne holarchische Struktur wäre ebenso chaotisch wie die Zufallsbewegungen von Gasmolekülen, die kollidieren und nach allen Richtungen abprallen.[30]

Die hierarchische Gliederung unserer auf speziellen Fähigkeiten beruhenden Aktivitäten ist auf den ersten Blick nicht ganz so offensichtlich. Die Fertigkeit, ein Auto zu fahren, besteht nicht in der bewußten Aktivierung einzelner Zellen durch das Gehirn des Fahrers, sondern im Auslösen von Sub-Routinen wie Gasgeben, Bremsen, Steuern, Schalten usw., die jeweils ein quasi autonomes Muster von Aktivitäten darstellen – ein Verhaltensholon, das so gefestigt ist, daß man jedes Auto fahren kann, sobald man die Fertigkeit erworben hat, ein bestimmtes Auto zu fahren.

Oder nehmen wir die Fertigkeit, Ideen durch Sprache mitzuteilen. Die Folge der Vorgänge beginnt am Scheitelpunkt der Hierarchie mit der *Absicht*, die Idee oder Botschaft zu übermitteln. Die Idee ist jedoch sehr häufig präverbaler Natur; das heißt, sie kann aus einer visuellen Vorstellung, einem Gefühl, einem vagen Eindruck bestehen. Jeder von uns hat schon einmal die frustrierende Erfahrung gemacht, daß er zwar weiß, was er sagen möchte, aber nicht, wie er es ausdrücken soll; und das bezieht sich nicht nur auf die Suche nach dem richtigen Wort, sondern auch auf die zeitlich vorangehende Gliederung der beabsichtigten Botschaft und ihre Reihenfolge; auf ihre Formung nach den Gesetzen der Grammatik und Syntax; und schließlich auf die Aktivierung koordinierter Abläufe von Muskelkontraktionen der Zunge und der Stimmbänder.

Sprechen bedeutet demnach die schrittweise Konkretisierung, Ausarbeitung und Artikulation von ursprünglich nicht artikulierten geistigen Inhalten. Obgleich diese Vorgänge sehr schnell und weitgehend automatisch aufeinander folgen, so daß wir uns ihrer nicht bewußt werden, setzen sie nichtsdestoweniger eine Folge verschiedener Aktivitäten auf verschiedenen Stufen der geistigen Hierarchie voraus. Und jede dieser Stufen hat ihre eigenen Gesetze: die Gesetze der Aussprache, die grammatikalischen und syntaktischen Regeln, die Forderungen der Semantik usw.

Für den Zuhörer ist die Abfolge der Vorgänge umgekehrt. Sie beginnt auf der niedrigsten Stufe – bei den Wahrnehmungsfertigkeiten, Phoneme (Sprechgeräusche) in den Luftvibrationen zu erkennen, die das Trommelfell erreichen, sie zu Morphemen (Silben, Präfixen usw.) zu vereinigen, Worte und Sätze zu identifizieren und die Botschaft des Sprechers schließlich auf dem Scheitelpunkt der Hierarchie wieder zusammenbauen.

Wir wollen festhalten, daß wir bei dem Auf- und Abstieg durch die linguistische Holarchie nirgends harten und unteilbaren »Sprachatomen« begegnen. Jede der Erscheinungen auf den einzelnen Stufen – Phoneme, Morpheme, Worte, Sätze – ist in bezug auf seine Teile eine Ganzheit und auf der nächsthöheren Stufe der untergeordnete Teil einer komplizierteren Ganzheit. Ein Morphem wie *men* ist zum Beispiel ein sprachliches Holon, das man auf vielerlei Art benutzen kann – *menace, mental, mention, mentor* usw. –, und die jeweilige Bedeutung, die es erhalten wird, hängt von dem Kontext auf der nächsthöheren Stufe ab.

Psycholinguisten verwenden den verzweigten Baum als bequemes Modell dieses schrittweise verlaufenden Prozesses, einen »innerlichen« Gedanken durch Worte zu »äußern«, die Möglichkeiten einer amorphen Idee in die faktischen Bewegungsmuster der Stimmbänder umzusetzen. Dieser bemerkenswerte Prozeß ist mit der Ontogenese, der Entwicklung des Embryos, verglichen worden. Zunächst ist das befruchtete Ei da, das alle Möglichkeiten des fertigen Produkts enthält, gleichsam die »Idee« des künftigen Individuums. Diese Möglichkeiten werden dann in den aufeinanderfolgenden Stadien der Differenzierung artikuliert. Man kann den Prozeß auch mit der Art und Weise vergleichen, wie eine militärische Aktion durchgeführt wird; der Befehl »Die Achte Armee rückt in Richtung Tobruk vor«, vom kommandierenden General an der Spitze der Hierarchie ausgegeben, wird von den jeweils unteren Kommandostellen immer detaillierter konkretisiert, artikuliert und zum Ausdruck gebracht.

Allgemein gesagt: Die Ausführung jeder auf ein Ziel gerichteten Aktion, sei sie nun instinktiv wie der Nestbau der Vögel oder erlernt wie die meisten menschlichen Fertigkeiten, folgt stets dem Schema, daß irgendeine Absicht durch schrittweise Aktivierung oder Auslösung funktionaler Holons – Sub-Routinen – auf immer niedrigeren Stufen der Hierarchie zum Ausdruck gebracht wird. Diese Regel ist universal auf alle Arten von »*Output*-Hierarchien« anwendbar, ganz gleich, ob der Output ein menschliches Baby, ein gesprochener Satz, das Spielen einer Klaviersonate oder das Binden von Schnürsenkeln ist. (»Für *Input*-Hierarchie« gilt, wie wir noch sehen werden, die umgekehrte Reihenfolge.)

7

Als nächstes muß man sich vergegenwärtigen, daß jede Stufe einer beliebigen Hierarchie von einer Reihe feststehender, *unveränderlicher Regeln* beherrscht wird, die für den Zusammenhalt, die Stabilität sowie für die spezifische Struktur und Funktion ihrer Holons verantwortlich sind. So fanden wir in der Hierarchie der *Sprache* auf aufeinanderfolgenden Stufen die Regeln, die die Aufgaben der Stimmbänder, die Gesetze der Grammatik und, darüber gelagert, die gesamte, für den Bedeutungsgehalt zuständige Semantik bestimmen.

Die Codes (oder Kodizes), die das Verhalten *sozialer* Holons bestimmen und ihnen Zusammenhalt verleihen, sind geschriebene und ungeschriebene Gesetze, Traditionen, Glaubenssätze, Moden. Die Entwicklung des Embryos wird von dem »genetischen Code« beherrscht. Die *instinktiven Tätigkeiten,* zum Beispiel das Netzweben der Spinne, der Nestbau der Blaumeise und die Balzzeremonie der Graugans, erfolgen ausnahmslos nach starren, artspezifischen Mustern, die wiederum auf bestimmte »Spielregeln« zurückgehen. Bei *symbolischen Tätigkeiten* sind die Holons von Regeln beherrschte kognitive Strukturen wie »Bezugsrahmen«, »Assoziationsrahmen«, »Begriffswelten«, »Algorithmen« usw., die jeweils ihre eigene Grammatik oder ihren eigenen Kanon haben.

Das führt uns zu einem Definitionsversuch: Die Bezeichnung »Holon« läßt sich auf jedes strukturelle oder funktionale Sub-System einer biologischen, sozialen oder kognitiven Hierarchie anwenden, das ein von Regeln bestimmtes Verhalten und/oder eine strukturelle *Gestalt*-Dauer aufweist.[31] Organellen und morphologisch gleichwertige Organe sind also evolutionäre Holons; morphogenetische Felder sind ontogenetische Holons; die »starren Aktionsmuster« der Verhaltensforscher und die Sub-Routinen, aus denen erworbene Fertigkeiten bestehen, sind Verhaltens-Holons; Phoneme, Morpheme, Worte, Wendungen sind sprachliche Holons; Individuen, Familien, Stämme, Nationen sind soziale Holons.[32]

8

Wir werden die Gruppe von festen Regeln, die die Struktur oder Funktion eines Holons beherrschen, als ihren Kodex oder Kanon bezeichnen. Wir möchten aber gleich zu Anfang betonen, daß der Kanon das Holon zwar in mancher Beziehung unter Zwang[33] setzt und seine Aktivitäten in gewissem Ausmaß kontrolliert, seine Freiheit aber nicht total beschneidet, sondern Raum für mehr oder weniger flexible Strategien läßt, die von den Umweltbedingungen abhängen. Diese Unterscheidung zwischen *feststehenden (unveränderlichen) Kodizes* und *flexiblen (variablen) Strategien* mag zuerst ein bißchen abstrakt erscheinen, ist aber von grundlegender Bedeutung für jedes zielgerichtete Verhalten; einige Beispiele werden veranschaulichen, was damit gemeint ist.

Die Webtätigkeit der Gartenspinne wird von einem feststehenden ererbten Kanon kontrolliert (der vorschreibt, daß die strahlenförmigen Fäden die lateralen immer im gleichen Winkel schneiden, damit ein regelmäßiges Vieleck entsteht); es steht der Spinne aber frei, ihr Netz an drei, vier oder mehr Punkten aufzuhängen – ihre Strategie also auf die Umweltbedingungen abzustimmen. Andere instinktive Tätigkeiten – der Nestbau von Vögeln, der Wabenbau von Bienen, das Kokonspinnen von Seidenraupen – haben ebenfalls dieses dualistische Merkmal: Sie richten sich nach einem *unveränderlichen Kodex* oder Gesetzbuch, das die Blaupause des endgültigen Produkts enthält, benutzen aber verblüffend vielfältige Strategien, um das Produkt herzustellen.

Wenn wir uns von den instinktiven Tätigkeiten der niederen Spinne abwenden und fortgeschrittenere menschliche Fertigkeiten wie Schachspielen betrachten, finden wir abermals einen Kodex aus feststehenden Regeln, der die *erlaubten* Züge festlegt. Die Wahl des tatsächlichen Zugs bleibt jedoch dem Spieler überlassen, dessen Strategie von der Umwelt gelenkt wird – nämlich von der Verteilung der Figuren auf dem Brett. Das *Sprechen* wird, wie wir gesehen haben, von verschiedenen Kanons auf verschiedenen Stufen gelenkt, von der Semantik über die Grammatik bis hinunter zur Phonetik, doch auf jeder dieser Stufen steht dem Sprecher eine breite Vielfalt strategischer Alternativen zur Verfügung: vom Auswählen und Ordnen des zu vermittelnden Stoffs über die Formulierung von Abschnitten und Sätzen, die Wahl von Metaphern und Adjektiven bis zur Aussprache, der Betonung einzelner Vokale.

Ähnliche Betrachtungen lassen sich über den Pianisten anstellen, der Variationen über ein Thema improvisiert. Die feststehende »Spielregel« ist in diesem Fall das gegebene melodische Muster, aber der Pianist hat fast unbegrenzte Freiheiten, was die strategischen Alternativen in Phrasierung, Rhythmus, Tempo oder Transposition in eine andere Tonart betrifft.[34] Die Tätigkeit eines Anwalts unterscheidet sich zwar außerordentlich von denen eines Pianisten, doch auch der Anwalt operiert im Rahmen feststehender Regeln, die für ihn in Form von Gesetzbüchern und Gerichtsentscheidungen niedergelegt sind, und auch ihm steht eine breite Skala von Strategien zur Verfügung, wenn er das Gesetz interpretiert und anwendet.

9

In der Ontogenese – der Entwicklung des Embryos – ist die Trennung von »Regeln« und »Strategien« auf den ersten Blick weniger offensichtlich und bedarf einer etwas längeren Erläuterung.

Die Spitze der Hierarchie ist in diesem Fall das befruchtete Ei; der Stamm des auf dem Kopf stehenden Baums verkörpert die Zeit, und die Holons auf den Stufen von oben nach unten stellen die aufeinanderfolgenden Stadien der Differenzierung der Gewebe zu Organen dar. Das Wachsen des Embryos von einem formlosen Kügelchen zu einer »Rohform« und dann zu immer größerer Menschenähnlichkeit ist mit der Art und Weise verglichen worden, mit der ein Bildhauer eine Figur aus einem Holzblock schnitzt – oder, wie bereits erwähnt, mit dem Ausdrücken einer amorphen Idee durch artikulierte Phoneme. Die »Idee«, die in der Ontogenese ausgedrückt wird, ist in dem genetischen Code enthalten, der in der Doppelhelix der Nukleinsäurefäden in den Chromosomen untergebracht ist. Es sind sechsundfünfzig Generationen von Zellen nötig, um aus einer befruchteten Eizelle ein menschliches Wesen zu produzieren. Die Zellen im wachsenden Embryo sind alle identischen Ursprungs und tragen denselben Chromosomensatz, das heißt, dieselben Erbanlagen. Trotzdem entwickeln sie sich zu so unterschiedlichen Produkten wie Muskelzellen, Nierenzellen, Gehirnzellen, Zehennägeln. Wie können sie das, wenn sie alle von denselben Gesetzen, demselben Erbkanon regiert werden?

Dies ist eine Frage, »die wir in absehbarer Zeit noch nicht werden beantworten können«, wie W. H. Thorpe kürzlich schrieb.[35] Wir können uns der Antwort aber wenigstens durch eine ungefähre Analogie nähern. Vergleichen wir die Chromosomen mit der Tastatur eines großen Flügels – eines sehr großen Flügels mit ein paar tausend Millionen Tasten. Jede Taste verkörpert ein Gen oder eine Erbanlage. Jede einzelne Zelle des Körpers ist in ihrem Kern mit einer kompletten Mini-Tastatur versehen. Jede spezialisierte Zelle darf jedoch nur *eine* Taste anschlagen oder *eine* Melodie spielen, je nachdem, welche Aufgabe sie hat, und der Rest der Tastatur ist mit Klebestreifen unbenutzbar gemacht worden.[36]

Diese Analogie wirft jedoch umgehend ein weiteres Problem auf: *Quis custodiet ipsos custodes* – wer oder welche Instanz entscheidet, welche Tasten die Zelle in welchem Stadium anschlagen soll und welche unbrauchbar zu machen sind? An diesem Punkt kommt wieder die grundlegende Trennung von feststehenden Regeln und anwendbaren Strategien ins Spiel.

Der genetische Code, der die »Spielregeln« der Ontogenese definiert, hat seinen Sitz im *Kern* der einzelnen Zellen. Der Kern wird von einer durchlässigen Membran umschlossen, die ihn von dem umgebenden *Zellkörper* trennt, welcher aus einer viskosen Flüssigkeit – dem Zytoplasma – und den verschiedenen Organellenstämmen besteht. Der Zellkörper wird ebenfalls von einer durchlässigen Membran umschlossen, die von Körperflüssigkeit und anderen Zellen umgeben ist, und die Gesamtheit dieser Flüssigkeiten und Zellen bildet ein *Gewebe*, das wiederum in Kontakt zu anderen Geweben steht. Der genetische Code im Zellkern operiert, anders ausgedrückt, innerhalb einer *Hierarchie von Umwelten* und könnte mit einem Satz chinesischer Schachteln verglichen werden, die jeweils ineinanderstecken.

Die einzelnen Zellarten (Gehirnzellen, Nierenzellen usw.) unterscheiden sich in der Struktur und den chemischen Eigenschaften ihrer Zellkörper voneinander. Diese Unterschiede beruhen auf den komplizierten Wechselwirkungen zwischen der genetischen Tastatur in den Chromosomen, dem Zellkörper selbst und seiner äußeren Umwelt. Letztere besteht aus physikalisch-chemischen Faktoren von einer so ungewöhnlichen Komplexität, daß Waddington dafür den Ausdruck »epigenetische Landschaft« geprägt hat.

Die sich entwickelnden Zellen durchstreifen diese Landschaft wie ein Entdecker unbekanntes Territorium. James Bonner, ein anderer Genetiker, hat gesagt, jede Zelle müsse imstande sein, ihre Nachbarzellen »auf Fremdheit und Ähnlichkeit hin und nach vielen anderen Aspekten zu testen«[37]. Die so gesammelten Informationen werden dann über den Zellkörper an die Chromosomen geleitet – »rückgekoppelt« – und bestimmen, welche Tasten der Tastatur angeschlagen werden sollen und welche vorübergehend oder dauernd unbrauchbar zu machen sind. Sie befehlen sozusagen, welche Spielregeln angewendet werden sollen, um die besten Resultate zu erzielen. Daher gab Waddington seinem wichtigen Werk über theoretische Biologie den bezeichnenden Titel *The Strategy of the Genes*[38] – »Die Strategie der Gene«.

Die Zukunft der Zelle hängt also letztlich von ihrer Lage im heranwachsenden Embryo ab; sie entscheidet über die Strategie ihrer Gene. Das hat die experimentelle Embryologie auf dramatische Weise bestätigt: Durch Eingriffe in die räumliche Struktur des Embryos in seinen frühen Entwicklungsstadien konnte das Schicksal ganzer Zellpopulationen verändert werden. Wenn man den künftigen Schwanz eines Molchembryos an die Stelle verpflanzte, wo eigentlich ein Bein wachsen sollte, entwickelte er sich nicht etwa zu einem Schwanz, sondern zu einem Bein – sicher ein extremes Beispiel für die flexible Strategie innerhalb der vom genetischen Code festgelegten Regeln. In einem späteren Stadium der Differenzierung verhalten sich die Gewebe, die die Fundamente der künftigen ausgewachsenen Organe bilden – die »Organknospen« oder »morphogenetischen Felder« –, wie autonome selbstregulierende Holons. Wenn man in diesem Stadium das halbe Gewebe eines Feldes entfernt, wird der Rest nicht etwa ein halbes Organ, sondern ein vollständiges Organ bilden. Wenn man die heranwachsende Augenschale in mehrere Teile zerschneidet, wird jedes dieser Fragmente ein zwar kleineres, ansonsten aber normales Auge bilden.

Es gibt eine bezeichnende Analogie zwischen dem Verhalten von Embryos in diesem Stadium und in jenem sehr frühen Keimblasenstadium, in dem sie noch einer hohlen Zellkugel ähneln. Wenn man die halbe Keimblase oder Blastula eines Frosches amputiert, wird die andere Hälfte nicht zu einem halben Frosch, sondern zu einem kleineren normalen Frosch heranwachsen, und wenn eine menschliche Blastula zufällig gespalten wird, besteht das Resultat aus Zwillingen oder sogar Vierlingen. Die Holons, die sich in jedem frühesten Stadium wie Teile eines potentiell *ganzen Organismus* verhalten, weisen also dieselben selbstregulierenden Merkmale auf wie die Holons, die auf einer niedrigeren Stufe der Entwicklungshierarchie Teile eines potentiellen *Organs* sind; in beiden Fällen (und während der Zwischenstadien) gehorchen die Holons den Regeln, die in ihrem genetischen Code festgelegt sind, wahren jedoch genug Freiheit, um, je nach den herrschenden Umweltbedingungen, diesen oder jenen Entwicklungsweg einzuschlagen.

Diese selbstregulierenden Eigenschaften der Holons des heranwachsenden Embryos gewährleisten, daß das Endprodukt ohne Rücksicht auf die Zufälle und Fährnisse, die während seiner Entwicklung auftreten, der Norm entsprechen wird. In Anbetracht der Millionen und Abermillionen von Zellen, die sich teilen, differenzieren und umherbewegen, muß man annehmen, daß es keine zwei Embryos, noch nicht einmal zwei eineiige Zwillinge gibt, die auf genau dieselbe Art geformt werden. Die selbstregulierenden Mechanismen, die Abweichungen von der Norm korrigieren und sozusagen das Endergebnis garantieren, sind mit den homöostatischen Rückkoppelungsmechanismen im erwachsenen Organismus verglichen worden, weshalb Biologen von »Entwicklungshomöostase« sprechen. Das künftige Individuum ist in den Chromosomen des befruchteten Eis potentiell prädeterminiert, doch um diese Blaupause zu dem fertigen Produkt zu machen, müssen Milliarden von spezialisierten Zellen hergestellt und zu einer integrierten Struktur verschmolzen werden. Es wäre absurd anzunehmen, die Gene dieses einen befruchteten Eis seien mit eingebauten

Vorkehrungen für all die möglichen Zufälle versehen, denen jede einzelne ihrer sechsundfünfzig Generationen von Tochterzellen bei dem Entwicklungsprozeß begegnen könnte. Das Problem wird etwas verständlicher, wenn wir den Begriff »genetische Blaupause«, der einen buchstabengetreu auszuführenden Plan impliziert, durch den Begriff eines genetischen *Kanons von Regeln* ersetzen, die zwar feststehen, aber Platz für Alternativen, also Anpassungsstrategien lassen, welche durch Rückkoppelungen und Umweltsignale bestimmt werden.

Joseph Needham schrieb einmal von dem »Streben der Blastula, zu einem Küken heranzuwachsen«. Man könnte die Strategien, mit deren Hilfe ihr das gelingt, als »pränatale Fertigkeiten« des Organismus bezeichnen. Die Entwicklung des Embryos und das nachfolgende Heranreifen des Neugeborenen zu einem Erwachsenen sind schließlich kontinuierliche, also ununterbrochene Prozesse, und wir müssen davon ausgehen, daß die pränatalen und die postnatalen Fertigkeiten gewisse Grundprinzipien miteinander und mit anderen Arten von hierarchischen Prozessen gemeinsam haben.

Der vorige Abschnitt sollte nicht die gesamte embryonale Entwicklung, sondern nur einen ihrer Aspekte behandeln: die Kombination von *feststehenden Regeln und veränderlichen Strategien*, die wir auch bei instinktiven Fertigkeiten (wie Nestbau usw.) und beim erlernten Verhalten (wie Sprache usw.) fanden. *Offenbar wird das Leben in allen seinen Erscheinungsformen von der Morphogenese bis zum Denken in Symbolen durch Spielregeln bestimmt, die ihm Ordnung und Stabilität verleihen, aber auch eine gewisse Flexibilität erlauben. Solche Regeln, ob angeboren oder erworben, gibt es offenbar in kodifizierter Form auf allen Stufen der Hierarchie vom genetischen Code bis zu den mit dem Denken in Symbolen verbundenen Strukturen des Nervensystems.*

10

Die Ontogenese und Phylogenese, die Entwicklung des Individuums und die Evolution der Spezies, sind die beiden großen *Hierar-*

chien des Werdens. Ich werde die Phylogenese im dritten Teil dieses Buches behandeln, doch muß ich hier eine vorwegnehmende Bemerkung dazu machen.

Autofabrikanten gehen davon aus, daß es sinnlos ist, ein neues Modell von Grund auf neu zu konzipieren; sie benutzen bereits vorhandene Sub-Einheiten – Motoren, Batterien, Lenksysteme usw. –, die das Ergebnis langjähriger Erfahrung sind, und wandeln dann einige von ihnen ein bißchen ab. Die Evolution befolgt eine ähnliche Taktik. Man vergleiche die Vorderräder des neuesten Modells mit denen eines alten Bauernkarrens oder Pferdewagens – sie beruhen auf denselben Prinzipien. Man vergleiche nun die Anatomie der Vordergliedmaßen von Reptilien, Vögeln, Walen und Menschen: Sie weisen dieselbe Konstruktion aus Knochen, Muskeln, Nerven und Blutgefäßen auf und werden deshalb als »homologe« Organe bezeichnet.

Beine, Flügel, Flossen und Arme haben so unterschiedliche Funktionen, daß man erwarten sollte, sie stammten von ganz verschiedenen Entwürfen her. Sie sind jedoch nur Abwandlungen, strategische Adaptionen einer bereits vorhandenen Struktur – der Vordergliedmaßen des gemeinsamen reptilischen Urahns. Sobald die Natur einen wichtigen Bestandteil oder Prozeß patentiert hat, hält sie mit verblüffender Hartnäckigkeit daran fest: Das Organ oder Instrument ist dann zu einem stabilen *evolutionären Holon* geworden. Es ist, als fühle sie sich gezwungen, für Einheit in der Vielfalt zu sorgen.

Geoffroy Saint-Hilaire, einer der Pioniere der modernen Biologie, schrieb bereits 1818: »Die Wirbeltiere sind alle nach einem einheitlichen Plan aufgebaut – das bedeutet, daß zum Beispiel die Vordergliedmaßen zum Laufen, Klettern, Schwimmen oder Fliegen modifiziert werden können, die Anordnung der Knochen aber doch stets die gleiche bleibt.«[39] Die grundlegende Anordnung gehört zu dem unveränderlichen *evolutionären Kanon.* Ihre Verwendung zum Schwimmen oder Fliegen ist Sache der *evolutionären Strategie.*

Dieses Prinzip gilt auf der ganzen Linie, auf allen Stufen der evolutionären Hierarchie bis hinunter zu den Organellen in der Zelle und den DNS-Ketten in den Chromosomen. In den Zellen von Mäusen und Menschen arbeiten die gleichen Standardmodelle von Organellen; die Bewegungen der Amöbe und der Finger des Konzertpianisten werden von demselben, ein zusammenziehbares Protein benutzenden Sperrklinkenmechanismus ausgelöst, die gleichen vier Moleküle bilden das Grundalphabet, mit dem die Erbanlagen überall im Reich der Tiere und Pflanzen verschlüsselt werden – nur die von ihnen geformten Worte und Sätze sind bei jedem Lebewesen verschieden.

Wenn die Evolution bei jeder von ihr geschaffenen Neuheit bei der »Ursuppe« anfangen müßte, hätten die viertausend Millionen Jahre der Geschichte unseres Planeten noch nicht einmal zur Herstellung einer Amöbe gereicht. In einer vielbeachteten Abhandlung über hierarchische Strukturen kam H. A. Simon zu dem Schluß: »Komplexe Systeme entwickeln sich aus einfacheren Systemen wesentlich rascher, wenn es stabile Zwischenformen gibt, als wenn diese Voraussetzung nicht zutrifft. Im erstgenannten Fall zeigen die schließlich entstehenden komplexen Formen hierarchische Struktur. Kehren wir dieses Argument um, dann haben wir eine einleuchtende Erklärung dafür, daß unter den komplexen Systemen, die wir in der Natur antreffen, diejenigen mit hierarchischer Struktur erwiesenermaßen dominieren. Unter den möglichen komplexen Formen haben nur die hierarchisch strukturierten ausreichend Zeit für ihre Entwicklung gehabt.«[40]

Wir wissen nicht, welche Formen des Lebens auf anderen Planeten existieren, doch eines können wir mit Sicherheit sagen: Wo immer es Leben gibt, ist es hierarchisch gegliedert.

11

Die Vernachlässigung des hierarchischen Konzepts und das Versäumnis, kategorisch zwischen Verhaltens*regeln* und Verhaltens*strategien* zu unterscheiden, haben unter Universitätspsychologen viel Verwirrung gestiftet.[41] Da sie sich in den letzten fünfzig Jahren hauptsächlich mit der Untersuchung von Ratten auf eng begrenztem Raum (in den sogenannten »Skinnerschen Käfigen«) beschäftigten, ist dieses Versäumnis kaum überraschend. Für alle

Zuschauer eines Fußballspiels und für alle Beobachter einer Schachpartie liegt jedoch auf der Hand, daß jeder Spieler Regeln befolgt, die bestimmen, was er tun *kann*, und daß er seine strategischen Fähigkeiten benutzt, um zu entscheiden, was er tun *wird*. Mit anderen Worten: *Der Kodex bestimmt die Spielregeln, die Strategie den Spielverlauf.* Die im vorigen Abschnitt angeführten Beispiele lassen erkennen, daß diese kategorische Trennung von Regeln und Strategien universal anwendbar ist, bei angeborenen und erworbenen Fertigkeiten, bei den Hierarchien, die zum sozialen Zusammenhalt beitragen, und bei den Hierarchien des Werdens.

Die Art des Kodex, der das Verhalten reguliert, variiert natürlich mit der Art und Stufe der betreffenden Hierarchie. Manche Kodizes sind angeboren – beispielsweise der genetische Code im Schaltplan meines Nervensystems, der mir erlaubt, auf einem Fahrrad zu fahren, ohne herunterzufallen, oder der kognitive Code, der die Schachregeln enthält.

Wir wollen nun die Kodizes verlassen und von den *Strategien* sprechen. Um es noch einmal zu wiederholen: Der Kodex legt die erlaubten Schritte fest, die Strategie bestimmt die Wahl des tatsächlichen Schritts. Die nächste Frage lautet: Wie werden diese Wahlentscheidungen getroffen? Wir könnten sagen, daß die Wahl des Schachspielers »frei« ist – frei in dem Sinn, daß sie nicht durch Regeln festgelegt wird. Die Zahl der Wahlmöglichkeiten, die ein Schachspieler bei einem Spiel von vierzig Zügen hat, ist (wenn man die potentiellen Variationen, die sich aus einem bestimmten Zug ergeben, zwei Züge vorher einkalkuliert) in der Tat astronomisch. Doch obgleich seine Wahl insofern »frei« ist, als sie nicht durch Regeln bestimmt wird, ist sie gewiß nicht *willkürlich*, das heißt, er trifft sie nicht aufs Geratewohl. Der Spieler versucht, einen »guten« Zug zu machen, der ihn dem Sieg näher bringt, und einen schlechten Zug zu vermeiden. Die Regeln wissen natürlich nichts von »guten« oder »schlechten« Zügen. Sie sind gleichsam ethisch neutral. Die Wahl eines hoffentlich »guten« Zugs bestimmen strategische Richtlinien von viel größerer Komplexität – auf einer höheren Stufe der kognitiven Hierarchie – als die einfachen Spielregeln. Die *Regeln* kann ein Kind in einer halben Stunde lernen, während die *Strategie* aus der bisherigen Erfahrung, dem Studium von Meisterpartien und Fachbüchern über Schachtheorie herausdestilliert wurde.

Im allgemeinen finden wir auf den aufeinanderfolgenden höheren Stufen der Hierarchie immer komplexere, flexiblere und weniger voraussehbare Aktivitätsmuster mit einem größeren Ausmaß an Freiheit (einer größeren Vielfalt strategischer Alternativen), während sich umgekehrt jede komplexe Tätigkeit, beispielsweise das Schreiben eines Briefes, in Sub-Fertigkeiten verzweigt, die auf den nächstniedrigeren Stufen der Hierarchie immer mechanischer, stereotyper und voraussehbarer werden.[42] Die möglichen Themen, die in dem Brief angeschnitten werden können, sind fast unbegrenzt. Beim nächsten Schritt, dem Ausdrücken des gewählten Themas durch Worte und Sätze, hat der Schreiber immer noch eine große Zahl strategischer Alternativen, wird aber durch die grammatikalischen Regeln eingeengt; auch die Regeln der Orthographie sind festgelegt und bieten keine Ellbogenfreiheit für flexible Strategien, und die Muskelkontraktionen, die die Tasten der Schreibmaschine nach unten drücken, sind vollautomatisiert.

Wenn wir noch weiter in das Kellergeschoß der Hierarchie hinabsteigen, kommen wir zu den viszeralen Prozessen, die selbstregulierend sind und von homöostatischen Rückkoppelungsmechanismen gesteuert werden. Diese lassen natürlich kaum einen Raum für strategische Alternativen, aber trotzdem kann mein Bewußtsein die normalerweise unbewußte, automatisierte Tätigkeit meines Atmungssystems bis zu einem gewissen Grad beeinflussen, indem ich zum Beispiel den Atem anhalte oder eine Yoga-Methode anwende. Die Trennung von Regeln und Strategien gilt im Prinzip also auch noch auf dieser grundlegenden physiologischen Ebene. Wie bedeutsam die Trennung ist, wird sich in vollem Ausmaß erst in späteren Kapiteln zeigen, wenn wir das Phänomen im Zusammenhang mit der Evolutionstheorie, mit dem Gegensatz zwischen freiem Willen und Vorherbestimmtheit sowie der Pathologie und Kreativität des menschlichen Geistes betrachten.

12

Wie bereits erwähnt, soll dieses Kapitel kein Kompendium der Hierarchien werden, sondern eine Vorstellung von dem begrifflichen Rahmen vermitteln, auf dem unsere Untersuchung beruht, und dem Leser ein »Gefühl« für hierarchisches Denken im Gegensatz zu den herrschenden reduktionistischen und mechanistischen Trends geben. Ehe ich diese kurze Übersicht beschließe, muß ich allerdings noch über einige andere Prinzipien sprechen, die allen hierarchischen Systemen gemeinsam sind.

Es liegt auf der Hand, daß Hierarchien nicht in einem Vakuum arbeiten, sondern in Wechselbeziehung zu anderen Hierarchien stehen. Diese elementare Tatsache hat viel Verwirrung gestiftet. Wenn man vor einer gepflegten Hecke steht, die einen Garten umgibt, kann man beim Anblick des üppigen Blätterwerks der miteinander verflochtenen Äste leicht vergessen, daß diese zu getrennten Büschen gehören. Die Büsche sind senkrechte baumbildende Strukturen. Die miteinander verflochtenen Äste bilden waagerechte *Geflechte* auf zahlreichen Stufen. Ohne die einzelnen Pflanzen gäbe es keine Verflechtung und kein Netz. Ohne das Netzwerk stünde jede Pflanze isoliert, und es gäbe keine Hecke und keine Integration von Funktionen. *Arborisation* (Verzweigung) und *Retikulation* (Verflechtung) sind Komplementärprinzipien der Architektur von Organismen und Gesellschaften. Das vom Herzen gesteuerte Blutkreislaufsystem und das von der Lunge gesteuerte Atmungssystem arbeiten als quasi autonome, selbstregulierende Hierarchien, aber sie stehen auf verschiedenen Stufen miteinander in Wechselbeziehung. In den Katalogen unserer Bibliotheken sind die einzelnen Zweige aller Sachgebiete durch Querverweise miteinander verflochten. In kognitiven Hierarchien – unseren Denkwelten – entspricht die Verzweigung der »senkrechten« Kennzeichnung (Definition) der Begriffe, die Verflechtung den »waagerechten« Nebenbedeutungen dieser Begriffe in assoziativen Netzwerken.

Die Komplementäreigenschaft von Arborisation und Retikulation ergibt wichtige Hinweise für die Lösung des vielschichtigen Problems, wie unser Gedächtnis funktioniert.[43]

13

In Robert Louis Stevensons Roman *Kidnapped* bemerkt der geheimnisvolle Alan Breck beiläufig: »Ich habe ein gutes Gedächtnis für Vergessen.« Er spricht uns allen aus dem Herzen – und nicht nur den Menschen, die an Gedächtnisschwund oder Arterienverkalkung leiden. So schmerzvoll es auch sein mag, wir müssen zugeben, daß ein großer Teil unserer Erinnerungen dem Bodensatz in einem Weinglas, den ausgelaugten Rückständen von Erlebnissen ähnelt, deren Aroma sich verflüchtigt hat – oder, um ein anderes Bild zu gebrauchen, es gleicht verstaubten Berichten über Ereignisse der Vergangenheit, die auf den Regalen eines schwach beleuchteten Archivs lagern. Zum Glück gilt das nur für eine Kategorie von Gedächtnis, die ich als *abstrahierendes Gedächtnis* bezeichnen werde. Es gibt aber noch einen anderen Gedächtnistyp, der uns erlaubt, uns mit beinahe halluzinatorischer Klarheit an frühere Ereignisse oder Szenen oder Einzelheiten von Szenen zu erinnern. Ich werde ihn als Bildstreifen-Gedächtnis bezeichnen und behaupten, daß das abstrahierende Gedächtnis und das Bildstreifen-Gedächtnis verschiedene Phänomene sind, die auf verschiedenen Nervenmechanismen beruhen.

Zunächst das abstrahierende Gedächtnis: Die Masse dessen, woran wir uns aus unserem Leben erinnern und was wir von dem im Lauf unseres Lebens gesammelten Wissen behalten haben, ist abstrahierender Art.

»Abstrahieren« bedeutet, das Wesentliche eines Sachverhalts aus einem größeren Zusammenhang herauszudestillieren. Unser Gedächtnis arbeitet abstrahierend. Ein Beispiel: Ich sehe mir ein Fernsehspiel an. Die einzelnen Worte der Schauspieler sind in Sekundenschnelle vergessen; nur ihre abstrahierte Bedeutung wird behalten. Am nächsten Morgen kann ich mich nur noch an die Folge der Szenen erinnern, aus denen die Handlung bestand. Einen Monat später weiß ich nur noch, daß es um einen Gangster auf der Flucht ging. Etwas sehr ähnliches geschieht mit den Erinnerungsrückständen von Büchern, die man gelesen hat, und ganzen Abschnitten der eigenen Lebensgeschichte. Das ursprüngliche Erlebnis wird aller Einzelheiten beraubt, gewissermaßen skelettiert und auf ein farbloses Abstraktum reduziert, ehe man es in den Gedächtnisspeicher verbannt.

Die Beschaffenheit dieses Speichers ist für die Gehirnforschung immer noch ein ungelöstes Rätsel; da gespeichertes Wissen und gespeicherte Erfahrungen aber wiedergefunden werden müssen (weil sie sonst sinnlos wären), liegt es auf der Hand, daß sie nach einem hierarchischen Prinzip geordnet werden – wie ein Wörterbuch oder der Sachkatalog einer Bibliothek, mit Sachgebieten, die in Teilgebiete unterteilt sind, aber auch mit einer Fülle von Querverweisen, die beim Wiederfinden helfen (erstere verkörpern die Arborisation, letztere die Retikulation der hierarchischen Struktur). Wenn wir einen Augenblick beim Bild der Bibliothek bleiben, die unseren Gedächtnisspeicher symbolisieren soll, kommen wir zu recht deprimierenden Schlußfolgerungen. Abgesehen von den zahllosen Werken, um die man sich nicht weiter kümmert, so daß sie langsam verrotten oder zu Staub zerfallen, ist eine Hierarchie von Bibliothekaren damit beschäftigt, lange Texte zu kurzen zu »abstrahieren« und dann Zusammenfassungen (Abstrakte) von Zusammenfassungen zu machen.

Dieser Prozeß des Siebens und Abstrahierens beginnt in der Wirklichkeit lange bevor ein Erlebnis oder eine Erfahrung im Gedächtnisspeicher abgelegt wird. An jeder Relaisstation der Wahrnehmungshierarchie, die die sensorische Eingabe – den sensorischen Input – passieren muß, ehe sie im Bewußtsein aufgenommen wird, wird sie analysiert, klassifiziert und von irrelevanten Einzelheiten befreit.[45] Das befähigt uns, ein fast unleserlich hingekritzeltes R als »das gleiche« zu identifizieren wie ein riesiges, gedrucktes R in einer Schlagzeile, und zwar durch einen komplizierten Abtastprozeß, der sämtliche Einzelheiten ignoriert und nur das grundlegende geometrische Muster – den »R-Charakter« des R's – abstrahiert und für wert befindet, an höhere Instanzen signalisiert zu werden. Dieses Signal kann nun in einem einfachen Code, wie eine Botschaft im Morsealphabet, der alle relevanten Informationen – »Es ist ein R« – enthält, in abstrahierter, skelettierter Form weitergeleitet werden, doch der Reichtum der kalligraphischen Einzelheiten geht natürlich für immer verloren, wie die Modulationen der menschlichen Stimme bei der Morsebotschaft verloren gehen. Die bedauernde Bemerkung »Ich habe ein Gedächtnis wie ein Sieb« besagt vielleicht, daß man die Existenz dieser Filtermechanismen, die an den Eingabe- und Speicherkanälen der Nervensysteme operieren, intuitiv erfaßt.

Doch selbst die wenigen der zahllosen, unsere Sinnesorgane bombardierenden Reize, die alle diese Filter passiert und den Status bewußt wahrgenommener Ereignisse erreicht haben, müssen sich, wie wir sahen, noch weiteren rigorosen Abstraktionsprozeduren unterwerfen, ehe sie in den permanenten Gedächtnisspeicher aufgenommen werden, und im Laufe der Zeit werden sie immer mehr Substanz verlieren. Das Gedächtnis ist ein Paradebeispiel für das Gesetz des abnehmenden Ertrags.

Diese rückwirkende Verarmung erlebter Erfahrungen ist unvermeidlich; das »abstrahierende« Gedächtnis sieht nun einmal die Opferung von Einzelheiten vor. Wenn unser Gedächtnis nicht verallgemeinerte Begriffe wie »R« oder »Baum« oder »Hund« abstrahierte, würde es aus einer Anhäufung sämtlicher R's und Bäume und Hunde bestehen, denen wir bisher begegnet sind – ein Warenlager von Diapositiven und Tonbändern, ein chaotischer Wirrwarr, wäre als geistige Richtschnur jedoch völlig ungeeignet, da wir auf diese Weise niemals imstande wären, ein R zu erkennen oder einen gesprochenen Satz zu verstehen. Ohne hierarchische Ordnung und Einteilung wäre unser Gedächtnis ein Tollhaus (oder ein Instrument, das mechanisch erlernte und durch Konditionierung eingeprägte Sequenzen nachplappert, wie das Gedächtnismodell – diese Gedächtniskarikatur – der Behavioristen).

Um es noch einmal zu sagen: Es ist unvermeidlich, daß im abstrahierenden Gedächtnis Einzelheiten verlorengehen. Zum Glück ist das nicht die ganze Wahrheit, denn es gibt einige kompensierende Faktoren, die den Verlust wenigstens teilweise wettmachen.

Zunächst kann der abstrahierende Prozeß durch Lernen aus Erfahrung verfeinert werden. Für den Uneingeweihten schmeckt jeder Rotwein gleich, für ihn sehen alle Japaner gleich aus. Aber man kann lernen, die groberen Wahrnehmungsfilter durch empfindlichere zu ergänzen, wie der englische Maler Constable die verschiedenen Arten von Wolken studierte und sie in Kategorien einteilte. So können auch wir lernen, immer feinere Nuancen zu erkennen und zu abstrahieren – die Bäume der Wahrnehmungshierarchien gleichsam durch neue Ableger zu bereichern.

Ferner müssen wir uns darüber im klaren sein, daß das abstrahierende Gedächtnis nicht auf einer einzigen Hierarchie, sondern auf mehreren ineinander verflochtenen Hierarchien basiert, die für verschiedene Sinneswahrnehmungen wie Sehen, Hören oder Riechen zuständig sind. Weniger offensichtlich ist, daß es womöglich mehrere getrennte Hierarchien mit verschiedenen Relevanzkriterien gibt, die innerhalb desselben Sinnesbereichs operieren. Ich kann eine Melodie erkennen, ganz gleich, auf welchem Instrument sie gespielt wird; aber ich kann auch den spezifischen Klang eines Instruments erkennen, ganz gleich, welche Melodie darauf gespielt wird. Wir müssen also annehmen, daß das melodische Muster und der Klang des Instruments (sein Timbre) von getrennten Filterhierarchien *innerhalb desselben Sinnesbereichs, jedoch mit unterschiedlichen Relevanzkriterien* unabhängig voneinander festgehalten und gespeichert werden.

Die Erinnerung an ein Erlebnis würde dann durch die Zusammenarbeit mehrerer, ineinander verflochtener Hierarchien ermöglicht, die verschiedenen Sinnesbereichen, zum Beispiel Sehen und Hören oder Riechen, zugeordnet sind oder verschiedenen Unterbezirken in ein und demselben Bereich. Angenommen, man kann sich an den Text der Arie »Wie eiskalt ist dies Händchen« erinnern, hat die Melodie aber vergessen. Oder man erinnert sich an die Melodie und hat den Text vergessen. Oder man erkennt das unverwechselbare Timbre der Stimme Carusos auf einer Schallplatte, ganz gleich, welchen Text und welche Melodie er singt. Wenn jedoch zwei dieser Merkmale oder alle drei abstrahiert und gespeichert worden sind, wird die Erinnerung der ursprünglichen Erfahrung mehr Dimensionen haben und umfassender sein.

Man könnte diesen Prozeß in gewisser Beziehung mit dem Vielfarbendruck durch das Übereinanderlegen von mehreren Farbschichten vergleichen. Das Gemälde, das reproduziert werden soll – die ursprüngliche Erfahrung –, wird durch verschiedene Farbfilter auf blauen, roten und gelben Platten fotografiert; jede Platte speichert nur die Merkmale, die für sie »relevant« sind, das heißt, die in ihrer eigenen Farbe erscheinen, und ignoriert alle anderen Merkmale. Dann werden die gespeicherten Merkmale in einer mehr oder minder originalgetreuen Rekonstruktion der ursprünglichen Eingabe – des Inputs – wieder miteinander kombiniert. Jede Hierarchie wäre dann für eine andere »Farbe« zuständig; die Farbe symbolisiert dabei ihre *Relevanzkriterien*. Welche gedächtnisbildenden Hierarchien zu welchem Zeitpunkt tätig werden, hängt natürlich von den allgemeinen Interessen und der augenblicklichen geistigen Verfassung des betreffenden Menschen ab.

Diese Theorie bedeutet zwar eine radikale Abkehr von den Gedächtnisbegriffen der Behavioristen und der verschiedenen Richtungen der Gestaltpsychologie, aber eine Reihe von Experimenten, die u. a. von Professor J. J. Jenkins im psychologischen Labor der Stanford-Universität durchgeführt wurden, hat einige Anhaltspunkte erbracht, die sie stützen.[46]

Die »Farbdruck-Theorie« könnte die vielschichtigen Phänomene des Gedächtnisses und der Erinnerung teilweise erklären, aber sie erfaßt allein das *abstrahierende* Gedächtnis, das nichts mit der zu Beginn dieses Abschnittes erwähnten verblüffenden Lebensnähe des *Bildstreifen-Gedächtnisses* zu tun hat. Die Bildstreifentechnik der Erinnerung beruht auf Prinzipien, die das genaue Gegenteil der Gedächtnisbildung in abstrahierenden Hierarchien zu sein scheinen. Sie erlaubt, wie schon gesagt, sich mit fast halluzinatorischer Klarheit an Szenen oder Einzelheiten zu erinnern, und kann mit der Methode der Nahaufnahme verglichen werden, während das abstrahierende Gedächtnis gewissermaßen verschwommene Luftaufnahmen macht. Die Betonung liegt auf dem Detail, vielleicht einem aus seinem Zusammenhang gerissenen Fragment, das den Verfall des Ganzen, zu dem es einst gehörte, überlebt hat – wie die Haarlocke auf dem Schädel der geschrumpften Mumie einer Pharaonentochter.

Das Detail kann auch akustischer Natur sein – ein Vers aus einem Gedicht, dessen andere Verse man vergessen hat, oder die beiläufige Bemerkung eines Fremden, die man im Bus mitgehört hat. Es kann optischer Natur sein – eine Warze am Kinn des Kindermädchens, eine Hand, die aus dem Fenster eines abfahrenden Zuges Lebewohl winkt. Es kann sogar aus Geschmacks- und Geruchsreizen bestehen wie im Fall von Marcel Prousts berühmter *madeleine* (ein französisches Gebäck, kein Mädchen). Vom rationalen Standpunkt mögen diese Bildstreifen-Ausschnitte oft trivial sein, aber sie verleihen der Erinnerung Greifbarkeit, Aroma und Kolorit, und sie haben eine unheimliche beschwörende Kraft. Diese Tatsache läßt vermuten, daß sie (auf einer bewußten oder unbewußten Stufe) irgendeine *emotionale* Bedeutung haben, die dazu führte, daß sie sich einprägten, obgleich sie nach logischen Kriterien irrelevant sind.

Kein Mensch, noch nicht einmal ein Computerfachmann, denkt dauernd in abstrahierenden Hierarchien. Gefühle färben die meisten unserer Wahrnehmungen, und es gibt Anzeichen dafür, daß auch unsere emotionalen Reaktionen eine Stufenhierarchie kennen – darunter archaische Strukturen im Gehirn, die phylogenetisch viel älter sind als die Strukturen, die sich mit der abstrakten Begriffsbildung befassen. Man könnte vermuten, daß diese älteren Stufen der Hierarchie bei der Entstehung von »Bildstreifen-Erinnerungen« eine beherrschende Rolle spielen.

Es gibt noch einige Punkte, die für eine solche These sprechen. Erstens wird sie in neurophysiologischer Hinsicht sehr stark von der Papez-MacLean-Theorie der Emotionen gestützt.[47] Der zweite Punkt bezieht sich auf die Betrachtungsweise der Kommunikationstheoretiker: Das abstrahierende Gedächtnis verallgemeinert und schematisiert, während das Bildstreifen-Gedächtnis spezifiziert und konkretisiert, was eine viel primitivere Methode des Speicherns von Informationen ist.[48] Drittens und psychologisch gesehen, ist das abstrahierende Gedächtnis mit dem Lernen durch Einsichten verwandt, das Bildstreifen-Gedächtnis dagegen mit einem Prozeß, der dem Prägen ähnelt. Das Prägen beschränkt sich bei Konrad Lorenz' Graugänsen jedoch auf einen kritischen Zeitraum von nur wenigen Stunden und führt offenbar nur zu einer sehr groben und verschwommenen Prägung. Beim Menschen kann das Prägen die Form der eidetischen Vorstellung annehmen. Nach Jaensch[49] und Kluever[50] hat ein erheblicher Prozentsatz von Kindern diese Fähigkeit. Sie können ein fotografisch genaues farbiges Abbild eines vorher fixierten Bildes auf einen imaginären

Bildschirm projizieren und diesen Vorgang in langen Abständen, manchmal noch Jahre später, wiederholen. Die Experimente von Penfield und Roberts[51] , bei denen durch elektrische Reizung der Schläfenlappen der Versuchsperson angeblich totale Erinnerungen an vergangene Szenen geweckt werden, sind vielleicht ein verwandtes Phänomen.

Zwar ist das eidetische Gedächtnis bei Kindern offenbar recht weit verbreitet, doch es läßt mit dem Beginn der Pubertät gewöhnlich nach und verschwindet dann ganz. Bei Erwachsenen ist es nur noch selten vorhanden. Kinder und Primitive leben in einer visuellen Bildwelt. Statt »Ich denke gerade an etwas« läßt William Golding die Neandertaler in seinem Roman *Die Erben* sagen: »Ich habe ein Bild in meinem Kopf.« Die Art, wie das eidetisch begabte Kind Bilder auf seinen Geist »prägt«, stellt vielleicht eine phylogenetisch und ontogenetisch ältere Form der Gedächtnisbildung dar – die verlorengeht, wenn das abstrahierende, begriffliche Denken die Oberhand gewinnt.

Eine kurze Zusammenfassung: Das abstrahierende Gedächtnis, das in vielen, miteinander verflochtenen Hierarchien tätig ist, reduziert die Eingabe je nach den Relevanzkriterien der einzelnen Hierarchien auf die nackte Grundsubstanz. Um sich an ein Erlebnis zu *erinnern,* muß die Substanz wieder angereichert werden. Das wird bis zu einem gewissen Grad durch die Zusammenarbeit der beteiligten Hierarchien ermöglicht, die jeweils die Aspekte beitragen, die sie seinerzeit erhaltenswert fanden. Man kann diesen Prozeß mit dem Übereinanderlegen von Farbplatten beim Druck vergleichen. Neben diesen Erinnerungen gibt es die »Bildstreifen-Erinnerungen« an lebensvolle Einzelheiten, die mit Bruchstücken eidetischer Bilder angereichert sein können und stark emotional geladen sind. Die Ergebnisse solcher Neuschöpfungen der Vergangenheit ähneln einer Collage aus Glasaugen und einer echten Haarsträhne zu einem schemenhaften Bild.

14

Als der Tausendfüßler gefragt wurde, in welcher genauen Reihenfolge er seine zahlreichen Beine bewege, konnte er sich plötzlich nicht mehr von der Stelle rühren und verhungerte, weil er vorher noch nie darüber nachgedacht und seine Beine sich selbst überlassen hatte. Wenn auf jener obersten Stufe der Hierarchie, die wir das bewußte Ich nennen, eine Absicht formuliert wird – eine Absicht wie das Schnüren von Schuhsenkeln oder das Anzünden einer Zigarette –, aktiviert sie die einzelnen Muskeln nicht unmittelbar zu Kontraktionen, sondern löst ein koordiniertes Muster von Impulsen – funktionellen Holons – aus, die wiederum Sub-Muster aktivieren und so fort. Das kann aber nur Schritt für Schritt geschehen; die oberen Ränge einer Hierarchie haben normalerweise keine direkte Verbindung zu den unteren und umgekehrt. Stabsoffiziere richten ihre Aufmerksamkeit nicht auf einzelne Soldaten; wenn sie das täten, würde die Operation schiefgehen. Anordnungen müssen auf dem Dienstweg weitergeleitet werden, wie es in der Amtssprache heißt – also Schritt für Schritt auf den einzelnen Stufen der Hierarchie entweder nach oben oder nach unten.

Diese Feststellung mag trivial klingen, doch wenn man sie ignoriert, kann man böse Überraschungen erleben. Wenn man die Zwischenstufen »kurzschließt«, indem man seine bewußte Aufmerksamkeit auf Vorgänge richtet, die sonst automatisch ablaufen, landet man gewöhnlich in der Sackgasse des Tausendfüßlers, was sich in Symptomen äußert, die von dem unangenehmen Zustand des sogenannten »selbstgehemmten« Verhaltens bis zu Störungen wie Impotenz, Stottern oder spastischen Darmneurosen reichen. Viktor E. Frankl, der Begründer der Logotherapie, hat für solche Störungen den Begriff »Hyperreflexion« geprägt.[52]

Die uralten Praktiken des Hatha-Yoga und einiger davon abgeleiteter, im Augenblick sehr populärer Techniken zielen dagegen auf eine bewußte Steuerung von viszeralen und neuralen Prozessen (da unter das Auftreten von Alpha-Wellen im Gehirn) durch Meditation unter Zuhilfenahme von Biofeedback-Apparaten. Unter normalen Bedingungen gilt die »Schritt-für-Schritt-Regel« jedoch für alle Arten von Hierarchien von der Ontogenese und Phylogenese bis zu sozialen Institutionen und bis zur Verarbeitung einer sensorischen Eingabe bei ihrem schrittweisen Anstieg von den Sinnesorganen zum Bewußtsein.

15

Ich habe wiederholt von der Spitze der Hierarchie gesprochen. Manche Hierarchien haben in der Tat eine deutliche Spitze, einen deutlichen Gipfel oder Scheitel und eine ebenso klar erkennbare unterste Stufe – zum Beispiel eine kleine Firma mit einem Alleineigentümer und einer stabilen Belegschaft. Die großen Holarchien des Seins – ob sozialer, biologischer oder kosmologischer Natur – sind aber meist in einer oder in beiden Richtungen »offen«.

Ein Laborchemiker, der eine chemische Verbindung analysiert, arbeitet an einem Vorgang, der schrittweise abläuft, wobei sich die Spitze seines hierarchischen Baumes, nämlich die zu analysierende Probe, auf der molekularen Stufe der Hierarchie befindet und zuerst in chemische Wurzeln, dann in Atome verzweigt. Für seinen speziellen Zweck ist diese Hierarchie aus einer beschränkten Anzahl von Stufen ausreichend. Von einem allgemeineren Standpunkt aus, bei dem auch die subatomaren Prozesse berücksichtigt werden, erweist sich das, was dem Chemiker als vollständiger Baum erscheint, lediglich als einzelner Zweig einer umfassenderen Hierarchie. Wie Holons *per definitionem* Sub-Ganze sind, so sind alle Zweige einer Hierarchie Sub-Hierarchien, und ob man sie als »Ganze« oder »Teile« behandelt, richtet sich nach der jeweiligen Aufgabe. Der Chemiker braucht sich nicht um die sogenannten Elementarteilchen zu kümmern, die, wie man einmal bemerkt hat, die verwirrende Neigung haben, nicht sehr lange elementar zu bleiben, und letztlich – oder vorletztlich – aus Mustern von Energiekonzentration oder Spannungen im universalen Schaum von Raum und Zeit zu bestehen scheinen. Unser Laborchemiker kann diese surrealistischen Entwicklungen der modernen Quantenphysik ruhig ignorieren, aber er darf – bei Strafe geistiger Verkümmerung – nicht vergessen, daß sein ordentlicher kleiner hierarchischer Baum nur eine sehr begrenzte Zahl von Stufen in den großen offenen Hierarchien des Seins umfaßt.

Das gleiche gilt am anderen Ende der Skala für den Astronomen, der mit dem ineinandergreifenden Räderwerk von Sonnensystemen, Galaxien, Sternhaufen und der Möglichkeit von Paralleluniversen im Hyperkosmos konfrontiert wird.[53]

2. Jenseits von Eros und Thanatos

1

Ein weiteres universelles Merkmal der holarchischen Ordnung, über das wir noch sprechen müssen, ist von so grundlegender Bedeutung, daß es ein eigenes Kapitel verdient.

Wie wir gesehen haben, sind die Holons, aus denen ein lebender Organismus oder ein soziales Gefüge besteht, janusköpfige Ganzheiten: das zu den höheren Stufen der Holarchie gewandte Gesicht ist das eines untergeordneten Teils in einem umfassenderen System; das zu den niederen Stufen gewandte Gesicht gehört zu einer quasi autonomen Ganzheit.

Daraus folgt, daß jedem Holon zwei konträre Tendenzen oder Potentiale innewohnen: *die integrative Tendenz,* um als Teil des übergeordneten Ganzen zu funktionieren, und die *selbstbehauptende Tendenz,* um seine individuelle Autonomie zu wahren.

Am sichtbarsten äußert sich diese fundamentale Polarität in sozialen Holarchien. Dort wird die Selbständigkeit der konstituierenden Holons auf jeder Stufe eifersüchtig gewahrt und geltend gemacht – von den Rechten des einzelnen bis zu denen der Sippe oder des Stammes, von Verwaltungsbehörden bis zu lokalen Regierungen, von ethnischen Minderheiten bis zu souveränen Staaten. Jedes soziale Holon hat die eingebaute Tendenz, seine kollektive Identität zu bewahren und zu verteidigen. Diese *selbstbehauptende Tendenz* ist zur Aufrechterhaltung der Individualität der Holons auf allen Stufen und der Hierarchie insgesamt unerläßlich. Ohne sie würde die soziale Struktur zu einem amorphen Brei zerfließen oder zu einer monolithischen Tyrannei degenerieren. Die Geschichte liefert viele Beispiele für beides.

Gleichzeitig ist das Holon abhängig von dem größeren System, zu dem es gehört, und muß als integrierter Bestandteil des Systems funktionieren: Diese *integrative oder selbsttranszendie-*

rende Tendenz, die aus dem Teilcharakter des Holons resultiert, muß die selbstbehauptende Tendenz in Schach halten. Unter günstigen Bedingungen sind die beiden wesentlichen Tendenzen – *Selbstbehauptung und Integration* – mehr oder weniger ausbalanciert, und das Holon lebt gewissermaßen in einem dynamischen Gleichgewicht innerhalb des Ganzen – die beiden Janusgesichter ergänzen einander. Unter ungünstigen Bedingungen ist das Gleichgewicht gestört, was schlimme Folgen nach sich zieht.

Wir haben es also bei den Holons aller Stufen und, wie wir noch sehen werden, bei hierarchischen Systemen jeder Art mit einer grundlegenden Polarität zu tun. Diese Polarität gehört zu den wichtigsten Merkmalen der Holon-Theorie und ist gewissermaßen eines ihrer Leitmotive. Sie ist nicht etwa ein Produkt metaphysischer Spekulationen, sondern wird vom Modell der vielstufigen Hierarchie *impliziert,* da die Stabilität des Modells vom Gleichgewicht des dualistischen Aspekts seiner Holons als Ganzheiten und Teile abhängt. Die Polarität oder *coincidencia oppositorum* äußert sich in unterschiedlichem Ausmaß in allen Formen des Lebens. Ihre philosophischen Implikationen sollen in späteren Kapiteln behandelt werden. Im Augenblick wollen wir nur noch einmal feststellen: *Die selbstbehauptende Tendenz ist der dynamische Ausdruck der Ganzheit des Holons, die integrative Tendenz ist der dynamische Ausdruck seiner Teilheit.*

Bei den Holons sozialer Hierarchien liegt die Polarität auf der Hand – sie springt uns aus den Schlagzeilen der Tageszeitung in die Augen. In weniger offensichtlicher Form ist die Konstellation Selbstbehauptung contra Integration jedoch in der Biologie, der Psychologie, der Ökologie und überall dort gegenwärtig, wo wir komplexen hierarchischen Systemen begegnen, also praktisch, wohin wir auch blicken. Um noch einmal Gertrude Stein zu paraphrasieren: Ein Ganzes ist ein Teil ist ein Ganzes. Jede Sub-Ganzheit ist ein »Sub« und ein »Ganzes«. In dem lebenden Tier oder der lebenden Pflanze muß jeder Teil seine Individualität genauso durchsetzen wie im Sozialgefüge, weil der Organismus sonst seine Struktur verlieren und zerfallen würde. Gleichzeitig muß sich jeder Teil aber den Forderungen des Ganzen beugen, was nicht immer ein reibungsloser Prozeß ist.

Zuvor haben wir schon festgestellt, daß jeder Teil der lebenden Kreatur von den komplexen Organen bis hinunter zu den Organellen in der Zelle seinen spezifischen Rhythmus und sein individuelles Tätigkeitsmuster hat, die von seinem eingebauten Regelkodex bestimmt werden; dieser Kodex läßt ihn, den Teil, als quasi unabhängige Einheit funktionieren. Ausgelöst, gehemmt oder modifiziert werden diese autonomen Tätigkeiten allerdings von Steuermechanismen auf höheren Stufen der Hierarchie, die das integrative Potential des Holons ausschöpfen und dieses als untergeordneten Teil funktionieren lassen. In einem gesunden Organismus und einer gesunden Gesellschaft sind die beiden Tendenzen auf allen Stufen der Hierarchie ausgeglichen. Unter Streß kann die selbstbehauptende Tendenz des in Mitleidenschaft gezogenen Teils eines Organismus oder einer Gesellschaft jedoch außer Kontrolle geraten – das heißt, der Teil wehrt sich gegen die kontrollierende Macht des Ganzen. Das kann zu krankhaften Veränderungen führen, beispielsweise zu bösartigen Wucherungen mit ungehinderter Ausbreitung von Geweben, die die genetischen Schranken durchbrochen haben. Es braucht jedoch nicht gleich so extrem zu sein, denn fast jedes Organ oder jede Funktion kann sich vorübergehend und teilweise selbständig machen. Bei Wutausbrüchen und panischer Angst löst das sympathico-adrenale System die höheren Zentren ab, die das Verhalten normalerweise koordinieren; bei sexueller Erregung scheinen die Keimdrüsen das Gehirn zu entmachten. Die fixe Idee, die Besessenheit des Spinners sind kognitive Holons, die Amok laufen. Es gibt eine breite Skala geistiger Störungen, bei denen irgendein untergeordneter Teil der kognitiven Hierarchie eine tyrannische Herrschaft über das Ganze ausübt oder einige Späne der Persönlichkeit sich »abgespalten« zu haben scheinen und eine quasi unabhängige Existenz führen. Die häufigsten Verwirrungen des menschlichen Geistes zeigen sich darin, daß eine Teilwahrheit zwanghaft so verfochten wird, als wäre sie die ganze Wahrheit – wir haben es mit einem Holon zu tun, das sich als das Ganze kostümiert und aufführt.

Im normalen Ablauf des Alltags stehen beide Tendenzen in konstanter Wechselbeziehung zueinander. Die *selbstbehauptende*

Tendenz äußert sich auf allen Stufen der Verhaltenshierarchien: in der Hartnäckigkeit instinktiver Rituale von Tieren und angenommener Gewohnheiten von Menschen; bei Stammesüberlieferungen und Volksbräuchen; sogar in der individuellen Haltung, Gestik und Handschrift eines Menschen, die zwar bewußt modifiziert werden können, aber nie so sehr, daß Eingeweihte sich täuschen ließen – die Holons des handschriftlichen Duktus verteidigen ihre Unabhängigkeit. Es ist die gleichfalls allgegenwärtige *integrative* Tendenz, die uns daran hindert, Sklaven unserer Gewohnheiten zu werden und zu Automaten zu erstarren; sie äußert sich in flexibler Strategie, individueller Anpassung und in schöpferischen Synthesen, die höhere, komplexere und integriertere Formen des Denkens und Verhaltens zeugen und der offenen Hierarchie neue Stufen hinzufügen.

2

Besonders deutlich ist die grundlegende Polarität bei den Phänomenen des *emotionalen* Verhaltens im individuellen und sozialen Bereich sichtbar. Kein Mensch ist eine Insel – jeder ist ein Holon. Nach innen blickend, erfährt man sich als einzigartiges, autarkes und selbständiges Ganzes; nach außen blickend, erfährt man sich als abhängigen Teil seiner natürlichen und sozialen Umwelt. Unsere selbstbehauptende Tendenz ist die dynamische Äußerung unserer Individualität; unsere integrative Tendenz drückt die Abhängigkeit vom größeren Ganzen, unsere Teilheit aus. Wenn alles in Ordnung ist, sind die beiden Tendenzen mehr oder weniger ausgeglichen. Unter Streß und bei Frustration ist das Gleichgewicht gestört, was sich in emotionalen Störungen äußert. Die frustrierten selbstbehauptenden Tendenzen führen zu Emotionen der bekannten, adrenergischen, *aggressiv-defensiven* Art: Hunger, Zorn und Furcht, auch die besitzergreifenden Komponenten der Sexualität und der elterlichen Fürsorge.

Die auf die integrative Tendenz zurückgehenden Emotionen sind von der akademischen Psychologie weitgehend vernachlässigt worden; man könnte sie den *selbsttranszendierenden* Typ von Emotionen nennen. Sie entstehen aus dem Bedürfnis des Holons nach Zugehörigkeit, nach Überschreiten – Transzendieren – der engen Grenzen des Ichs und der Vereinigung mit einem umfassenderen Ganzen, sei es eine Gemeinschaft von Menschen, ein religiöser Glaube oder ein politisches Anliegen, sei es die Natur, die Kunst oder die *anima mundi.*

Wenn das Bedürfnis nach Zugehörigkeit, der Drang zur Selbsttranszendierung keine ausreichenden Ventile mehr findet, ist es möglich, daß das frustrierte Individuum seine kritischen Fähigkeiten einbüßt und seine Identität in blinder Verehrung oder fanatischer Hingabe für eine Sache opfert, die keinen besonderen Wert zu haben braucht. Wie wir schon sahen, gehört es zu den Ironien des menschlichen Dilemmas, daß wilde Zerstörungswut nicht etwa aus dem selbstbehauptenden, sondern aus dem integrativen Potential der Spezies resultiert. Die Ruhmestaten von Wissenschaft und Kunst und die durch fehlgeleitete Devotion verursachten Massenvernichtungen der Geschichte wurden beide von selbsttranszendierenden Emotionen genährt. Der Regelkodex, der die kollektive Identität definiert und einem sozialen Holon (durch Sprache, Gesetze, Überlieferungen, Verhaltensnormen, Glaubenssätze) Zusammenhalt schenkt, beinhaltet nämlich nicht nur negative Zwänge, sondern auch positive Richtlinien, Maximen und moralische Imperative. In normalen Zeiten, wenn die soziale Hierarchie ausgeglichen ist, arbeitet jedes ihrer Holons entsprechend seinem Regelkodex und versucht nicht, ihn anderen aufzuzwingen; unter Streß und in Krisenzeiten kann ein soziales Holon die Nerven verlieren und dazu neigen, sich zum Nachteil des Ganzen durchzusetzen, genau wie jedes überreizte Organ und jede Zwangsvorstellung.

3

Die Dichotomie von Ganzheit und Teilheit und ihre dynamische Äußerung in der Polarität der selbstbehauptenden und integrativen Tendenz wohnen also jedem vielstufigen hierarchischen System inne und sind in jedem begrifflichen Modell von vornherein angelegt. Wir begegnen ihnen sogar in der unbelebten Natur: In jedem einigermaßen stabilen dynamischen System, von den Atomen bis zu den Galaxien, wird die Stabilität durch das Gleichgewicht entgegengesetzter Kräfte erreicht, von denen die erste eine Zentrifugalkraft, das heißt, eine träge oder abstoßende Kraft sein mag, während die zweite zentripetal, das heißt, anziehend oder festhaltend wirkt und die Teile an das größere Ganze bindet. Newtons Erstes Bewegungsgesetz – »Jeder Körper setzt seinen Ruhezustand oder seine gleichförmige Bewegung in einer gegebenen Richtung fort, wenn er nicht durch eine Kraft gezwungen wird, dieses Bestreben zu ändern« – klingt wie eine Proklamation der selbstbehauptenden Tendenz jedes Materiepartikels im Universum, während sein Gravitationsgesetz die integrative Tendenz widerspiegelt.[54]

Wir können sogar einen Schritt weiter gehen und das Prinzip der Komplementarität als ein noch bedeutsameres Beispiel unserer Polarität betrachten. Nach diesem Prinzip, das die moderne Physik beherrscht, haben alle Elementarteilchen – Elektronen, Photonen usw. – die dualistische Eigenschaft von Teilchen und Wellen. Je nach den Umständen verhalten sie sich entweder als kompakte Materiekörnchen oder als Wellen ohne Substanzcharakter oder definierbare Grenzen. In unserem Zusammenhang manifestiert der körperliche Aspekt des Elektrons – oder irgendeines anderen Elementarholons – seine Ganzheit und sein selbstbehauptendes Potential, während sein Wellencharakter seine Teilheit und sein integratives Potential manifestiert.[55]

4

Es braucht wohl nicht eigens betont zu werden, daß die Erscheinungsformen der beiden grundlegenden Tendenzen auf verschiedenen Stufen der Hierarchie unterschiedlich maskiert auftreten, je nach den spezifischen Kodizes – oder »organisierenden Beziehungen« –, die für die jeweilige Stufe charakteristisch sind. Die Regeln, die für die Wechselwirkungen subatomarer Teilchen gelten, entsprechen nicht denen, die die Interaktionen ganzer Atome bestimmen, und die moralischen Regeln, die das Verhalten von Individuen beherrschen, entsprechen nicht denen, die das Verhalten von Menschenmengen oder Armeen leiten. Also manifestiert sich die Polarität von selbstbehauptender und integrativer Tendenz auf jeder Stufe anders, beispielsweise so:

Integration	⟷	Selbstbehauptung
Teilheit	⟷	Ganzheit
Abhängigkeit	⟷	Selbständigkeit
zentripetal	⟷	zentrifugal
Zusammenarbeit	⟷	Rivalität
Altruismus	⟷	Egoismus

Ferner wollen wir festhalten, daß die selbstbehauptende Tendenz im allgemeinen insofern *konservativ* ist, als sie dazu neigt, die Individualität des Holons im Hier und Jetzt der herrschenden Bedingungen zu bewahren, während die integrative Tendenz die dualistische Funktion hat, die konstituierenden Holons eines Systems in dessen gegenwärtigem Stadium zu erhalten *und* neue Stufen vielschichtiger Integrationen bei der Entwicklung von Hierarchien zu bilden, wobei die Hierarchien biologisch, sozial oder kognitiv sein können. Die selbstbehauptende Tendenz ist also gegenwartsorientiert und mit Selbst-Erhaltung befaßt, während man von der integrativen Tendenz sagen kann, daß sie sowohl für die Gegenwart als auch in Richtung auf die Zukunft arbeitet.

5

Da die Polarität von der selbstbehauptenden und der integrativen Tendenz für unsere Theorie eine entscheidende Rolle spielt und in späteren Kapiteln immer wieder zur Sprache kommen wird, mag ein kurzer Vergleich mit Freuds metaphysischem System, das so ungeheuer populär wurde, von Interesse sein.

Freud postulierte zwei grundlegende Triebe, die er als gegeneinandergerichtete, universale, allem Lebenden innewohnende

Tendenzen auffaßte: Eros und Thanatos oder Libido und Todestrieb. Bei genauerem Studium der diesbezüglichen Passagen (in seinen Schriften *Jenseits des Lustprinzips, Das Unbehagen in der Kultur* usw.) stellt sich überraschenderweise heraus, daß beide Triebe regressiv sind: sie zielen nämlich beide auf die Wiederherstellung eines vergangenen Urzustands ab. Eros versucht mit den Lockungen des Lustprinzips, die ehemalige »Einheit des Protoplasmas im Urschlamm« wiederherzustellen, während Thanatos noch unmittelbarer um eine Rückkehr zum unorganischen Stadium der Materie mittels Vernichtung des eigenen Ichs und anderer Ichs bemüht ist. Da beide Triebe versuchen, die Uhr der Evolution zurückzudrehen, kann man sich nur verwundert fragen, warum sie sich nichtsdestoweniger vorwärts bewegt. Freud beantwortet die Frage offenbar damit, daß Eros gezwungen sei, beim Einsammeln der »zersprengten Teilchen lebender Substanz«[56], die er – mit dem Endziel Wiederherstellung der protoplasmischen Einheit – in vielzelligen Aggregaten vereinigen wolle, einen großen Umweg zu machen. Mit anderen Worten: Die Evolution erscheint als das Produkt einer gehemmten Regression, als Negation einer Negation, gleichsam als Flucht nach vorn.

Als Kuriosum könnte man an dieser Stelle anmerken, daß Freud eine recht verschwommene Vorstellung von der Funktion des Eros hatte. »Wir haben uns entschlossen, Lust und Unlust mit der Quantität der im Seelenleben vorhandenen . . . Erregung in Beziehung zu bringen«, erklärte er und fuhr fort, »daß Unlust einer Steigerung, Lust einer Verringerung dieser Quantität entspricht«. Der Organismus neige zur Stabilität; geleitet werde er von einem »Bestreben des seelischen Apparates . . . die in ihm vorhandene Quantität von Erregung möglichst niedrig oder wenigstens konstant zu halten. Es ist dasselbe, nur in andere Fassung gebracht, denn wenn die Arbeit dahin geht, die Erregungsquantität niedrig zu halten, so muß alles, was dieselbe zu steigern geeignet ist, als funktionswidrig, das heißt, als unlustvoll empfunden werden.«[57]

Das ist natürlich in einem allgemeineren Sinn zutreffend, was die Frustration oder Nichtbefriedigung elementarer Bedürfnisse wie Hunger betrifft. Freud ignorierte jedoch eine ganze Klasse von

Erfahrungen, die wir gemeinhin als »angenehm« bezeichnen. Das Vorspiel zum Geschlechtsakt verursacht fraglos eine Zunahme der sexuellen Spannung und müßte deshalb seiner Theorie zufolge »unlustvoll« sein – was es in der Praxis entschieden nicht ist. Seltsamerweise findet man in den Werken Freuds nirgends ein Argument, das diesen geradezu peinlich banalen Einwand widerlegt. Der Sexualtrieb des Freudschen Systems ist im wesentlichen etwas, dessen man sich entledigen will – sei es durch geeignete Kanäle, sei es durch Sublimierung; die Lust resultiert nicht aus der Hingabe an den Sexualtrieb, sondern aus der Befreiung von ihm.[58]

Freuds Vorstellung von Thanatos, dem Todestrieb, ist ebenso verwirrend wie seine Eros-Auffassung. Einerseits arbeitet der Todestrieb »stumm innerhalb des Organismus auf seine Auflösung hin«, und zwar durch Stoffwechselvorgänge, die lebende Substanz in leblose Materie umwandeln, ein Aspekt, der übrigens mit dem Zweiten Gesetz der Thermodynamik[59] – der allmählichen Dispersion von Materie und Energie zu einem chaotischen Zustand – gleichgesetzt werden könnte. Dieser Todesinstinkt, der so ruhig *innerhalb* des Organismus wirkt, erscheint aber als aktive Zerstörungswut und Sadismus, wenn man ihn nach außen richtet. Wie die beiden Aspekte des Thanatos harmonisiert und kausal verbunden werden können, ist schwer zu verstehen. Der erste ist nämlich der Aspekt eines physikalisch-chemischen Prozesses, der das Ziel verfolgt, lebende Zellen zum Stillstand zu bringen und letztlich in Staub zu verwandeln, während der zweite Aspekt einen koordinierten, heftigen Angriff des ganzen Organismus auf andere Organismen beinhaltet. Den Prozeß, durch den das stumme Abgleiten zum Alter und zur Auflösung hin in Gewalttätigkeit gegen andere umgeformt wird, erklärt Freud freilich nicht. Das einzige Verbindungsglied, das er liefert, ist die unklare Anwendung von Begriffen wie »Todestrieb« und »Zerstörungssucht«.

Aber nicht nur, daß die Verbindung zwischen diesen beiden Aspekten des Freudschen Thanatos unklar bleibt. Beide sind schon für sich genommen sehr fragwürdig. Wenn wir zunächst den zweiten unter die Lupe nehmen, so finden wir nirgends in der

Natur Zerstörung um der Zerstörung willen. Tiere töten, um zu fressen, nicht um zu zerstören; und selbst wenn sie um Revier oder Geschlechtspartner kämpfen, ist der Kampf, wie wir gesehen haben, ritualisiert wie ein Fechtgang und wird fast nie bis zum tödlichen Ende geführt. Um die Existenz eines primären »Zerstörungstriebs« zu beweisen, müßte man zeigen, daß destruktives Verhalten regelmäßig *ohne* Provokation von außen auftritt, so wie Hunger und der Geschlechtstrieb sich auch in Ermangelung äußerer Reize bemerkbar machen. Um die angesehene, doch sehr kritische Psychoanalytikerin Karen Horney zu zitieren: »Schließlich will Freuds Theorie besagen, daß die Motivierung für Feindseligkeit oder Zerstörungssucht letzten Endes in dem Impuls des Zerstörens liege. So kehrt er unsere Überzeugung, daß wir zerstören, um zu leben, in das Gegenteil um: wir leben, um zu zerstören. Wir sollten vor der Erkenntnis eines Irrtums selbst bei einer lebenslangen Überzeugung nicht zurückschrecken, wenn eine neue Einsicht uns eines Besseren belehrt; aber das ist hier nicht der Fall. Wenn wir verletzen oder töten wollen, dann tun wir es, weil wir gefährdet, gedemütigt, mißbraucht sind oder uns so fühlen; weil wir tatsächlich oder unserer Meinung nach verschmäht oder ungerecht behandelt werden oder man uns lebenswichtige Wünsche durchkreuzt.«[60]

Es war immerhin Freud selbst, der uns lehrte, bei anscheinend willkürlichen, nicht provozierten destruktiven Handlungen seelisch gestörter Kinder oder Erwachsener nach dem verborgenen Motiv zu suchen – das sich gewöhnlich als ein Gefühl des Zurückgewiesenseins, der Eifersucht oder des verletzten Stolzes erweist. Grausamkeit und Destruktivität müssen, mit anderen Worten, als pathologische Extreme der selbstbehauptenden Tendenz betrachtet werden, die zum Vorschein kommen, wenn der betreffende Mensch über ein erträgliches Maß hinaus enttäuscht oder provoziert worden ist. Es bedarf also gar nicht des müßigen Postulats eines Todestriebs, für den es nirgends in der Biologie einen Beweis gibt.

Wenden wir uns noch einmal dem anderen Aspekt des Freudschen Thanatos zu. Wie schon erwähnt, liegt das herausragende

Merkmal lebender Substanz ihm zufolge darin, daß sie das Zweite Gesetz der Thermodynamik zu ignorieren scheint. Statt seine Energie an die Umwelt zu verschwenden, zieht das Lebewesen Energie aus ihr heraus, frißt Umwelt, trinkt Umwelt, wühlt und baut in der Umwelt, saugt Informationen aus Geräuschen und Sinn aus chaotischen Reizen. »Weder das Alter noch der natürliche Tod sind notwendige, unvermeidliche Folgen des Lebens«,[61] wie Pearl diesen Tatbestand zusammenfaßte; Protozoen sind potentiell unsterblich; sie vermehren sich einfach durch Teilung und »lassen bei diesem Prozeß nichts zurück, was einem Leichnam entspricht«. Bei zahlreichen primitiven, vielzelligen Tieren gibt es weder Alter noch natürlichen Tod. Sie vermehren sich durch Spaltung oder Knospung und hinterlassen ebenfalls keinen toten Rückstand. »Der natürliche Tod ist biologisch eine relativ neue Tatsache.«[62] Er ist die kumulative Wirkung irgendeines noch nicht recht verstandenen Stoffwechseldefekts von Zellen in komplexen Organismen – die Begleiterscheinung unzureichender Integration, aber kein fundamentales Naturgesetz.

Freuds Primärtriebe Sexualität und Todeswunsch können also keine universale Geltung beanspruchen; beide beruhen auf biologischen Innovationen, die erst auf einer relativ hohen Evolutionsstufe auftreten: die Sexualität als Neubeginn nach der ungeschlechtlichen Fortpflanzung, manchmal (wie bei bestimmten Plattwürmern) mit dieser alternierend; der Tod als Folge von Unvollkommenheiten aufgrund der wachsenden Komplexität. In der Theorie, um die es hier geht, ist kein Platz für einen »Zerstörungstrieb« in Organismen, und sie postuliert auch nicht, daß die Sexualität die *einzige* integrative Kraft in der menschlichen oder tierischen Gesellschaft ist. Eros und Thanatos betraten die evolutionäre Bühne vergleichsweise spät; bei einer Vielzahl von Kreaturen, die sich durch Spaltung oder Knospung vermehren, kommen beide nicht vor. Wir meinen, *die Sexualität ist eine spezifische Äußerung der integrativen Tendenz, die Aggressivität eine extreme Form der selbstbehauptenden Tendenz,* während Janus als das Symbol der beiden »nicht reduzierbaren« Eigenschaften lebender Substanz – Ganzheit und Teilheit – und ihres empfindlichen Gleichgewichts in den Hierarchien der Natur erscheint.

Noch einmal: Dieses vereinfachte Schema beruht nicht auf metaphysischen Annahmen, sondern ist als Vorbedingung für den Zusammenhalt und die Stabilität ihrer vielstufigen Aggregate von Holons gleichsam in die Architektur komplexer – physikalischer, biologischer oder sozialer – Systeme eingebaut. Es war kein Zufall, daß Heisenberg seinen autobiographischen Bericht über die Genesis der modernen Physik *Der Teil und das Ganze* nannte. Wo finden wir denn in der Mikrophysik die letzten »Elementar«teilchen, die sich nicht als zusammengesetzte Ganze entpuppen? Wo lokalisieren wir in der Makrowelt der Astrophysik die Grenzen unseres Universums aus vieldimensionaler Raum-Zeit? Am oberen und unteren Ende der Hierarchieschichten alles Existierenden gähnt die Unendlichkeit, und die Dichotomie von selbstbehauptender Ganzheit und selbsttranszendierender Teilheit herrscht auf jeder Stufe, vom Trivialen bis zum Kosmischen. Der irdische Aspekt der hierarchischen Ordnung spiegelt sich in einer Bemerkung, die man als »Jonathan Swifts Paradigma« bezeichnen könnte:

> Wie Naturforscher feststellen, hat ein Floh
> Kleinere Flöhe, die ihn beißen, und diese
> Haben noch kleinere Flöhe, die an ihnen saugen,
> Und so geht es weiter *ad infinitum* . . .

6

Ich bin mir bewußt, daß der Leser den Eindruck haben könnte, dieses Kapitel schwanke zwischen dem allzu Offensichtlichen und dem allzu Abstrakten und Spekulativen. Doch eine Theorie bewahrheitet sich nicht zuletzt dann, wenn sie, einmal erfaßt, selbstverständlich zu sein scheint.

Das Thema bietet eine weitere Schwierigkeit. Das Postulat einer universalen selbstbehauptenden Tendenz bedarf keiner Rechtfertigung; es ist für den gesunden Menschenverstand sofort plausibel und hat viele Vorläufer – beispielsweise den »Selbsterhaltungstrieb« und das »Überleben des Tüchtigsten bzw. Bestangepaßten«. Als ihr Gegenstück aber eine gleichfalls universale integrative Tendenz zu postulieren und die dynamische Wechselwirkung zwischen beiden als den Schlüssel einer allgemeinen Systemtheorie zu betrachten, schmeckt nach altmodischem Vitalismus und widerspricht dem Zeitgeist, enthalten in Büchern wie Monods *Zufall und Notwendigkeit* oder Skinners *Jenseits von Freiheit und Würde.* Es mag daher angebracht sein, dieses Kapitel mit einigen Zitaten aus einem neueren Werk zu beschließen, das von dem angesehenen Kliniker Dr. Lewis Thomas (Präsident des Sloan-Kettering-Krebszentrums in New York) stammt, also von einem Mann, dem kaum eine unwissenschaftliche Einstellung vorzuwerfen ist. Der betreffende Abschnitt beginnt mit einer faszinierenden Beschreibung des Parasiten *Myxotricha paradoxa,* eines Einzellers, der im Verdauungstrakt australischer Termiten lebt:

»Auf den ersten Blick scheint es ein gewöhnliches, bewegliches Protozoon zu sein, bemerkenswert hauptsächlich deswegen, weil es so geschwind und direkt von Ort zu Ort schwimmt und Holzstückchen verschlingt, die sein Termitenwirt gut kleingekaut hat. Im Ökosystem der Termiten, einem Arrangement von byzantinischer Verschnörkelung, befindet es sich im Zentrum. Ohne Myxotricha würde das Holz, so gut es auch gekaut ist, nie verdaut werden können; das Protozoon liefert die Enzyme, die Zellulose in eßbare Kohlehydrate aufspalten, wobei nur das nicht abbaubare Lignin übrigbleibt, das die Termite dann in geometrisch säuberlichen Kügelchen ausscheidet und als Bausteine für Bögen und Gewölbe im Termitennest verwendet. Ohne Myxotricha gäbe es keine Termiten, keine von den Termiten angelegten Kulturen von Pilzen, die sonst nirgends wachsen.«[63]

Dieses winzige Geschöpf im Verdauungstrakt der Termiten besteht nun aber aus ganzen Populationen noch winzigerer Geschöpfe, die in Symbiose miteinander leben und doch ihre autonome Individualität wahren! Nämlich:

»Die Geißeln, die synchron schlagen, um Myxotricha mit solcher Direktheit voranzutreiben, sind, wie sich bei näherer Untersuchung mit dem Elektronenmikroskop herausstellt, überhaupt keine Geißeln. Es sind Außenseiter, die bloß da sind, um zu helfen: voll ausgebildete, perfekte Spirochäten, die sich in regelmäßigen Abständen überall auf dem Protozoon festgesetzt haben.«[64]

Anschließend zählt Thomas die verschiedenen Typen anderer Organellen und Bakterien auf, die so etwas wie einen kooperativen Zoo innerhalb der Myxotricha bilden, und führt Indizien dafür an, daß sich die Zellen, aus denen der *menschliche Körper* besteht, »Stück für Stück durch das Zusammenkommen solcher kernloser Lebewesen« entwickelt haben. So wird die unscheinbare Myxotricha zu einem Paradebeispiel für unsere integrative Tendenz.

»Das ganze Lebewesen oder Ökosystem, das vorläufig auf halbem Wege in der Evolution steckengeblieben ist, erscheint als Modell für die Entwicklung von Zellen wie den unseren . . . Es gibt eine grundlegende Kraft, die die verschiedenen Lebewesen, aus denen Myxotricha besteht, zusammentreibt und die ganze Gruppe dann veranlaßt, sich mit der Termite zu vereinigen. Wenn wir diese Tendenz verstehen könnten, würden wir einen flüchtigen Einblick in den Prozeß gewinnen, der einzelne, unabhängige Zellen zum Aufbau von Metazoen zusammenbrachte und seinen Höhepunkt erreichte mit der Erfindung von Rosen, Delphinen – und uns, natürlich. Es könnte sich herausstellen, daß dem Zusammenschluß von Organismen zu Gemeinschaften, von Gemeinschaften zu Ökosystemen und von Ökosystemen zur Biosphäre dieselbe Tendenz zugrunde liegt. Wenn das tatsächlich der Gang der Dinge, der Lauf der Welt ist, dann mag es dazu kommen, daß wir Immunisierungsreaktionen, Gene für die chemische Kennzeichnung des Ich und vielleicht alle reflektorischen Reaktionen auf Aggression und Abwehr als sekundäre Entwicklungen in der Evolution betrachten, als notwendig für die Regulation und Modulation der Symbiose, nicht dazu bestimmt, den Prozeß zu unterbrechen, sondern nur dazu, damit er unter Kontrolle bleibt.

Wenn es in der Natur der Lebewesen liegt, Ressourcen zusammenzulegen, wenn möglich zu verschmelzen, dann würden wir die fortschreitende Bereicherung und Komplexität der Formen von Lebewesen auf neue Weise erklären können.«[65]

3. Die drei Dimensionen der Emotion

1

Gefühle lassen sich als geistige Zustände beschreiben, die von intensiven Gefühlen begleitet werden und mit körperlichen Veränderungen verschiedenster Art verbunden sind. Veränderungen der Atmung, des Pulses, des Muskeltonus, der Drüsenabsonderung von Hormonen wie Adrenalin usw. Sie sind auch »überhitzte« Triebe genannt worden. Man kann sie zunächst nach der Art des Triebes einteilen, der sie entstehen läßt: Hunger, Sexualität, Neugier (der »Explorationstrieb«), Geselligkeit, Schutz der Nachkommenschaft und so fort.

Ein herausragendes Merkmal aller Emotionen ist ferner das Gefühl der *Lust oder Unlust*, der »hedonistische Tonus«, der mit ihnen einhergeht. Drittens spielt die Polarität zwischen der *selbstbehauptenden* und der *selbsttranszendierenden* Tendenz bei jeder Emotion eine Rolle.

Wir gelangen somit zu einem dreidimensionalen Konzept der menschlichen Gefühle. Ich habe einen groben, aber recht einleuchtenden Vergleich dafür gefunden[66]: Angenommen, unsere geistige Szenerie wäre die Theke eines Wirtshauses, ausgerüstet mit zahlreichen Zapfhähnen, aus denen jeweils ein anderes Getränk kommt; diese werden nach Bedarf auf- und zugedreht. Jeder Zapfhahn repräsentiert einen anderen Trieb, und die Lust-Unlust-Quote richtet sich danach, wie die Flüssigkeit herausfließt, ob glatt und fröhlich oder gurgelnd und blasig, weil zuviel oder zuwenig Druck dahintersitzt. Das Verhältnis von den selbstbehauptenden zu den selbsttranszendierenden Impulsen des emotionalen Verhaltens könnte schließlich von der Säure-Lauge-Skala symbolisiert werden. Das ist vielleicht kein sehr appetitliches Bild, aber es kann als Anschauungshilfe für die drei Variablen (oder Parameter) der Emotion dienen, die unsere Theorie beinhaltet. Wir wollen nun jede von ihnen näher betrachten und besonders die Merkmale unter die Lupe nehmen, die unsere Theorie von anderen Thesen unterscheiden.

2

Eine der speziellen Schwierigkeiten dieser Erörterung liegt darin, daß wir nur selten eine *reine* Emotion empfinden. Der Barkeeper mischt am liebsten Getränke aus verschiedenen Zapfhähnen miteinander: Sexualität kann mit Neugier und mit fast jedem anderen Trieb kombiniert werden. Diese Tatsache ist so bekannt, daß sie keiner weiteren Erörterung bedarf.

Die zweite Variable, die Lust-Unlust-Quote bzw. der hedonistische Tonus, kann ebenfalls aus unklaren, »gemischten« Gefühlen bestehen. Im vorigen Kapitel habe ich Freuds Postulat zitiert, Lust sei immer eine Verringerung der »Quantität der im Seelenleben vorhandenen . . . Erregung«, Unlust dagegen eine »Steigerung . . . dieser Quantität«. Diese Meinung, die in der ersten Hälfte unseres Jahrhunderts von den wichtigen Schulen der Psychologie, einschließlich des amerikanischen Behaviorismus[67] und der europäischen Psychoanalyse, geteilt wurde, trifft zweifellos hinsichtlich der Frustrierung infolge »überhitzter« primitiver Triebe zu, die etwa durch Hungerqualen geweckt werden; sie stimmt aber offensichtlich nicht mehr, wenn es um die Gruppe komplexer Emotionen geht, die im täglichen Leben auftreten – zum Beispiel angenehme Erregung, Aufregung, sexuelle Erregung, Spannung. Das Lesen einer erotischen Szene in einem Buch führt, nach Freud, zu einer Steigerung »der im Seelenleben vorhandenen Erregung« und müßte deshalb unangenehm sein, Unlust hervorrufen. In Wahrheit löst sie jedoch eine komplexe Emotion aus, bei der *Frustration mit Lust kombiniert* ist.

Die Auflösung dieses Paradoxons liegt in der wichtigen Rolle, die die *Einbildung* bei den menschlichen Emotionen spielt. Wie ein eingebildeter Reiz während eines erotischen Tagtraums genügt, um physiologische Reaktionen auszulösen, so kann umgekehrt eine eingebildete Befriedigung zu einem lustvollen Erlebnis führen

– der »verinnerlichte« Genuß jener Komponenten des komplexen Triebs, die in der Einbildung befriedigt werden können.

Ein anderes Tor, durch das die Einbildung den emotionalen Trieb erreicht, ist die *Vorwegnahme* seiner Erfüllung. Im vorigen Beispiel war die Belohnung fiktiv, in emotionaler Hinsicht jedoch real, das heißt, lustvoll; jetzt sprechen wir von der eingebildeten Vorwegnahme der *faktischen* Erfüllung. Wenn man Durst hat, ist der Anblick des einschenkenden Wirts lustvoll, obgleich er zu einer Steigerung der »im Seelenleben vorhandenen Erregung« führt. Dasselbe gilt für das Vorspiel zum Geschlechtsakt oder das Anschauen eines Krimis: die Vorwegnahme des glücklichen Endes bewirkt den »inneren Genuß« einiger Komponenten des emotionalen Triebs, während die Erregung anderer Komponenten zunimmt; wir brennen darauf, das Vorspiel hinter uns zu bringen, das wir gleichzeitig genießen.

»Verinnerlichung« und »innerer Genuß« werden zwar durch Akte der Einbildung ausgelöst, haben aber physiologische Begleiterscheinungen in viszeralen und glandularen Prozessen – also im Eingeweide- und im Drüsenbereich – und sind ebenso »real« wie die Muskelaktivitäten unseres »äußeren« oder sichtbaren Verhaltens. Die Erinnerung an ein Essen in einem französischen Drei-Sterne-Restaurant kann genügen, um die Magensäfte zu reaktivieren.

Je sublimierter der Trieb ist, das heißt, je enger die Koordinierung der höheren oder kortikalen und der niedrigeren oder viszeralen Stufen der Hierarchie ist, desto leichter kann er verinnerlicht werden. Das klingt ziemlich abstrakt, aber stellen Sie sich einmal zwei Schachspieler vor, die sich bei einem Turnier gegenübersitzen. Die einfachste Methode, den Gegner zu besiegen, bestünde darin, ihm mit einer Keule auf den Kopf zu schlagen. Ein Spieler mag diesen Drang dann und wann spüren (besonders wenn sein Gegner Bobby Fischer ist), wird aber nie ernsthaft erwägen, ihm nachzugeben: Der Rivalitätstrieb darf nur nach den »Spielregeln« ausgelebt werden. Statt Gewalt anzuwenden, stellt der Spieler sich die möglichen Vorteile vor, die sein nächster Zug ihm verschaffen könnte, und diese geistige Tätigkeit schenkt ihm eine Reihe lustvoller, vorwegnehmender Teilbefriedigungen, selbst wenn er am Ende doch nicht gewinnt. Daher das Vergnügen an sportlichen Wettkämpfen, das nicht – oder zumindest nicht ausschließlich – vom Endergebnis abhängt. Stevenson sah tiefer als Freud, als er schrieb, erwartungsvoll reisen sei schöner als ankommen.

Verliebte sind sich dessen schon immer bewußt gewesen. Die Sehnsucht ist eine bittersüße Emotion mit schmerzhaften und lustvollen Komponenten. Manchmal kann die eingebildete Anwesenheit des geliebten Menschen befriedigender sein als die reale. Emotionen haben ein schillerndes Spektrum von Komponenten, jede mit ihrem eigenen hedonistischen Tonus. Die Frage, ob Liebe lustvoll ist oder nicht, ist ebenso sinnlos wie die Frage, ob ein Gemälde von Rembrandt hell oder dunkel ist.

Wir können uns nun der dritten Ursache für die Ambivalenz unserer Gefühle zuwenden. Die erste war, wie wir uns erinnern, der biologische Ursprung des Triebs, die zweite der damit verbundene Lust-Unlust-Tonus, und die dritte ist die Polarität zwischen Selbstbehauptung und Selbsttranszendierung, die sich in allen unseren Emotionen äußert.

Betrachten wir zunächst die Liebe – ein unzureichend definierter, aber berauschender Cocktail von Emotionen mit zahllosen Variationen (sexuelle, platonische, elterliche, ödipale, narzißtische oder patriotische Liebe, die blumen-, hunde- oder katzenorientierte Liebe, wie die Lehrbücher sagen würden). Doch ganz gleich, wen und wie man umwirbt, es spielt immer ein größeres oder kleineres Element der Selbsttranszendierung mit. Bei sexuellen Beziehungen mischen sich Herrschsucht und Aggression mit Einfühlung und Identifizierung; das Ergebnis reicht von Vergewaltigung bis zu platonischer Verehrung. Die elterliche Liebe spiegelt dagegen eine biologische Verbindung mit dem »eigenen Fleisch und Blut«, die die Grenzen des Ichs transzendiert; dominierende Väter und überfürsorgliche Mütter sind allerdings klassische Beispiele der Selbstbehauptung.

Weniger offensichtlich ist die Tatsache, daß sogar *Hunger*, ein anscheinend einfacher und direkter biologischer Trieb, eine selbsttranszendierende Komponente enthalten kann. Wir wissen aus täglicher Erfahrung, daß der Appetit durch eine angenehme

Gesellschaft und Umgebung vergrößert wird. Ein weniger trivialer Aspekt: Rituelle Gemeinschaftsmahle sind bei primitiven Völkern eng mit Magie und Religion verbunden. Das Teilhaben am Fleisch des geopferten Tieres, Menschen oder Gottes verkörpert einen Prozeß der Transsubstantiation; man verleibt sich die Tugenden und Kräfte des Opfers ein, und es findet so etwas wie eine mystische Kommunion statt, die alle einschließt, die am Ritus teilgenommen haben. Die Tradition, Fleisch und Blut des erschlagenen Gottes miteinander zu teilen, gelangte über den orphischen Mysterienkult symbolisch verbrämt in die Riten des Christentums. Für den Gläubigen ist die heilige Kommunion die höchste Erfahrung der Selbsttranszendenz; und es ist keineswegs blasphemisch gemeint, wenn ich auf die ununterbrochene Tradition hinweise, die die rituelle Speisung mit der Transsubstantiation, der Brot- und Weinverwandlung, als Mittel zur Überwindung der Grenzen des Ichs verbindet.

Andere Anklänge an diese uralte Kommunion haben sich in Riten wie Taufmahl und Leichenschmaus, symbolischen Gaben von Brot und Salz oder der Zeremonie der Blutsbrüderschaft erhalten, die bei einigen arabischen Stämmen üblich ist: dabei werden einige Tropfen vom Blut des erwählten Bruders getrunken.

Wir können also die Schlußfolgerung ziehen, daß der Mensch selbst beim Essen nicht vom Brot allein lebt, daß *sogar der anscheinend simpelste Akt der Selbstbehauptung ein selbsttranszendierendes Element enthalten kann.*

Umgekehrt können so bewundernswerte, selbstlose Betätigungen wie Krankenpflege und Armenfürsorge, Tierschutz, die Mitarbeit bei gemeinnützigen Organisationen und die Beteiligung an Protestmärschen wunderbare Ventile für rechthaberische Selbstbehauptung sein, und sei es auch nur unbewußt. »Professionelle« Menschenfreunde, Wohltätigkeitslöwinnen, Krankenhausmatronen, Missionare und Sozialarbeiter sind unerläßlich für die Gesellschaft, und ihre – ihnen selbst oft unbekannten – Motive zu ergründen, wäre undankbar und kleinlich.

3

Abgesehen von den Extremen blinde Wut und mystische Trance an den beiden entgegengesetzten Enden der Skala bestehen alle unsere emotionalen Stadien also aus Kombinationen der beiden grundlegenden Tendenzen: die eine widerspiegelt die individuelle Ganzheit des Holons, die andere seine Teilheit, und beide halten sich gegenseitig in Schach. Es kann aber auch geschehen, daß die integrative Tendenz ihr Gegenstück nicht in Schach hält, sondern *als Auslöser oder Katalysator* für sie wirkt. Wir werden im nächsten Kapitel die katastrophalen Folgen der selbsttranszendierenden Identifikation des einzelnen mit der Gruppenmentalität, mit den Führern, Schlagworten und Glaubenssätzen der Gruppe behandeln. Wenden wir uns im Augenblick den angenehmeren Aspekten dieses katalysierenden Prozesses zu. Er dient nämlich auch dazu, den Zauber der Illusion in der Kunst zu schaffen.

Wie funktioniert der Prozeß? Betrachten wir einmal eine einfache Situation, an der nur zwei Menschen beteiligt sind: Mrs. A. und ihre Freundin, Mrs. B., deren Tochter kürzlich bei einem Unfall ums Leben gekommen ist. Mrs. A. vergießt Tränen des Mitgefühls und teilt Mrs. B.'s Kummer, wobei sie sich durch einen Akt der Empathie, Projektion oder Introjektion – wie man es nennen will – teilweise mit ihr identifiziert. Dasselbe könnte auch stattfinden, wenn der »andere Mensch« bloß ein Filmstar ist.

Es ist allerdings wichtig, hier zwischen zwei getrennten emotionalen Prozessen zu unterscheiden, die am Geschehen beteiligt sind und sich erst in der erlebten Erfahrung vereinigen. Der erste ist der spontane Akt der Identifizierung selbst, charakterisiert durch die Tatsache, daß Mrs. A. ihre eigene Existenz aufgrund ihrer realen oder eingebildeten Teilnahme an den Erlebnissen eines anderen Menschen momentan mehr oder weniger vergessen hat. Das ist fraglos eine selbsttranszendierende und kathartische Erfahrung; so lange sie andauert, wird Mrs. A. daran gehindert, an ihre eigenen Sorgen, ihre Eifersucht und die Wut auf ihren Mann zu denken. Der Prozeß der Identifizierung *hemmt* also die selbstbehauptenden Tendenzen.

Jetzt kommen wir zu dem zweiten Prozeß, der womöglich die

entgegengesetzte Wirkung hat. Der Akt der Identifikation kann zum Entstehen *stellvertretender Emotionen* führen, die gleichsam für den anderen Menschen empfunden werden. Im Fall von Mrs. A. bestand die stellvertretende Emotion aus Trauer und Schmerz. Sie kann aber auch aus Angst oder Zorn bestehen. Wir haben Mitleid mit Desdemona; infolgedessen gerät unser Blut wegen Jagos Perfidie in Wallung. Die Angst des Zuschauers beim Hitchcock-Thriller ist zwar stellvertretend, physiologisch aber nichtsdestoweniger real, begleitet von Herzklopfen, schnellerem Pulsschlag, plötzlichem alarmiertem Hochfahren. Und der Zorn, den skrupellose Gangster von der Filmleinwand herab erregen (die in mexikanischen Kinos gelegentlich mit Kugeln durchsiebt wird), ist realer Zorn, gekennzeichnet durch eine vermehrte Ausschüttung von Adrenalin. Hier liegt der Kern des Paradoxons, der für das Verständnis beider Phänomene, der Illusionen der Geschichte *und* der Illusionen der Kunst, unerläßlich ist. Beide leiten sich von der menschlichen Natur als glaubensanfälliges Tier (wie Waddington es bezeichnete) ab. Beide bedürfen einer – vorübergehenden oder dauernden – Aufhebung des Nichtglaubens.

Noch einmal: Wir haben es mit einem Prozeß in zwei Schritten zu tun. Bei dem ersten Schritt *hemmen* die selbsttranszendierenden Impulse der Projektion, Teilnahme, Identifikation die selbstbehauptenden Tendenzen, läutern uns gleichsam von der Schlacke unserer egozentrischen Sorgen und Wünsche. Das führt zum zweiten Schritt: Der Prozeß der liebevollen Identifikation kann die Welle von Haß, Furcht, Rachsucht *stimulieren* oder auslösen, die zwar stellvertretend für einen anderen Menschen oder eine andere Gruppe von Menschen erfahren wird, die Pulsgeschwindigkeit aber trotzdem erhöht. Die physiologischen Vorgänge, die von diesen stellvertretenden Emotionen angeregt werden, sind im wesentlichen die gleichen, ob die Bedrohung oder Beleidigung nun gegen einen selbst oder gegen die Person oder Gruppe gerichtet ist, mit der man sich identifiziert. Sie gehören zu der selbstbehauptenden Kategorie, obgleich das Ich vorübergehend die Adresse geändert hat – indem es etwa in eine Filmdiva oder in die örtliche Fußballmannschaft projiziert wird.

Es ist ein Triumph der Einbildungskraft des menschlichen Geistes, daß wir imstande sind, Tränen über den Tod der Anna Karenina zu vergießen, die nur als Druckerschwärze auf Papier oder als bewegtes Bild auf der Leinwand existiert. Kinder und naive Zuschauer, die die Gegenwart vergessen und die Realität der Ereignisse auf der Bühne uneingeschränkt akzeptieren, erleben so etwas wie eine hypnotische Trance, deren Ursprung letztlich im Sympathiezauber primitiver Kulturen liegt, wo man den maskierten Tänzer mit dem Gott oder Dämon identifiziert, den er spielt, und dem geschnitzten Idol göttliche Kräfte zuschreibt. Doch auch in einem fortgeschritteneren Stadium der kulturellen Verfeinerung sind wir immer noch fähig, Laurence Olivier gleichzeitig als ihn selbst und als Prinz Hamlet wahrzunehmen und große Mengen von Adrenalin zu produzieren, um ihm soviel Stärke zu verleihen, daß er seinen Widersacher besiegen kann. Hier wirkt derselbe Zauber, wenn auch in sublimierterer Form: Der Prozeß der Identifizierung (des Zuschauers über den Darsteller mit dem Helden) ist vorübergehend und nur partiell, auf Höhepunkt-Momente beschränkt, die kritischen Fähigkeiten sind gänzlich betäubt und die persönliche Identität nicht unterminiert.

Die Kunst ist eine Schule der Selbsttranszendenz. Ein Wodu-Ritual oder eine Naziversammlung ebenfalls. Unsere Reaktionen auf die verschiedenen Arten der von der Kunst geschaffenen Illusionen haben jedoch auf dem Weg von der Kindheit zur Reife und von der Anbetung von Bildnissen zu ihrer ästhetischen Würdigung einen Sublimierungsprozeß durchlaufen. Bei den Verhaltensformen, wo der Drang nach Selbsttranszendierung seinen Ausdruck in sozialer und politischer Gruppenbildung findet, läßt sich ein vergleichbarer Prozeß nicht feststellen. In dieser Hinsicht wird die Bühne, auf der die Tragödien der Geschichte stattfinden, immer noch von Helden und Bösewichtern bevölkert, und die stellvertretenden Emotionen, die sie hervorrufen, können friedliche Zuschauer immer noch in blutrünstige Fanatiker verwandeln. Das mag als Veranschaulichung der ambivalenten Rolle dienen, die die integrative Tendenz beim Menschen spielt – und die sich im Gegensatz zur reifen *Integration* auch in primitiven Formen der *Identifikation* äußern kann. Die Geschichte der Gesellschaft wird von letzterer, die Kunstgeschichte von ersterer beherrscht.

4. Ad majorem gloriam …

1

Die vorangegangenen theoretischen Erörterungen ermöglichen uns, das Dilemma des Menschen genauer unter die Lupe zu nehmen.

Seit dem Heraufdämmern der Zivilisation hat es nie einen Mangel an begnadeten Reformern gegeben. Jüdische Propheten, griechische Philosophen, chinesische Weise, indische Mystiker, christliche Heilige, französische Humanisten, englische Utilitaristen, amerikanische Pragmatiker, hinduistische Pazifisten haben Krieg und Gewalt verurteilt und an das bessere Ich des Menschen appelliert. Freilich ohne Erfolg. Wie schon angedeutet, muß der Grund dieses Scheiterns darin gesucht werden, daß die Reformer sich in der Interpretation der Ursachen irrten, die den Menschen zwangen, aus seiner Geschichte ein solches Jammertal zu machen, die ihn daran hinderten, Lehren aus der Vergangenheit zu ziehen, und die heute sein Überleben in Frage stellen. Der grundlegende Irrtum besteht darin, daß man die ganze Schuld dem Egoismus, der Gier und der angeblichen Destruktivität des Menschen, das heißt, der *selbstbehauptenden Tendenz* des Individuums zuschiebt. Nichts könnte weiter von der Wahrheit entfernt sein; das läßt sowohl das historische als auch das psychologische Beweismaterial erkennen.

Kein Historiker würde leugnen, daß die Bedeutung der aus persönlichen Motiven begangenen Verbrechen sehr gering ist, wenn man sie mit dem Abschlachten ganzer Völker aus Loyalität gegenüber einem eifersüchtigen Gott, König, Land oder politischen System vergleicht. Die persönlichen Untaten Caligulas schrumpfen angesichts der von Torquemada, dem spanischen Großinquisitor, angeordneten Blutbäder zu einem belanglosen Nichts zusammen. Die Zahl der Menschen, die von Banditen,

Straßenräubern, Gangstern und anderen asozialen Elementen umgebracht wurden, fällt angesichts der Massen, die im Namen der wahren Religion oder der gerechten Sache leichten Herzens erschlagen wurden, kaum ins Gewicht. Ketzer wurden nicht aus Wut, sondern aus Sorge um das Wohlergehen ihrer unsterblichen Seelen gefoltert und verbrannt. Die sowjetischen und chinesischen Säuberungswellen wurden als Maßnahmen zur Verbesserung der Sozialhygiene hingestellt, um die Menschheit auf das Goldene Zeitalter der klassenlosen Gesellschaft vorzubereiten. Die Gaskammern der Nazis sollten ein Tausendjähriges Reich einleiten. Um es noch einmal zu sagen: Die Verwüstungen, die im Lauf der menschlichen Geschichte durch Exzesse der individuellen Selbstbehauptung angerichtet wurden, sind quantitativ unerheblich, wenn man die Massaker dagegenhält, die *ad majorem gloriam*, zum höheren Ruhme von irgend etwas, aus selbsttranszendierender Ergebenheit gegenüber einer Flagge, einem Führer, einem religiösen Glauben oder einer politischen Überzeugung veranstaltet wurden. Der Mensch war schon immer bereit, für eine gute, schlechte oder völlig sinnlose Sache zu töten, aber auch zu sterben. Was könnte ein stichhaltigerer Beweis für die Realität des Drangs nach Selbsttranszendierung sein?

Die Annalen der Geschichte stellen uns somit vor das Paradoxon, daß die Tragödie des Menschen nicht in seiner Aggressivität, sondern in seiner Hingabe an überpersönliche Ideale wurzelt – nicht in einem Exzeß der individuellen Selbstbehauptung, sondern in einer Funktionsstörung der integrativen Tendenzen unserer Spezies. Ich glaube, es war Pascal, der gesagt hat: Der Mensch ist weder ein Engel noch ein Teufel, doch wenn er versucht, den Engel zu spielen, verwandelt er sich in einen Teufel.

Wie entstand aber dieses Paradoxon?

2

In der fundamentalen Polarität, die allen Phänomenen des Lebens zugrunde liegt, ist die selbstbehauptende Tendenz eines Holons, wie wir uns erinnern, der dynamische Ausdruck seiner »Ganzheit«, während die integrative Tendenz der Ausdruck seiner »Teilheit«, das heißt, seiner Unterordnung unter ein größeres Ganzes auf der nächsthöheren Stufe der Holarchie ist. In einer ausgewogenen Gesellschaft leisten beide Tendenzen einen konstruktiven Beitrag zur Aufrechterhaltung des Gleichgewichts. So ist ein gewisses Maß an Selbstbehauptung – »krasser Individualismus«, Ehrgeiz, Rivalität – in einer dynamischen Gesellschaft unerläßlich; ohne sie gäbe es keinen sozialen oder kulturellen Fortschritt. John Donnes »heilige Unzufriedenheit« ist eine wesentliche motivierende Kraft des Sozialreformers, des Künstlers, des Denkers. Nur wenn das Gleichgewicht aus dem einen oder anderen Grund gestört ist, macht die selbstbehauptende Tendenz des Individuums ihr destruktives Potential mobil und neigt dazu, sich zum Nachteil der Gesellschaft geltend zu machen. Die meisten Zivilisationen, ob primitiv oder fortgeschritten, konnten bisher mit solchen Erscheinungen im großen und ganzen recht gut fertig werden.

Die Eskapaden der *integrativen Tendenz,* die unserer Meinung nach die Hauptverantwortung am Dilemma des Menschen tragen, sind dagegen weniger offensichtlich und vielschichtiger. Ein pathogener Faktor, den ich bereits erwähnte: das menschliche Neugeborene ist viel länger hilflos und total auf die Erwachsenen angewiesen, die es aufziehen, als die Jungen irgendeiner anderen Spezies. Diese in die Länge gezogene Erfahrung mag letztlich der Grund für die bereitwillige Unterwerfung des Erwachsenen unter eine Autorität und seine gleichsam hypnotische Empfänglichkeit für Doktrinen und moralische Gebote sein – für seinen Drang nach Zugehörigkeit, nach Identifizierung mit einer Gruppe und ihren Glaubenssätzen.

Freud lehrte, das Gewissen – das Über-Ich – sei der Rückstand der Identifizierung mit den Eltern, besonders mit dem Vater; Teile ihrer Persönlichkeiten und moralischen Einstellungen seien »introjiziert«, gewissermaßen in die unbewußte psychische Struktur des heranwachsenden Kindes einzementiert worden. Man braucht nicht einmal zu akzeptieren, das Gewissen des reifen Erwachsenen sei »nichts als« das Produkt dieser seelischen Transplantation, um nichtsdestoweniger zu erkennen, daß es eine wichtige

Rolle im psychischen Rüstzeug des unreifen Erwachsenen spielt – und im Augenblick geht es uns in erster Linie um emotional unreife Erwachsene, deren integrative Tendenz, »das Bedürfnis nach Zugehörigkeit«, sich auf infantile Weise oder in anderer Hinsicht abwegig äußert.

Wir können bei diesen pathogenen Auswirkungen der integrativen Tendenz drei einander überlappende Faktoren unterscheiden: *Unterwerfung* unter die Autorität eines Vater-Ersatzes; unqualifizierte *Identifikation* mit einer sozialen Gruppe; unkritisches *Akzeptieren ihrer Glaubenssätze.* Alle drei spiegeln sich in den blutigen Annalen der Geschichte.

Der erste Faktor ist seit Freud so sehr zu einem Gemeinplatz geworden, daß er nur kurz behandelt werden muß. Der Führer, der das Vaterbild verkörpert, kann ein Heiliger oder ein Demagoge, ein Weiser oder ein Verrückter sein. Welche Eigenschaften einen Führer ausmachen, interessiert uns hier nicht, doch er muß offensichtlich irgendeinen gemeinsamen Nenner mit den Massen haben, die unter seinem Einfluß stehen, und der gemeinsamste aller Nenner ist infantile Unterwerfung unter Autorität.

Die Führer-Geführter-Beziehung kann ein ganzes Volk umfassen, wie es beim Hitlerkult der Fall war; sie kann sich auf eine kleine Schar von fanatischen Anhängern einer Sekte oder auf zwei Menschen beschränken, zum Beispiel auf den Hypnotiseur und den Hypnotisierten, auf den Psychoanalytiker und seinen Patienten, auf den Beichtvater und den Beichtenden. Das gemeinsame Element ist der Akt der Unterwerfung.

Wenn wir uns dem zweiten und dritten oben erwähnten Faktor – der unqualifizierten Identifikation eines Individuums mit einer sozialen Gruppe und ihren Glaubenssätzen – zuwenden, haben wir es abermals mit einer großen Vielfalt sozialer Aggregate zu tun, die man als »Gruppen« bezeichnen und mit Begriffen der »Gruppenmentalität« oder »Massenpsychologie« schildern kann. Dieser Zweig der Psychologie neigte allerdings dazu, seine Aufmerksamkeit auf extreme Formen des Gruppenverhaltens wie die mittelalterlichen Ausbrüche von Massenhysterie oder auf Le Bons klassische Untersuchung[68] über das Verhalten des Pöbels zu konzentrieren.

Die Tendenz, sich so gut wie ausschließlich um die hochdramatischen Manifestationen der Massenpsychologie zu kümmern, ließ die Vertreter der genannten Schule jene allgemeineren Prinzipien übersehen, die der Gruppenmentalität und ihrem dominierenden Einfluß auf die vergangene und gegenwärtige Geschichte des Menschen zugrunde liegen. Ein Mensch braucht zum Beispiel gar nicht physisch in einer Gruppe anwesend zu sein, um vom Gruppengeist angesteckt zu werden; die emotionale Identifikation mit einer Nation, Kirche oder politischen Bewegung kann auch ohne solchen Kontakt erfolgen. Man kann dem Gruppenfanatismus bekanntlich sogar in der Intimsphäre des Badezimmers zum Opfer fallen.

Es ist auch nicht so, daß jede Gruppe einen persönlichen Anführer oder eine persönliche Vaterfigur braucht, dem bzw. der die Autorität übertragen wird, wie wir im letzten Abschnitt besprochen haben. Religiöse und politische Bewegungen benötigen Anführer, um in Gang zu kommen; einmal etabliert, ist eine führende Hand zwar immer noch von Nutzen, doch das primäre Bedürfnis einer Gruppe, der Faktor, der ihr Kohärenz als soziales Holon verleiht, ist ein Credo, ein gemeinsames System von Glaubenssätzen und der darauf beruhende Verhaltenskodex. Dieser mag von einer menschlichen Autorität oder von einem Symbol verkörpert werden – von dem Totem oder dem Fetisch, der den Mitgliedern des Stammes ein mystisches Gefühl der Vereinigung schenkt; von heiligen Bildnissen oder Statuen als Gegenstand der Verehrung; oder von der Regimentsfahne, der Soldaten im Kampf auch dann noch folgen sollen, wenn es sie mit Sicherheit das Leben kostet. Der Gruppengeist kann von der Überzeugung beherrscht werden, die Gruppe sei eine erwählte Rasse, deren Ahnen einen speziellen Bund mit Gott eingingen; oder sie sei eine Herrenrasse, deren Vorfahren blonde Halbgötter waren oder deren Kaiser von der Sonne herabstiegen. Ihr Credo kann auf der Überzeugung beruhen, das Befolgen bestimmter Regeln und Zelebrieren bestimmter Riten qualifiziere im Jenseits zur Mitgliedschaft in einer Elite; oder körperliche Arbeit qualifiziere zur Mitgliedschaft in der Eliteklasse der Weltgeschichte. Kritische Argumente können beim Gruppengeist wenig ausrichten, weil die Identifizierung mit der

Gruppe immer eine gewisse Aufgabe der kritischen Fähigkeiten ihrer Mitglieder mit sich bringt und deren emotionales Potential durch eine Art Gruppenresonanz oder positive Rückkoppelung vergrößert.

Ich wiederhole, daß sich der Begriff »Gruppe«, in Zusammenhang mit unserer Theorie gebraucht, nicht auf eine Ansammlung von Menschen an einem Ort beschränkt, sondern jedes soziale Holon einbezieht, das von einem festen Regelkodex – zum Beispiel Sprache, Traditionen, Bräuche, Glaubenssätze usw. – geleitet wird, der seine kollektive Identität definiert, ihm Zusammenhalt und ein »soziales Profil« verleiht. Als autonomes Holon hat es sein eigenes Funktionsschema und wird von seinem eigenen Verhaltenskodex geleitet, der sich nicht auf individuelle Kodizes zurückführen läßt, die das Verhalten seiner Mitglieder bestimmen, wenn sie als selbständige Individuen und nicht als Teile der Gruppe handeln. Das auf der Hand liegende Beispiel ist der Rekrut, der als Individuum nicht töten darf, als gehorsames Mitglied seiner Einheit aber töten muß.

Es ist also wesentlich, zwischen den Regeln, die das individuelle Verhalten bestimmen, und den Regeln, die das Verhalten der Gruppe als Ganzes lenken, zu unterscheiden.[69] Die Gruppe müßte dann als quasi autonomes Holon betrachtet werden und nicht einfach als Summe ihrer einzelnen Teile; ihre Tätigkeiten richten sich nicht allein nach den Wechselwirkungen ihrer Teile, sondern auch nach den Wechselwirkungen der Gruppe insgesamt mit anderen sozialen Holons auf einer höheren Stufe der Hierarchie. Diese Wechselwirkungen werden wiederum die Polarität zwischen der selbstbehauptenden und der integrativen Tendenz der Gruppe widerspiegeln und zwischen Wettbewerb und/oder Kooperation mit anderen Gruppen schwanken. In einer gesunden sozialen Holarchie halten sich die beiden Tendenzen die Waage, doch wenn Spannungen auftreten, kann dieses oder jenes soziale Holon überreizt werden und seine Rivalen in den Schatten stellen oder die Rolle des Ganzen usurpieren. Die Geschichte bietet eine endlose Liste solcher Spannungen, Konfrontationen und Konflikte.

Wir haben bereits einige der Faktoren erwähnt, die für diese chronische Gleichgewichtsstörung verantwortlich sind – zum Beispiel die einzigartige Vielfalt der rassischen Merkmale und nationalen Temperamente unserer Spezies, oder die negative Wirkung des Reichtums an Sprachen, die in ihrer Gesamtheit immer *die trennenden Kräfte der Menschheit über die verbindenden Kräfte siegen ließen, ob auf lokaler oder auf globaler Ebene.* Eine noch wichtigere Ursache der Schwierigkeiten liegt darin, daß der Verhaltenskodex eines sozialen Holons nicht nur die Regeln umfaßt, die das Verhalten seiner Mitglieder bestimmen, sondern auch moralische Richtlinien und Imperative mit Anspruch auf universale Gültigkeit. Diese Imperative sind stark emotional geladen, und der Gruppengeist neigt zu heftigen Reaktionen auf jede – reale oder vermeintliche – Bedrohung seiner geheiligten Glaubenssätze.

Wie wir gleich sehen werden, kann man dieses Paradoxon nicht nur auf dem Schlachtfeld und bei lynchenden Mobs, sondern auch in sterilen psychologischen Laboratorien beobachten. Das Paradoxon beruht auf der Tatsache, daß der Akt der Identifikation mit der Gruppe ein *selbsttranszendierender* Akt ist und gleichzeitig die *selbstbehauptenden* Tendenzen der Gruppe verstärkt. Die Identifikation mit der Gruppe ist ein Akt der Devotion, der liebevollen Unterwerfung unter die Interessen der Gemeinschaft, eine partielle oder totale Kapitulation der persönlichen Identität und der selbstbehauptenden Tendenzen des Individuums. Es gibt, um unsere Terminologie zu gebrauchen, seine »Ganzheit« für seine »Teilheit« in einem größeren Ganzen auf einer höheren Stufe der Holarchie auf. Es wird in einem gewissen Ausmaß entpersönlicht, das heißt, selbstlos in mehr als einem Sinne. Es mag Gefahren gleichgültig gegenüberstehen; es fühlt sich vielleicht gedrängt, altruistische, sogar heroische Taten bis zum Punkt der Selbstaufopferung zu begehen und den – realen oder eingebildeten – Feind der Gruppe zur gleichen Zeit mit rücksichtsloser Grausamkeit zu behandeln. Seine Brutalität ist jedoch unpersönlich und selbstlos; sie wird im Interesse oder im angeblichen Interesse der Gruppe ausgeübt; das Individuum ist nicht nur bereit, in ihrem Namen zu töten, sondern auch in ihrem Namen zu sterben. Das selbstbehauptende Verhalten der Gruppe basiert also auf dem selbsttranszendierenden Verhalten ihrer Mitglieder, oder, um es einfacher zu sagen, *der Egoismus der Gruppe wird vom Altruismus ihrer Mitglieder genährt*.

Die »teuflische Dialektik« dieses Prozesses zeigt sich auf allen Stufen der verschiedenen sozialen Holarchien. Der Patriotismus ist die edle Tugend, individuelle Interessen den Interessen der Nation unterzuordnen; er führt jedoch zu Chauvinismus, der überhitzten Form jener höheren Interessen. Loyalität gegenüber der Sippe produziert Sippenstolz; Korpsgeist artet in arrogantes Cliquenwesen aus; religiöse Leidenschaft führt zu Fanatismus, die Bergpredigt zur militanten Kirche.

Wenden wir uns nun dem experimentellen Beweis unserer theoretischen Annahme zu. Er wurde kürzlich auf eine recht überraschende Weise in den psychologischen Laboratorien der Universität Yale und anderer Universitäten erbracht.

3

Die außerordentlich originellen Versuchsreihen, die ich etwas ausführlicher schildern möchte, wurden zuerst von Dr. Stanley Milgram im Psychologischen Institut der Yale-Universität durchgeführt und anschließend in verschiedenen experimentellen Labors in Deutschland, Italien, Australien und Südafrika wiederholt. Die Experimente verfolgten das Ziel, die Grenzen der Autoritätshörigkeit durchschnittlicher Menschen festzustellen, denen befohlen wird, einem unschuldigen Opfer im Interesse einer guten Sache starke Schmerzen zuzufügen. Die Autorität wurde durch eine professoral wirkende Person im Laborkittel verkörpert; ich werde sie als Professor bezeichnen. Die gute Sache war die Bildung, das heißt, die Versuche sollten angeblich klären, ob die Bestrafung eines Schülers für seine Fehler den Lernprozeß positiv beeinflußt.

Drei Leute nahmen am Experiment teil: erstens der Professor, der die Oberleitung hatte; zweitens der Schüler oder das Opfer; drittens die eigentliche Versuchsperson, die vom Professor aufgefordert wurde, die Rolle des Lehrers zu übernehmen und den

Schüler jedesmal zu bestrafen, wenn er eine falsche Antwort gegeben hatte. Die Bestrafung erfolgte durch Elektroschocks von zunehmender Intensität, die der »Lehrer« auf Anordnung des Professors verabreichen mußte. Der »Schüler« oder das Opfer wurde auf eine Art elektrischen Stuhl geschnallt, und man schloß eine Elektrode an sein Handgelenk an. Der »Lehrer« saß vor einem imponierenden Schockgenerator, dessen Schaltbrett mit dreißig Schaltern versehen war, die Elektroschocks von 15 bis 450 Volt auslösen konnten (der Schockabstand zwischen den einzelnen Schaltern betrug also 15 Volt). Die Apparatur hatte auch Schilder mit Aufschriften, die von »Leichter Schock« über »Intensiver Schock« bis zu »Gefahr – schwerer Schock« reichten.

Die grausame Versuchsanordnung war in Wirklichkeit leerer Schein. Das »Opfer« war nämlich ein Schauspieler, den der Professor für diese Rolle engagiert hatte. Der Schockgenerator war eine Attrappe. Nur der »Lehrer« glaubte an die Realität der Schocks, die er verabreichen mußte, und der Schmerzensschreie und Bitten um Gnade, die das »Opfer« ausstieß.

Die »Lehrer« – also die eigentlichen Versuchspersonen – waren zwanzig- bis fünfzigjährige Freiwillige aus allen sozialen Schichten, die sich auf Zeitungsinserate, in denen Teilnehmer für »eine wissenschaftliche Untersuchung von Erinnerungs- und Lernprozessen« gesucht worden waren, im Laboratorium meldeten (sie erhielten die bescheidene Vergütung von vier Dollar pro Stunde). Typische Versuchspersonen waren Postbeamte, High-School-Lehrer, Vertreter, Ingenieure und Arbeiter. Insgesamt testete man allein in Yale über tausend Freiwillige.

Das Testverfahren sah im wesentlichen folgendermaßen aus. Der Schüler bekam eine lange Liste von Wortpaaren zu lesen – beispielsweise »blaue Schachtel – schöner Tag – wilde Ente« usw. Bei der »Prüfung« legte man ihm dann einen Verbaltest vor – zum Beispiel »blau« mit vier Alternativlösungen wie »Tinte, Schachtel, Himmel, Lampe«. Er mußte sagen, welche Antwort richtig war. Der Lehrer wurde vom Professor angewiesen, dem Schüler jedesmal einen Schock zu verabreichen, wenn er die falsche Lösung nannte, und außerdem »dem Schüler mit jeder falschen Antwort einen höheren Schock zu verabreichen«.

Um sicher zu gehen, daß der Lehrer sich über sein Tun im klaren war, mußte der Schauspieler, der die Rolle des Schülers spielte, unartikulierte Klagen von sich geben, deren Intensität mit der Voltzahl wuchs. Bei 75 Volt stöhnte er »schwach« und wurde dann immer lauter, bis er bei 150 Volt schrie: »Lassen Sie mich hier raus! Ich will an dem Experiment nicht länger teilnehmen! Ich weigere mich, weiter mitzumachen.« (Man erinnere sich, daß der Lehrer glaubte, das Opfer sei ebenfalls ein Freiwilliger.) »Bei 315 Volt schrie das Opfer laut auf und wiederholte nachdrücklich, es wolle nicht länger am Experiment teilnehmen. Es beantwortete die Prüfungsfragen nicht mehr, sondern schrie bei jedem Schock nur qualvoll auf. Nach 330 Volt verstummte es.« Doch der Professor befahl der Versuchsperson, ausbleibende Antworten als falsche zu werten und die Schockstärke weiterhin plangemäß zu steigern. Nach drei Schocks von 450 Volt brach er den Versuch ab.

Wie viele Menschen einer durchschnittlichen Population würden Ihrer Meinung nach dem Befehl gehorchen, ein Opfer bis zu einer Schockintensität von 450 Volt weiterzufoltern? Die Antwort scheint ausgemachte Sache zu sein: vielleicht einer von tausend, ein pathologischer Sadist. Ehe Milgram mit seinen Experimenten begann, bat er übrigens eine Gruppe von Psychiatern, das Ergebnis vorauszusagen. »Mit bemerkenswerter Übereinstimmung prophezeiten sie, praktisch alle Versuchspersonen würden sich weigern, dem Versuchsleiter zu gehorchen.« Die neununddreißig Psychiater, die den Fragebogen ausfüllten, erklärten gleichermaßen, daß »die meisten Versuchspersonen nicht über 150 Volt hinausgehen würden (das heißt, sobald das Opfer zum erstenmal darum bittet, losgeschnallt zu werden). Sie erwarteten, daß nur 4 Prozent bis 300 Volt kommen würden und daß nur ein pathologischer Bruchteil von etwa einem pro tausend die stärksten Schocks des Schaltbretts verabreichen würde.«[70]

In Wirklichkeit gehorchten in Yale *über 60 Prozent* der Versuchspersonen dem Professor bis zuletzt – bis zur Obergrenze von 450 Volt. Als das Experiment in Italien, Südafrika und Australien wiederholt wurde, war der Prozentsatz der gehorsamen Versuchspersonen noch etwas höher. In München betrug er 85 Prozent.

Vor der weiteren Erörterung des Experiments möchte ich noch einige Punkte klären, die mit der Versuchsanordnung zusammenhängen.

Erstens war die Macht des Professors über seine freiwilligen Versuchspersonen nicht mit der Macht eines Offiziers oder Firmenchefs, noch nicht einmal mit der Macht eines Schullehrers vergleichbar. Er hatte nämlich nicht die Möglichkeit, eine Versuchsperson zu bestrafen, die sich weigerte, weitere Schocks zu verabreichen, und er konnte auch keine Anreize finanzieller oder anderer Art bieten. (Es stand von vornherein fest, daß jeder Freiwillige nur einmal eingesetzt werden würde.)

Wie zwang der Professor dem Lehrer dann seine Autorität auf und wie bewog er ihn, mit seiner schrecklichen Arbeit fortzufahren? Es gab keine Einschüchterungsversuche, und er durfte keine Überredungskünste anwenden. Der Professor mußte vielmehr eine genau festgelegte Prozedur einhalten:

»An verschiedenen Punkten des Experiments würde die Versuchsperson den Versuchsleiter [den Professor] um Rat fragen, ob sie weiterhin Schocks verabreichen solle. Oder sie würde erkennen lassen, daß sie nicht weitermachen wolle. Der Versuchsleiter reagierte mit einer Reihe von ›Anspornen‹, von denen er so viele benutzte, wie nötig waren, um die Versuchsperson zum Fortfahren zu bewegen.

Ansporn 1: Machen Sie bitte weiter *oder* Bitte weitermachen.

Ansporn 2: Das Experiment verlangt, daß Sie weitermachen.

Ansporn 3: Es ist unbedingt nötig, daß Sie weitermachen.

Ansporn 4: Sie haben keine andere Wahl, Sie *müssen* weitermachen.

Die Stimme des Versuchsleiters war dabei gleichbleibend fest, aber nicht unhöflich.

Wenn die Versuchsperson fragte, ob der Schüler einen bleibenden körperlichen Schaden davontragen könne, sagte der Versuchsleiter: ›Die Schocks können zwar schmerzhaft sein, aber es entsteht kein bleibender Gewebeschaden, machen Sie also bitte weiter.‹ (Notfalls gefolgt von den Ansporen 2, 3 und 4.) Wenn die Versuchsperson sagte, der *Schüler* wolle nicht weitermachen, antwortete der Versuchsleiter: ›Ob es dem Schüler gefällt oder nicht, Sie müssen weitermachen, bis er alle Wortpaare richtig gelernt hat. Machen Sie also bitte weiter.‹ (Notfalls gefolgt von den Anspornen 2, 3 und 4.)«[71]

Man kann diese Technik wohl kaum als Gehirnwäsche bezeichnen. Trotzdem funktionierte sie bei fast zwei Dritteln der Versuchspersonen, ganz gleich, aus welchem Land sie kamen und auf welche Weise man Freiwillige angeworben hatte. Sie funktionierte sogar dann, wenn das Opfer angeblich ein Herzleiden hatte und die Maximalschocks lebensgefährlich zu sein schienen. Daß menschliche Wesen unmenschlich handeln können, wenn sie als Mitglieder einer Armee oder eines fanatischen Pöbels handeln, galt schon immer als ausgemachte Sache. Die Bedeutung des Versuchs lag darin, daß er offenbarte, *wie wenig* es bedurfte, um Menschen über die psychische Barriere zu drängen, die das Verhalten ehrenwerter Bürger vom Verhalten entmenschter SS-Henker trennt. Wie niedrig diese Barriere war, die von zwei Dritteln der Versuchspersonen überschritten wurde, setzte sogar Psychiater in Erstaunen, deren vorher aufgezeichnete Prognosen sich als völlig falsch herausstellten, obgleich sie so plausibel geklungen hatten.

Das lästige Problem, das diese Ergebnisse für uns aufwerfen, läßt sich vielleicht am bequemsten vom Tisch fegen, wenn man die Schuld bei den unterdrückten aggressiven Impulsen der Versuchspersonen sucht, denen die Experimente ein sozial akzeptables Ventil boten. Diese Interpretation liegt auf der traditionellen Linie von Freuds »Zerstörungstrieb« oder Lorenz' »Tötungsinstinkt« – eine These, die, wie ich bereits erwähnte, sowohl vom historischen als auch vom psychologischen Beweismaterial widerlegt wird. Milgram fand eine elegante Methode, dieses Argument zu entkräften und folgendes zu demonstrieren:

»Der Akt der Schockverabreichung entspringt nicht destruktiven Trieben, sondern der Tatsache, daß die Versuchspersonen in eine Sozialstruktur integriert wurden und unfähig sind, aus ihr auszubrechen.

Nehmen wir an, der Versuchsleiter weist die Versuchsperson an, ein Glas Wasser zu trinken. Bedeutet dies etwa, daß die Versuchsperson durstig ist? Offensichtlich nicht, denn sie tut nur einfach, was man ihr befohlen hat. Es ist das Wesen des Gehorsams, daß die durchgeführte Handlung nicht mit den Motiven des Handelnden übereinstimmt, sondern durch das Motivationssystem der in der sozialen Hierarchie Höherstehenden veranlaßt wird.«[72]

Um das zu beweisen, führte er eine weitere Versuchsreihe durch, bei der ausdrücklich erklärt wurde, »daß der Lehrer die höchsten Schocks auf dem Generator wählen könne, die niedrigsten, irgendwelche in der Mitte oder jegliche Kombination«[73] – ganz nach seinem Belieben. Das Ergebnis dieser Experimente sah so aus:

»Obwohl sie jede Möglichkeit hatten, dem Schüler Schmerz zuzufügen, verabreichten nahezu alle Versuchspersonen den niedrigsten Schock auf dem Schaltbrett, und das durchschnittliche Schockniveau betrug 3,6 [also 54 Volt – man bedenke, daß das Opfer erst bei 75 Volt zum erstenmal schwach stöhnen sollte]. Wenn dabei tatsächlich destruktive Neigungen ihren Ausdruck gesucht hätten und wenn die Versuchsperson die Anwendung von hohen Schockstufen als Dienst an der Wissenschaft hätte erklären können, warum haben sie dann dem Opfer keine Schmerzen zugefügt?

Die Tendenz, dies zu tun, war gering. Eine oder zwei [von vierzig] Versuchspersonen[74] schienen eine gewisse Befriedigung bei der Schockverabreichung zu empfinden. Aber wenn die Versuchspersonen den Befehl erhielten, ihr Opfer zu bestrafen, versetzten sie ihm viel stärkere Schocks.«[75]

Bei den ursprünglichen Versuchen, bei denen der Lehrer auf Befehl des Professors handelte, verabreichten durchschnittlich 25 von 40 Versuchspersonen den Maximalschock von 450 Volt. Bei dem Experiment, bei dem sie die Schockstärke selbst bestimmten, gingen 38 von 40 nicht über 150 Volt (erster lauter Protest des Opfers) hinaus, und die beiden restlichen Versuchspersonen verabreichten 325 bzw. 450 Volt.

Um seinen Beweis zu erhärten, zitiert Milgram andere Experimente, die von seinen Kollegen Buss und Berkowitz durchgeführt wurden. Die Versuchsanordnung war dabei ähnlich.

»In typischen experimentellen Manipulationen frustrierten sie die Versuchsperson, um festzustellen, ob sie im Zustand der Verärgerung höhere Schocks verabreichen würde. Die Auswirkungen dieser Manipulationen waren äußerst gering im Vergleich zu denen der Gehorsamsexperimente. Das heißt, gleich, was diese Experimentatoren unternahmen, um die Versuchsperson zu ärgern, zu reizen oder zu frustrieren, sie ging äußerstenfalls um ein oder zwei Schockstufen höher, sagen wir, von Schockstufe 4 auf Schockstufe 6 [90 Volt]. Dies stellte einen echten Aggressionszuwachs dar. Es ergab sich aber ein Unterschied in Höhe einer Zehnerpotenz zwischen den Befunden bei Verhaltensänderung, die auf diese eben beschriebene Weise herbeigeführt wurde, und den Befunden bei einer Versuchsanordnung, wo die Versuchsperson auf Befehle reagierte.«[76]

Weit davon entfernt, aus der Folterung des Opfers einen Lustgewinn zu ziehen, äußerte die überwiegende Mehrheit der Versuchspersonen unterschiedliche Symptome von emotionaler Belastung und Streß. Einige brachen in Schweiß aus, andere flehten den Professor an, den Versuch abzubrechen, oder wandten ein, das Experiment sei grausam und töricht. Nichtsdestoweniger machten zwei Drittel weiter bis zum bitteren Ende.

Was ließ sie bei einer Aufgabe fortfahren, die ihnen offensichtlich unangenehm war und in eklatantem Widerspruch zu ihrem persönlichen Moralkodex stand? Abgesehen von einigen terminologischen Unterschieden liegt Milgrams Analyse auf derselben Linie wie die theoretischen Erwägungen aus den vorangegangenen Kapiteln. Er ist sich über die tiefgreifenden Auswirkungen des hierarchischen Konzepts im klaren[77]:

»Wenn Individuen in eine Hierarchie eingegliedert werden, wird der Mechanismus, der gewöhnlich die Antriebe des Individuums reguliert, unterdrückt und auf eine höherrangige Komponente übertragen ... [78]

Die Individuen, die in solche Hierarchien eintreten, werden notwendigerweise in ihrer Funktionsweise modifiziert ... [79]

Eine solche Veränderung entspricht haargenau dem Kerndilemma unseres Experiments: Wie ist es möglich, daß ein Mensch, der normalerweise anständig, höflich, freundlich ist, im Experiment mit brutaler Härte gegen einen anderen Menschen vorgeht? . . .[80]

Das Verschwinden von Verantwortungsgefühl ist die am weitesten reichende Konsequenz der Unterordnung unter Autorität.[81]

Auf ähnliche Weise sehen die meisten Versuchspersonen in unserem Experiment ihr Verhalten in einem größeren Zusammenhang, der positiv und für die Gesellschaft nützlich sei, als Erkundung von wissenschaftlicher Wahrheit. Ein Psychologie-Labor kann einen sicheren Anspruch auf Legitimität erheben und erweckt in Menschen, die es betreten, um dort zu arbeiten, Vertrauen und Selbstsicherheit. Eine Handlung wie etwa die, einem Opfer Elektroschocks zuzufügen, gewinnt in dieser Umgebung eine vollkommen andere Bedeutung . . .[82]

Moral geht zwar nicht verloren, aber sie nimmt eine ganz andere Richtung: Die untergeordnete Person empfindet Scham oder Stolz, je nachdem sie die von der Autorität verlangten Handlungen ausgeführt hat. Die Sprache bietet zahlreiche Ausdrücke, um diese Art von Moral festzulegen: *Loyalität, Pflicht, Disziplin*.«[83]

Hier haben wir also den experimentellen Beweis für das, was ich die »teuflische Dialektik« des menschlichen Dilemmas nannte. Es ist nicht, wie das leichtfertige Schlagwort besagt, ihre »angeborene Aggressivität«, also nicht ihre selbstbehauptende Tendenz, die harmlose Bürger in Folterknechte verwandelt, es ist vielmehr ihre selbsttranszendierende Hingabe an eine Sache, die im Milgram-Experiment durch den Professor in der Rolle des Anführers symbolisiert wird. Es ist die *integrative Tendenz als Medium oder Katalysator*, die die Änderung der Moral, die Aufhebung der persönlichen Verantwortlichkeit, den Austausch des individuellen Verhaltenskodex gegen den Kodex der »höheren Komponente« in der Hierarchie herbeiführt. Im Verlauf dieses verhängnisvollen Prozesses wird das Individuum bis zu einem gewissen Grad entpersönlicht; es funktioniert nicht mehr als autonomes Holon oder als Teil-Ganzheit, sondern nur noch als Teil. Janus hat nicht mehr zwei Gesichter – nur noch eines ist übriggeblieben und blickt in heiliger Verzückung oder schwachsinniger Verwirrung nach oben.

Die endgültigen Schlußfolgerungen, die Milgram aus seinen Versuchsergebnissen zog, lassen sich mit unserer Theorie vereinbaren:

»Das ist vielleicht die fundamentalste Lehre unserer Untersuchung: Normale Menschen, die einfach ihre Arbeit tun und von sich aus keine bestimmte Feindseligkeit entwickeln, können zu Mithelfern bei einem schrecklich destruktiven Prozeß werden. Und selbst wenn die destruktiven Wirkungen ihrer Arbeit offenkundig werden und man sie auffordert, Handlungen auszuführen, die mit grundlegenden moralischen Normen unvereinbar sind, haben nur relativ wenige Menschen die inneren Ressourcen, die nötig sind, um der Autorität zu widerstehen . . . [84]

Das Verhalten, das sich bei den hier berichteten Experimenten zeigte, ist ganz normales menschliches Verhalten. Allerdings wird es unter Bedingungen an den Tag geholt, die besonders deutlich die Gefahren, die in uns Menschen angelegt sind, für das Überleben der Menschheit aufzeigen. Was haben wir nun gefunden? Nicht Aggression, denn die Menschen, die dem Opfer Schocks versetzten, empfanden keinen Zorn, keine Rachsucht und keinen Haß . . . Etwas weitaus Gefährlicheres kommt ans Licht: die Fähigkeit des Menschen, seine Menschlichkeit abzustreifen, ja geradezu die Unvermeidlichkeit, daß er dies tut, wenn er seine individuelle Persönlichkeit mit übergeordneten institutionalen Strukturen verbindet.

Dies ist ein fataler Defekt, den die Natur uns Menschen eingebaut hat, und auf lange Sicht läßt er unserer Art nur eine bescheidene Überlebenschance.

Es ist bittere Ironie, daß die Tugenden der Loyalität, der Disziplin und der Selbstaufopferung, die wir am einzelnen so hoch schätzen, genau die Eigenschaften sind, die eine organisierte Kriegs- und Vernichtungsmaschinerie schaffen und Menschen an bösartige Autoritätssysteme binden.«[85]

4

Ich sagte vorhin, daß die Metamorphose vom individuellen Geist zum Gruppengeist nicht unbedingt der physischen Anwesenheit des Individuums in der Gruppe oder Masse, sondern nur der Identifizierung mit der Gruppe bedarf – mit ihren Glaubenssätzen, Überlieferungen, ihrem Führungssystem und/oder ihren Emotionen auslösenden Symbolen. So wurden die »Lehrer« bei Milgrams Experiment Mitglieder einer unsichtbaren Gruppe, der ehrfurchtgebietenden akademischen Hierarchie, der Priesterkaste der Wissenschaft, deren Weisheit und Autorität der Professor verkörperte. Sobald sie sich jedoch engagiert hatten, saßen sie in einer Falle – einem »geschlossenen System«, in das man leicht hineinkommt, das man aber nur schwer wieder verlassen kann. Die integrative Tendenz, auf der die bindenden Kräfte innerhalb der Gruppe beruhen, äußert sich auf verschiedene Arten, die wir bereits besprochen haben, weisen aber ausnahmslos eine emotionale Ladung auf, deren Intensität alle rationalen Erwartungen übertrifft: Milgrams Ergebnisse widerlegten die Voraussagen der Psychiater auf drastische Weise.

Neuere Versuche, die Henri Tajfel und seine Mitarbeiter an der Universität Bristol machten, hatten ebenso unerwartete Ergebnisse, wenn auch in einem anderen Rahmen. Gruppen von vierzehn- bis fünfzehnjährigen Schülern wurden einem schnellen – und fingierten – psychologischen Test unterzogen, und anschließend sagte man jedem Jungen, er sei entweder ein »Julius-Mensch« oder ein »Augustus-Mensch«. Es wurde nicht erklärt, worin die typischen Merkmale der Julius- und Augustus-Menschen bestanden, und die Jungen erfuhren auch nicht, wer die anderen Mitglieder ihrer Gruppe waren. Trotzdem identifizierten sie sich prompt mit ihrer fiktiven Gruppe und entwickelten einen solchen Stolz, zu den Julius-Menschen oder Augustus-Menschen zu gehören, daß sie zu finanziellen Opfern bereit waren, um ihre unbekannten Gruppenbrüder zu unterstützen und im anderen Lager Unruhe zu stiften.

Das bei diesem und bei späteren Versuchen angewandte Verfahren war einigermaßen kompliziert; statt es ausführlich zu beschreiben, werde ich die Zusammenfassung von Nigel Calder zitieren, der sehr dazu beigetragen hat, die öffentliche Aufmerksamkeit auf Tajfels Ergebnisse zu lenken:

»Die Experimente, die mit den Schülern von Bristol begannen, ergaben Bezugspunkte in dem weitläufigen Ozean des menschlichen Sozialverhaltens, der bislang für die Wissenschaft nicht schiffbar zu sein schien. Manch eine Theorie war umsonst aufgestellt worden. Einige, zum Beispiel die von Sigmund Freud und Konrad Lorenz, stellten die angeborene Aggressivität des Individuums als Ursache für Konflikte zwischen Gruppen hin, wonach ein Weltkrieg so etwas wie ein ausgeuferter Wirtshausstreit wäre ...[86] Das große Problem bestand jedoch die ganze Zeit darin, eine Erklärung für die Tatsache zu finden, daß wohlerzogene junge Männer so bereitwillig hinausziehen, um andere wohlerzogene junge Männer zu töten, nicht etwa in rasenden Horden, sondern in disziplinierten Formationen. Eine wirkungsvolle Herausforderung des ›individualistischen‹ Konzepts stammt von dem Sozialpsychologen Henri Tajfel. Er weist auf die drastische Verschiebung in den menschlichen Verhaltensnormen hin, die stattfindet, wenn eine Gruppe mit einer anderen konfrontiert wird. Dann kommt die menschliche Fähigkeit ins Spiel, im Gleichklang zu handeln, sich allein nach den Gesetzen und der Struktur der Gesellschaft zu richten, sich weitgehend von individuellen Motiven und Ansichten zu lösen ... Tajfel und seine Mitarbeiter haben in einer bemerkenswerten Reihe von Experimenten an der Universität Bristol gezeigt, daß man das Verhalten eines Menschen allein dadurch auf voraussagbare Weise ändern kann, indem man ihm erzählt, er gehöre zu einer Gruppe – selbst wenn es eine Gruppe ist, von der er noch nie etwas gehört hat. Fast automatisch begünstigt der Teilnehmer dieser Experimente die ihm unbekannten Mitglieder seiner Gruppe und weicht bei passender Gelegenheit aller Wahrscheinlichkeit nach von seinen Gewohnheiten ab, um Mitglieder einer anderen Gruppe zu schädigen ... Die Menschen werden für die Gruppe eintreten, der sie zufällig zugeteilt wurden, ohne jede Belehrung, wer sonst noch zu dieser Gruppe gehört oder welche Qualitäten sie angeblich hat ...[87] Erst wenn man die ganze Tragweite der entschiedenen und prompten

Neigung menschlicher Wesen erfaßt hat, sich mit jeder Gruppe zu identifizieren, in die sie sich gestellt sehen, kann man eine feste Plattform für die Suche nach den Ursprüngen der Feindseligkeit errichten.«[88]

Ich fand diese Versuche nicht nur aus theoretischen, sondern auch aus persönlichen Gründen außerordentlich aufschlußreich, denn sie hingen mit einer Episode aus meiner Kindheit in Budapest zusammen, die nicht aufgehört hat, mich zu verwirren und zu amüsieren. An meinem ersten Schultag – ich war fünf Jahre alt – stellten mir meine künftigen Klassenkameraden die entscheidende Frage: »Bist du MTK oder FTC?« Das waren die Initialen der beiden besten ungarischen Fußballmannschaften, die ständig um die Meisterschaft rivalisierten, was jeder Schuljunge wußte – außer mir, der ich noch nie ein Fußballspiel miterlebt hatte. Es war jedoch undenkbar, einen solchen Abgrund von Unwissen zuzugeben, und deshalb antwortete ich im Brustton der Überzeugung: »MTK natürlich!« Damit waren die Würfel gefallen; ich blieb für den Rest meiner ungarischen Kindheit ein leidenschaftlicher und loyaler Anhänger des MTK, was sich auch nicht änderte, als meine Familie nach Wien zog, und noch heute wandern meine Gedanken über den Eisernen Vorhang voll Sympathie zum MTK. Seine wunderschönen blau-weiß-gestreiften Hemden haben nie ihren Zauber für mich verloren, während die vulgären grün-weißen Streifen seiner unwürdigen Rivalen mich weiterhin mit Abscheu erfüllen. Ich neige sogar zu der Annahme, daß dieses frühe Glaubensbekenntnis dazu beitrug, Blau zu meiner Lieblingsfarbe zu machen. (Immerhin ist der Himmel blau, während Grün nur das Produkt des Gemischs dieser Primärfarbe mit Gelb ist.) Ich könnte über mich lachen, aber die emotionale Beziehung, das magische Band ist immer noch da, und allein die Vorstellung, aus dem blau-weißen MTK-Lager zum grün-weißen FTC überzuwechseln, wäre schon Blasphemie. Unsere Bindungen fliegen uns sozusagen an wie Krankheitsbazillen. Noch schlimmer, wir gehen durchs Leben, ohne uns dieser pathologischen Veranlagung bewußt zu sein, die die Menschheit von einer historischen Katastrophe zur nächsten lockt.

5

Seit Beginn der dokumentierten Geschichte ist es den menschlichen Gesellschaften immer recht gut gelungen, die *selbstbehauptenden* Tendenzen des Individuums zu zügeln – bis der heulende kleine Wilde in seiner Hütte sich in ein mehr oder weniger gesetzestreues und zivilisiertes Mitglied der Gesellschaft verwandelt hatte. Die gleichen historischen Annalen zeugen von dem tragischen Unvermögen der Menschheit, die *integrative* Tendenz ähnlich zu sublimieren. Und doch gründet – um es noch einmal zu sagen – nicht nur die Pathologie, sondern auch die Glorie des Menschseins in den selbsttranszendierenden Kräften, die uns zu Künstlern, Heiligen oder Mördern machen können, meist allerdings letzteres tun. Nur eine kleine Minderheit ist imstande, die selbsttranszendierenden Impulse in schöpferische Kanäle zu leiten. Für die überwiegende Mehrheit lag die einzige Befriedigung ihres Zugehörigkeitsbedürfnisses, die einzige Erfüllung ihrer Sehnsucht nach Gemeinschaft von jeher in der Identifizierung mit Sippe, Stammesgemeinschaft, Nation, Kirche oder Partei, in der Unterwerfung unter ihren Führer, in der Anbetung ihrer Symbole und im unkritischen, infantilen Akzeptieren ihres emotional gesättigten Glaubenssystems. Wir haben es also mit einem Gegensatz zwischen der wohlweisen Zügelung der selbstbehauptenden Tendenz und den leichtsinnigen Kapriolen der integrativen Tendenz zu tun, der jedesmal mit verblüffender Deutlichkeit zu Tage tritt, wenn der individuelle Geist vom Gruppengeist abgelöst wird, ob in einer politischen Versammlung oder im Psychologie-Labor.

Um es auf die einfachste Art auszudrücken: Das Individuum, das sich zu sehr von seiner aggresiven selbstbehauptenden Tendenz leiten läßt, wird von der Gesellschaft bestraft – es stellt sich außerhalb der Gesetze, es *löst* seinen Vertrag mit der Hierarchie. Der wahre Gläubige wird dagegen enger mit ihr *verknüpft*; er gelangt in den Schoß seiner Kirche oder Partei oder des sozialen Holons und gibt dafür seine Identität auf. Der Prozeß der Identifizierung hat, wie wir schon gesehen haben, in seinen rigoroseren Formen immer eine gewisse Verstümmelung der Individualität, einen Verzicht auf die kritischen Fähigkeiten und auf die persönliche Verantwortung zur Folge.

Wir kommen so zu einer grundlegenden Unterscheidung zwischen den primitiven oder infantilen Arten der *Identifikation* und den reifen Formen der *Integration* in eine soziale Holarchie. In einer ausgewogenen Holarchie wahrt das Individuum seinen Charakter als soziales Holon, als Teil-Ganzes, das wegen seiner Ganzheit innerhalb der ihm von den Interessen der Gruppen gesetzten Grenzen Autonomie genießt. Es bleibt eine autonome Ganzheit, und man erwartet sogar von ihm, daß es seine holistischen Eigenschaften durch Originalität, Initiative und vor allem persönliche Verantwortung zur Geltung bringt. Das gleiche gilt für die sozialen Holons auf den höheren Stufen der Hierarchie – für Sippen und Stämme, ethnische und religiöse Gemeinschaften, Berufsgruppen und politische Parteien. Sie sollten im Idealfall ebenfalls die Tugenden entfalten, die im Janusprinzip angelegt sind: als autonome Ganzheiten funktionieren und sich gleichzeitig nach den nationalen Interessen richten. Das gleiche gilt auch für die nächsthöheren Stufen bis hin zur Weltgemeinschaft an der Spitze der Pyramide. Eine ideale Gesellschaft dieser Art würde »hierarchische Bewußtheit« zeigen, jedes Holon auf jeder Stufe würde sich über seine Rechte als Ganzes und seine Pflichten als Teil im klaren sein.

Muß man noch darauf hinweisen, daß der Spiegel der vergangenen und gegenwärtigen Geschichte uns ein ganz anderes Bild zeigt?

6

Ich habe die dramatischen Manifestationen der Massenhysterie, die Freud und Le Bon so ungemein beeindruckten, nur kurz gestreift, weil ich die Aufmerksamkeit auf den Prozeß der »normalen« Gruppenbildung und seine verheerenden Auswirkungen auf die Geschichte unserer Spezies lenken wollte. Wie wir gesehen haben, gehört zu diesem »normalen« Prozeß die Identifizierung mit der Gruppe und das Akzeptieren ihrer Glaubenssätze. Eine wichtige Begleiterscheinung besteht darin, daß die Kluft zwischen Emotion und Vernunft vertieft wird. Die Gruppenmentalität wird nämlich von einem System von Glaubenssätzen, Traditionen und moralischen Imperativen beherrscht, das ohne Rücksicht auf seinen rationalen Gehalt ein großes emotionales Potential aufweist, und ihre explosive Kraft wird sehr häufig durch eben diese Irrationalität verstärkt.

Der Glaube an das Gruppencredo ist eine emotionale Bindung; er narkotisiert die kritischen Fähigkeiten des Individuums und weist rationale Zweifel als etwas Böses zurück. Außerdem haben Individuen eine Mentalität von unterschiedlicher Komplexität, während die Gruppenmentalität eingleisig sein muß, um den Zusammenhalt der Gruppe als Holon zu gewährleisten. Infolgedessen muß der Gruppengeist auf einem intellektuellen Niveau funktionieren, das für alle Gruppenmitglieder erreichbar ist: Geistige Eingleisigkeit bedeutet geistige Einfalt. Das Gesamtergebnis all dessen ist eine *Verstärkung* der emotionalen Dynamik der Gruppe und eine gleichzeitige *Verminderung* ihrer intellektuellen Fähigkeiten – eine traurige Karikatur des Ideals der hierarchischen Bewußtheit.

7

Ich sprach bereits von dem paranoiden Zug, der sich durch die ganze Geschichte verfolgen läßt. Aufgeklärte werden bereitwillig zugeben, daß eine solche Veranlagung bei den Kopfjägern Neuguineas oder im Aztekenbereich bestand, wo man den Göttern *jedes Jahr* zwanzig- bis fünfzigtausend Jünglinge, Jungfrauen und Kinder opferte.

»Angesichts dieser Zustände«, kommentierte William Prescott, »war es ein wahrer Segen, daß das Land durch göttliche Fügung in die Hände einer Rasse überging, die es von den brutalen Auswirkungen des Aberglaubens erretten sollte, der sich mit der Ausdehnung des Herrschaftsbereiches der Azteken täglich weiter ausbreitete . . . Die schändlichen Institutionen der Azteken liefern die beste Rechtfertigung für ihre Unterwerfung. Natürlich stimmt es, daß die Eroberer die Inquisition mit herüberbrachten. Aber sie führten auch das Christentum ein, dessen wohltuende Ausstrahlung auch dann noch wirksam sein wird, wenn einmal die brennenden Flammen des Fanatismus längst erloschen sein werden.«[89]

Prescott, der dies vor hundertdreißig Jahren schrieb, schien vergessen zu haben, wie verheerend sich die »wohltuende Ausstrahlung« des Christentums kurz nach der mexikanischen Konquista im Dreißigjährigen Krieg äußerte, der einen großen Teil der Bevölkerung Europas dahinraffte. Und so ging es weiter bis Auschwitz und bis zum Archipel Gulag. Doch selbst Leute mit einem klaren Blick, denen die psychische Störung, die diesen Greueln zugrunde liegt, nicht verborgen bleibt, sind imstande, sie als Phänomene der Vergangenheit abzutun. Es ist nicht leicht, die Menschheit zu lieben und trotzdem zuzugeben, daß der paranoide Zug mit seinen verschiedenen Äußerungsformen in der Zeitgeschichte ebenso zu Tage tritt wie in der fernen Vergangenheit, heute aber viel tödlichere Konsequenzen hat, und daß er nicht auf einem Zufall beruht, sondern in der menschlichen Natur begründet ist.

Als der Vorsitzende Mao durch den Jangtsekiang geschwommen war, berichtete die amtliche chinesische Nachrichtenagentur Neues China: »Seine Schwimmdemonstration im Jangtse-Fluß . . . war eine mächtige Ermutigung für das chinesische Volk und für die Revolutionäre in der ganzen Welt – und ein schwerer Schlag für den Imperialismus, den modernen Revisionismus und für jene Ungeheuer und Mißgeburten, die gegen den Sozialismus und gegen Mao Tse-tungs Lehren opponieren.«[90]

Die Symptome variieren mit der Epoche, aber das ihnen zugrunde liegende Schema der Störung bleibt dasselbe: die Spaltung von Glaube und Vernunft, rationalem Denken und irrationalen Glaubenssätzen. Religiöse Glaubenssätze basieren auf immer wiederkehrenden archetypischen *Motiven,* die ein Allgemeingut der gesamten Menschheit zu sein scheinen und sofortige emotionale Reaktionen auslösen.[91] Sobald sie jedoch als kollektives Eigentum einer bestimmten Gruppe institutionalisiert worden sind, entarten sie zu starren Doktrinen, die die kritischen Fähigkeiten beeinträchtigen können, ohne ihren emotionalen Reiz einzubüßen.

Um die Spaltung zu kitten, hat man zu verschiedenen Zeiten verschiedene Arten des »Zwiedenkens« entwickelt – wirksame Instrumente der Selbsttäuschung, die zum Teil recht primitiv, zum Teil aber sehr verfeinert waren. Das gleiche Los ereilte die weltlichen Religionen, die unter der Bezeichnung »politische Ideologien« bekannt sind. Auch sie haben ihre archetypischen Wurzeln – die Sehnsucht nach Utopia, nach einer idealen Gesellschaft. Wenn sie sich aber zu Bewegungen und Parteien kristallisieren, können sie so weit verzerrt werden, daß die Politik, die sie verfolgen, das genaue Gegenteil des verkündeten Ideals ist. Diese anscheinend zwangsläufige Tendenz weltlicher und religiöser Ideologien, zu ihrer eigenen Karikatur zu degenerieren, ist eine unmittelbare Folge der oben besprochenen Merkmale des Gruppengeistes: seines Bedürfnisses nach geistiger Anspruchslosigkeit, verbunden mit emotionaler Erregung.

Irrationale Glaubenssätze sind mit Emotion gesättigt; man *fühlt*, daß sie stimmen. Glauben ist einmal als »viszerales Wissen« charakterisiert worden. Und dieses Wissen wird, ob es nun angeboren oder erworben ist, vom »alten Gehirn« vermittelt. Wir bezeichnen unsere affektgeladenen Beurteilungen oft – fälschlich – als »instinktive Reaktionen«. Sie sind es nicht. Sie haben jedoch die gleiche elementare, vernunftbetäubende, althirnige Kraft wie die wahren Instinkte. An diesem Punkt führen unsere psychologischen Erwägungen geradewegs zurück zu den neurophysiologischen Theorien, die ich im Prolog zu diesem Buch erläutert habe. Die Schizophysiologie des Gehirns liefert einen wesentlichen Anhaltspunkt für den pathologischen Zug, der sich durch die Geschichte des Menschen zieht.

Die Glaubenssätze, an die wir uns so heftig klammern, sind natürlich weder das ausschließliche Produkt der menschlichen Großhirnrinde noch das ausschließliche Produkt des »alten Gehirns«, das wir mit den niederen Säugetieren gemeinsam haben. Sie gehen vielmehr auf die kombinierte Tätigkeit der beiden Gehirnteile zurück. Ihr Gehalt an Irrationalem richtet sich danach, welche Stufe dominiert und in welchem Ausmaß sie dominiert. Zwischen den theoretischen Extremen »reine Logik« und »blinde Leidenschaft« gibt es zahlreiche Zwischenstufen der geistigen und psychischen Tätigkeit, die wir zum Beispiel bei Primitiven in verschiedenen Entwicklungsstadien, bei Kindern unterschiedlichen Alters und bei Erwachsenen in verschiedenen Stadien des Bewußtseins (Klarsichtigkeit, Tagträume, Halluzinationen usw.) feststellen können. Alle diese geistigen Aktivitäten haben ihre spezifischen »Spielregeln«, die die komplexen Wechselwirkungen zwischen den alten und neuen Gehirnpartien widerspiegeln. Diese müssen nämlich dauernd wechselseitig aufeinander einwirken, selbst wenn ihre Koordinierung unzulänglich ist und wenn ihnen die effektiven Kontrollmechanismen fehlen, die einer gut gegliederten Holarchie Stabilität verleihen. Auf diese Weise werden selbst abstrakte verbale Symbole mit emotionalen Werten befrachtet und mit viszeralen Reaktionen gekoppelt, wie der psychogalvanische Lügendetektor so deutlich zeigt. Und das gilt natürlich noch mehr für Doktrinen und Ideologien, deren Wirkung von der Gruppenmentalität noch gefördert wird. Leider eignet sich der Lügendetektor nicht dazu, die Irrationalität ihrer Glaubenssätze und ihr explosives, verheerendes Potential zu messen.

5. Eine Alternative zur Verzweiflung

Solange wir glaubten, unsere Spezies sei potentiell unsterblich, habe also noch eine astronomische Lebensspanne vor sich, konnten wir es uns leisten, geduldig auf jene evolutionäre Veränderung des menschlichen Wesens zu warten, die Liebe und Vernunft allmählich oder urplötzlich die Oberhand gewinnen ließe. Aber die Evolution des Menschen kam in der Cro-Magnon-Zeit, also vor 50 000 bis 100 000 Jahren, praktisch zum Stillstand. Wir können nicht weitere 100 000 Jahre auf eine unwahrscheinliche Zufallsmutation warten, die alles in Ordnung bringen wird; wir können nur dann zu überleben hoffen, wenn wir Methoden entwickeln, die die biologische Evolution ersetzen. Das heißt, wir müssen eine Therapie für die Schizophysiologie suchen, die unserer Natur endemisch ist und die zu der Situation führte, in der wir jetzt sind. Wenn es uns nicht gelingt, eine geeignete Therapie zu finden, muß der alte paranoide Zug des Menschen in Verbindung mit seinen neuen Zerstörungskräften früher oder später zur Auslöschung der Menschheit führen. Ich glaube allerdings, daß die Therapie nicht mehr weit außerhalb der Reichweite der heutigen Biologie liegt und daß sie dem Menschen bei der nötigen Konzentration aller Bemühungen ermöglichen kann, den Wettkampf ums Überleben für sich zu entscheiden.

Ich bin mir bewußt, daß das im Vergleich mit den pessimistischen Ansichten, die ich in den vorangegangenen Kapiteln über unsere Zukunft geäußert habe, allzu euphorisch klingen mag. Ich denke indessen nicht, daß meine Befürchtungen übertrieben sind, und glaube ebensowenig, daß die Hoffnung auf Rettung gänzlich utopisch ist. Sie ist nicht von der Science-fiction inspiriert worden, sondern beruht auf den neuesten spektakulären Fortschritten der Neurochemie und verwandter Disziplinen, die zwar noch keine Therapie für die geistige Störung unserer Spezies bieten, aber erkennen lassen, wo man weiterforschen muß, um schließlich das Heilmittel zu finden, das ich im Prolog voller Zuversicht angedeutet habe: jene Kombination wohltätiger Hormone oder Enzyme, die den Konflikt zwischen den alten und neuen Gehirnstrukturen löst, indem sie den Neocortex mit der Macht der hierarchischen Kontrolle über die archaischen, niedriger stehenden Zentren ausstattet und damit den Übergang vom Geisteskranken zum Menschen ermöglicht.

Ich habe allerdings aus schmerzlichen Erfahrungen gelernt, daß jeder Vorschlag, der »Eingriffe in die Natur des Menschen« erfordert, zwangsläufig heftige emotionale Widerstände heraufbeschwört. Sie basieren teilweise auf Ignoranz und Vorurteilen, teilweise aber auch auf einer berechtigten Abneigung gegen weitere Einmischungen in die geheiligte Privatsphäre des Individuums in Form von sozialen Manipulationen, Charaktermanipulationen, verschiedenen Arten der Gehirnwäsche und anderen bedrohlichen Methoden des offenen oder verdeckten Totalitarismus. Ich brauche wohl kaum zu betonen, daß ich diese Furcht vor einem Alptraum teile, in dessen Bannkreis ich den größten Teil meines Lebens verbracht habe. Andererseits muß man sich jedoch eines vor Augen halten: Seit der erste Höhlenbewohner seinen frierenden Leib in das Fell eines toten Tieres hüllte, hat sich der Mensch zum Guten oder Bösen eine künstliche Umwelt und einen künstlichen Lebensmodus geschaffen, ohne die er nicht mehr überleben kann. Wir können nicht mehr auf Wohnung, Kleidung, künstliche Heizung, gekochte Nahrung verzichten, und ebensowenig auf Brillen, Hörgeräte, Pinzetten, Prothesen, Narkosemittel, Antiseptika, Verhütungsmittel, Impfstoffe usw. Wir beginnen schon kurz nach der Geburt des Babys mit den Eingriffen in die menschliche Natur, indem wir ihm eine Silbernitratlösung in die Augen träufeln, um es vor *Ophthalmia neonatorum*, einer spezifischen Bindehautentzündung, zu schützen, die oft zur Erblindung führt und von Bazillen verursacht wird, die im Genitaltrakt der Mutter lauern. Später folgt die vorbeugende Impfung gegen Pocken und andere ansteckende Krankheiten, die in den meisten zivilisierten Ländern obligatorisch ist. Um den Wert dieser Eingriffe in den Lauf der

Natur zu würdigen, sollten wir uns ins Gedächtnis zurückrufen, daß Pockenepidemien einer der Hauptgründe dafür waren, daß der nordamerikanische Indianer sein Land an die Weißen verlor. Sie dezimierten Anfang des 17. Jahrhunderts auch die Bevölkerung Europas, und ihren Verheerungen kamen – worin vielleicht eine tiefere Bedeutung liegt – nur die Massaker gleich, die im Dreißigjährigen Krieg im Namen der wahren Religion verübt wurden.

Eine weniger bekannte Form von biologischen Eingriffen, die in diesen Zusammenhang gehört, ist die Verhütung von Kropfbildung und den damit verbundenen Arten des Schwachsinns. Als ich noch ein Kind war, lebten in den Alpentälern viele Menschen mit einem monströs aufgeschwollenen Hals, und die Zahl der schwachsinnigen Kinder in ihren Familien war furchterregend. Als ich dieselben Gegenden kürzlich, also ein halbes Jahrhundert später, wieder besuchte, fiel mir auf, daß mir kein einziges schwachsinniges Kind mehr über den Weg lief. Dank der Fortschritte der Biochemie hatte man nämlich inzwischen entdeckt, daß jene Form des Kretinismus durch eine Funktionsstörung der Schilddrüse hervorgerufen wurde. Diese beruhte wiederum darauf, daß die Nahrung der Alpenbewohner nicht genug Jod enthielt. Ohne ausreichende Jodzufuhr kann die Schilddrüse nicht die erforderlichen Mengen von Schilddrüsenhormon bilden, was tragische Folgen für den Verstand hat. Deshalb sorgten die Gesundheitsbehörden dafür, daß dem Tafelsalz kleine Dosen Jod hinzugefügt wurde, und heute kommt der Kropf-Kretinismus in Europa praktisch nicht mehr vor.

Unsere Spezies ist biologisch offensichtlich nicht dafür gerüstet, in Gegenden mit jodarmem Boden zu leben oder mit den Mikroorganismen der Malaria und Pocken fertig zu werden. Sie verfügt auch nicht über instinktive Sicherheitsvorkehrungen gegen exzessive Vermehrung. Verhaltensforscher sagen uns, daß jede Tierspezies, die sie studiert haben, von Blumenkäfern bis zu Kaninchen und Pavianen, solche instinktiven Kontrollmechanismen besitzt, um sich nicht exzessiv fortzupflanzen und die Populationsdichte in bestimmten Gebieten selbst dann relativ konstant zu halten, wenn genügend Nahrung vorhanden ist. Erreicht die

Zahl der Tiere eine kritische Grenze, so führt der Populationsdruck zu Streßbedingungen, die das hormonale Gleichgewicht stören und die Lebensspanne sowie das Fortpflanzungsverhalten beeinflussen. Es gibt demnach so etwas wie einen Rückkoppelungsmechanismus, der die Vermehrungsquote steuert und die Population auf einem zahlenmäßig mehr oder weniger gleichbleibenden Stand hält. Die Population einer bestimmten Spezies auf einem bestimmten Territorium verhält sich in der Tat wie ein selbstregulierendes soziales Holon.

Aber auch in dieser Beziehung ist der Mensch eine biologische Mißgeburt, denn er hat den instinktiven Kontrollmechanismus irgendwann im Lauf der Evolution verloren. Es scheint fast, als sei die ökologische Regel bei Menschenpopulationen umgekehrt: Je mehr die Menschen sich in Slums, Gettos und Armutszonen zusammendrängen, desto stärker pflanzen sie sich fort. Was die Menschheit in früheren Abschnitten der Geschichte vor Bevölkerungsexplosionen bewahrte, war nicht eine automatische Rückkoppelungskontrolle von der Art, wie wir sie bei Tieren beobachten, sondern die tödliche Ernte von Kriegen, Epidemien, Pest und Säuglingssterblichkeit. Diese Faktoren konnten nicht von den Massen gesteuert werden, obgleich historische Zeugnisse belegen, daß der Mensch seit dem Beginn der Geschichte versucht hat, die Geburtenrate durch Empfängnisverhütung und Kindermord zu regulieren. (Die ältesten Rezepte zur Empfängnisverhütung sind in dem sogenannten Papyrus Petri enthalten, der um 1850 v. Chr. entstand.) Geburtenkontrolle durch Kindermord war seit dem alten Sparta bis in neuere Zeiten – nämlich bei den Eskimos – recht weit verbreitet. Verglichen mit dieser grausamen Methode sind die modernen Arten direkter »Eingriffe in die Natur« in Form von Pessaren und Antibabypillen gewiß vorzuziehen. Sie greifen jedoch radikal und permanent in die lebenswichtigen physiologischen Vorgänge des Menstruationszyklus ein. In weltweitem Umfang angewendet, würden sie gleichsam auf eine künstlich herbeigeführte Anpassungsmutation hinauslaufen.

Die Liste der wohltätigen »Eingriffe in die menschliche Natur« ist endlos, und im Vergleich dazu schrumpfen die Mißbräuche und die gelegentlichen Dummheiten der Medizin und Psychiatrie zu relativer Bedeutungslosigkeit zusammen. Die Gesamtsumme dieser Eingriffe bedeutet nämlich nicht mehr und nicht weniger als eine *Korrektur* der menschlichen Natur, die ohne diese Korrektiva biologisch kaum noch lebensfähig wäre und die, was den sozialen Aspekt betrifft, nach zahlreichen Desastern weiterhin auf die endgültige Katastrophe zusteuert. Nach dem Sieg über die schlimmsten ansteckenden Krankheiten, die den Körper des Menschen bedrohen, muß man jetzt Methoden suchen, um ihn gegen die ansteckenden Wahnvorstellungen zu immunisieren, die den Gruppengeist seit undenklichen Zeiten bedrohen und aus der Menschheitsgeschichte ein Blutbad gemacht haben. Die Neuropharmakologie hat uns tödliche Nervengase, Drogen für Gehirnwäsche sowie andere Medikamente zum gezielten Herbeiführen von Halluzinationen und Illusionen beschert. Sie kann und wird sich auch für den oben genannten, wohltätigen Zweck einspannen lassen. Ich möchte hier nur *ein* Beispiel für die Forschungsarbeiten anführen, die in diese Richtung weisen.

1961 organisierte das Medical Center der University of California in San Francisco ein internationales Symposion über das Thema »Kontrolle des Geistes«. Schon bei der ersten Sitzung machte Professor Holger Hydén von der Universität Göteborg mit seinem Vortrag »Biochemische Aspekte der Gehirntätigkeit« Schlagzeilen. Hydén gehört zu den führenden Kapazitäten auf diesem Gebiet. Den Abschnitt, der die Sensation hervorrief, möchte ich zitieren (ich werde darin erwähnt, weil ich an dem Symposion teilnahm):

»Beschäftigt man sich mit dem Problem der Kontrolle des Geistes, so erhebt sich aufgrund der bisher erreichten Erkenntnisse folgende Frage: Wäre es möglich, die Emotionen dadurch zu verändern, daß man molekulare Veränderungen in den biologisch aktiven Substanzen des Gehirns herbeiführt? Die Substanz, die dafür in erster Linie in Frage kommt, ist die Ribonukleinsäure (RNS), denn ihre molekulare Veränderung könnte zu einem Wechsel in der Proteinproduktion führen. Man kann diese Frage auch anders formulieren: Bilden die uns vorliegenden Versuchsergebnisse eine ausreichende Grundlage für die Modifizierung des Geisteszustandes durch spezifische, künstlich hervorgerufene chemische Veränderungen? Ergebnisse in dieser Richtung sind bereits erzielt worden, und zwar mit Hilfe der Substanz Tricyano-Aminopropen.

... Die Verwendung einer Substanz, mit deren Hilfe man die Produktionsquote und Zusammensetzung der RNS verändert und Enzymveränderungen in den funktionellen Einheiten des Zentralnervensystems hervorruft, hat sowohl negative als auch positive Aspekte. Wir haben jetzt Beweise dafür, daß die Verabreichung von Tricyano-Aminopropen beim Menschen eine *erhöhte Beeinflußbarkeit* bewirkt. Infolgedessen könnte man chemische Eingriffe in funktionell wichtige Substanzen, wie die RNS im Gehirn, zu Konditionierungszwecken vornehmen. Der Autor bezieht sich hier nicht nur speziell auf das Tricyano-Aminopropen, sondern auf jede Substanz, die geeignet ist, Veränderungen biologisch bedeutsamer Moleküle in den Neuronen und Zwischengewebezellen herbeizuführen und den Geisteszustand im negativen Sinn zu beeinflussen. Man kann sich unschwer vorstellen, welchen Gebrauch die Regierung in einem Polizeistaat von einer solchen Substanz möglicherweise machen könnte. Eine Zeitlang würde man die Bevölkerung den härtesten Lebensbedingungen unterwerfen. Dann würde man ihr Los plötzlich erleichtern, gleichzeitig die genannte Substanz dem Leitungswasser beigeben und die Massenmedien zu Propagandazwecken einsetzen. Diese Methode käme den Staat weit billiger und würde viel wirksamere Möglichkeiten bieten als die langsame, individuelle Zermürbung Rubaschows, wie sie Koestler in seinem Roman [*Sonnenfinsternis*] geschildert hat. Andererseits kann man sich allerdings auch unschwer vorstellen, daß sich gegen die Wirkung einer Substanz wie Tricyano-Aminopropen Gegenmaßnahmen einleiten ließen.«[92]

Der letzte Satz ist vorsichtig formuliert, doch die Implikationen liegen auf der Hand. So unheimlich es auch klingen mag: Wenn unsere kranke Spezies gerettet werden kann, wird das Heil nicht von UNO-Resolutionen und diplomatischen Gipfeltreffen, sondern aus den Laboratorien kommen. Es ist ganz logisch, daß eine biologische Funktionsstörung ein biologisches Korrektivum braucht.

2

Es wäre naiv zu erwarten, Drogen könnten den Geist mit neuen Gaben ausstatten und etwas hineintun, was nicht bereits in ihm angelegt ist. Pillen oder Injektionen können weder mystische Einsichten noch philosophische Weisheit oder kreative Kräfte herbeiführen. Der Biochemiker kann die Fähigkeiten des Gehirns nicht *vermehren,* aber er kann Hindernisse und Blockaden beseitigen, die ihre richtige Anwendung hemmen. Er kann das Gehirn nicht mit neuen Schaltkreisen ausstatten, aber er kann die Koordinierung zwischen den vorhandenen Schaltkreisen verbessern und die Macht der Großhirnrinde, der Spitze der Hierarchie, über die niedrigeren, emotionsgebundenen Stufen und die von ihnen erzeugten blinden Leidenschaften vergrößern. Unsere heutigen Tranquilizer, Barbiturate, Aufputschmittel, Antidepressiva und ihre Kombinationen sind nur ein erster Schritt zu weiter verfeinerten Mitteln, die einen ausgeglicheneren Geistes- und Seelenzustand fördern und gegen den Gesang der Sirenen, das Geschrei von Demagogen und die Versprechungen eines falschen Messias immun machen. Ich denke dabei nicht an das LSD, das ein Pop-Nirwana vorgaukelt, und nicht an die »Soma-Pillen« aus Huxleys *Schöne neue Welt,* sondern an die Erzeugung eines dynamischen Gleichgewichts, einer inneren Ausgeglichenheit, durch die das geteilte Haus von Glaube und Vernunft wiedervereinigt und die hierarchische Ordnung wiederhergestellt wird.

3

Ich habe diese hoffnungsvollen Spekulationen – als die einzige Alternative zur Verzweiflung, die ich damals sah und noch heute sehe – zum erstenmal im abschließenden Kapitel meines Buches *Das Gespenst in der Maschine* veröffentlicht. In den vielen negativen Kritiken, die es mir einbrachte, wurde mir besonders oft vorgeworfen, ich träte für die Herstellung einer kleinen Tablette ein, die alle Gefühle und Emotionen unterdrücken und uns den Gleichmut von Kohlköpfen bescheren solle. Diese Anklage, die manchmal sehr vehement erhoben wurde, beruhte auf einem totalen Mißverständnis des Textes. Was ich vorschlug, war nicht die Kastration des Gefühls, sondern die *Wiederversöhnung* von Gefühl und Vernunft, die im größten Teil der Menschheitsgeschichte auf Kriegsfuß miteinander standen. Keine Amputation hatte ich im Sinn, sondern einen Prozeß der Harmonisierung, der jeder Stufe des Geistes von den viszeralen Impulsen bis zum abstrakten Denken ihren angemessenen Platz in der Hierarchie zuweist. Das bedeutet vor allem, daß das Vetorecht des neuen Gehirns gegen jene Art des emotionalen Verhaltens – *und nur gegen jene Art* – verstärkt wird, die sich nicht mit der Vernunft versöhnen läßt; dazu gehören die blinden Leidenschaften des Gruppengeistes. Wenn man sie ausrotten könnte, wäre unsere Spezies gerettet.

Es gibt dumpfe Emotionen und visionäre Emotionen. Würde jemand, der seine fünf Sinne beisammen hat, eine Abschaffung der Emotionen befürworten, die beim Hören einer Sinfonie von Mozart oder beim Anblick eines Regenbogens entstehen?

4

Wenn ein Mensch unserer Zeit behauptete, er hätte einen Pakt mit dem Teufel geschlossen und Geschlechtsverkehr mit Dämonen, würde man ihn schleunigst in eine Nervenheilanstalt einweisen. Doch vor nicht allzu langer Zeit glaubte man allgemein an solche Dinge, und der »gesunde Menschenverstand« – d. h. die öffentliche Meinung, der Gruppengeist – fand ihre Existenz ganz selbstverständlich. Die Psychopharmakologie spielt bei der Behandlung von geistigen und seelischen Störungen im klinischen Sinn, wie den individuellen Wahnvorstellungen, die die kritischen Fähigkeiten beeinträchtigen und *nicht* von der Gruppenmentalität sanktioniert werden, eine immer größere Rolle. Wir suchen jedoch eine Therapie für den paranoiden Zug in sogenannten »normalen Menschen«, der an den Tag kommt, wenn sie Opfer der Gruppenmentalität werden. Wir haben heute Drogen, die die Beeinflußbarkeit des Menschen steigern, und bald werden wir auch das Gegenteil mit Medikamenten bewirken können: die kritischen Fähigkeiten des Menschen intensivieren, fehlplacierte Devotion und jene militante Begeisterung verhindern, die zugleich mörderisch und selbstmörderisch ist und uns aus den Geschichtsbüchern und Tageszeitungen entgegentritt.

Wer soll jedoch entscheiden, welche Devotion fehlplaciert ist und welche zum besten der Menschheit dient? Die Antwort scheint auf der Hand zu liegen: eine Gesellschaft von autonomen Individuen, sobald diese gegen die hypnotischen Wirkungen der Propaganda und Gedankenkontrolle immunisiert und vor ihrer eigenen Beeinflußbarkeit als »glaubensanfällige Tiere« geschützt sind. Dieser Schutz läßt sich allerdings nicht durch Gegenpropaganda oder zivilisationsmüde Einstellungen bewirken; sie wirken selbstzerstörerisch. Man kann ihn nur durch einen »Eingriff« in die menschliche Natur selbst herbeiführen, der ihre endemische schizophysiologische Veranlagung korrigiert. Die Geschichte beweist uns, daß alles andere Stückwerk wäre.

5

Nehmen wir an, es gelänge der Forschung, eine immunisierende Substanz zu entwickeln, die geistige und seelische Stabilität schenkt – wie sollen wir ihre globale Verwendung propagieren? Sollen wir sie den Leuten mit Gewalt eintrichtern, ob sie es wollen oder nicht?

Auch hier scheint die Antwort auf der Hand zu liegen. Analgetika, Optimismuspillen, Beruhigungsmittel, empfängnisverhütende Medikamente haben sich mit einem Minimum an Werbung oder offizieller Unterstützung über die Erde verbreitet. Sie setzten sich durch, weil ihre Wirkung den Menschen willkommen war. Ein geistiger und seelischer Stabilisator würde sich nicht durch Zwangsmaßnahmen, sondern ebenfalls durch das aufgeklärte Selbstinteresse verbreiten; und die Entwicklung, die dann einsetzen wird, läßt sich ebenso schwer voraussagen wie die Folgen anderer revolutionärer Entdeckungen. Vielleicht würde sich ein Schweizer Kanton nach einer Volksbefragung entscheiden, die neue Substanz für einen bestimmten Versuchszeitraum wie das

Jod dem Tafelsalz oder wie das Chlor dem Leitungswasser beizumischen, und in anderen Ländern könnte dieses Beispiel nachgeahmt werden. Vielleicht käme die neue Substanz bei der Jugend aller Länder in Mode. Irgendwie würde die simulierte Mutation jedenfalls in Gang kommen. Totalitäre Staaten könnten möglicherweise versuchen, sie zu verhindern. Doch heute sind selbst Eiserne Vorhänge durchlässig geworden; Trends verbreiten sich unaufhaltsam. Und wenn es eine Übergangsperiode geben sollte, in der nur die eine Seite zu dem Stabilisator greift, dann würde sie sich einen entscheidenden Vorteil verschaffen, weil sie in ihrer langfristigen Politik rationaler, mutiger und nicht so hysterisch vorginge. Lassen Sie mich abschließend aus dem *Gespenst in der Maschine* zitieren:

»Jeder Schriftsteller hat seinen bestimmten Lieblingstyp von imaginärem Leser: eine wohlwollende, aber auch in hohem Maße kritische Phantomgestalt, auf deren Meinung allein es ihm ankommt und mit der er einen kontinuierlichen, zermürbenden Dialog führt. Ich bin sicher, daß mein geneigter Phantomleser genügend Phantasie hat, um von den jüngsten, atemberaubenden Fortschritten der Biologie aus in die Zukunft zu extrapolieren und einzuräumen, daß die hier angedeutete Lösung durchaus im Bereich des Möglichen liegt. Was mir Sorge bereitet, ist die Vermutung, daß er eine solche Lösung höchst unsympathisch finden wird; daß ihn die Vorstellung, wir sollten unser Heil in der Molekularchemie suchen anstatt in einer geistigen Wiedergeburt, mit Abscheu und Widerwillen erfüllt. Ich teile seine Gefühle, aber ich sehe zu meinem Bedauern keine Alternative. Ich höre seine vorwurfsvolle Stimme: ›Durch den Versuch, uns die Pillen schmackhaft zu machen, verschreibst du dich gerade jener grobmaterialistischen Weltanschauung und jener naiven wissenschaftlichen Hybris, die du abzulehnen vorgibst!‹ Das trifft nicht zu. Ich bleibe bei dieser Ablehnung. Ich glaube aber nicht, daß man es als ›materialistisch‹ bezeichnen kann, wenn man die Situation, in der sich die Menschheit befindet, nüchtern beurteilt; ich halte es auch keinesfalls für Hybris, wenn man Kindern, die sonst dem Kretinismus verfallen würden, Schilddrüsenextrakt eingibt . . .

Ebenso wie der Leser würde auch ich es vorziehen, meine Hoffnungen auf die moralische Überzeugungskraft des Wortes und des guten Beispiels zu setzen. Aber wir sind nun einmal eine geistig kranke Spezies und haben für derlei nur taube Ohren. Angefangen vom Zeitalter der Propheten bis zu Albert Schweitzer hat man es immer wieder versucht ... und Swifts verzweifelter Schrei: › ... nicht hier in ohnmächtiger Wut zu sterben, wie eine vergiftete Ratte in ihrem Loch‹, war noch nie von so dringlicher Aktualität wie heute.

Die Natur hat uns im Stich gelassen, Gott scheint das Telefon abgeschaltet zu haben, und unsere Gnadenfrist ist im Ablaufen. Die Hoffnung, unser Heil möge in einem biochemischen Präparat liegen, mag materialistisch, verschroben oder naiv erscheinen; in Wirklichkeit ist sie eher von einem Jungschen Archetypus inspiriert, denn sie spiegelt den uralten Traum des Alchimisten wider, ein Lebenselixier zu brauen. Was wir von einem solchen erwarten, ist nicht das ewige Leben, auch nicht die Verwandlung von unedlem Metall in Gold, sondern die Verwandlung des *homo maniacus* in den *homo sapiens*.«[93]

Das ist die einzige Alternative zur Verzweiflung, die ich im Hinblick auf das, was auf uns zukommt, entdecken kann.

Nun können wir uns erfreulicheren Aussichten zuwenden.

Zweiter Teil
Der schöpferische Geist

6. Humor und Witz

1

Die Theorie von der Kreativität des Menschen, die ich in früheren Büchern entwickelte, sollte zeigen, daß alle schöpferischen Tätigkeiten – der bewußte und unbewußte Prozeß, der den drei Bereichen künstlerische Originalität, wissenschaftliche Entdeckung und komische Inspiration zugrunde liegt – ein gemeinsames Grundschema haben. Die drei Felder des gerundeten Triptychons auf Seite 132 veranschaulichen diese drei Bereiche, die ohne genaue Trennungslinie ineinander übergehen. Die Bedeutung des Schaubilds wird sich im Verlauf der Diskussion ergeben.

Der schöpferische Prozeß läßt sich seltsamerweise am besten am Humor und am Witz aufzeigen. Aber das erscheint gleich weniger seltsam, wenn wir uns vor Augen führen, daß »Witz« ein ambivalenter Begriff ist, der sowohl Scharfsinn und Findigkeit als auch Scherz bedeutet.[94] Der Hofnarr und der Entdecker leben beide von ihrem Witz, und wir werden sehen, daß die Rätsel des Hofnarren gleichsam ein bequemer Hintereingang zum Allerheiligsten der schöpferischen Originalität sind. Aus diesem Grund wird unsere Untersuchung mit einer Analyse des Komischen beginnen.[95] Der Leser denkt vielleicht, daß ich dem Humor unverhältnismäßig viel Platz einräume, aber er soll uns, wie gesagt, als Hintereingang zum Verständnis des schöpferischen Prozesses in Wissenschaft und Kunst dienen. Außerdem kann man dieses Kapitel auch als selbständigen Essay lesen – und es soll dem Leser ein bißchen Zuversicht geben.

2

Der Humor mit all seinen schillernden Variationen läßt sich einfach als eine Art der Stimulierung definieren, die gewöhnlich den Lachreflex auslöst. Spontanes Lachen ist ein motorischer Reflex, der durch koordinierte Kontraktion von fünfzehn Gesichtsmuskeln nach einem stereotypen Muster hervorgerufen wird und mit einer Änderung der Atemtätigkeit einhergeht. Wenn man den Jochmuskel, den wichtigsten Hebemuskel der Oberlippe, mit Stromstößen verschiedener Intensität stimuliert, werden Gesichtsausdrücke hervorgerufen, die vom schwachen Lächeln über das breite Grinsen bis zu den für Lachanfälle typischen Grimassen reichen.[96] (Das Lachen oder Lächeln des zivilisierten Menschen ist natürlich oft konventioneller Art, d. h., die spontane Reflextätigkeit wird durch willkürliche Anstrengungen ersetzt oder ergänzt; uns geht es hier jedoch nur um das spontane Lachen.)

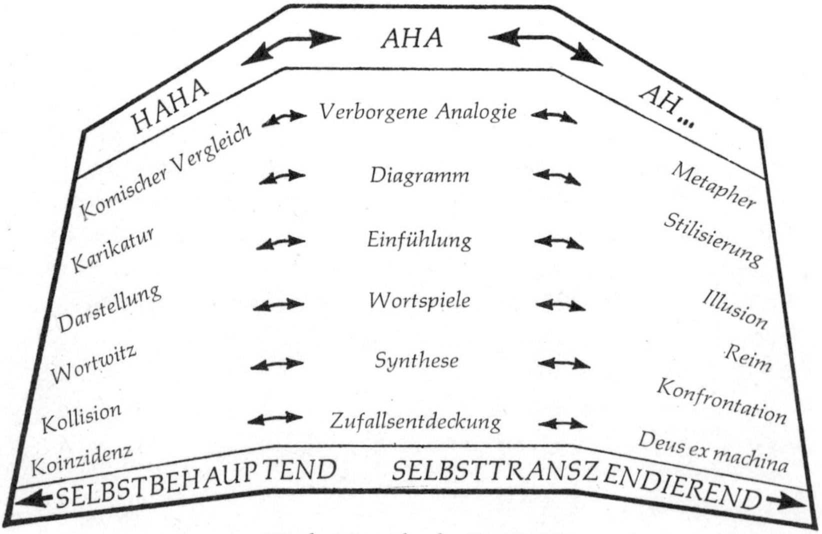

Die drei Bereiche der Kreativität

Sobald wir uns darüber im klaren sind, daß Lachen nichts als ein bescheidener Reflex ist, stehen wir vor mehreren Paradoxen. Motorische Reflexe wie die Verengung der Pupillen bei grellem Licht sind einfache Reaktionen auf einfache Reize, deren Wert für das Überleben auf der Hand liegt. Die unwillkürliche Kontraktion von fünfzehn Gesichtsmuskeln, die mit gewissen, nicht zu unterdrückenden Geräuschen einhergeht, fällt dagegen als Tätigkeit ohne jeden praktischen Sinn auf, die nichts mit dem Kampf ums Überleben zu tun haben dürfte. *Lachen ist insofern ein einzigartiger Reflex, als er keinen augenscheinlichen biologischen Nutzen hat.* Man könnte Lachen als einen Luxusreflex bezeichnen. Sein einziger Sinn scheint darin zu bestehen, daß es uns vorübergehend vom Streß zielgerichteter Tätigkeiten erlöst.

Das zweite, damit verwandte Paradoxon ist die auffällige Diskrepanz zwischen der Art des Reizes und der Art der Reaktion bei komischen Vorgängen. Bei einem Schlag unter die Kniescheibe, der einen automatischen Tritt nach oben hervorruft, funktionieren »Reiz« und »Reaktion« auf derselben primitiven physiologischen Stufe und bedürfen nicht der Mitwirkung höherer geistiger Funktionen. Daß aber eine so komplexe Tätigkeit wie das Lesen einer witzigen Geschichte eine spezifische Reflex-Kontraktion der Gesichtsmuskeln auslöst, ist ein Phänomen, das die Philosophen seit Platon verwirrt hat. Es gibt keine eindeutige voraussehbare Reaktion, die einem Redner sagt, ob er es geschafft hat, seine Zuhörer zu überzeugen, doch wenn er einen Witz erzählt, dient Lachen als experimenteller Beweis. *Humor ist die einzige Form der Kommunikation, bei der ein Reiz auf einer hohen Stufe der Komplexität eine stereotype, vorhersehbare Reaktion auf der physiologischen Reflexstufe auslöst.* Das erlaubt uns, diese Reaktion als einen Indikator für jene schwer faßbare Eigenschaft zu benutzen, die wir Humor nennen – wie wir das Ticken des Geigerzählers benutzen, um Radioaktivität zu erkennen. Ein solches Verfahren ist in keiner anderen Kunstform möglich, und da der Schritt vom Erhabenen zum Lächerlichen umkehrbar ist, liefert die Untersuchung des Humors dem Psychologen wichtige Anhaltspunkte für das Studium der Kreativität im allgemeinen.

3

Die Skala der Erfahrungen, die Lachen auslösen, ist enorm breit; sie reicht vom körperlichen Kitzeln bis zum Gefühl geistigen Prikkelns der unterschiedlichsten und kompliziertesten Art. Ich werde zu zeigen versuchen, daß es in dieser Vielfalt eine Einheit gibt, den gemeinsamen Nenner eines spezifischen und identifizierbaren Musters, das die »Logik« oder »Grammatik« des Humors widerspiegelt. Ein paar Beispiele werden genügen, um das Muster sichtbar zu machen.

1. Ein Masochist ist ein Mensch, der morgens gern kalt duscht – also duscht er heiß.

2. Als eine englische Lady von einer Freundin gefragt wurde, wo ihr dahingeschiedener Mann ihrer Meinung nach sei, antwortete sie: »Nun, ich nehme an, der arme Kerl genießt die ewige Seligkeit, aber ich wünschte, du würdest nicht über ein so unerfreuliches Thema reden.«[97]

3. Ein Arzt tröstet seinen Patienten: »Sie haben ein sehr schweres Leiden. Von zehn Menschen, die es haben, überlebt nur einer. Sie haben Glück, daß Sie gerade zu mir gekommen sind, denn ich habe in letzter Zeit neun Patienten mit dieser Krankheit behandelt, und sie sind alle daran gestorben.«

4. Dialog in einem Film von Claude Berri: »Mein Herr, ich bitte Sie um die Hand Ihrer Tochter.« – »Warum nicht? Wo Sie doch den Rest schon gehabt haben.«

5. Ein Marquis am Hofe Ludwigs XV. kehrte unerwartet von einer Reise zurück und fand seine Gemahlin, als er ihr Boudoir betrat, in den Armen eines Bischofs. Nach kurzem Zögern trat der Marquis gelassen ans Fenster, beugte sich hinaus und machte Armbewegungen, als segnete er die Leute auf der Straße.

»Was tut Ihr da?« rief die erschrockene Frau.

»Exzellenz vollziehen meine Pflichten, also vollziehe ich die seinen.«

Haben diese fünf »Witze« ein gemeinsames Muster? Wenn wir mit dem letzten anfangen, stellen wir nach kurzem Überlegen fest, daß das Verhalten des Marquis unerwartet und zugleich ganz logisch ist; es ist allerdings von einer Logik, die man in derartigen

Situationen gewöhnlich nicht anwendet. Es ist die Logik der Arbeitsteilung, deren Regeln so alt sind wie die menschliche Zivilisation. Wir erwarteten aber, daß seine Reaktion von einer anderen Gruppe von Regeln geleitet werden würde, nämlich vom Kodex der sexuellen Moral. Es ist der unvermittelte Zusammenprall dieser beiden einander ausschließenden Kodizes von Regeln (oder assoziativen Kontexte oder kognitiven Holons), der die komische Wirkung produziert. Er veranlaßt uns, die Situation in zwei autarken, aber unvereinbaren Bezugsrahmen gleichzeitig wahrzunehmen; er läßt uns auf zwei verschiedenen Wellenlängen synchron funktionieren. So lange dieser ungewöhnliche Zustand dauert, wird das Ereignis anders als im Normalfall nicht mit einem einzigen Bezugsrahmen assoziiert, sondern mit zweien *bisoziiert.*

Ich habe den Begriff »Bisoziation« geprägt, um zwischen den Routinetätigkeiten des disziplinierten Denkens in einer einzigen Begriffswelt – gleichsam auf einer einzigen Ebene – und den kreativen Arten der geistigen Aktivität zu unterscheiden, die mehr als eine Ebene beanspruchen. Beim Humor bedeuten sowohl die Erfindung eines subtilen Scherzes als auch der *nachschaffende Akt* des Scherzverstehens den erfreulichen geistigen Sprung von einer Ebene zur anderen, von einem assoziativen Kontext zum anderen.

Jetzt wollen wir die anderen Beispiele untersuchen. Bei dem Filmdialog wird die »Hand« der Tochter zuerst in einem metaphorischen Bezugsrahmen und dann plötzlich in einem wörtlichen, körperlichen Kontext wahrgenommen. Der Arzt denkt in statistischen Wahrscheinlichkeiten, deren Regeln nicht auf einzelne Fälle anzuwenden sind; außerdem haben wir es hier noch mit einer zusätzlichen Komplikation zu tun, weil die Überlebenschance des Patienten im Gegensatz zu der vom gesunden Menschenverstand vertretenen naiven Meinung nicht davon abhängt, was vorher passiert ist, sondern immer noch eins zu zehn beträgt. Dies gehört zu den grundlegenden Paradoxen der Wahrscheinlichkeitstheorie; der mathematische Witz enthält ein Rätsel.

Die verwitwete Dame, die den Tod als »ewige Seeligkeit« und gleichzeitig als »unerfreuliches Thema« betrachtet, versinnbildlicht das menschliche Dilemma, in dem »geteilten Haus von Glaube und Vernunft« zu leben. Auch hier hat der einfache Witz unbewußte Obertöne und Untertöne, die nur dem inneren Ohr vernehmbar sind.

Der Masochist unter der Dusche, der sich straft, indem er sich seiner täglichen Strafe beraubt, wird von Regeln geleitet, die die *Umkehrung* der Regeln der normalen Logik sind. (Wir können auch ein Muster konstruieren, wo *beide* Bezugsrahmen umgekehrt sind: »Ein Sadist ist ein Mensch, der freundlich zu einem Masochisten ist.«) Der Witzelnde glaubt aber gar nicht richtig, daß der Masochist zur Selbstbestrafung heiß duscht; er tut nur so, als glaubte er es.

Die *Ironie* ist die wirksamste Waffe des Satirikers; sie gibt vor, die Argumentation des Gegners zu akzeptieren, um die dahintersteckende Absurdität oder Verwerflichkeit bloßzulegen.

Das gemeinsame Muster, das diesen kleinen Begebenheiten zugrunde liegt, ist also *das Wahrnehmen einer Situation oder Idee in zwei autarken, aber unvereinbaren Bezugsrahmen oder assoziativen Kontexten.* Wir könnten es als Kollision zweier geistiger Holons bezeichnen, die jeweils von ihren eigenen Regeln beherrscht werden. Man kann zeigen, daß diese Formel auf alle Arten des Humors und Witzes anwendbar ist, von denen wir später noch einige erörtern werden. Sie erfaßt aber nur einen Aspekt des Humors, nämlich seine *logische Struktur.* Wir müssen uns nun einem anderen fundamentalen Aspekt zuwenden: der *emotionalen Dynamik,* die jener Struktur Leben einhaucht und uns lachen, kichern oder lächeln läßt.

4

Wenn ein Komiker eine Geschichte erzählt, versucht er von Anfang an gezielt, in seinen Zuhörern eine gewisse Spannung aufzubauen, die im Verlauf der Erzählung zunimmt. Sie erreicht aber nie den erwarteten Höhepunkt. Der Knalleffekt oder die Pointe wirkt wie eine verbale Guillotine, die die logische Entwicklung der Geschichte abhackt; sie foppt unsere gespannten Erwartungen; die Spannung, die wir empfanden, erreicht den Siedepunkt und explodiert in Lachen, wie Wasser, das aus einem geplatzten Rohr schießt. Anders gesagt, das Lachen setzt emotionale Erregungen frei, die sinnlos geworden sind und irgendwie durch die physiologisch gangbarsten Kanäle entladen werden müssen. Die Funktion unseres »Luxusreflexes« besteht darin, eben diese Kanäle zu liefern.

Ein Blick auf eine Karikatur von Hogarth oder Rowlandson, die das derbe Vergnügen von Wirtshausbesuchern zeigt, läßt uns sofort erkennen, daß die Dargestellten ihren Adrenalin-Überschuß verarbeiten, indem sie ihre Gesichtsmuskeln zu Grimassen verziehen, sich auf die Schenkel schlagen und stoßweise durch die halb geschlossene Stimmritze ausatmen. Ihre geröteten Gesichter zeigen, daß es sich bei den Emotionen, die durch diese Spannung abbauenden Sicherheitsventile freigesetzt werden, um Brutalität, Neid, sexuelle Gier handelt. Wenn man jedoch ein Album mit Karikaturen aus dem *New Yorker* durchblättert, weicht das brüllende Lachen einem amüsierten und feinen Lächeln: Der reiche Adrenalinfluß ist gleichsam destilliert und zu einem Korn attischen Salzes kristallisiert worden.

Wenn wir das Spektrum des Humors von seinen groberen bis zu seinen subtileren Formen durchmessen, vom Schabernack zum hintergründigen Witz, vom Spott zur Ironie, von der Anekdote zum Epigramm, zeigt das emotionale Klima eine ähnliche Verwandlung. Die in brüllendem Lachen entladene Emotion ist Aggression, die ihres Ziels beraubt wurde; die Witze, an denen kleine Kinder ihren Spaß haben, sind meist skatologischer Natur; Heranwachsende erfreuen sich an stellvertretendem Sex; der schwarze Humor wird von verdrängtem Sadismus gespeist, Satire von gerechtem Zorn. Mit den verschiedenen Formen des Humors ist eine verwirrende Vielfalt von Stimmungen verbunden, darunter auch gemischte oder widerstreitende Gefühle. Wie die Kombination auch aussehen mag, sie muß eine grundlegende, unerläßliche Zutat enthalten: einen Impuls der Aggression oder Furcht, und sei er noch so schwach. Er mag in der Maske der Bosheit oder Verachtung, der verschleierten Grausamkeit, genannt Herablassung, erscheinen oder sich einfach als mangelndes Mitgefühl mit dem Opfer des Witzes äußern – als »eine momentane Anästhesie des Herzens«, wie Bergson es nannte. Bei den subtileren Arten des Humors kann die aggressive Tendenz so schwach sein, daß man sie nur bei einer genauen Analyse aufspürt, wie ein paar Körnchen Salz in einem meisterhaft zubereiteten Gericht, das ohne Salz jedoch nicht schmecken würde. Man ersetze nun die Aggression durch Mitgefühl, und dieselbe Situation – ein Betrunkener, der mit dem Gesicht auf die Erde fällt – wird nicht mehr komisch, sondern ergreifend sein und nicht Lachen, sondern Mitleid bewirken. Es ist das aggressive Element, die losgelöste Bosheit des Parodisten oder Imitators, die *pathos* in *bathos,* Tragödie in Travestie verwandelt. Bosheit kann bei freundlichen Neckereien mit Zuneigung kombiniert sein; ähnlich ist es, wenn wir nicht wissen, ob wir über die Mißgeschicke Charlie Chaplins lachen oder weinen sollen.

Die aggressive Komponente zivilisierter Menschen kann auch sublimiert oder ins Unbewußte verdrängt sein. Bei Scherzen, die Kindern und primitiven Leuten gefallen, werden Grausamkeit und prahlerische Selbstbehauptung dagegen sofort augenfällig. Bei einer Erhebung, die 1961 an amerikanischen Kindern im Alter von acht bis fünfzehn Jahren durchgeführt wurde, kamen die Wissenschaftler zu dem Schluß, daß »das Demütigen oder Peinigen oder Zum-Narren-Halten anderer sehr schnell Lachen auslöste, während eine witzige oder lustige Bemerkung oft unbeachtet blieb«[98].

Ähnliche Ansichten wurden schon in historisch älteren Theorien des Komischen geäußert. Aristoteles meinte, Lachen sei eng mit Häßlichkeit und Erniedrigung verknüpft. Cicero dachte, daß »der Bereich des Lächerlichen . . . in einer gewissen Gemeinheit und Mißgestalt liegt«. Descartes glaubte, Lachen sei eine Äußerung der Freude, »gemischt mit Verblüffung oder Haß oder manchmal auch beidem«. Auf Francis Bacons Liste der Ursachen, die Lachen auslösen, nimmt »Häßlichkeit« den ersten Platz ein. Eine der am häufigsten zitierten Äußerungen zu diesem Thema ist die folgende Definition aus Hobbes' *Leviathan*:

»Die Leidenschaft des Lachens ist nichts anderes als ein plötzliches Hochgefühl, das entsteht, wenn wir unverhofft in uns selbst eine Überlegenheit gegenüber der Schwäche eines anderen oder einer eigenen früheren Schwäche entdecken.«

In unsere Terminologie übersetzt, erscheint das Lachen als

harmloses Ventil für ein plötzliches Überschäumen der selbstbehauptenden Tendenz. So sehr die Meinungen der Theoretiker auch auseinandergehen, in einem Punkt stimmen sie fast alle überein: Die beim Lachen freigesetzten Emotionen enthalten immer ein aggressives Element. Aber Aggression und Furcht sind Zwillingsphänomene; der Psychologe spricht von »aggressiv-defensiven Impulsen«. Eine der typischen Situationen, in denen man lacht, ist infolgedessen der Augenblick, in dem die Furcht vor einer imaginären Gefahr plötzlich aufhört. Die Natur des Lachens als Lösung übermäßiger Spannungen äußert sich selten so deutlich wie in dem veränderten Gesichtsausdruck kleiner Kinder, die eben noch Angst hatten und dann unvermittelt erleichtert lachen. Das scheint nichts mit Humor zu tun zu haben, doch bei näherer Betrachtung finden wir hier dieselbe logische Struktur wie vorhin: Der laut kläffende kleine Hund wurde von dem Kind zuerst als Gefahr wahrgenommen, und dann sah es ihn als schwanzwedelndes Hündchen; die Spannung wurde plötzlich zu stark und bahnte sich einen Weg nach außen.

Kant schrieb, die Ursache des Lachens sei die plötzliche Verwandlung einer gespannten Erwartung in Nichts. Herbert Spencer griff den Gedanken auf und versuchte, ihn physiologisch zu formulieren: »Affekte und Empfindungen neigen dazu, Körperbewegungen zu verursachen ...« Sobald »das Bewußtsein unvermutet von großen auf kleine Dinge umschaltet«, meinte er dann, wird sich die »freigewordene Nervenkraft« auf dem Weg des geringsten Widerstands verausgaben – und das sind die körperlichen Bewegungen des Lachens. Freud verband Spencers Theorie des Humors mit seiner eigenen,[99] wobei er das Lösen unterdrückter Emotionen durch Lachen besonders betonte; er versuchte auch zu erklären, warum die überschüssige Energie ausgerechnet auf diese spezifische Art freigesetzt wird:

»Meines Wissens tritt die für das Lächeln bezeichnende Grimasse der Mundwinkelverziehung zuerst beim befriedigten und übersättigten Säugling auf, wenn er eingeschläfert die Brust fahren läßt. Sie ist dort eine richtige Ausdrucksbewegung, da sie dem Entschluß, keine Nahrung mehr aufzunehmen, entspricht, gleichsam ein ›Genug‹ oder ›Übergenug‹ darstellt. Dieser ursprüngliche

Sinn der lustvollen Übersättigung mag dem Lächeln, welches ja das Grundphänomen des Lachens bleibt, die spätere Beziehung zu den lustvollen Abfuhrvorgängen verschafft haben.«[100]

Die Muskelkontraktionen des Lächelns als frühester Ausdruck des Lösens von Spannungen würden demnach später als Weg des geringsten Widerstands dienen. Ähnlich scheint das stoßweise Ausatmen beim Lachen dazu bestimmt zu sein, die überschüssige Spannung »verpuffen« zu lassen, und die lebhaften Gesten haben offenbar die gleiche Funktion.

Man könnte nun einwenden, daß solche umfassenden Reaktionen in Anbetracht der schwachen Reize, die sie auslösen, oft unangemessen scheinen. Wir dürfen aber nicht vergessen, daß Lachen ein Phänomen des Auslöser-Typs ist, wo eine winzige Bewegung den Hahn öffnen kann, der große Mengen angestauter Emotionen freigibt, die oft aus unbewußten Quellen stammen: verdrängter Sadismus, sexuelle Energie, uneingestandene Angst, sogar Langeweile. So ist das brüllende Lachen von Schülern über irgendeinen trivialen Vorfall ein Maßstab für den Unmut, der sich während einer langweiligen Unterrichtsstunde in ihnen angestaut hat. Ein anderer Faktor, der die Reaktion gemessen am komischen Reiz ins Überproportionale steigern kann, ist die soziale Ansteckung, die das Lachen mit anderen Äußerungen des Gruppenverhaltens gemeinsam hat.

Lachen oder Lächeln kann auch durch Reize verursacht werden, die eigentlich nichts Komisches an sich haben, sondern nur *Zeichen* oder *Symbole* für vertraute komische Muster sind: Chaplins Stiefel, Groucho Marx' Zigarre, Schlagwörter oder Anspielungen auf bekannte Witze. Wenn wir feststellen wollen, warum wir lachen, müssen wir manchmal einen langen Assoziationsfaden bis zu seinem Ausgangspunkt zurückverfolgen. Diese Aufgabe wird noch durch die Tatsache erschwert, daß die Wirkung solcher komischer Symbole – in einer Karikatur oder auf der Bühne – unmittelbar zu sein scheint, so daß man offenbar gar keine Zeit hat, die »Erwartungen« und »emotionalen Spannungen« zu akkumulieren und anschließend zu entladen. Hier kommt aber das Gedächtnis ins Spiel, weil es als Akkumulator dient, dessen Ladung jederzeit freigesetzt werden kann; das Lächeln, mit dem Falstaff bei seinem ersten Auftritt begrüßt wird, gründet in einer Mischung von Erinnerungen und Erwartungen. Und obgleich unsere Reaktion auf eine Karikatur aus dem *New Yorker* unmittelbar zu sein scheint, läuft immer ein zeitlicher Prozeß ab, bis wir »den Witz sehen«; die Karikatur hat eine Geschichte zu erzählen, selbst wenn diese auf wenige Sekunden verkürzt wird. All das soll zeigen, daß die Analyse des Humors eine ebenso heikle Aufgabe ist wie die Analyse der zahlreichen Bestandteile eines Parfüms, von denen einige nie wahrgenommen werden, während andere, einzeln gerochen, uns angewidert zurückfahren lassen würden.

5

Ich habe zunächst die logische Struktur des Humors und dann seine emotionale Dynamik besprochen. Wenn man die beiden Phänomene gemeinsam betrachtet, kann man die Ergebnisse folgendermaßen zusammenfassen: Die Bisoziation von einer Situation oder Vorstellung mit zwei unvereinbaren Kontexten und die daraus resultierende abrupte Verlagerung des Gedankengangs vom einen Kontext zum anderen beendet unsere »gespannten Erwartungen« urplötzlich; die angesammelte Emotion bleibt, ihres Gegenstands beraubt, sozusagen in der Luft hängen und wird durch Lachen freigesetzt oder entladen. Wenn der Marquis ans Fenster eilt und so tut, als ob er die Leute auf der Straße segne, macht unser Intellekt einen Salto und beteiligt sich vergnügt an dem neuen Spiel, doch die maliziösen erotischen Gefühle, die am Anfang der Geschichte geweckt wurden, lassen sich nicht in den neuen Kontext einpassen und bahnen sich, vom flinken Intellekt verlassen, durch Lachen einen Weg ins Freie wie Luft aus einem angestochenen Reifen. Anders ausgedrückt: *Wir lachen, weil unsere Emotionen träger und hartnäckiger sind als unsere Vernunftsprozesse.* Affekte können nicht mit Argumenten Schritt halten; im Gegensatz zu Argumenten können sie nicht blitzschnell den »Kurs ändern«. Für den Physiologen liegt das auf der Hand, weil unsere selbstbehauptenden Emotionen von dem phylogenetisch alten, schwerfälligen Apparat des sympathischen Nervensystems und seiner verbündeten Hormone beherrscht werden, die den ganzen Körper beeinflussen, während Sprache und Logik auf den Neocortex am Scheitel des Gehirns beschränkt sind. Die tägliche Erfahrung bestätigt diesen spezifischen Aspekt der Dichotomie zwischen dem alten und dem neuen Gehirn immer wieder. Wir werden buchstäblich von unseren adrenalen Launen »vergiftet«; es dauert lange, um schlecht gelaunte Menschen durch Worte aufzumuntern; Furcht und Zorn wirken hartnäckig nach, wenn ihre Ursachen schon längst behoben sind. Wenn wir unsere Stimmungen so schnell ändern könnten, wie wir von einem Einfall zum nächsten hüpfen, wären wir Gefühlsakrobaten. Da wir aber nicht dazu imstande sind, werden unsere Gedanken und Emotionen häufig voneinander getrennt. Was sich durch Lachen entlädt, sind vom Denken verlassene Gefühle. Wie wir gesehen haben, sind Emotionen wegen ihrer größeren Wucht nämlich nicht fähig, dem plötzlichen Sprung der Ideen zu einer anderen Art der Logik zu folgen; sie neigen dazu, ihren Weg in gerader Linie fortzusetzen. Ariel führt Caliban an der Nase: Der eine springt auf einen Zweig, der andere prallt an einen Baumstamm. Aldous Huxley hat einmal geschrieben:

»Ich glaube, im physiologischen Bereich hängt das Problem damit zusammen, daß wir ein Drüsensystem mit uns herumschleppen, das für das Leben im Paläolithikum wundervoll geeignet war, für das heutige Leben aber kaum. So neigen wir dazu, mehr Adrenalin zu produzieren, als für uns gut ist: denn entweder beherrschen wir uns krampfhaft und schaden uns dadurch innerlich, oder wir beherrschen uns nicht und beginnen auf andere loszuschlagen.«[101]

Eine dritte Alternative besteht darin, die Leute auszulachen. Es gibt noch andere Ventile für gebändigte Aggression, z. B. sportliche Wettkämpfe oder Literaturkritik, aber das sind erworbene Fertigkeiten, während das Lachen ein Geschenk der Natur ist, das zu unserem angeborenen Rüstzeug gehört. Die Drüsen, die unsere Emotionen steuern, verkörpern ein Stadium der Evolution, in dem der Existenzkampf tödlicher war als heute – und in dem die Reaktion auf jeden unbekannten Anblick oder jedes fremdartige Geräusch darin bestand, zu springen, eine drohende Haltung einzunehmen, zu kämpfen oder davonzulaufen. Mit zunehmender Sicherheit und Bequemlichkeit brauchte unsere Spezies neue Ventile für das Entladen von Emotionen, die nicht mehr durch die ursprünglichen Kanäle freigesetzt werden konnten, und das Lachen ist offensichtlich eines dieser neuen Ventile. Es konnte sich aber erst entwickeln, als die Vernunft ein gewisses Maß an Unabhängigkeit von den »blinden« Trieben der Emotion erreicht hatte. Unterhalb der menschlichen Stufe scheinen Denken und Fühlen eine untrennbare Einheit zu bilden; erst als sich das Denken allmählich vom Fühlen gelöst hatte, konnte der Mensch seine Emotionen als exzessiv oder übertrieben wahrnehmen, den *humores* seiner Drüsen mit Humor begegnen und lächelnd zugeben: »Ich bin ein Tor.«

6

Die vorangegangene Diskussion sollte die Werkzeuge für die Sezierung und Analyse der einzelnen Formen des Humors liefern. Das nun anzuwendende Verfahren besteht darin, die Natur der zwei (oder mehr) Bezugsrahmen festzustellen, deren Zusammenstoß zu der komischen Wirkung führt – die Art der Logik oder der »Spielregeln« herauszufinden, die sie jeweils beherrschen. Bei den subtileren Witzen ist die »Logik« implizit und versteckt, und sobald wir sie explizit ausdrücken, ist der Witz gestorben. Es läßt sich nicht vermeiden, daß der Weg, den wir nun einschlagen, mit Leichen übersät sein wird.

Max Eastman bemerkte in *The Enjoyment of Laughter* (»Die Freude am Lachen«) zu einem gequälten Wortspiel von Ogden Nash: »Das ist kein Wortspiel [engl. *pun*], sondern eine Strafexpedition [engl. *punitive expedition*].« Das gilt für die meisten Wortspiele oder Wortwitze, sogar für John Miltons berühmte Zeilen über den Raben des Propheten Elias, oder Freuds Figur, die die Weihnachtszeit als *Alco-holidays* bezeichnet. Die meisten Wortwitze kommen uns irgendwie grausam vor, vielleicht weil sie die urtümlichste Form des Humors darstellen: zwei getrennte Denkfäden, die durch einen akustischen Knoten miteinander verknüpft werden. Doch gerade die Urtümlichkeit solcher auf Lauten beruhenden Bisoziationen kann der Grund dafür sein, daß Wortwitze unter Kindern so beliebt sind und eine große Rolle bei gewissen geistigen Störungen spielen.

Von dem *Spiel mit Klängen* – Wortwitze und Schüttelreime – führt eine ansteigende Linie zu dem *Spiel mit Worten* und dem *Spiel mit Ideen.* Wenn Groucho Marx über eine Safari in Afrika sagt: »Wir schossen zwei Böcke [engl. *bucks*], aber das war alles Geld [engl. Slang *buck*], das wir hatten«, beruht der Witz auf der doppelten Bedeutung von *buck.* Dieses Wortspiel ist nicht sehr witzig und wäre es noch weniger, wenn es nicht von Groucho stammte, bei dem wir sofort hochgespannte Erwartungen hegen. Die Geschichte von dem Marquis und dem Bischof gehört eindeutig zu einer höheren Ordnung des Humors, weil darin nicht mit Worten, sondern mit Ideen gespielt wird.

Es wäre ganz leicht – und ziemlich langweilig –, eine Liste zusammenzustellen, bei der Witze und witzige Bemerkungen nach der Art der Bezugsrahmen geordnet sind, deren Kollision die komische Wirkung hervorruft. Einigen kollidierenden Bezugsrahmen sind wir schon begegnet, z. B.: übertragene kontra wörtliche Bedeutung (die Hand der Tochter); professionelles Wissen kontra gesunder Menschenverstand (der statistikbewußte Arzt); unvereinbare Verhaltenskodizes (der Marquis); Gegenüberstellung des Trivialen mit dem Erhabenen (»ewige Seligkeit«); Gedankenbahnen, die miteinander verbunden sind und in entgegengesetzte Richtungen führen (der Sadist, der nett zu dem Masochisten ist). Die Liste ließe sich erweitern. Man kann in der Tat *jedem beliebigen* Paar von kognitiven Holons eine komische Wirkung entlokken, wenn man beide Holons miteinander verbindet und der Mischung einen Tropfen Bosheit hinzufügt. Die Bezugsrahmen können dabei sogar von so abstrakten Begriffen wie »Zeit« und »Wetter« gebildet werden. Der zerstreute Professor, der die Temperatur an seiner Uhr oder die Zeit am Thermometer ablesen will, ist aus demselben Grund komisch wie ein Tischtennis-Match, das mit einem Fußball gespielt wird, oder ein Fußballspiel, bei dem ein Tischtennisball getreten wird. Die Variationsmöglichkeiten sind ohne Zahl, aber das Grundrezept bleibt.

Witze und Anekdoten haben einen Höhepunkt. Die literarischen Formen des *ununterbrochenen Humors,* z. B. der Schelmenroman, können sich nicht mit einem einzigen Knalleffekt zufriedengeben, sondern beruhen auf einer Reihe kleinerer Höhepunkte. Die Handlung verläuft auf der Trennungslinie zwischen zwei widersprüchlichen Ebenen – wie die Phantasiewelt Don Quichottes und die Bauernschläue Sancho Pansas –, oder sie springt zwischen beiden Ebenen hin und her; infolgedessen wird ständig Spannung erzeugt und durch ein amüsiertes Schmunzeln entladen.

Komische Verse beruhen auf der melodiösen Verbindung unvereinbarer Dinge – so Lewis Carrolls »Kohlköpfe und Könige«[102] – und vor allem auf dem Gegensatz zwischen feierlicher Form und trivialem Inhalt. Gewisse Versmaße wie Hexameter oder Alexandriner wecken Erwartungen von Pathos, Heldentum und Erhabenheit; epische Formen mit einem hausbackenen, trivialen Inhalt – »Schöner Kuchen, süß und lecker, / Wartet bei dem nächsten Bäcker« – zu füllen, ist ein beinahe unfehlbares Mittel des Komischen. Die rollenden Daktylen eines Limericks, die statt Hektor oder Achill eine junge Dame vom Niger davontragen, machen diese bereits lächerlich, ehe sie noch von den erwarteten Kalamitäten heimgesucht wird. Eine heroische Form kann auch durch eine lyrische ersetzt werden: »*And what could be moister / Than the tears of an oyster?* (»Und was könnte feuchter sein / Als die Tränen einer Auster?«).

Eine andere Art der *Unvereinbarkeit von Form und Inhalt* ist im fingierten Sprichwort enthalten: »Die Regel ist: morgen Marmelade und gestern Marmelade – aber heute nie Marmelade.« Zwei widersprüchliche Feststellungen sind zu einer zusammengezogen worden, deren hausbackener, ermahnender Klang den Eindruck erweckt, es handle sich um ein bekanntes Sprichwort. Ähnlich erzielen Nonsens-Verse ihre Wirkung, indem sie vorgeben, sie hätten einen Sinn (engl. *sense*), indem sie den Leser oder Hörer zwingen, einem phonetischen Klangbild einen Sinn zu geben – so, wie man beim Rorschach-Test Tintenkleckse interpretiert.

Die *Satire* ist eine verbale Karikatur, die uns ein absichtlich verzerrtes Bild einer Person, Institution oder Gesellschaft zeigt.

Die traditionelle Methode des Karikaturisten besteht darin, zu *übertreiben*, nämlich die Merkmale, die seiner Ansicht nach für die Persönlichkeit seines Opfers charakteristisch sind, und zu *vereinfachen*, indem er alles ausläßt, was für seine Absicht unerheblich ist. Der Satiriker benutzt die gleiche Methode, und die Merkmale der Gesellschaft, die er übertrieben darstellt, sind selbstverständlich diejenigen, welche er ablehnt. Das Ergebnis ist eine Konfrontation im Geist des Lesers, d. h., seinem gewöhnlichen Bild von der Welt, in der er lebt, wird ihr absurdes Abbild im Zerrspiegel des Satirikers gegenübergestellt. Auf diese Weise wird der Leser veranlaßt, vertraute Züge im Absurden und absurde Züge im Vertrauten zu erkennen. Ohne dieses doppelte Bild wäre die Satire witzlos. Wenn die menschlichen Yahoos wirklich so übelriechende Ungeheuer wären, wie Gullivers Houyhnhnm-Gastgeber behaupten, wäre *Gullivers Reisen* keine Satire, sondern die Niederschrift einer beklagenswerten Wahrheit. Eine unverblümte Schmährede ist keine Satire; um eine Satire zu sein, muß sie absichtlich übertreiben.

Eine ähnliche Wirkung kann man erzielen, wenn man die Merkmale, die man anprangern will, mit der Technik der *Allegorie* auf einen anderen Hintergrund, beispielsweise eine Tiergesellschaft, überträgt, statt sie übertrieben darzustellen. Eine Vielzahl von Schriftstellern, von Aristophanes bis Swift und von Anatole France bis George Orwell, hat diese Methode benutzt, um die Aufmerksamkeit auf die »Mißgestalt« der Gesellschaft zu lenken, die wir, von der Gewohnheit abgestumpft, als selbstverständlich hinnehmen.

7

Die krudeste Form des Humors ist der *Streich* oder *Schabernack*: z. B. den Stuhl wegziehen, auf den die Respektsperson sich gerade setzen will. Das Opfer wird zunächst als bedeutende Persönlichkeit und dann plötzlich als träger Körper wahrgenommen, der den physikalischen Gesetzen unterworfen ist: Autorität wird durch Schwerkraft, der Geist durch die Materie entlarvt; der Mensch wird zu einem Mechanismus degradiert. Soldaten, die sich im Gänsemarsch fortbewegen, funktionieren wie Automaten, der Pedant benimmt sich wie ein lebloser Roboter, der an Durchfall leidende Hauptfeldwebel und der von Schluckauf befallene Hamlet zeigen, wie der Mensch bei seinem Höhenflug durch sein »allzu festes Fleisch« wieder auf den Boden der Tatsachen gezogen wird. Eine ähnliche Wirkung wird von Gegenständen hervorgerufen, die als Menschen maskiert sind: Kasperlefiguren, Springteufelchen, technische Erfindungen, die ihrem Besitzer mit kalkulierter Bosheit Streiche spielen.

In Henri Bergsons Theorie des Lachens dient dieser Dualismus von subtilem Geist und träger Materie – er nennt es »die mechanische Verkrustung des Lebens« – als Erklärung *aller* Spielarten des Komischen, während er nur auf eine der vielen Arten von komischen Situationen angewendet werden kann, wenn man die obige Charakterisierung zugrunde legt.

Von der Bisoziation *Mensch und Maschine* ist es nur ein Schritt zur Kreuzung *Mensch-Tier.* Walt Disneys Schöpfungen benehmen sich wie Menschen, ohne ihr tierisches Aussehen einzubüßen. Der Karikaturist wendet das umgekehrte Verfahren an, indem er pferde-, mäuse- und schweineähnliche Züge im menschlichen Gesicht entdeckt.

Das bringt uns zu den komischen Mitteln der *Nachahmung, Darstellung und Verkleidung.* Der Imitator wird gleichzeitig als er selbst und jemand anders wahrgenommen. Wenn dieser Jemand dabei ein bißchen lächerlich gemacht wird – aber nur dann –, lacht der Zuschauer. Der Komiker, der eine Persönlichkeit des öffentlichen Lebens imitiert, die beiden Hosen, die als Beine des Pferdes in der Pantomime dienen, Männer, die als Frauen verkleidet sind, und Frauen, die als Männer verkleidet sind – in jedem Fall führen sich die Paare Darsteller-Dargestellter gegenseitig ad absurdum.

Die aggressivste Form der Darstellung ist die *Parodie,* die den trügerischen Schein anprangern, Illusionen zerstören und Pathos unterminieren soll, indem sie auf den menschlichen Schwächen des Opfers herumreitet. Perücken, die vom Kopf fallen; Redner die ihren Text vergessen; Gesten, die in der Luft hängen bleiben: Die beliebtesten Angriffspunkte des Parodisten liegen wieder dort, wo sich das Erhabene mit dem Trivialen überschneidet. Das *spielerische Verhalten* von jungen Tieren und Kindern ist amüsant, weil es eine unbeabsichtigte Parodie des Verhaltens von Erwachsenen ist, die imitiert oder antizipiert wird. Junge Hunde sind drollig, weil ihre Hilflosigkeit, ihre Zutraulichkeit und ihr verwirrter Gesichtsausdruck sie »menschlicher« machen als ausgewachsene Hunde; weil ihr böses Knurren einem so vorkommt wie eine Imitation des Verhaltens, das sie zeigen werden, wenn sie groß sind (wie ein Kind, das sich einen steifen Hut aufsetzt); weil ihr watschelnder, unsicherer Gang sie zu einem Lieblingsopfer der Possen der Natur macht; weil ihr unproportionierter Körper, die großen weichen Pfoten, der Falstaff-Bauch und die gerunzelte Denkerstirn sie wie eine Karikatur wirken lassen; und weil wir schließlich im Vergleich zu einem Hündchen so überlegene Geschöpfe sind. Ein flüchtiges Lächeln kann viele logische Komponenten und emotionale Valeurs enthalten.

Sowohl Cicero als auch Francis Bacon betrachteten Mißgestaltung als häufigste Ursache des Lachens. Die Fürsten der Renaissance hielten sich zu ihrer Belustigung Zwerge, Bucklige und Mohren. Da wir für solche Späße zu »human« geworden sind, vergessen wir oft, daß man eine gute Portion von Phantasie und Einfühlungsvermögen braucht, um in einem Zwerg einen Mitmenschen zu erkennen, der trotz seines anderen Erscheinungsbildes ganz ähnlich denkt und fühlt wie man selbst. Bei Kindern ist diese Fähigkeit der Projektion nur im Ansatz vorhanden; sie neigen dazu, sich über Stotterer oder Hinkende lustig zu machen, und lachen über Ausländer mit einem merkwürdigen Akzent. Eine ähnliche Einstellung zeigen Stammesgesellschaften oder kirchliche Gemeinschaften gegenüber jedem Aussehen oder Verhalten, das von ihren strikten Normen abweicht: Der Fremde ist kein richtiger Mensch, er tut nur so, als sei er »wie wir«. Die Griechen benutzten das Wort »Barbaren« für Fremde und Stotterer – die sonderbaren, bellenden Töne, die der Fremde von sich gab, galten als eine Parodie auf die menschliche Sprache. Wir wissen, daß der Imitator seine falsche Aussprache nur vortäuscht, und diese Gewißheit macht Mitgefühl überflüssig und erlaubt uns, ohne Skrupel kindlich grausam zu sein.

Eine andere Quelle der Belustigung beginnt zu sprudeln, wenn *der Teil und das Ganze* die Rollen tauschen und die Aufmerksamkeit auf eine Einzelheit gerichtet wird, die aus dem funktionellen Zusammenhang gerissen wurde, von der ihr Sinn abhing. Wenn die Grammophonnadel steckenbleibt, wiederholt die Stimme der Sopranistin immer wieder dasselbe Wort mit demselben Triller, der plötzlich ein auf groteske Weise unabhängiges Eigenleben erhält. Das gleiche geschieht, wenn die Aufmerksamkeit durch fehlerhafte Orthographie vom Sinn auf die einzelnen Buchstaben gelenkt wird oder wenn der Scheinwerfer des Bewußtseins auf Tätigkeiten gelenkt wird, die man normalerweise automatisch verrichtet – das Problem des Tausendfüßlers. Der befangene, linkische Jüngling, der »nicht weiß, was er mit seinen Händen machen soll«, steckt in den gleichen Nöten.

Komödien wurden früher nach ihrer Situations-, Sitten- oder Charakterkomik eingeteilt. Die Logik der beiden letzten Kriterien bedarf keiner weiteren Diskussion; beim ersten werden die komischen Effekte konstruiert, indem man eine Situation gleichzeitig an zwei voneinander unabhängigen Ereignisketten mit verschiedenen assoziativen Kontexten partizipieren läßt, die sich durch Koinzidenz (Zufall) oder Verwechslungen von Personen oder Umständen überschneiden. Die Koinzidenz, auf die sie angewiesen sind, ist der Deus ex machina der Komödie *und* der antiken Tragödie.

Warum durch *Kitzeln* Lachen bewirkt wird, ist in allen früheren Theorien des Komischen ein Rätsel geblieben. Darwin wies als erster darauf hin, daß die angeborene Reaktion auf Kitzeln darin besteht, daß man sich dreht oder krümmt und versucht, den gekitzelten Körperteil zurückzuziehen – eine Abwehrreaktion, die den Zweck hat, besonders empfindliche Partien wie die Fußsohlen, den Bauch und die Rippen vor Angriffen zu schützen. Wenn eine Fliege sich auf den Bauch eines Pferdes setzt, löst sie Muskelkontraktionen aus, die als wellenförmige Bewegung auf der Haut sichtbar sind, und das entspricht dem Sich-Winden eines gekitzelten Kindes. Aber das Pferd lacht nicht, wenn es gekitzelt wird, und auch das Kind lacht in einem solchen Fall nicht immer. Es wird nur lachen – und das ist der springende Punkt –, wenn es das

Kitzeln als *Scheinangriff* auffaßt, als eine Liebkosung in leicht aggressiver Verkleidung. Aus dem gleichen Grund lacht man nur, wenn man von anderen gekitzelt wird, also nicht dann, wenn man sich selbst kitzelt.

In Yale hat man bei einer Versuchsreihe Kleinkinder, die weniger als ein Jahr alt waren, von ihren Müttern und von Fremden kitzeln lassen und dabei festgestellt, daß die Kleinen bei ihren Müttern fünfzehnmal öfter lachten als bei den Fremden; wenn sie von Fremden gekitzelt wurden, schrien sie meist. Der Scheinangriff muß nämlich als »Schein« erkannt werden, und bei Fremden kann man nie hundertprozentig sicher sein. Selbst bei der eigenen Mutter bleibt ein kaum merkliches Gefühl von Ungewißheit und Furcht, das sich im Verhalten des Kindes abwechselnd mit dem Lachen äußert. Eben dieses Element der Spannung zwischen den einzelnen »Kitzel-Angriffen« wird bei dem Lachen freigesetzt, das das Sich-Winden begleitet. Die Spielregel lautet: »Mach mir nur ein klein wenig angst, damit ich es genießen kann, keine Angst mehr zu haben.«

Der Kitzelnde spielt also den Angreifer, der Gekitzelte weiß aber, daß es Spiel ist. Das ist wahrscheinlich die erste Situation im Leben des Kindes, in der es zur gleichen Zeit auf zwei Ebenen lebt – ein köstlicher Vorgeschmack auf den prickelnden Nervenkitzel der Horror-Komik.

Der *Humor in der bildenden Kunst* widerspiegelt die oben behandelten logischen Strukturen. Seine primitivste Form ist der Zerrspiegel auf dem Jahrmarkt, der die menschliche Gestalt zu einer Säule verlängert oder zu Krötenform verkürzt; er spielt dem Opfer einen Schabernack, denn es sieht das Bild im Spiegel als Abbild seiner selbst und als einen geduldigen Klumpen Plastikmasse, der zu jeder lächerlichen Form auseinandergezogen und zusammengedrückt werden kann. Während der Spiegel jedoch mechanisch verzerrt, tut der *Karikaturist* es selektiv, mit der gleichen Technik der Übertreibung charakteristischer Merkmale und Vereinfachung des restlichen Körpers, die auch der Satiriker benutzt. Wie der Satiriker offenbart auch der Karikaturist das Absurde im Vertrauten, und wie jener muß er übertreiben. Seine Bosheit wird durch unser Wissen entschärft, daß die monströsen

Spitzbäuche und Säbelbeine, die er zeichnet, nicht *real* sind; reale Mißgestaltungen sind nämlich nicht mehr komisch, sondern mitleiderregend.

Der Maler, der ein stilisiertes Porträt malt, benutzt ebenfalls die Methode der Auswahl, Übertreibung und Vereinfachung. Seine Einstellung zu dem Modell wird jedoch von positiver Empathie und nicht von negativer Bosheit beherrscht, und er entscheidet sich dementsprechend, andere Merkmale zu betonen. Bei einigen Charakterstudien von Leonardo, Hogarth und Daumier sind die dargestellten Leidenschaften so heftig, die Grimassen so wild, daß man nicht sagen kann, ob die Bilder als Porträts oder als Karikaturen gemeint waren. Wenn man den Eindruck hat, solche Verzerrungen des menschlichen Gesichts seien in der Realität nicht möglich, Daumier habe nur *vorgegeben*, daß sie existieren, dann ist man von Entsetzen und Mitleid losgesprochen und darf über die grotesken Geschöpfe lachen. Wenn man dagegen findet, daß es sich tatsächlich um das handelt, was Daumier in jenen enthumanisierten Gesichtern sah, dann spürt man, daß man ein Kunstwerk vor sich hat.

Der *Humor in der Musik* ist ein Thema, dem wir uns behutsam nähern müssen, weil die Sprache der Musik sich letztlich der Übersetzung in verbale Symbole entzieht. Wir müssen uns damit zufriedengeben, auf einige Analogien hinzuweisen: Ein »derber« Ton wie der Klang einer Trompete hat in einer Sequenz, wo er nicht hineinpaßt, die Wirkung eines Schabernacks; ein Sänger, der in der falschen Tonlage singt, und ein falsch gestimmtes Instrument lösen eine ähnliche Reaktion aus; die vokale oder instrumentale Nachahmung von Tierstimmen beruht auf der Technik der Darbietung; ein in Jazzrhythmen transponiertes Nocturne von Chopin oder ein Gassenhauer, der wie eine Wagner-Arie gesungen und gespielt wird, ist so etwas wie eine Mesalliance. Das sind primitive Techniken, die den niedrigsten Stufen des Humors entsprechen. Auf den höheren Stufen finden wir Kompositionen wie Ravels *La Valse,* eine zärtliche und kultivierte Parodie auf den Wiener Walzer, oder Haydns *Sinfonie mit dem Paukenschlag* oder auch des Ungarn Zoltán Kodály komisch-heroisches Singspiel *Háry János.*

Bei komischen Opern kann man jedoch kaum feststellen, ob die komische Wirkung mehr auf dem Libretto oder mehr auf der Musik beruht, und die höchsten Formen des musikalischen Humors, das unerwartete Vergnügen, das ein spielerisches Scherzo von Mozart bereitet, trotzen der verbalen Analyse – oder müßten so spezifisch und fachlich untersucht werden, daß man darüber ihren eigentlichen Sinn aus den Augen verlieren würde. Obgleich eine »witzige« oder »geistvolle« musikalische Sequenz, die für die Zuhörer eine Überraschung bedeutet und sie um ihre »gespannten Erwartungen« betrügt, zweifellos die emotionslösende Wirkung hat, die gewöhnlich Lachen produziert, lacht ein Konzertpublikum nur selten und begnügt sich gewöhnlich mit einem leisen Lächeln. Schon diese Tatsache zeigt uns, daß die vom musikalischen Humor ausgelösten Gefühle subtiler sind als die Emotionen, die von der verbalen und visuellen Spielart des Humors hervorgerufen werden.

8

Die Kriterien, die darüber entscheiden, ob eine humorvolle Darbietung gut oder schlecht oder gar nicht »ankommen« wird, richten sich natürlich teilweise nach der herrschenden Mode und dem persönlichen Geschmack, zum anderen Teil nach dem *Stil* und der *Technik* des Humoristen. Sie lassen sich offenbar nach drei Hauptgesichtspunkten einteilen: 1. Originalität, 2. Emphase, 3. Sparsamkeit.

Die Vorzüge der *Originalität* liegen auf der Hand; sie liefert das grundlegende Element der Überraschung, das unsere Erwartungen durchkreuzt. Wahrer Originalität begegnet man im Humor wie in anderen Kunstformen allerdings nur selten. Ein weit verbreiteter Ersatz besteht darin, die Spannung des Publikums durch verschiedene Methoden der suggestiven *Emphase* zu steigern. Die Domäne des Clowns ist der saftige, derbe Humor; er trägt dick auf; er appelliert an sadistische, sexuelle, skatologische Impulse; einer seiner Lieblingstricks ist die Wiederholung von Situationen, von Schlüsselsätzen. Das mindert den Überraschungseffekt, trägt jedoch dazu bei, Emotionen in die vertrauten Kanäle zu leiten – immer mehr Flüssigkeit wird in die geborstene Pipeline gepumpt.

Die Betonung der Lokalkolorits und bestimmter ethnischer Eigenheiten – wie bei Schottenwitzen, Judenwitzen usw. – ist ein weiteres Mittel, Emotionen auf vertraute Wege zu leiten. Der Schotte und der Jude müssen natürlich Karikaturen sein, wenn der komische Zweck erreicht werden soll. Anders ausgedrückt: Übertreibung und Vereinfachung sind auch hier unerläßliche Werkzeuge der Emphase.

Bei den höheren Formen des Humors wird die Emphase dagegen oft durch die entgegengesetzte Tugend abgelöst: die *Sparsamkeit*. Ökonomie in Humor und Kunst bedeutet nicht etwa mechanische Kürze, sondern versteckte (implizite) Bedeutung statt direkte (explizite) Feststellung, also: Anspielung statt Frontalangriff. Die altmodische *Punch*-Karikatur mit dem britischen Löwen und dem russischen Bären »hämmert es uns ein«; die Karikaturen im *New Yorker* dagegen stellen den Betrachter vor Rätsel, die er lösen muß, um »den Witz zu sehen«.

Beim Humor sind Emphase und Sparsamkeit wie in anderen Kunstformen Komplementärtechniken. Die Emphase stopft die Darbietung in den Schlund des Konsumenten; die Sparsamkeit spannt ihn auf die Folter, um ihm Appetit zu machen.

9

Frühere Theorien – selbst die von Bergson und Freud – haben den Humor als isoliertes Phänomen behandelt und nicht versucht, die engen Zusammenhänge zwischen dem Komischen und dem Tragischen, dem Lachen und dem Weinen, zwischen *künstlerischer Eingebung, komischer Erfindungsgabe* und *wissenschaftlicher Inspiration* zu beleuchten. Diese drei Bereiche der schöpferischen Tätigkeit bilden, wie wir noch sehen werden, jedoch ein Kontinuum ohne feste Grenzen zwischen Witz und Erfindungsreichtum oder zwischen der Kunst der Entdeckung und den Entdeckungen der Kunst.

Es ist zum Beispiel gesagt worden, die wissenschaftliche Entdeckung bestehe darin, eine Analogie zu sehen, die bisher noch nicht gesehen wurde. Als Salomo im Hohenlied den Hals der Sulamith mit einem Elfenbeinturm verglich, sah er eine Analogie, die bisher noch niemand gesehen hatte; als William Harvey in dem freigelegten Herzen eines Fisches ein Gebilde sah, das einer mechanischen Pumpe glich, entdeckte er eine Analogie; und wenn der Karikaturist eine Nase als Gurke zeichnet, macht er ebenfalls nichts anderes. Alle oben besprochenen bisoziativen Muster, die die »Grammatik« des Humors bilden, können nämlich gegebenenfalls auch in den Dienst der Kunst oder Entdeckung treten. Der Zusammenstoß unvereinbarer Verhaltenskodizes kann zur Komödie, zur Tragödie oder zu neuen psychologischen Einsichten führen. Der Dualismus zwischen Geist und lebloser Materie wird vom Possenreißer ausgenützt, liefert aber auch eines der ewigen Themen der Literatur: der Mensch als Marionette, deren Fäden von Göttern oder Chromosomen gezogen werden. Die Dichotomie Mensch-Tier spiegelt sich in Donald Duck, aber auch in Kafkas *Verwandlung* und den Rattenversuchen der Psychologen. Die Karikatur entspricht nicht nur der Charakterstudie des Malers, sondern auch den graphischen Darstellungen und Tabellen des Wissenschaftlers, die relevante Merkmale betonen und den Rest ignorieren.

Die bewußten und unbewußten Prozesse, die der Kreativität zugrunde liegen, sind im wesentlichen Kombinationstätigkeiten – das Zusammenbringen bisher getrennter Wissens- und Erfahrungsgebiete. Das Ziel des Wissenschaftlers ist die *Synthese;* dem Künstler geht es um eine *Konfrontation* von Vertrautem und Ewigem; der Humorist bemüht sich, eine *Kollision* herbeizuführen. Und wie ihre Motivationen, so unterscheiden sich auch die emotionalen Reaktionen, die von den einzelnen Arten der Kreativität ausgelöst werden: Die Entdeckung befriedigt den »Explorationstrieb« oder Forschungsdrang; die Kunst ruft durch das »ozeanische Gefühl« die emotionale Katharsis hervor; der Humor erzeugt Bosheit und liefert ein harmloses Ventil für sie. Man kann das Lachen als Haha-Reaktion, das Heureka des Entdeckers als Reaktion und die Lust des ästhetischen Erlebnisses als Ah-Reaktion bezeichnen. Die Übergänge zwischen den einzelnen Phänomenen sind jedoch fließend: Witz geht ins Epigramm über, Karikatur ins Porträt, und ganz gleich, ob man die Architektur, die Medizin, das Schachspielen oder das Kochen betrachtet, es gibt keine klare Grenze, die uns zeigt, wo der Bereich der Wissenschaft endet und die Kunst beginnt. Komödie und Tragödie, Lachen und Weinen sind die Endpunkte eines *kontinuierlichen Spektrums*.

Zusammenfassung

Der Humor ist ein Hintereingang zur Domäne der Kreativität, *denn er ist das einzige Beispiel eines komplexen intellektuellen Reizes, der eine einfache körperliche Reaktion auslöst* - den Lachreflex.

Ich habe den Begriff »Bisoziation« vorgeschlagen, um das einheitliche Muster zu beschreiben, das allen Spielarten des Humors zugrunde liegt. Bisoziation ist das Wahrnehmen einer Situation oder eines Ereignisses in zwei sich gegenseitig ausschließenden Assoziationsrahmen. Das Ergebnis ist eine abrupte Verlagerung des Bewußtseinsstroms in ein anderes Bett, das von einer anderen Logik oder »Spielregel« beherrscht wird. Dieser intellektuelle Sprung täuscht unsere Erwartungen; die Emotionen, die jene Erwartungen geweckt haben, sind plötzlich überflüssig und werden auf dem Weg des geringsten Widerstands mit Lachen freigesetzt.

Die daran beteiligten Emotionen enthalten, so komplex sie auch sein mögen, immer ein dominierendes Element der selbstbehauptenden, aggressiv-defensiven Tendenz. Sie gehen auf den uralten, adrenal-sympathischen Zweig des Nervensystems – das alte Gehirn – zurück und sind von größerer Wucht und Hartnäckigkeit als die subtilen und verschlungenen Prozesse der kortikalen Vernunft, mit denen sie nicht Schritt halten können. Was auf harmlose Weise im Lachen entladen wird, ist vom Denken verlassene Emotion. Aber dieser Luxusreflex konnte sich nur bei einem Geschöpf entwickeln, dessen Vernunft eine gewisse Unabhängigkeit von seinen biologischen Trieben erreicht hat und ihm erlaubt, seine eigenen Emotionen als überflüssig oder redundant zu sehen

– zu erkennen, daß es zum Narren gehalten worden ist. Der Mensch, der lacht, ist das Gegenteil von dem Fanatiker, dessen Vernunft von der Emotion geblendet wurde und der sich selbst zum Narren hält.

Ich habe die Theorie zunächst auf verschiedene Arten des Komischen, vom physischen Kitzeln bis zur Gesellschaftssatire, angewendet und anschließend die stilistischen und technischen Kriterien des Humors erörtert: *Originalität* oder Überraschung; *Emphase* durch Auswahl, Übertreibung und Vereinfachung; sowie ihr Gegenteil, die *Sparsamkeit* oder verhüllte Bedeutung, die das Publikum zwingt, den schöpferischen Vorgang unter umgekehrten Vorzeichen nachzuvollziehen.

Die kurzen Hinweise auf die Kreativität in Wissenschaft und Kunst am Ende dieses Kapitels mögen als Einführung in die folgenden dienen.

7. Die Kunst der Entdeckung

1

Die Kreativität in der Wissenschaft ließe sich als die Kunst charakterisieren, zwei und zwei so zusammenzuzählen, daß dabei fünf herauskommt. Sie besteht, anders gesagt, in der Verbindung bisher unverbundener geistiger Strukturen, und zwar auf solche Weise, daß das entstehende Ganze mehr ergibt als das, was man hineingesteckt hat. Dieses scheinbare Zauberkunststück beruht auf der Tatsache, daß das Ganze nicht nur die Summe seiner Teile, sondern auch ein Ausdruck der Beziehungen zwischen seinen Teilen ist, und daß jede neue Synthese zur Entstehung neuer Beziehungsmuster, vielschichtigerer kognitiver Holons auf höheren Stufen der geistigen Hierarchie führt.

Lassen Sie mich einige kurze Beispiele aus den vielen Fallgeschichten wissenschaftlicher Entdeckungen auswählen, die ich unter anderem in *Die Nachtwandler* und *Der göttliche Funke* berichtet habe.

Der Wechsel von Ebbe und Flut war dem Menschen seit undenklichen Zeiten bekannt, desgleichen der Mondwechsel.

Aber die Idee, die beiden Phänomene miteinander zu verbinden, die Idee, daß die Gezeiten auf der Anziehungskraft des Mondes beruhen, hatte zum erstenmal der deutsche Astronom Johannes Kepler, der im 17. Jahrhundert lebte. Indem er zwei und zwei zusammenzählte, eröffnete er das unendliche Feld der modernen Astronomie.

Magnetitsteine – Magneten in natürlicher Form – waren bei den Griechen der Antike als Kuriositäten der Natur bekannt. Im Mittelalter wurden sie für zwei Zwecke benutzt: für Schiffskompasse und als Mittel, eine ihrem Mann entfremdete Ehefrau wieder zu ihm zurückzulocken. Wohlbekannt waren auch die merkwürdigen Eigenschaften des Bernsteins, der winzige Gegenstände anzog, wenn er gerieben wurde. Das griechische Wort für Bernstein ist *elektron*, aber die griechische Wissenschaft interessierte sich ebensowenig für die ungewöhnlichen Phänomene der Elektrizität wie die moderne Wissenschaft für Telepathie. Im Mittelalter war es ebenso. Ungefähr zweitausend Jahre betrachtete man Magnetismus und Elektrizität als getrennte Erscheinungen, die nicht mehr miteinander zu tun hatten als die Gezeiten mit dem Mond. Im Jahre 1820 entdeckte der Däne Hans Christian Oersted, daß ein elektrischer Strom, der durch einen Draht floß, die Nadel eines magnetischen Kompasses ablenkte, der zufällig auf demselben Tisch lag. In jenem historischen Augenblick begannen die beiden bislang voneinander getrennten Erscheinungen zu einer Synthese zu verschmelzen: zum Elektromagnetismus. Damit kam so etwas wie eine Kettenreaktion in Gang, die immer noch nicht beendet ist. In aufeinanderfolgenden Phasen verbanden sich Elektrizität und Magnetismus mit Lichtstrahlen, vereinigte sich die Chemie mit der Physik, verwandelte sich das bescheidene *Elektron* in einen Planeten, der im Sonnensystem des Atoms seine Umlaufbahn beschrieb, wurden schließlich Energie und Materie durch Einsteins unheimliche Gleichung $E = mc^2$ vereinigt.

Wenn wir zu den Anfängen der Wissenschaft zurückgehen, begegnen wir der uralten Überlieferung, Pythagoras habe die Geheimnisse der musikalischen Harmonie entdeckt, als er auf seiner Heimatinsel Samos einige arbeitende Schmiede beobachtete und plötzlich bemerkte, daß Eisenstäbe von verschiedener Länge unter den Hammerschlägen Töne von verschiedener Höhe produzierten. Diese spontane Vereinigung von Arithmetik und Musik war wahrscheinlich der Ausgangspunkt der Physik.

Von den Pythagoreern, die versuchten, die Harmonie der Sphären mathematisch darzustellen, bis zu ihren modernen Erben, die Raum und Zeit zu einem Kontinuum zusammengefügt haben, bleibt das Muster immer gleich: Die Entdeckungen der Wissenschaft schaffen nicht etwas Neues aus dem Nichts; sie kombinieren, verbinden und integrieren bereits vorhandene, aber bisher getrennt betrachtete Ideen, Tatsachen, assoziative Kontexte – geistige Holons. Dieser Akt der Quer-Befruchtung – oder Selbstbefruchtung innerhalb eines einzigen Gehirns – scheint das Wesen der Kreativität zu sein und den Begriff »Bisoziation« zu rechtfertigen. Wir haben gesehen, wie die Humoristen unvereinbare geistige Strukturen bisoziieren, um eine *Kollision* herbeizuführen. Dem Wissenschaftler geht es dagegen um eine Synthese, eine *Integration* bisher getrennter Ideen. Das lateinische *cogito* kommt von *coagitare,* zusammenschütteln. Bisoziation im Humor besteht darin, unvereinbare Elemente zusammenzuschütteln, die kurz miteinander kollidieren und sich dann wieder trennen. Bisoziation in der Wissenschaft besteht darin, bisher getrennte kognitive Holons so miteinander zu kombinieren, daß der Hierarchie des Wissens eine neue Stufe hinzugefügt wird, auf der sich die bisher getrennten Strukturen vereinigen.

Wir haben jedoch gesehen, daß die beiden Domänen ineinander übergehen, keine klare Grenze haben: Jeder subtile Witz ist eine boshafte Entdeckung, und viele große Entdeckungen der Wissenschaft sind umgekehrt mit brüllendem Gelächter begrüßt worden, eben weil sie eine Mesalliance unvereinbarer Partner zu sein schienen – bis die vermeintliche Mesalliance Früchte trug und sich herausstellte, daß die scheinbare Unvereinbarkeit auf Vorurteilen beruhte. Was wie eine Kollision aussah, endete mit einer Fusion: Witz ist ein formuliertes Paradoxon, Entdeckung ist ein gelöstes Paradoxon. Selbst Galilei behandelte Keplers Gezeitentheorie wie einen schlechten Scherz, und vielleicht gab es damals einen Karikaturisten, auf dessen Zeichnung ein pausbäckiger Mond die Meere der Erde mit einem Strohhalm aufsog. Aber der Schritt vom Erhabenen zum Lächerlichen ist umkehrbar: Die Satiren Swifts und Orwells enthalten fundamentalere Lehren als ganze Bibliotheken sozialwissenschaftlicher Werke.

Wenn wir uns von den kruden zu den verfeinerten Arten des Humors bewegen und dann die fließende Grenze zum Mittelfeld des Triptychons auf Seite 132 überqueren, begegnen wir so hybriden Fällen wie scheinbar unlösbaren Rätseln, logischen Paradoxa, mathematischen Spielen. Die Paradoxe von Achill und der Schildkröte und vom kretischen Lügner haben zweitausend Jahre lang die Philosophen gereizt und die Logiker zu kreativen Lösungen angespornt. Die Aufgabe des Zuhörers besteht nicht mehr darin, »den Witz zu sehen«, sondern »das Problem zu lösen«. Und wenn er das schafft, brüllt er nicht mehr vor Lachen wie bei den Possen des Clowns. Im Verlauf unserer Reise ist das Lachen allmählich zu einem amüsierten, dann bewundernden Lächeln geworden; das emotionale Klima hat sich von der Haha-Reaktion zur Aha-Reaktion gewandelt.

2

Der Ausdruck »Aha-Erlebnis« wurde von Gestaltpsychologen geprägt, um die Euphorie zu bezeichnen, die dem Augenblick der Wahrheit folgt, die blitzartige Erleuchtung, wenn die Teilchen eines Puzzlespiels an den richtigen Platz gelegt werden – oder, um unsere Terminologie zu gebrauchen, wenn die bisoziierten Kontexte zu einer neuen Synthese verschmelzen. Die Emotion, die sich in brüllendem Lachen entlädt, ist Aggression, die ihres Ziels beraubt wurde; die Spannung, die bei der Aha-Reaktion abebbt, nachdem der Groschen gefallen ist, beruht vor allem auf der Herausforderung der intellektuellen Neugier, dem Drang zu erforschen und zu verstehen.

Dieser Drang beschränkt sich nicht auf Wissenschaftler, die im Labor forschen. Biologen haben in den letzten Jahren erkannt, daß der »Explorationstrieb« ein Primärinstinkt ist, der die gleiche fundamentale Bedeutung hat wie die Instinkte Hunger und Sexualität und manchmal noch stärker ist. Zahlreiche Zoologen – angefangen mit niemand Geringerem als Darwin[103] – haben nachgewiesen, daß die Neugier ein angeborener Trieb ist, den Ratten, Vögel, Delphine, Schimpansen und Menschen gemeinsam haben. Sie ist die treibende Kraft, die die Laborratte veranlaßt, auch ohne Belohnung oder Bestrafung einen Weg durch das experimentelle Labyrinth zu suchen, und manchmal sogar trotz Bestrafung, indem sie elektrisch geladene Gitter überwindet, statt umzukehren. Die Neugier läßt das Kind neue Spielzeuge auseinandernehmen, um zu sehen, »was drin ist«, und sie ist die wichtigste Triebkraft hinter den Entdeckungen und Forschungen des Menschen.

Der Explorationstrieb oder Forschungsdrang kann sich natürlich mit anderen Trieben wie Hunger oder Sexualität verbinden.

Das »objektive« und »uneigennützige« Suchen des Vertreters der reinen Wissenschaft – seine selbsttranszendierende Vertiefung in die Geheimnisse der Natur – ist in Wahrheit oft mit Ehrgeiz, Rivalität, Eitelkeit gepaart. Diese selbstbehauptenden Tendenzen müssen jedoch gezügelt und stark sublimiert werden, wenn der Forscher in dem – meist mageren – Lohn seiner mühevollen und geduldigen Arbeit Befriedigung finden möchte. Es gibt schließlich direktere Methoden der Ego-Behauptung als das Studium von Spiralnebeln.

Während der Explorationstrieb also durch Ehrgeiz und Eitelkeit verwässert werden kann, findet das Suchen in seiner reinsten Form seine Belohnung in sich. »Und hielte ich die Wahrheit in meiner Hand«, schrieb Emerson, »so würde ich sie für die vollkommene Freude des Suchens dahingeben.« Bei einem klassischen Experiment entdeckte Wolfgang Köhlers Schimpanse Sultan nach zahlreichen erfolglosen Versuchen, mit einem zu kurzen Stock eine Banane zu angeln, die vor seinem Käfig lag, daß er es schaffen konnte, indem er zwei hohle Stöcke ineinander steckte. Seine neue Entdeckung »gefiel ihm so ungeheuer«, daß er den Trick ständig wiederholte und darüber ganz vergaß, die Banane zu fressen.

Die selbstbehauptenden Tendenzen machen sich indessen nicht nur in der subjektiven Eitelkeit des Forschers, sondern auch in einer tieferen Schicht seiner Motivation bemerkbar. »Ich bin nämlich gar kein Mann der Wissenschaft«, schrieb Freud einmal. »Ich bin nichts als ein Konquistadoren-Temperament . . . mit der Neugierde, der Kühnheit und der Zähigkeit eines solchen.« Der Explorationstrieb will die Natur verstehen, das Konquistadoren-Element will die Natur (einschließlich der Natur des Menschen) meistern. Jede Art des wissenschaftlichen Suchens – eine Ausnahme bildet vielleicht die reine Mathematik – zeigt diese beiden Motivationen, die dem einzelnen Wissenschaftler freilich nicht gleichermaßen bewußt sein müssen. Wissen kann Demut oder Macht erzeugen. Die Archetypen der entgegengesetzten Tendenzen sind Prometheus und Pythagoras – der eine stahl den Göttern das Feuer, der andere lauschte der Harmonie der Sphären.

Freuds Geständnis steht im Gegensatz zu vielen Erklärungen

von wissenschaftlichen Genies, die mit ihrer Arbeit einzig und allein das Ziel verfolgten, den Schleier des Geheimnisses über den Wundern der Natur ein wenig zu lüften, und deren einzige Motivation ein Gefühl der Ehrfurcht und des Staunens war. »Was den Menschen erstmals zum Studium der Natur trieb«, sagte Aristoteles, »war ein Gefühl des Staunens, und so ist es noch heute.« Maxwells früheste Erinnerung war: »Ich lag im Gras, betrachtete die Sonne und staunte.« Einstein – der demütigste von allen – schlug dieselbe Saite an, als er über die Menschen schrieb, die nicht die Fähigkeit haben, das kosmische Mysterium zu bestaunen: »Wer da ohne Empfindung bleibt, wer sich nicht versenken kann und das tiefe Erzittern der verzauberten Seele kennt, der könnte ebensogut tot sein; er hat schon geschlossene Augen zu Lebzeiten.« Als er die staunenswerte Gleichung entdeckte, die Materie und Energie vereinigte, konnte er nicht voraussehen, daß sie sich in Schwarze Magie verwandeln würde.

Die allgegenwärtige Polarität zwischen den selbstbehauptenden und den selbsttranszendierenden Tendenzen tritt also im Bereich der wissenschaftlichen Kreativität überraschend deutlich zu Tage. Man könnte das Entdecken als emotional neutrale Kunst bezeichnen – nicht weil dem Wissenschaftler Emotionen fehlen, sondern weil seine Arbeit eine ausgewogene und sublimierte Mischung von Motivationen voraussetzt, in der Forschungstrieb und Drang nach Beherrschung einander die Waage halten. Aus demselben Grund bekam der Wissenschaftler das Mittelfeld des Triptychons, zwischem dem Spaßmacher, der seinen Witz auf Kosten anderer benutzt und hauptsächlich von selbstbehauptender Bosheit gelenkt wird, und dem Künstler, dessen kreatives Schaffen von der selbsttranszendierenden Kraft seiner Phantasie abhängt.

Die symbolische Einteilung unseres Triptychon-Schaubildes scheint mir auch durch die Art der Aha-Reaktion gerechtfertigt zu sein. Sie kombiniert nämlich die explosive Entladung der Spannung, ausgedrückt durch den Heureka-Ruf – in dem etwas von der Haha-Reaktion anklingt –, mit der Ah-Reaktion, jenem »tiefen Erzittern der verzauberten Seele«, von dem Einstein spricht und das wiederum eng mit der künstlerischen Erfahrung der Schönheit und dem »ozeanischen Gefühl« des Mystikers verbunden ist. Der Heureka-Ruf spiegelt das mystische Element in der hybriden Motivation des wissenschaftlichen Suchens.

Nun können wir unsere Erkundung des Triptychons fortsetzen und uns dem dritten Feld zuwenden, das von der Ah-Reaktion beherrscht wird.

8. Die Entdeckungen der Kunst

1

Die Affekte Lachen und Weinen, die von der Komödie bzw. der Tragödie ausgelöst werden, markieren die Endpunkte eines kontinuierlichen Spektrums. Und beide Affekte liefern Kanäle für das Freisetzen von Emotionen; beide sind »Luxusreflexe« ohne augenscheinlichen Nutzen. So viel haben sie gemeinsam, doch in jeder anderen Hinsicht sind sie ausgesprochene Gegensätze.

Obgleich das Weinen weder ein seltenes noch ein triviales Phänomen ist, hat die Universitätspsychologie es beinahe völlig ignoriert. Es gibt keine Theorien des Weinens, die Bergsons oder Freuds Abhandlung über das Lachen vergleichbar wären, und die in *Der göttliche Funke* dargelegte Theorie ist die einzige, die in Hilgards und Atkinsons Standardlehrbuch der Psychologie für amerikanische Colleges erwähnt wird.[104]

Als vorbereitenden Schritt müssen wir die Unterscheidung zwischen Weinen und Schreien treffen (es ist eine Besonderheit der englischen Sprache, daß sie dort als Synonyme behandelt werden). *Weinen* hat zwei grundlegende Reflexmerkmale: das Absondern von Tränen und eine spezifische Form der Atmung. *Schreien* ist das Produzieren von Tönen, die Kummer oder Protest ausdrücken sollen. Es kann mit Weinen verbunden sein oder alternieren, doch man sollte es nicht verwechseln. Schreien ist eine Form der Kommunikation, Weinen ist eine Privatangelegenheit. Und wir sprechen hier natürlich vom *spontanen* Weinen und nicht von dem Schluchzen, das Schauspieler privat oder öffentlich heucheln.

Nun wollen wir die physiologischen Prozesse vergleichen, die am Lachen und Weinen beteiligt sind. Lachen wird von dem adrenal-sympathischen Zweig des vegetativen Nervensystems ausgelöst, Weinen vom parasympathischen Zweig. Wir wir gesehen haben, dient Lachen dazu, den Körper mit Energie zu versehen, ihn aktionsbereit zu machen, während Weinen die entgegengesetzte Wirkung hat: Es senkt den Blutdruck, neutralisiert exzessiven Blutzucker, erleichtert die Ausscheidung der Abfallprodukte des Körpers und tendiert im allgemeinen zu innerem Frieden und Katharsis – buchstäblich zur Lösung bzw. »Läuterung« von Spannungen.

Dieser physiologische Gegensatz zeigt sich deutlich in den äußerlichen Symptomen des Lachens und Weinens. Die Augen des lachenden Menschen blitzen, an seinen Augenwinkeln bilden sich kleine Falten, aber Stirn und Wangen sind straff und glatt, was dem Gesicht einen strahlenden Ausdruck gibt; die Lippen sind leicht geöffnet, die Mundwinkel angehoben. Beim Weinen sind die Augen dagegen »blind vor Tränen«, sie verlieren ihren Glanz, und der Blick verschwimmt; die Gesichtszüge scheinen zusammenzufallen. Selbst wenn man vor Freude oder aus ästhetischem Entzücken weint, zeigt das verklärte Gesicht gelassene Schwermut.

Ein ähnlicher Kontrast wird in der Haltung und den Bewegungen des Körpers sichtbar. Beim Lachen wirft man den Kopf durch eine kräftige Kontraktion der Nackenmuskeln zurück; ein Mensch, der weint, läßt jedoch den Kopf sinken (in die Hände, auf den Tisch oder an die Schulter eines anderen). Lachen führt zu einer Kontraktion der Muskeln und damit zu lebhaften Bewegungen; beim Weinen erschlaffen die Muskeln, die Schultern fallen nach vorn, die ganze Haltung zeigt, daß der Betreffende »sich gehenläßt«.

Das Atemmuster des Lachens besteht aus langem, tiefem Atemholen, gefolgt von kurzen, fast explosiven Ausatmungsstößen – ha ha ha! Beim Weinen ist der Prozeß umgekehrt: kurze, keuchende Inhalationen – Schluchzer – werden von langen, seufzenden Exspirationen abgelöst – a-a-h, ah . . .

Diese sichtbaren Kontraste zwischen Lachen und Weinen und ihre Abhängigkeit von zwei verschiedenen Zweigen des vegetativen Nervensystems entsprechen ihrem Ursprung in entgegengesetzten Arten der Emotion. Die Haha-Reaktion wird von den selbstbehauptenden Emotionen ausgelöst, die Ah-Reaktion von den selbsttranszendierenden Emotionen. Der erste Teil dieser

Feststellung sollte für den Leser inzwischen auf der Hand liegen, während der zweite einer weiteren Erörterung bedarf.

2

In *Der göttliche Funke* habe ich ausführlich verschiedene Situationen besprochen, die Tränenfluß bewirken: Trauer, Mitleid, Hilflosigkeit, Andacht, religiöse oder ästhetische Verzückung. Nur die letzte Emotion ist für unser Thema unmittelbar relevant, doch wir sollten uns nichtsdestoweniger vor Augen führen, daß *alle* zum Weinen führenden Emotionen ein wesentliches Element gemeinsam haben, das altruistisch ist – die Sehnsucht, eine gleichsam symbiotische Verbindung mit einem lebenden oder toten Menschen oder einer höheren Wesenheit einzugehen, sei es mit der Natur, einer Kunstform oder einer mystischen Erfahrung. Diese »partizipatorischen« Emotionen sind, wie wir gesehen haben, subjektive Äußerungen der integrativen Tendenz, widerspiegeln also die Teilheit des menschlichen Holons, seine Abhängigkeit von einer umfassenderen Einheit auf einer höheren Stufe der Hierarchie, die die engen Grenzen des Ichs transzendiert; das Holon ist aber nicht nur von dieser Stufe abhängig, es engagiert sich auch für sie. Wenn man dem Spiel eines Organisten in einem leeren Dom lauscht oder in einer Sommernacht die Sterne betrachtet, fühlt man vielleicht, wie Emotionen in einem aufwallen, die die Augen feucht werden lassen, und gleichzeitig tritt eine Erweiterung des Bewußtseins ein, das sich irgendwie entpersönlicht. Wenn das Erlebnis sehr intensiv ist, bewirkt es ein »ozeanisches Gefühl grenzenloser Weite – man ist eins mit dem Universum«[105]. Das ist die Ah-Reaktion in ihrer reinsten Form.

Gewöhnliche Sterbliche erreichen diese mystischen Höhen nur selten, aber sie sind zumindest mit ihren Ausläufern vertraut. Die selbsttranszendierenden Emotionen haben eine breite Intensitätsskala und ein breites Variationsspektrum; sie können freudig oder traurig, tragisch oder lyrisch sein. Die Redewendungen »vor Freude weinen« und »vor Kummer weinen« kennzeichnen den hedonistischen Tonus, der allen Emotionen überlagert ist.

An dieser Stelle sollte noch ein Gegensatz zwischen der Haha-Reaktion und der Ah-Reaktion betont werden. Wir sahen, daß die Spannung sich beim Lachen plötzlich entlädt; beim Weinen wird sie allmählich abgebaut, ohne Enthüllen von Erwartungen, ohne Bruch in der Kontinuität der Stimmung; bei der Ah-Reaktion *bleiben Emotion und Vernunft vereint.* Außerdem neigen die selbsttranszendierenden Emotionen nicht zur Aktivierung des Körpers, sondern zu passivem innerem Frieden. Atmung und Pulstätigkeit werden verlangsamt; »Verzückung« ist ein Schritt zu den tranceähnlichen Stadien, die durch mystische Versenkung herbeigeführt werden; die Emotion ist von einer Art, die sich durch keine spezifische, bewußte Handlung herbeiführen läßt. Von Andacht und Staunen »überwältigt« werden, von einem Lächeln »hingerissen« werden, von Schönheit »bezaubert« werden – alle diese Verben drücken passive Kapitulation aus. Die überschüssige Emotion kann nicht durch eine zielgerichtete Muskeltätigkeit freigesetzt werden, sie kann nur durch *innere* – viszerale und glandulare – Prozesse abgebaut werden.[106]

Schließlich gibt es noch einige Tatsachen im Zusammenhang mit dem autonomen oder vegetativen Nervensystem, die etwas mit unserem Thema zu tun haben. Bei sehr emotionalen oder pathologischen Zuständen ist die Aktivität seiner beiden Teile (sympathisches und parasympathisches Nervensystem) nicht mehr entgegengesetzt, was normalerweise einen Ausgleich bewirkt; sie können sich statt dessen gegenseitig *unterstützen* wie beim Geschlechtsakt, oder die Über-Erregung des einen Teils kann einen *Rückstoß,* also einen über-kompensatorischen »Antworteffekt« des anderen, auslösen;[107] endlich kann der Parasympathicus auch noch als *Katalysator* fungieren, der seinen Widerpart zur Aktion veranlaßt.[108]

Die erste dieser drei Möglichkeiten ist für das emotionale Stadium von Belang, das zum Beispiel entsteht, wenn wir eine Oper von Wagner hören; gelöste, kathartische Gefühle scheinen dabei auf paradoxe Weise mit euphorischer Erregung verbunden zu sein. Die zweite Möglichkeit kann zu einem »emotionalen Kater« dieser oder jener Art führen. Die dritte Möglichkeit hat am meisten mit unserem Thema zu tun: Sie zeigt auf konkrete, physiologische Weise, wie eine bestimmte emotionale Reaktion als Katalysator für eine gegenteilige fungieren kann – wie eine selbsttranszendierende Identifizierung mit dem Helden auf der Leinwand stellvertretende Aggressivität gegen den Bösewicht auslöst; wie eine Identifizierung mit einer Gruppe oder einem Glaubensbekenntnis pöbelhaftes, brutales Verhalten auslöst.

3

Ich habe die grundlegende Motivation des schöpferischen Wissenschaftlers besprochen: den Explorationstrieb oder Forschungsdrang. Jeder große Künstler hat auch etwas von einem Forscher an sich. Es ist nicht etwa so, daß der Dichter »Worte manipuliert« (wie es die Behavioristen gern hätten), er erforscht vielmehr die emotionalen und beschreibenden Möglichkeiten der Sprache; der Maler ist sein Leben lang damit beschäftigt, sehen zu lernen (und andere zu lehren, die Welt so zu sehen wie er). Der schöpferische Trieb hat also eine einheitliche biologische Quelle, kann aber in vielen verschiedenen Richtungen kanalisiert werden.

Das ist die erste Tatsache, die wir im Auge behalten sollten, wenn wir die beklagenswerte Spaltung in »zwei Kulturen« – die in der Renaissance ebenso unbekannt war wie in der Antike – überwinden und die Kontinuität zwischen den einzelnen Feldern des Triptychons wahren wollen. Es braucht wohl nicht eigens betont zu werden, daß Kontinuität nicht Uniformität bedeutet; sie bedeutet das allmähliche Ineinanderfließen einer Farbe des Regenbogens in die andere, ohne Brüche und Trennungslinien.

Die waagerechten Felder auf dem Triptychon der Kreativität sollen die Kontinuität einiger typischer Kombinationsmuster bezeichnen – einiger wesentlicher bisoziativer Prozesse, die auf allen drei Feldern stattfinden. Diese Muster sind *dreiwertig*, das heißt, sie können in den Dienst des Humors, der Entdeckung oder der Kunst treten. Das möchte ich noch mit einigen weiteren Beispielen veranschaulichen.

Wir haben bereits gesehen, daß bei der Zeichnung des Karikaturisten, beim Diagramm des Wissenschaftlers und beim Porträt des Malers dieselbe bisoziative Technik angewendet wird: Man legt mehrere selektive Raster auf das optische Erscheinungsbild. In der Sprache der behavioristischen Psychologie müßten wir sagen, daß Cézanne bei Anblick einer Landschaft einen »Reiz« empfing, auf den er reagierte, indem er einen Farbtupfer auf die Leinwand kleckste – und das sei des Pudels Kern gewesen. In Wirklichkeit sind die Wahrnehmung der Landschaft und ihre Neuschöpfung zwei Tätigkeiten, die zur gleichen Zeit auf zwei verschiedenen Ebenen, in zwei verschiedenen Umwelten stattfinden. Der Reiz kommt von einer großen, dreidimensionalen Umwelt, der fernen Landschaft. Die Reaktion wird in einer anderen Umwelt, nämlich auf einer kleinen, rechteckigen Leinwand tätig. Beide werden von unterschiedlichen Gesetzen der Ordnung oder Gliederung beherrscht: Ein einzelner Pinselstrich auf der Leinwand stellt nicht etwa eine Einzelheit aus der Landschaft dar. Zwischen den beiden Ebenen gibt es keine punktweise Entsprechung; sie sind in der Schöpfung des Künstlers und im Auge des Betrachters als Ganzheiten bisoziiert.

An der Schöpfung eines Kunstwerks ist eine Reihe von Prozessen beteiligt, die praktisch alle gleichzeitig ablaufen und die man nicht verbal schildern kann, ohne sie zu simplifizieren und zu verzerren. Der Künstler projiziert seine Sicht der Wirklichkeit wie auch der Wissenschaftler in ein bestimmtes Medium, ob das Medium nun Farbe, Marmor, Sprache oder eine mathematische Gleichung ist. Das Produkt seiner Bemühungen kann jedoch nie eine genaue Reproduktion oder Kopie der Realität sein, selbst wenn er das naiverweise hofft; er muß mit den Eigentümlichkeiten und Grenzen seines gewählten Mediums zu Rande kommen. Es tritt aber noch etwas hinzu. Seine Sehweise und sein Weltbild haben ebenfalls ihre Eigentümlichkeiten und Grenzen, die auf den stillschweigenden Konventionen seiner Zeit oder Schule und auf seinem persönlichen Temperament beruhen. Sie schenken dem, was er sieht, Zusammenhalt, haben aber auch die Neigung, zu festen Formeln, Stereotypen, verbalen und optischen Klischees zu erstarren. Die Originalität des Genies in Kunst und Wissenschaft besteht darin, seine Aufmerksamkeit auf bislang ignorierte Aspekte der Realität zu lenken, verborgene Zusammenhänge zu erkennen, vertraute Gegenstände oder Ereignisse in einem neuen Licht zu sehen.

Bei der Diskussion im Anschluß an einen Vortrag, den ich an einer amerikanischen Universität über das Thema dieses Kapitels gehalten hatte, bemerkte einer der dortigen Kunst-Stipendiaten zornig: »Ich ›bisoziiere‹ nicht. Ich setze mich einfach hin, betrachte das Modell und male es.«

Er hatte in gewissem Sinne recht. Er hatte seinen »Stil«, sein optisches Vokabular vor einigen Jahren gefunden und gab sich damit zufrieden, es mit geringfügigen Variationen zu gebrauchen, um das auszudrücken, was er zu sagen hatte. Der vormals kreative Prozeß war zu einer geschickten Routine erstarrt. Es wäre töricht, die Leistungen geschickter Routiniers zu unterschätzen, ob sie nun im chemischen Labor oder im Maleratelier erbracht werden. Technische Virtuosität ist jedoch etwas völlig anderes als kreative Originalität, und nur um diese geht es uns hier.

4

Die Dreiheit Karikatur-Diagramm-Porträt liefert eine der waagerechten Verbindungslinien auf den drei Feldern des Triptychons. Einige andere dreiwertige Muster sind bereits erwähnt worden. So ergibt die Bisoziation von *Klang und Bedeutung* in ihrer bescheidensten Form den Wortwitz. Der *Reim* ist aber nichts anderes als ein glorifizierter Wortwitz, bei dem der Klang dem Inhalt Resonanz verleiht; dem Anthropologen und dem Linguisten dagegen liefert der Klang oft erst den Schlüssel zum Verständnis des Inhalts. Wenn *Rhythmus* und *Versmaß* den Inhalt durchdringen, können sie ebensogut ein Sonett von Shakespeare wie einen Limerick produzieren, während auf dem Mittelfeld die Untersuchung rhythmischer Pulsationen von Alpha-Wellen bis zu Systole und Diastole – den Jamben und Trochäen des Lebens – eine wesentliche Rolle spielt. Es ist nicht zu verwundern, daß in metrischen Versen das Tam-Tam der Schamanen nachhallt und daß sie, um Yeats zu zitieren, »den Geist in eine Wachtrance einlullen«.

Die Dreiwertigkeit anderer bisoziativer Kombinationen wird

fast überdeutlich sichtbar, sobald man das zugrunde liegende Prinzip begriffen hat und die drei Bereiche der Kreativität als Kontinuum sieht. So führt das Aufspüren *verborgener Analogien* zum poetischen Bild, zur wissenschaftlichen Entdeckung oder zum komischen Vergleich, je nach der Motivation des Suchenden. Die Dichotomien von Geist und Materie, von spirituellem Wesen und/oder haarlosem Affen führen zu endlosen Variationen der wissenschaftlichen, künstlerischen oder komischen Behandlung.

Weniger offensichtlich ist die dreiwertige Rolle der *Illusion.* Der Schauspieler oder Darsteller ist auf der Bühne gleichzeitig zwei Menschen. Wenn das Ergebnis *abwertend* ist – Hamlet bekommt mitten in seinem Monolog einen Schluckauf –, wird die Illusion als solche enttarnt, und der Zuschauer lacht. Wenn der Zuschauer sich mit dem Helden *identifiziert,* wird er jenen eigentümlichen Zustand der Geist-Spaltung erleben, den man Zauber der Bühne nennt.

Neben dem Parodisten und dem Schauspieler gibt es aber noch einen dritten Typus von Darsteller, der die menschliche Fähigkeit, gleichzeitig er selbst und jemand anders zu sein, zielbewußt einsetzt: der Therapeut oder Heiler, der sich in den Geist des Patienten versetzt und gleichzeitig als weiser Magier oder Vaterfigur agiert. Empathie – *Einfühlung* – ist ein harmloser, nüchterner Ausdruck für den recht mysteriösen Prozeß, so etwas wie eine geistige Symbiose mit anderen Ichs herzustellen, seine Haut gleichsam zu verlassen und in die eines anderen zu schlüpfen. Der Empathie haben wir es letztlich zu verdanken, wenn wir intuitiv begreifen, wie ein anderer Mensch denkt und fühlt; sie macht es viel unmittelbarer verständlich als die Sprache. Empathie ist der Ausgangspunkt der Wissenschaft und Kunst der medizinischen Diagnose und der Psychiatrie. Medizinmann und Arzt, beide haben eine zweigleisige Beziehung zum Patienten: Sie versuchen, das zu fühlen, was der Patient fühlt, und spielen zur gleichen Zeit die Rolle eines Menschen, der über göttliche Führungsqualitäten, magische Kräfte und geheimes Wissen verfügt. Der Tragöde schafft Illusionen; der Komiker entlarvt Illusionen; der Therapeut benutzt sie zu einem bestimmten Zweck.

Die *Koinzidenz* läßt sich als Zufallsbegegnung zweier nicht miteinander verbundener Kausalketten bezeichnen, die sich – auf scheinbar wunderbare Weise – zu einem bedeutsamen Ereignis verbinden. Sie liefert das anschaulichste Beispiel für die Bisoziation bisher getrennter Kontexte, die vom Schicksal herbeigeführt wird. Koinzidenzen sind gleichsam Wortwitze der Vorsehung. Beim Wortwitz werden zwei Gedankenfäden zu einem akustischen Knoten geschlagen; bei dem koinzidentiellen Geschehen werden zwei Ereignisfäden von unsichtbaren Händen miteinander verknüpft.

Die Koinzidenz ist außerdem ein klassisches Beispiel für die Dreiwertigkeit bisoziativer Muster, wie es auf den drei Feldern des Triptychons deutlich dargestellt wird. Sie ist der Angelpunkt jener Art von *Komödie* oder Farce, die auf zweideutigen, durch die Überschneidung zweier unabhängiger Ereignisketten herbeigeführten Situationen beruht. Die jeweilige Situation kann nach der einen oder anderen Ereigniskette gedeutet – oder mißverstanden – werden, was zu Verwechslungen oder zeitlichen und handlungsbezogenen Verwirrungen führt. Bei der klassischen *Tragödie* werden augenscheinliche Zufälle oder Koinzidenzen vom Deus ex machina bewirkt, mit dem die Götter in das menschliche Schicksal eingreifen: Ödipus wird durch Personenverwechslungen dazu veranlaßt, seinen Vater zu erschlagen und seine Mutter zu heiraten. Glückliche Zufälle – das Geschenk der unverhofften *Entdekkung* – spielen schließlich eine wichtige Rolle in der Geschichte des wissenschaftlichen Fortschritts.

Auf einer höheren Ebene des Triptychons ändert sich das Muster allerdings ein wenig. Die Situationskomödie wird von der Sittenkomödie abgelöst, deren Wirkungen nicht mehr auf Koinzidenz, sondern auf dem Zusammenstoß *unvereinbarer Denk- oder Verhaltenskodizes* beruht, wodurch die Scheinheiligkeit oder Absurdität eines oder beider Kodizes an den Tag kommt. Das moderne Drama zeigt eine ähnliche Veränderung; das Schicksal agiert nicht länger von außen, sondern aus dem Inneren der Personen; sie sind nicht mehr Marionetten an Fäden, an denen die Götter ziehen, sondern Opfer ihrer eigenen närrischen und widersprüchlichen Leidenschaften: „Die Schuld, teurer Brutus, liegt nicht bei den Sternen, sondern bei uns.«

Das Drama lebt vom *Konflikt,* und der Roman ebenfalls. Die Art des Konflikts kann ausführlich dargelegt oder bloß impliziert sein; *ein* Element des Konflikts muß jedoch vorhanden sein, weil die Personen sonst durch ein reibungsloses Universum gleiten würden. Der Konflikt kann in den »zwei Seelen einer Brust« oder zwischen zwei und mehr Personen oder zwischen dem Menschen und seinem Schicksal ausgetragen werden. Konflikte zwischen Personen können auf gegensätzlichen Ideen und Temperamenten, Wertsystemen oder Verhaltensweisen beruhen – wie in der Komödie. Während der Zusammenprall bei der Komödie jedoch zur boshaften Entlarvung führt, kann der Konflikt die Würde der Tragödie erreichen, wenn das Publikum dazu bewogen wird, die Haltung beider Seiten – jede innerhalb ihres eigenen Bezugssystems – als gültig anzuerkennen. Falls der Autor das schafft, wird der Konflikt in den Zuschauer oder Leser hineinprojiziert und als Zusammenprall von zwei gleichzeitigen und unvereinbaren Identifikationen empfunden. »Aus unserem Hader mit anderen machen wir Rhetorik, aus unserem Hader mit uns selbst jedoch Poesie«, schrieb Yeats. Der Komödiendichter läßt uns auf Kosten des Opfers lachen; der Tragödiendichter läßt uns mitleiden; jener appelliert an unsere selbstbehauptende, dieser an unsere selbsttranszendierenden Emotionen. Dazwischen, in der emotional »neutralen« Zone, sind der Psychologe, der Anthropologe und der Soziologe damit beschäftigt, die Konflikte durch Analyse der Faktoren, auf denen sie beruhen, zu *lösen.*

5

Eine grundlegende Bisoziation muß noch besprochen werden: die Konfrontation des Tragischen mit dem Trivialen.

Bei allem Respekt vor Shakespeares »Die ganze Welt ist eine Bühne« muß man doch sagen, daß sich das Leben des gewöhnlichen Sterblichen auf zwei alternierenden Bühnen abspielt, die auf zwei verschiedenen Stufen liegen – wir können sie die triviale und die tragische Stufe der Existenz nennen. Meist leben wir auf der trivialen Stufe, doch bei besonderen Gelegenheiten, wenn wir mit dem Tod konfrontiert werden oder im ozeanischen Gefühl versinken, scheinen wir plötzlich durch eine Bühnenluke zu fallen und werden auf die tragische oder absolute Stufe gehoben. Dann wirken unsere täglichen Routinebetätigungen plötzlich wie nichtige, unbedeutende Eitelkeiten. Sobald wir aber wieder auf die triviale Stufe zurückgekehrt sind, tun wir jene Erfahrung als Trugbilder unserer überreizten Nerven ab.

Die höchste Form der menschlichen Kreativität ist das Bestreben, die Kluft zwischen den beiden Stufen zu überbrücken. Sowohl der Künstler als auch der Wissenschaftler besitzen die Gabe – oder sind mit dem Fluch beladen –, die trivialen Ereignisse des Alltags *sub specie aeternitatis*, im Licht der Ewigkeit, zu sehen, aber auch das Absolute in menschlichen Begriffen auszudrücken, es in einem konkreten Bild wiederzugeben. Unser gewöhnlicher Sterblicher bringt weder die intellektuellen noch die emotionalen Voraussetzungen mit, um länger als nur für kurze Übergangsperioden auf der tragischen Stufe zu verweilen. Das Unendliche ist zu unmenschlich und unfaßbar, um es zu bewältigen, es sei denn, es wird mit der faßbaren Welt des Endlichen kombiniert. Das Absolute des Existentialisten wird emotional nur dann wirksam, wenn man es mit etwas Konkretem bisoziiert – mit dem Vertrauten verzahnt. Dieses Ziel verfolgen der Wissenschaftler und der Künstler, wenn auch nicht immer bewußt. Indem man die Kluft zwischen den beiden Stufen überbrückt, wird das kosmische Mysterium humanisiert, in die Sphäre des Menschen gezogen, während seine banalen Alltagserlebnisse höher transponiert, mit einem geheimnisvollen und wunderbaren Heiligenschein umgeben werden.

Überflüssig zu sagen, daß nicht alle Romane »Problemromane« sind und den Leser ständig mit existentiellen Rätseln bombardieren. Indirekt und implizit hat aber jedes große Kunstwerk etwas mit den »letzten Dingen« zu tun. Selbst ein bescheidenes Gänseblümchen hat eine Wurzel, und ein Kunstwerk wird, so heiter und unbeschwert es auch sein mag, letztlich von seinen feinen Kapillaren mit Nährstoffen aus den archetypischen Schichten der Erfahrung versorgt.

Der kreative Künstler oder Wissenschaftler lebt auf beiden Stufen gleichzeitig und ist deshalb imstande, einen kurzen Blick auf die Ewigkeit zu werfen, indem er durch das Fenster der Zeit schaut. Ob es sich dabei um eine mittelalterliche Glasmalerei oder Newtons Schwerkraftgesetz handelt, ist eine Frage des Temperaments und Geschmacks.

6

In den bisherigen Abschnitten sprach ich über die Bereiche des Humors, der Entdeckung und der Kunst; über das emotionale Klima dieser Bereiche und seine Abhängigkeit von der grundlegenden Polarität der Emotionen; und zuletzt über die »horizontalen Linien« des Triptychon-Schaubilds, die auf der strukturellen Verwandtschaft zwischen den bisoziativen Mustern der schöpferischen Tätigkeit in den drei Bereichen verweisen. Nun müssen wir einen genaueren Blick auf die Psychologie des schöpferischen Akts selbst werfen.

Alles kohärente Denken und Handeln wird von »Spielregeln« beherrscht, obgleich wir uns gewöhnlich nicht bewußt sind, daß wir ihnen folgen. Bei psychologischen Experimenten werden die Regeln vom Versuchsleiter bestimmt; zum Beispiel bei der Aufforderung: »Sagen Sie das Gegenteil.« Dann sagt der Versuchsleiter »dunkel«, und die Versuchsperson antwortet prompt: »Hell.« Wenn die Regel jedoch »Synonyme« lautet, wird die Versuchsperson »schwarz« oder »Nacht« oder »Schatten« antworten. Man beachte, daß die Regel zwar feststeht, der Versuchsperson aber trotzdem die Alternative zwischen verschiedenen Antworten läßt, sogar bei diesem einfachen Spiel. Es ist sinnlos, wie die Behavioristen von Reizen und Reaktionen zu sprechen, die eine Kette in einem Vakuum bilden: Welche Reaktion ein bestimmter Reiz auslösen wird, hängt (a) von den feststehenden Spielregeln und (b) von den flexiblen Strategien ab, die die Regeln zulassen und die von früheren Erfahrungen, vom Temperament und von anderen Faktoren bestimmt werden.

Die Spiele, die wir im täglichen Leben spielen, sind freilich komplexer als die des psychologischen Labors, wo die Regeln in ausdrücklichen Befehlen enthalten sind. Beim normalen Denken und Reden üben die Regeln ihre Kontrolle automatisch aus, unterhalb der Stufe des Bewußtseins. In den Lücken zwischen den Worten operieren nicht nur die Gesetze der Grammatik und Syntax, sondern auch jene Gesetze des gesunden Menschenverstands und vielschichtigeren geistigen Strukturen, die wir »Bezugsrahmen« oder »assoziative Kontexte« nennen und die unsere eingebauten, axiomatischen Vorurteile und emotionalen Vorlieben enthalten. Selbst wenn wir uns bewußt um eine Definition der Regeln bemühen, die unser Denken beherrschen, fällt uns dies außerordentlich schwer, und wir müssen uns der Hilfe von Spezialisten versichern – von Linguisten, Semantikern, Psychiatern und so fort. Wir spielen die Spiele des Lebens und richten uns dabei nach Gesetzen, die mit unsichtbarer Tinte oder in einem Geheimcode geschrieben sind. Es gibt jedoch Problemsituationen, wo es nicht reicht, das Spiel zu spielen, wo man nur durch schöpferische Originalität einen Weg aus der Patsche findet.

In *Der göttliche Funke* habe ich den Terminus »Matrix« als Oberbegriff für diese kognitiven Strukturen vorgeschlagen – also für alle geistigen Gewohnheiten, Routinetätigkeiten und Fertigkeiten, die von einem unveränderlichen (expliziten oder impliziten) Kodex beherrscht werden, der jedoch unterschiedliche Strategien der Problem- oder Aufgabenlösung zuläßt. Matrizes sind geistige Holons und weisen all die Merkmale von Holons auf, die in den vorangegangenen Kapiteln besprochen wurden. Sie werden von »kanonischen Regeln« beherrscht, aber von Feedbacks oder Rückkoppelungen mit der äußeren und inneren Umwelt gelenkt; sie reichen von starrer Pedanterie zu flexibler Anpassungsfähigkeit – innerhalb der vom Kodex zugelassenen Grenzen; sie sind in »senkrechte«, abstrahierende Hierarchien gegliedert, die durch »waagrechte«, assoziative Netze und Querverweise miteinander verflochten sind.[109]

Wenn das Leben uns vor ein Problem oder eine Aufgabe stellt, packen wir es oder sie nach einer Reihe von Regeln an, die uns bei früheren Erlebnissen gestatteten, mit ähnlichen Situationen fertig zu werden. Es wäre töricht, den Wert solcher gesetzmäßiger Routinehandlungen zu schmälern. Sie schenken dem Verhalten Logik und Stabilität und den Denkvorgängen eine strukturierte Ordnung. Wenn die Schwierigkeit oder Neuheit einer Aufgabe jedoch über eine kritische Grenze hinausgeht, reichen Routinehandlungen nicht mehr aus, um sie zu bewältigen. Die Welt ist in Bewegung geraten, und neue Situationen entstehen, die Fragen aufwerfen und Herausforderungen beinhalten, mit denen man innerhalb der gewohnten Bezugsrahmen, der etablierten Spielregeln nicht mehr fertig werden kann. In der Wissenschaft entstehen solche Situationen unter dem Einfluß neuer Daten, die das Fundament fest etablierter Theorien erschüttern. Die Herausforderung wird oft durch den unersättlichen Explorationstrieb oder Forschungsdrang selbst geschaffen; dieser Trieb veranlaßt den originellen Geist, Fragen zu stellen, die bisher noch nicht gestellt wurden, und sich nicht mit verstaubten Antworten zufriedenzugeben. Beim Künstler ist die Herausforderung mehr oder weniger kontinuierlich und resultiert aus den Grenzen seines Ausdrucksmediums, aus seinem Drang, sich von den Zwängen und Verzerrungen freizumachen, die in den konventionellen Stilen und Techniken seiner Zeit gründen, aus seinem nicht nachlassenden Kampf, das Unausdrückbare auszudrücken.

Wenn der Geist mit seinem Latein am Ende ist, kann er – bei seltenen Gelegenheiten – die Fähigkeit zu überraschend originellen, gleichsam akrobatischen Leistungen entwickeln, die zu revolutionären Durchbrüchen in der Wissenschaft oder Kunst führen und neue Perspektiven eröffnen, eine völlig neue Betrachtungsweise schaffen. Aber jede Revolution hat nicht nur einen konstruktiven, sondern auch einen destruktiven Aspekt. Wenn wir von einer »revolutionären« wissenschaftlichen Entdeckung oder von revolutionären Änderungen des künstlerischen Stils sprechen, rühren wir damit auch an einen destruktiven Aspekt.[110] Die Destruktion liegt darin, daß bisher geheiligte Doktrinen und anscheinend auf der Hand liegende Axiome des Denkens, die in unsere geistigen Schablonen einzementiert waren, über Bord geworfen werden. Das ermöglicht uns, zwischen schöpferischer Originalität und eifriger Routine zu unterscheiden. Probleme und Aufgaben, die nach fixen Spielregeln gelöst wurden, lassen das Bezugssystem der Fertigkeit intakt – unbeschädigt, wahrscheinlich sogar durch die neue Erfahrung bereichert. Schöpferische Originalität ist dagegen immer mit Umlernen und Neulernen, Auflösen und Neuzusammenfügen verbunden. Sie bringt mit sich, daß versteinerte geistige Strukturen aufgebrochen, Bezugssysteme, die nichts mehr nützen, ausrangiert und andere zu einer neuen Synthese verschmolzen werden. Es ist, anders ausgedrückt, ein vielschichtiger assoziativer und bisoziativer Vorgang, an dem mehrere Stufen der geistigen Holarchie beteiligt sind.

Alle biographischen Indizien[111] weisen darauf hin, daß ein so radikaler Neuordnungsprozeß geistige Prozesse voraussetzt, die unterhalb der Grenze des bewußten Denkens, in der Dämmerzone des Bewußtseins stattfinden. In der entscheidenden Phase des schöpferischen Vorgangs werden die rationalen Kontrollen gelokkert, und der Geist des schöpferischen Menschen scheint vom disziplinierten Denken zu weniger spezialisierten, verschwommeneren Regungen des Verstandes *zurückzuschreiten*. Das manifestiert sich häufig als Rückschritt vom artikulierten, verbalen Denken zu unklaren, bildlichen Vorstellungen. Die naive Annahme, Wissenschaftler kämen durch streng rationales, präzises, verbales Denken zu ihren Entdeckungen, ist relativ weit verbreitet. Die erwähnten Indizien besagen aber, daß das Gegenteil der Fall ist. 1945 befragte Jacques Hadamard amerikanische Mathematiker nach ihren Arbeitsmethoden.[112] Die berühmt gewordene Erhebung kam zu dem verblüffenden Ergebnis, daß fast alle Wissenschaftler (es gab nur zwei Ausnahmen) ihre Probleme weder in verbalen Begriffen noch mit algebraischen Symbolen in Angriff nahmen, sondern sich auf allgemeine bildliche Vorstellungen verließen. Einstein, der ebenfalls befragt wurde, schrieb: »Die Wörter oder Sätze, wie sie geschrieben oder gesprochen werden, scheinen in meinem Denkmechanismus keine Rolle zu spielen. Die physikalischen Einheiten, die offensichtlich als Denkelemente fungieren, sind bestimmte Zeichen oder mehr oder minder klare Bilder . . . in jedem Fall visueller Natur, einige auch motorischer . . . Mir scheint auch, daß das, was man volles Bewußtsein nennt, ein Grenzfall ist, der nie ganz erreicht werden kann, weil Bewußtsein eine begrenzte Sache ist.«[113]

Die meisten kreativen Wissenschaftler, die ihre Arbeitsmethode beschrieben, waren offenbar visuelle Denker, die Woodworths Meinung teilen: »Oft müssen wir uns von der Sprache lösen, um klar zu denken.« Verbales Denken nimmt die letzte und höchste Stufe der geistigen Hierarchie ein, kann aber zu einer starren Pedanterie entarten, die einen Schild zwischen dem Denkenden und der Wirklichkeit errichtet. Die Kreativität beginnt oft dort, wo die Sprache aufhört, also beim Betreten der präverbalen und anscheinend prärationalen Stufen der geistigen Aktivitäten, die in mancher Hinsicht dem Traum ähneln, vielleicht aber den Übergangsstadien zwischen Schlafen und Wachen näherstehen.

Eine solche Regression bedeutet eine vorübergehende Aufhebung der »Spielregeln«, die unsere Denkgewohnheiten lenken; der tätige Geist ist momentan von der Tyrannei der starren, überpräzisen Schemata, ihren eingebauten Vorurteilen und verborgenen Axiomen befreit; wird veranlaßt, umzulernen und eine neue Unschuld und einen neuen freien Fluß des Denkens zu entwikkeln, die ihm erlauben, versteckte Analogien und verwegene Ideenkombinationen zu entdecken, wie sie im nüchternen Wachzustand nicht akzeptabel wären. Die Biographien großer Wissenschaftler enthalten zahllose Beispiele für dieses Phänomen; ihre praktisch einmütige Betonung spontaner Eingebungen und Intuitionen unbekannten Ursprungs läßt vermuten, daß der schöpferische Prozeß stets wichtige irrationale Elemente enthält – nicht nur in der Kunst, wo wir das als selbstverständlich betrachten, sondern auch in den exakten Wissenschaften.

In früheren Büchern[114] habe ich Vermutungen darüber angestellt, wie diese unbewußte Orientierung oder Lenkung funktioniert – wie ein zeitweiliger Rückschritt auf primitivere geistige Stufen die glückliche Kombination, die fokale Bisoziation produziert, die zur Lösung des Problems führt. Wir alle haben schon einmal erlebt, daß wir beim Erwachen versuchen, einen Traum festzuhalten, der unaufhaltsam davonrinnt wie Sand durch ein Sieb, bis er aus unserem Bewußtsein entschwunden ist. Man könnte dieses Phänomen als »Oneirolyse« bezeichnen – nach dem griechischen Substantiven *oneiros*, Traum, und *lysis*, Auflösung. Der Traum (und bis zu einem gewissen Grad auch der vage Tagtraum) wechselt mühelos und ungehindert die Schauplätze und

Handlungen, ungeachtet der logischen Regeln und der konventionellen Beschränkungen von Raum, Zeit oder Ursache. Er stellt bizarre Verbindungen her und brütet Analogien zwischen Kohlköpfen und Königen aus, die sich auflösen, wenn man erwacht, die man nicht mit präzisen verbalen Begriffen schildern kann – außer indem man sagt, etwas habe einen an etwas erinnert, man wisse aber nicht mehr, was oder warum.

Bei der schöpferischen Besessenheit, wenn alle Stufen der geistigen Hierarchie, einschließlich der unbewußten Schichten, mit dem Problem gesättigt sind, wird das vertraute Phänomen der Oneirolyse vielleicht zu einer Art »Oneirosynthese« umgekehrt, bei der jene unbestimmt gespürten Verbindungen eine Analogie entstehen lassen. Das kann eine verschwommene, tastende Angelegenheit sein wie Einsteins »visuelle« und »motorische« Denkelemente oder die »Kraftlinien« um Magneten, die Faraday halluzinatorisch als Kurven im Raum wahrnahm; ihre Form kann sich überdies vom Kamel zum Wiesel ändern wie Hamlets Wolke. Die unbewußten Hervorbringungen fruchtbarer Geister müssen vor Analogien, verborgenen Verwandtschaften und wolkigen »Formen unbekannter Dinge« geradezu strotzen. Wir dürfen aber nicht vergessen, daß Wolken sich formen und sich wieder auflösen; und Wolkenbrüche ereignen sich nicht alle Tage.

7

Die Franzosen haben eine Redensart, für die es im Deutschen wohl keine prägnante Entsprechung gibt: *reculer pour mieux sauter* – zurückweichen, um besser springen zu können. Der Prozeß, den ich eben beschrieben habe, folgt einem ähnlichen Prinzip: ein vorübergehender Rückschritt auf primitivere und ungehemmtere Stufen der Ideenbildung, darauf ein schöpferischer Sprung nach vorn. Desintegration und Reintegration, Dissoziation und Bisoziation lassen das gleiche Schema erkennen. *Cogitare* – denken – kommt von *co-agitare,* Zusammenschütteln bisher getrennter Dinge, doch der bewußte rationale Verstand ist nicht der beste Cocktail-Shaker. Er ist bei unseren täglichen Routinehandlungen von unschätzbarem Wert, aber die revolutionären Durchbrüche der Wissenschaft und Kunst beruhen immer auf einer Spielart von *reculer pour mieux sauter.*

Wir können es als archetypisches Schema oder Muster bezeichnen, denn es hat nahe Entsprechungen auf anderen Gebieten. So hat die Psychotherapie vom Schamanentum bis in unsere Zeit immer auf jenen Prozeß des Auflösens und Neu-Zusammenfügens zurückgegriffen, den Ernst Kris »Regression im Dienst des Ichs« nannte. Der Neurotiker mit seinen Zwangsvorstellungen, Phobien und raffinierten Abwehrmechanismen wird von exzentrischen, aber nichtsdestoweniger starren »Spielregeln« gelenkt. Der Therapeut verfolgt das Ziel, eine vorübergehende Regression herbeizuführen, den Patient bis zu dem Punkt zurückgehen zu lassen, wo etwas schiefging, um ihn dann verwandelt, neugeboren wieder auftauchen zu lassen.

Das gleiche Schema spiegelt sich in dem mythologischen Motiv von Tod und Auferstehung (oder »Zurückziehung und Wiederkehr«). Joseph wird in einen Brunnen geworfen, Jonas wird aus dem Bauch des Wals wiedergeboren, Jesus ersteht aus dem Grabe auf.

Wie wir noch sehen werden, spielt das Prinzip *reculer pour mieux sauter,* zurückweichen, um besser springen zu können, nicht nur bei der geistigen Kreativität, sondern auch bei der kreativen Evolution höherer Lebensformen eine wichtige Rolle. Wir werden sehen, daß man die biologische Evolution als vielfache Flucht aus den Sackgassen der Stagnation, Überspezialisierung und Fehlanpassung, als einen Prozeß der Auflösung und Neuformung charakterisieren kann, der den Phänomenen der geistigen Entwicklung entspricht und sie in mancher Hinsicht vorankündigt. Ehe wir uns aber jenem weiten Feld zuwenden, müssen wir noch einiges über die Kreativität in Wissenschaft und Kunst nachtragen.

8

In den vorangegangenen Abschnitten habe ich mich bemüht zu zeigen, daß der Künstler und der Wissenschaftler keine getrennten Universen, sondern nur verschiedene Regionen eines kontinuierlichen Spektrums bewohnen, eines Regenbogens, der vom Infrarot der Poesie bis zum Ultraviolett der Physik reicht und viele Zwischenstufen hat: so ungleichartige Bereiche wie Architektur, Fotografie, Schachspiel, Kochen, Psychiatrie, Science-fiction oder Töpferei. Um unzulässige Vereinfachungen zu vermeiden, muß ich nach der Betonung der Entsprechungen aber auch kurz über die Unterschiede zwischen den entgegengesetzten Enden des Spektrums reden, die teilweise scheinbar, teilweise real sind.

Der offensichtlichste Unterschied scheint in der Art der Kriterien zu liegen, nach denen wir wissenschaftliche und künstlerische Leistungen beurteilen. Eine der vermeintlichen Barrieren zwischen beiden ist die weit verbreitete Annahme, der Wissenschaftler sei im Gegensatz zum Künstler in der Lage, die »objektive Wahrheit« zu erreichen, indem er seine Theorien experimentellen Tests unterwirft. Experimentelle Indizien können zwar bestimmte, auf einer Theorie basierende Erwartungen bestätigen, aber die Theorie selbst können sie nicht beweisen. Eine bestimmte Reihe experimenteller Ergebnisse läßt sich oft unterschiedlich interpretieren, und aus diesem Grund strotzt die Geschichte der Wissenschaft ebenso vor gehässigen Auseinandersetzungen wie die Geschichte der Literaturkritik. So haben wir abermals eine Vielzahl kontinuierlicher Abstufungen von den relativ objektiven Methoden, eine wissenschaftliche Theorie durch Versuche zu testen, bis zu den relativ subjektiven Kriterien des ästhetischen Werts, wobei die Betonung jeweils auf »relativ« liegt. Der Weg der Wissenschaft ist in der Tat mit gebleichten Skeletten übersät wie ein uralter Wüstenpfad, nur daß es sich um die Überbleibsel von Theorien handelt, die einstmals ewiges Leben zu besitzen schienen. Die Geschichte der Kunst weist ähnlich qualvolle Umwertungen von akzeptierten Werten, Relevanzkriterien, Darstellungsstilen auf.

Im Verlauf der letzten beiden Jahrhunderte erlebte die europäische Literatur den Aufstieg und Fall der Klassik, der Romantik, des Naturalismus, des Surrealismus einschließlich des Dadaismus, des sozial engagierten Romans, des Existenzialismus, des *nouveau roman*. In der Geschichte der Malerei war der Wandel noch grundlegender. Der gleiche Zickzack-Kurs kennzeichnet jedoch auch den Fortschritt der Wissenschaft, ob man nun die Geschichte der Physiologie und Medizin (von der Psychologie ganz zu schweigen), die Evolutionslehre oder die abrupten Positionswechsel in der »exakten« Wissenschaft der Physik vom Aristotelischen über den Newtonschen zum Einsteinschen Begriff des Universums betrachtet. Die Fakten mögen »hart« sein wie die Konturen eines Rorschach-Kleckses, aber was man aus ihnen herausliest, ist eine ganz andere Sache. Es besteht natürlich ein erheblicher Unterschied an Genauigkeit und Objektivität zwischen den Methoden, mit denen man einen physikalischen Lehrsatz und ein Kunstwerk beurteilt. Doch, um es noch einmal zu sagen, der Unterschied ist nur graduell, und zwischen den einzelnen Stufen gibt es fließende Übergänge.

Wir dürfen auch nicht vergessen, daß Prüfung und Beurteilung einer Entdeckung *nach* dem eigentlichen Entdeckungsvorgang erfolgen, während der entscheidende Augenblick des schöpferischen Akts für den Wissenschaftler wie für den Künstler in dem Sprung ins Dunkel, in die Dämmerzone des Bewußtseins besteht, wo beide gleichermaßen von ihren fehlbaren Intuitionen abhängig sind. Falsche Eingebungen und verschrobene Theorien sind in der Geschichte der Wissenschaft ebenso häufig wie schlechte Werke in der Geschichte der Kunst, doch sie rufen in ihrem Schöpfer die gleiche Befriedigung und Euphorie hervor wie die glücklichen Funde, die sich *post factum* als richtig oder meisterhaft erweisen.[115] In dieser Hinsicht ist der Wissenschaftler nicht besser dran als der Künstler: beim schöpferischen Prozeß ist die Orientierung an der Wahrheit genauso ungewiß und subjektiv wie die Orientierung an der Schönheit. Und einige der größten Wissenschaftler haben gestanden, daß sie in dem kritischen Moment, als sie den Absprung wagten, nicht von der Logik, sondern von einem Gefühl der Schönheit geleitet wurden, das sie nicht definieren konnten.

Eine Muttergottes von Botticelli und ein mathematischer Lehrsatz von Poincaré verraten keine Ähnlichkeit zwischen den Motivationen und Bestrebungen ihrer Urheber. Und doch war es Poincaré, der einmal schrieb, was ihn bei seinem unbewußten Tasten nach den »glücklichen Kombinationen, die neue Entdeckungen ergeben«, geleitet habe, sei »das Gefühl der mathematischen Schönheit, der Harmonie der Zahlen, der Formen, der geometrischen Eleganz« gewesen. Er fuhr fort: »Das ist ein echtes ästhetisches Empfinden, das alle Mathematiker kennen.« Paul Dirac, der größte zeitgenössische englische Physiker, ging noch weiter, als er folgende, berühmt gewordenen Sätze schrieb: »Es scheint, daß man mit Sicherheit auf dem Weg des Fortschritts ist, wenn man nach der Schönheit seiner Gleichungen geht . . . Wenn dann die Resultate der eigenen Arbeit nicht vollständig mit dem Experiment übereinstimmen, sollte man sich dadurch nicht allzu sehr entmutigen lassen.« Das war eine ketzerische Bemerkung, doch erhielt Dirac nichtsdestoweniger den Nobelpreis.

Umgekehrt wurden Maler, Bildhauer und Architekten immer von wissenschaftlichen oder pseudo-wissenschaftlichen Theorien geleitet (oder tyrannisiert): der Goldene Schnitt der Griechen; die Geometrie der perspektivischen Verkürzung; Dürers und Leonardos »Grundgesetz der vollkommenen Proportion«; Cézannes Doktrin, alle natürlichen Formen ließen sich auf Kugeln, Zylinder und Kegel reduzieren und so fort. Das Gegenstück zur Apologie des Mathematikers Poincaré, der Schönheit vor die logische Methodik stellt, ist Seurats Erklärung: »Man sieht in dem, was ich schaffe, Poesie. Nein, ich wende ganz einfach meine Methode an, das ist alles.«

So erkennen beide Seiten die Kontinuität des Triptychons an: der Wissenschaftler, indem er seine Abhängigkeit von intuitiven Eingebungen gesteht, die seine Theorienbildung leiten, und der Künstler, indem er die abstrakten Theorien, die seinen Intuitionen einen Rahmen geben, hochschätzt oder sogar überbewertet. Die beiden Faktoren ergänzen einander; das Ausmaß, in dem sie kombiniert werden, richtet sich vor allem nach dem Medium, in dem ihr kreativer Drang seinen Ausdruck findet.

Ähnliche Erwägungen lassen sich über die Gesetze der Harmonie und des Kontrapunkts, die theoretischen Aspekte der Musik und natürlich über die Literatur anstellen. Der Romancier, Lyriker oder Dramatiker schafft nicht in einem Vakuum; sein Weltbild wird vom philosophischen und wissenschaftlichen Klima seiner Zeit beeinflußt, ob er sich dessen bewußt ist oder nicht. John Donne war ein Mystiker, aber er begriff sofort, welche Bedeutung Galileis Teleskop hatte:

> Der Mensch hat ein Netz gewoben, das er
> Über den Himmel warf, der nun sein eigen ist.

Newton hatte einen ähnlichen Einfluß, und das gleiche gilt natürlich für Darwin, Marx, den Frazer des *Goldenen Zweigs*[116], Freud und Einstein.

Keats' *Ode auf eine griechische Urne* endet mit den berühmten Versen:

> Schönes ist wahr und Wahres schön – wißt ihr
> Nur dies, braucht mehr ihr nicht zu wissen.

Das ist gewiß eine dichterische Übertreibung, doch zugleich ein bewegendes Glaubensbekenntnis, was die grundlegende Einheit der beiden Kulturen betrifft, die von den Spitzfindigkeiten unseres Bildungs- und Gesellschaftssystems künstlich getrennt wurden. Dem unvoreingenommenen Geist gibt jede originelle wissenschaftliche Entdeckung Anlaß für ästhetische Befriedigung, da die Lösung eines schwierigen Problems aus der Dissonanz Harmonie schafft, und umgekehrt können wir Schönheit erst erfahren, wenn unser Intellekt den Erfolg der Operation bestätigt, die die Erfahrung der Schönheit in uns auslösen soll – welcher Art diese Operation auch sein mag. Intellektuelle Erleuchtung und emotionale Katharsis sind die doppelte Belohnung des schöpferischen Akts und seines nachschaffenden Echos im Betrachter. Das erste Element bildet den Augenblick der Wahrheit, die Aha-Reaktion, das zweite sorgt für die Ah-Reaktion der ästhetischen Erfahrung. Beide sind komplementäre Aspekte eines unteilbaren Prozesses.

9

Nun müssen wir einen noch fundamentaleren Unterschied zwischen der Geschichte der Wissenschaft und der Geschichte der Kunst besprechen.

In Solschenizyns Roman *Der erste Kreis der Hölle* streiten sich einige Gefangene über den wissenschaftlichen Fortschritt. Einer von ihnen, Gleb Nerschin, ruft leidenschaftlich aus:

»Fortschritt! Wer will überhaupt den Fortschritt? Das ist genau das, was mir an der Kunst gefällt – daß in ihr kein ›Fortschritt‹ möglich ist.«

Dann redet er über die Fortschritte der Technik im letzten Jahrhundert und schließt mit der sarkastischen Bemerkung: »Hat es aber je etwas Besseres als *Anna Karenina* gegeben?«

Den entgegengesetzten Standpunkt bezog Sartre in seinem Essay *Was ist Literatur?*, in dem er Romane mit Bananen verglich, die man nur mit Genuß konsumieren könne, solange sie frisch seien. Danach müßte *Anna Karenina* schon seit langer Zeit verfault sein.

Solschenizyns Held vertritt die traditionelle Ansicht, die Wissenschaft schreite kumulativ fort, setze gleichsam Stein auf Stein, wie bei einem Turmbau, während die Kunst zeitlos sei, immer wieder neue Variationen über ein ewiges Thema spiele. Bis zu einem gewissen Grad und in einem relativen Sinn ist diese konventionelle Haltung natürlich gerechtfertigt. Bei den großen Entdeckungen der Wissenschaft führt die Bisoziation bislang getrennter Kontexte (Elektrizität und Magnetismus, Materie und Energie usw.) zu einer neuen Synthese, die sich wiederum auf einer höheren, neu entstehenden Stufe der Hierarchie mit anderen Synthesen verbindet. Die Entwicklung der Kunst vollzieht sich im allgemeinen nicht nach diesem Schema. Die Wahrnehmungsrahmen, in denen der Künstler kreativ schafft, werden aufgrund ihrer sinnlichen Qualitäten und ihres emotionalen Potentials ausgewählt; sein bisoziativer Akt besteht in ihrer *Konfrontation* und nicht in ihrer intellektuellen *Fusion*, für die sie sich schon ihrem Wesen nach kaum eignen.

Doch auch hier ist der Unterschied nicht absolut, sondern relativ. Wenn man Gleb Nerschins Ansicht ohne Einschränkung akzeptiert, ist es sinnlos, nach objektiven »Fortschrittskriterien« in der Literatur, Malerei oder Musik zu suchen. Dann gibt es in der Kunst keine Entwicklung, dann besteht Kunst daraus, dieselben archetypischen Erfahrungen in den Kostümen und Stilen der jeweiligen Zeit immer wieder neu zu formulieren; das Vokabular – einschließlich des optischen Vokabulars des Malers – ist zwar Änderungen unterworfen, aber die Aussage eines großen Kunstwerks bleibt gültig, ohne vom Zahn der Zeit angenagt, ohne vom vulgären Fortschritt berührt zu werden.

Bei genauerer Betrachtung stellt sich freilich heraus, daß dieser Standpunkt historisch unhaltbar ist. Es gibt nämlich ohne Zweifel Perioden, in denen eine bestimmte Kunstform eine durchgehend kumulative Entwicklung aufweist, die mit dem wissenschaftlichen Fortschritt vergleichbar ist. Zitieren wir Sir Ernst Gombrich, den führenden britischen Kunsthistoriker:

»In der Antike drehte sich die Diskussion über Malerei und Bildhauerei zwangsläufig um die Imitation der Natur. Man kann sogar sagen, daß der Fortschritt der Kunst auf dieses Ziel hin für die Alten das war, was der Fortschritt der Technik für die Zeitgenossen ist: der Fortschritt an sich. So ist es zu erklären, daß Plinius die Geschichte der bildenden Kunst als Geschichte von Erfindungen darstellte und bestimmte Errungenschaften in der Wiedergabe der Natur bestimmten Künstlern zuschrieb: Der Maler Polygnotos stellte als erster Menschen mit offenem Mund und Zähnen darin dar; der Bildhauer Pythagoras von Rhegion gab als erster Nerven und Adern wieder; der Maler Nikias malte als erster Licht und Schatten. Die Geschichte jener Epoche [ca. 550 bis 350 v. Ch.] liest sich bei Plinius oder Quintilian wie ein Heldenepos über Entdeckungen und Eroberungen . . . In der Renaissance war es Vasari, der diese Methode auf die Geschichte der italienischen Kunst vom 13. bis zum 16. Jahrhundert übertrug. Vasari zollte all den Künstlern der Vergangenheit Tribut, die seiner Meinung nach entscheidend zur Perfektion der naturgetreuen Darstellung beitrugen.

›Die Kunst erhob sich von bescheidenen Anfängen zum Gipfel der Vollkommenheit‹, sagte Vasari, weil Naturgenies wie Giotto den Weg bahnten, so daß andere die Möglichkeit hatten, auf ihren Leistungen aufzubauen.«[117]

»Wenn ich weiter sehen konnte als andere«, sagte Newton einmal, »dann nur, weil ich auf den Schultern von Riesen stand.« Leonardo äußerte sich entsprechend: »Es ist ein armseliger Schüler«, schrieb er, »der seinen Meister nicht übertrifft.« Und Dürer hatte eine ähnliche Ansicht. Sie alle meinten offenbar, in der Periode der explosionsartigen Entwicklung, die um 1300 mit Giotto begann, hätten die aufeinanderfolgenden Malergenerationen immer wieder neue Tricks und Techniken entdeckt – Verkürzung, Perspektive, Behandlung von Licht, Farbe und Oberflächenstruktur, Einfangen von Bewegungen und Gesichtsausdruck –, die der Schüler von seinem Lehrer übernehmen und als Ausgangspunkt für neue Wege benutzen konnte.

Was die Literatur angeht, brauchen wir kaum darauf hinzuweisen, daß die verschiedenen Schulen und Moden der Vergangenheit nicht statisch waren, sondern sich in ihrer begrenzten Lebensdauer zu immer größerer Verfeinerung und technischer Perfektion – oder Dekadenz – entwickelten. Wir betrachten es als selbstverständlich, daß die modernen Physiker mehr über das Atom wissen als Demokrit; aber ebenso weiß Joyces Ulysses mehr über die menschliche Natur als Homers Odysseus. Auf einer kürzeren Zeitskala wirken heute selbst Filme, die erst zwanzig Jahre alt sind, von einigen Ausnahmen abgesehen, erstaunlich veraltet: zu direkt, zu expressiv, zu dick aufgetragen. Es gibt (oder gab) wohl kaum einen Schriftsteller, der nicht allen Ernstes glaubt, sein Schreibstil und seine Schreibtechnik seien der Wirklichkeit verstandesmäßig wie gefühlsmäßig näher als die Stile und Techniken der Vergangenheit. Machen wir uns nichts vor: Unsere Verehrung für Homer und Goethe wird durch ein klein wenig Herablassung versüßt, wie wir sie auch gegenüber Wunderkindern empfinden – wie gescheit waren sie doch für ihr (Zeit-)Alter!

Wir können Gleb Nerschins Ansicht, die Wissenschaft sei kumulativ wie die Arbeit eines Maurers, während die Kunst zeitlos, ein Tanz bunter Bälle auf den Wasserstrahlen eines Brunnens, sei, als unzulässige Vereinfachung ablehnen. Auch die Geschichte der

Kunst zeigt kumulative Fortschritte – in bestimmten Perioden, wenn auch nicht in allen. In der Geschichte der europäischen Malerei gibt es zum Beispiel zwei herausragende Perioden, in denen ein schneller, kontinuierlicher, kumulativer Fortschritt in der Darstellung der Natur zu beobachten war, beinahe so konkret wie der Fortschritt in der Technik. Die erste dauerte etwa von der Mitte des 6. bis zur Mitte des 4. Jahrhunderts v. Chr., die zweite vom Beginn des 14. bis zur Mitte des 16. Jahrhunderts. Beide umfaßten sechs bis acht Generationen, in deren Verlauf die einzelnen Riesen tatsächlich auf den Schultern ihrer Vorgänger standen und sich einen größeren Überblick verschaffen konnten. Es wäre zweifellos töricht zu sagen, diese Zeiträume seien die *einzigen* Perioden des kumulativen Fortschritts gewesen. Es stimmt jedoch, daß zwischen den beiden genannten Epochen auffallend lange Perioden der Stagnation und des Niedergangs lagen. Im übrigen gibt es immer wieder einsame Riesen, die gleichsam aus dem Nichts kommen und sich nicht in eine ordentliche Pyramide von Akrobaten einfügen lassen, bei der einer auf den Schultern des anderen steht.

Die Schlußfolgerung scheint auf der Hand zu liegen. Unsere Museen und Bibliotheken demonstrieren, daß es in jeder Kunstform einen kumulativen Fortschritt gibt: in einem begrenzten Sinn, in einer begrenzten Richtung, in begrenzten Zeiträumen. Aber diese kurzen, leuchtenden Bahnen verlieren sich früher oder später in Zwielicht und Konfusion, und dann beginnt abermals die Suche nach einem neuen Ausgangspunkt zu neuen Zielen.

Im Gegensatz zu der weitverbreiteten Meinung verlief die Entwicklung der Wissenschaft keineswegs kontinuierlicher. Nur in den letzten dreihundert Jahren war ihr Fortschritt stetig und kumulativ; wer jedoch nicht mit der Geschichte der Wissenschaft vertraut ist – und dazu gehört auch die Mehrheit der Wissenschaftler selbst –, neigt zu dem Irrglauben, der Erwerb von Wissen sei immer ein geradliniger und unaufhaltsamer Anstieg zum höchsten Gipfel gewesen.

In Wirklichkeit haben sich weder Wissenschaft noch Kunst kontinuierlich entwickelt. Der amerikanische Mathematiker und Philosoph Whitehead bemerkte einmal, Europa habe im Jahr 1500 weniger gewußt als Archimedes, der 212 v. Chr. starb. Rückblikkend habe zwischen Archimedes und Galilei, zwischen Aristarchos von Samos (der das heliozentrische Weltbild postulierte) und Kopernikus nur ein Schritt gelegen. Es dauerte allerdings fast zweitausend Jahre, bis dieser Schritt getan wurde. In dieser langen Periode hielt die Wissenschaft Winterschlaf. Nach den drei ruhmreichen Jahrhunderten der griechischen Wissenschaft, die etwa mit der Blütezeit der griechischen Kunst zusammenfielen, kam eine ungefähr sechsmal so lange Periode der Leblosigkeit, dann urplötzlich eine neue, fieberhafte Aktivität, die seit nunmehr zehn Generationen anhält.

Fortschritt in Wissenschaft und Kunst ist also weder stetig noch absolut, sondern – um es zu wiederholen – eine Vorwärtsentwicklung in einem begrenzten Sinn in begrenzten Zeiträumen in begrenzten Richtungen; er folgt keiner gleichmäßigen Kurve, sondern einem sprunghaften, unberechenbaren Zickzackkurs.

Ein chinesisches Sprichwort sagt, es gebe eine Zeit zum Fischen und eine andere zum Netzetrocknen. Wenn man die Geschichte irgendeines Zweigs der Wissenschaft aus der Vogelperspektive betrachtet, entdeckt man, daß ziemlich lange Zeiträume relativ friedlicher Entwicklung und kürzere Perioden explosiv-revolutionären Wandels miteinander abwechseln. Nur in den friedlichen Perioden, die auf einen größeren Umbruch folgen, ist der Fortschritt der Wissenschaft im strengen Sinn stetig und kumulativ. Es sind Perioden, in denen man die vorgeschobenen Grenzen festigt, die neuen Synthesen prüft, anwendet, verbessert und erweitert: die Zeit zum Netzetrocknen. Sie kann wenige Jahre oder mehrere Generationen dauern, doch früher oder später führt das Auftauchen neuer empirischer Daten oder eine Änderung des philosophischen Klimas zu Stagnation, zur Verhärtung der Matrix, ihrer Verwandlung in ein geschlossenes System, und zum Aufstieg einer neuen Orthodoxie. Das ruft eine Krise hervor, eine Zeit der fruchtbaren Anarchie, in der rivalisierende Theorien blühen – bis die neue Synthese erreicht ist und der Zyklus wieder beginnt, der diesmal freilich in eine andere Richtung zielt, anderen Parametern folgt, eine andere Frage stellt.

Es ist also möglich, in der Entwicklung von Wissenschaft und

Kunst ein gemeinsames Schema zu diagnostizieren. Der Zyklus beginnt in der Regel mit einem leidenschaftlichen Aufbegehren gegen die bisher vorherrschende Schule und den bislang üblichen Stil; beide werden abgelehnt, worauf ein Vorstoß zu neuen Grenzen folgt: nennen wir dies *Phase eins.* Die *zweite Phase* des Zyklus verläuft in einem optimistischen und euphorischen Klima; in den Fußstapfen der Riesen, die den Vorstoß unternahmen, betreten nun ihre kleineren Jünger und Nachahmer die neu erschlossenen Territorien, um ihre reichen Möglichkeiten zu erkunden und zu erschließen. Das ist, wie gesagt, die typische Phase des kumulativen Fortschritts, was die Verfeinerung und Perfektionierung neuer Einsichten und Techniken in der Forschung und neuer Stile in der Kunst betrifft. Die *dritte Phase* bringt Sättigung, gefolgt von Frustration und Stillstand. Die *vierte* und letzte Phase ist eine Zeit der Krise und des Zweifels – charakterisiert durch John Donnes Klage über den Fall der Aristotelischen Weltlehre: »Alles liegt in Trümmern, aller Zusammenhalt ist dahin.« Es ist aber auch eine Phase der ungehinderten Experimente (Fauvismus und Dadaismus und ihre Parallelerscheinungen in der Wissenschaft) und der schöpferischen Anarchie – *reculer pour mieux sauter* –, die die nächste Revolution vorbereitet und ausbrütet, das Startsignal für einen neuen Aufbruch gibt. Dann kann der Zyklus abermals beginnen.

Dieses allgemeine Schema gleicht in mancher Hinsicht den aufeinanderfolgenden Stadien des Prozesses der individuellen Entdeckung, wie Helmholtz und Graham Wallas ihn einteilten: bewußte Vorbereitung – unbewußte Inkubation – Erleuchtung – Verifizierung und Konsolidierung. Während der individuelle Entdeckungsprozeß jedoch mit dem letzten Stadium abgeschlossen ist, geht das letzte Stadium eines historischen Zyklus in das erste Stadium des nächsten über.

Eine neuere Theorie, die viele Parallelen zu dem in *Der göttliche Funke* zum erstenmal entwickelten und oben zusammenfassend dargestellten Konzept der historischen Zyklen hat, ist in Thomas Kuhns vielzitiertem Essay *Die Struktur wissenschaftlicher Revolutionen* enthalten. Kuhn bezeichnet die kumulativen Phasen des Zyklus als »normale Wissenschaft« und die revolutionären

Durchbrüche als »Paradigma-Wechsel«. Trotz der unterschiedlichen Terminologie gibt es einige auffällige Ähnlichkeiten zwischen Kuhns Schema und dem, das ich vorgetragen habe – obgleich sie unabhängig voneinander entstanden. Beide sind eine radikale Abkehr von George Sartons ehrwürdiger Theorie, nach der die Geschichte der Wissenschaft die einzige Geschichte ist, die einen kumulativen Fortschritt aufweise, so daß der Fortschritt der Wissenschaft den einzigen Maßstab für den Fortschritt der Menschheit insgesamt bildet.

In Wahrheit erscheint der Fortschritt der Wissenschaft – um es noch einmal zu sagen – auf den Diagrammen der Geschichte aber nicht als kontinuierlich ansteigende Kurve, sondern als Zickzacklinie, in dieser Beziehung mit der Geschichte der Kunst vergleichbar. Das soll natürlich nicht heißen, es gäbe keinen Fortschritt; es besagt nur, daß sich Wissenschaft und Kunst auf einem unberechenbaren, oft irrläufigen Kurs fortbewegen.

In den letzten hundert Jahren hat sich die Geschichte beschleunigt wie eine Rakete nach dem Start. Sie produzierte mit atemberaubender Geschwindigkeit neue Entdeckungen – aber auch mehr Krisen, Kehrtwendungen, Abbau und Neuformierungen als jemals zuvor. Das gilt für sämtliche Zweige der Wissenschaft und Kunst, für Malerei und Literatur, für Physik und Gehirnforschung, für Genetik und Kosmologie. Die Abbruchkolonnen waren auf allen Gebieten ebenso fieberhaft tätig wie die Maurerkolonnen, aber wir sehen nur das, was letztere errichteten, und neigen dazu, die einstmals stolzen Zitadellen der Orthodoxie zu vergessen, die abgerissen wurden. In den nächsten Jahrzehnten werden wir zweifellos noch aufsehenerregendere Leistungen des Auflösens und Neuzusammenfügens erleben. Darüber werde ich in späteren Kapiteln einige Vermutungen anstellen.

Dritter Teil
Schöpferische Evolution

9. Wankende Zitadellen

1

Zu den wankenden Zitadellen, die am Ende des vorigen Kapitels erwähnt wurden, gehört die neodarwinistische Theorie der Evolution (die auch als »synthetische Theorie« bezeichnet wird). Professor W. H. Thorpe von der Universität Cambridge sprach von »einer geistigen Strömung, die sich in den letzten fünfundzwanzig Jahren unter vielleicht Hunderten von Biologen ausgebildet hat«[118]. Alle diese Wissenschaftler lehnen das neodarwinistische Dogma ab. Die Widersprüche und Tautologien der synthetischen Theorie sind in Wirklichkeit schon viel länger bekannt, gewissermaßen ein offenes Geheimnis, aber das Dogma wurde und wird trotzdem hartnäckig von der akademischen Welt verteidigt und Andersdenkenden ein diskretes, aber dennoch wirksames Scherbengericht angedroht. Für dieses Paradoxon scheint es zwei Gründe zu geben: Erstens kann das Engagement für eine wissenschaftliche Theorie genauso emotionsgeladen sein wie ein religiöses Credo, wofür es in der Geschichte der Wissenschaft zahlreiche Beispiele gibt; zweitens veranlaßt der Mangel einer tragfähigen Alternative für den Neodarwinismus viele Biologen zu der Meinung, eine schlechte Theorie sei besser als gar keine. Ob man das als eine gute wissenschaftliche Strategie bezeichnen kann, sei dahingestellt.

Das Wesen der synthetischen Theorie läßt sich vielleicht am besten erfassen, wenn man eine Parallele zwischen dem Neodarwinismus in der Biologie und dem Behaviorismus in der Psychologie zieht. Beide wurden vom Zeitgeist der reduktionistischen Philosophie inspiriert, die in der ersten Hälfte unseres Jahrhunderts vorherrschte. Der Behaviorismus wurde kurz vor dem Ersten Weltkrieg von John Broadus Watson begründet und verdankt seinen sensationellen Einfluß vor allem der Behauptung, »Bewußtsein« und »Geist« seien leere Worte ohne Grundlage in der Realität. Ein halbes Jahrhundert später verkündete Professor Skinner von der Universität Harvard – wahrscheinlich der einflußreichste Universitätspsychologe unserer Zeit – diese Ansicht in noch extremerer Form. In seinem Standardwerk *Science and Human Behaviour* erfährt der hoffnungsvolle Psychologiestudent gleich am Anfang, die Begriffe »Geist«, »Ideen« usw. seien nicht-existierende Wesenheiten, »erfunden ausschließlich zu dem Zweck, als Grundlage für Pseudoerklärungen zu dienen . . . Da geistigen und seelischen Vorgängen angeblich die Dimensionen der Naturwissenschaften fehlen, haben wir noch einen zusätzlichen Grund, sie abzulehnen.«[119] (Mit der gleichen Logik könnten wir die Realität von Funkwellen leugnen, weil sie aus Vibrationen in einem Vakuum bestehen, dem jegliche physikalische Eigenschaft abgeht.)

Ich habe immer wieder feststellen müssen, wie schwierig es ist, nicht zur akademischen Welt gehörende Freunde davon zu überzeugen, daß diese offensichtlich absurde Doktrin immer noch die Universitätspsychologie beherrscht. Es ist genauso wie ein Kritiker kürzlich schrieb:

»Es ist eine interessante Übung, sich hinzusetzen und bewußt zu machen, was die Behauptung bedeutet, das Bewußtsein existiere nicht. Die Geschichte hat nicht überliefert, ob dieser Versuch von den frühen Behavioristen unternommen wurde oder nicht. Sie hat aber an anderer Stelle und in aller Breite überliefert, welchen enormen Einfluß die Lehre, das Bewußtsein existiere nicht, auf die Psychologie unseres Jahrhunderts ausübte.«[120]

Wir nähern uns nun einem fundamentalen Problem, zu dem die Vertreter des Behaviorismus und des Neodarwinismus eine auffallend ähnliche Einstellung haben. Es betrifft ihre Ansichten über die Triebkräfte hinter der biologischen Evolution einerseits und der kulturellen Evolution andererseits. Betrachten wir zunächst die kulturelle Evolution. Wie lassen sich wissenschaftliche Entdeckung und künstlerische Originalität in dem im wahrsten Sinn des Wortes geist-losen Universum des Behavioristen erklären? Hier ist Watsons Antwort – und ich möchte betonen, daß das nun folgende Zitat aus dem *einzigen* Abschnitt seines Buches stammt, in dem der Begriff des Schöpferischen erscheint:

»Eine natürliche Frage, die häufig gestellt wird, lautet: Wie kommen wir jemals zu neuen Verbalschöpfungen wie zum Beispiel einem lyrischen Gedicht oder einem brillanten Essay? *Die Antwort lautet: Wir erhalten sie, indem wir Worte manipulieren, sie so lange hin und her schieben, bis plötzlich ein neues Muster vor uns auftaucht* ... Wie entwirft Ihrer Meinung nach Patou ein neues Kleid? Hat er irgendein Vorstellungsbild in seinem Kopf, wie das fertige Kleid aussehen soll? Nein, das hat er nicht ... Er ruft sein Mannequin zu sich, nimmt ein Stück Seide, drapiert es um das Modell herum, zieht hier ein bißchen ein, läßt dort ein bißchen aus ... Er manipuliert das Material so lange, bis es kleidähnliche Gestalt annimmt ... Erst wenn die neue *Création* allgemeine Bewunderung erregt, ist die Manipulation abgeschlossen – das entspricht dem Augenblick, in dem die Ratte ihr Futterkügelchen findet ... Der Maler übt seinen Beruf auf die gleiche Weise aus, und der Dichter kann sich keiner anderen Methode rühmen.«[121]

Hier müssen wir uns zwei Dinge merken. Erstens: Die Lösung »taucht plötzlich auf« – nach vielen Versuchen *aufs Geratewohl.* Zweitens: Sie ist gültig, weil sie mit Zustimmung *belohnt* wurde.

Dreißig Jahre nach der Veröffentlichung von Watsons Werk zog Skinner die gleichen Schlußfolgerungen über den Prozeß der wissenschaftlichen Entdeckung – inzwischen hatte der Behaviorismus allerdings sein eigenes »Psychologenchinesisch« entwikkelt:

»Das Ergebnis der Lösung des Problems ist das Auftauchen einer Lösung in Form einer Reaktion ... Das Auftauchen dieser Reaktion in der Verhaltensstruktur des Individuums überrascht durchaus nicht mehr als das Auftauchen irgendeiner Reaktion der Verhaltensstruktur eines beliebigen Organismus.«[122]

Die »Organismen«, die hier gemeint sind, sind die Versuchsratten im sogenannten Skinnerschen Käfig, der bei den Behavioristen als wirksamstes Mittel zum Studium der Psychologie gilt.[123] Der Käfig enthält einen Futternapf und einen Hebel, den man wie bei einem Spielautomaten nach unten drücken kann, worauf ein Futterkügelchen in den Napf fällt. Wenn eine Ratte in den Käfig gesetzt wird, drückt sie den Hebel früher oder später durch einen

Zufall mit der Pfote nach unten und wird automatisch durch ein Kügelchen belohnt; sie wird also früher oder später lernen, daß sie den Hebel herunterdrücken muß, um Futter zu bekommen. Diese Versuchsprozedur heißt »operante Konditionierung«; das Herunterdrücken des Hebels wird als »Äußerung einer operanten Reaktion« bezeichnet; das Futterkügelchen heißt »verstärkender Reiz«; die Zahl der Hebeldrücke in einem bestimmten Zeitraum ist die »Reaktionsquote« der Ratte, die automatisch auf Tabellen registriert wird. Diese Experimente haben den Sinn, dem Behavioristen sein erklärtes Ziel zu verdeutlichen, das darin besteht, »Verhalten zu messen, vorauszusagen und zu kontrollieren« – auch menschliches Verhalten.

Die Einzelheiten der behavioristischen Rattenkunde interessieren uns hier nicht weiter;[124] der springende Punkt liegt darin, daß die Entdeckung des »Hebelgeheimnisses« durch das Tier auf reinem *Zufall* beruht und die Hebelbetätigung seinem Repertoire von Fertigkeiten hinzugefügt wurde, weil man sie durch *Belohnung* »verstärkte«.

Wenn wir uns nun der darwinistischen Antwort auf die Frage zuwenden, wie sich der Mensch aus dem Urschleim entwickelte, stellen wir fest, daß sie ganz ähnlich lautet wie Watsons Antwort auf die Frage, wie Patou ein Stück Seide in ein elegantes Kleid verwandelt: »Er ... zieht hier ein bißchen ein, läßt dort ein bißchen aus ... Er manipuliert das Material so lange, bis es kleidähnliche Gestalt annimmt.« Die darwinistische Evolution arbeitet angeblich nach dem gleichen Prinzip, das heißt, indem sie das organische Rohmaterial *aufs Geratewohl* manipuliert, hier einen Schwanz anbringt, dort ein Paar Flügel, bis ein passendes Muster auftaucht und entsprechend seiner Fähigkeit zu überleben beibehalten wird.

Der Behaviorismus und der Neodarwinismus, die beide Schlüsselpositionen in der zeitgenössischen Wissenschaft vom Leben einnehmen, gehen bei ihrer Erklärung der biologischen und kulturellen Evolution also im wesentlichen von demselben Modell aus, das in zwei Phasen funktioniert: Der erste Schritt wird vom blinden Zufall, der zweite von selektiven Belohnungen geleitet. Die biologische Evolution ist demnach das Ergebnis von *nichts als*

a) Zufallsmutationen (der Affe an der Schreibmaschine), die durch b) natürliche Auslese (welche die Tüchtigkeit belohnt) erhalten werden; und der kulturelle Fortschritt ist das Ergebnis von a) *nichts als* Versuchen aufs Geratewohl, die durch b) verstärkende Reize (Zuckerbrot und Peitsche) erhalten werden.

Biologische Evolution	*Kulturelle Evolution*
a) Zufallsmutationen	Versuche aufs Geratewohl
b) Natürliche Auslese	Verstärkende Reize

Es ist merkwürdig, daß man dieser Parallele keine Beachtung geschenkt hat. Der Grund liegt vielleicht darin, daß Psychologen sich nicht für Evolution interessieren, während Evolutionsforscher kein Interesse an Psychologie haben.

Die Rolle des Zufalls wollen wir später diskutieren. Was die beiden Konzepte »verstärkender Reiz« und »natürliche Auslese« bzw. »natürliche Zuchtwahl« betrifft, so hat man schon vor langer Zeit demonstriert, daß sie nichts zur Erklärung des Problems beitragen. Betrachten wir zunächst den »verstärkenden Reiz« und hören wir noch einmal Professor Skinner:

»Der verbale Reiz ›Komm zum Abendessen‹ ist eine Gelegenheit, bei der das Zu-Tisch-Gehen und Platznehmen gewöhnlich durch Nahrung verstärkt wird. Der Reiz ist insofern wirksam, als er die Wahrscheinlichkeit jenes Verhaltens erhöht, und wird vom Sprecher produziert, weil er dies tut.«[125]

Falls der Leser zweifeln sollte: Das ist keine Parodie, sondern ein Zitat aus Skinners Werk *Verbal Behaviour*, das 1957 erschien. Es informiert seine Leser auch darüber, daß »ein Mensch mit sich selbst redet . . . wegen des verstärkenden Reizes, den er empfängt«[126]; daß Denken in Wahrheit »Verhalten ist, welches das Verhalten automatisch beeinflußt und verstärkt wird, weil es das tut«[127]; daß »der Sprecher in seiner verbalen Phantasie das sagt, was ihm durch Hören verstärkt wird, oder das schreibt, was ihm durch Lesen verstärkt wird, genau wie der Musiker das spielt und komponiert, was ihm durch Hören verstärkt wird, oder wie der Maler das malt, was ihn visuell verstärkt«[128]; und daß der schöpferische Künstler »ausschließlich von den Zufällen der verstärkenden Reize kontrolliert wird«[129].

Beim Abrichten der Ratte, einen Hebel im Käfig zu drücken oder den Weg durch ein Labyrinth zu finden, hatte der Begriff »Verstärkung« oder »verstärkender Reiz« eine konkrete Bedeutung: Der Versuchsleiter konnte das Verhalten der Ratte wirksam konditionieren, indem er ihr Belohnungen zuteil werden ließ bzw. vorenthielt. Der heroische Versuch des Behavioristen, vom Skinnerschen Käfig auf das Atelier des Malers zu extrapolieren, wobei er die »Verstärkung« als Deus ex machina heranzieht, führt ihn jedoch, wie wir gesehen haben, zu haarsträubenden Absurditäten. Trotzdem zwingt seine Philosophie ihn, mit allen Kräften zu beweisen, daß menschliches Verhalten *nichts als* eine verfeinerte Form des Rattenverhaltens ist. Ein letztes Skinner-Zitat wird das verdeutlichen. Des Schriftstellers »verbales Verhalten«, so erklärt er uns, »mag Jahrhunderte überdauern oder Tausende von Hörern oder Lesern gleichzeitig erreichen. Der Schriftsteller wird nicht oft oder unmittelbar verstärkt, aber seine Nettoverstärkung kann erheblich sein.«[130]

Wenn das überhaupt etwas bedeutet, dann folgendes: Jeder Schriftsteller wünscht sich, ein Meisterwerk zu Papier zu bringen. Er fährt aufgrund der Verstärkung, die ihm zuteil wird, in seinen Bemühungen fort, und welcher Art die Verstärkung auch sein mag, sie läßt ihn jedenfalls in seinen Bemühungen fortfahren.[131] Chomsky [132] und andere haben darauf hingewiesen, daß der Begriff der Verstärkung auf einer Tautologie beruht. Sein erklärender Wert ist gleich Null.

2

Ein ähnliches Schicksal scheint nunmehr den darwinistischen Standardbegriff der natürlichen Zuchtwahl oder des Überlebens der Tüchtigsten zu ereilen, der – um es noch einmal zu sagen – des Evolutionsforschers Äquivalent für die »Verstärkung« des Behavioristen ist.

In der guten alten Zeit sah alles so einfach aus. Die Natur

belohnte die Tüchtigen mit dem Zuckerbrot des Überlebens und bestrafte die Untüchtigen mit der Peitsche des Aussterbens. Die Schwierigkeiten begannen, als es darum ging, den Begriff »Tüchtigkeit« zu definieren. Sind Pygmäen tüchtiger als Riesen, Brünette tüchtiger als Blondinen, Linkshänder tüchtiger als Rechtshänder? Welches sind eigentlich die Kriterien der sogenannten »Tüchtigkeit«?

Die erste Antwort, die uns einfällt, lautet: Die Tüchtigsten sind offensichtlich diejenigen, die am längsten überleben. Wenn wir aber von der Evolution einer *Spezies* reden, spielt die Lebensspanne von Individuen keine Rolle (sie kann bei Insekten einen Tag, bei Schildkröten ein Jahrhundert betragen). Es kommt vielmehr darauf an, *wie viele Nachkommen* sie zeit ihres Lebens produzieren. Die natürliche Auslese richtet sich also nach Überleben und Fortpflanzung der Tüchtigsten, und die Tüchtigsten sind die, welche die höchste Fortpflanzungsquote haben – wir sind in einem Zirkelschluß gefangen, der die Frage, was denn die Richtung der Evolution bestimme, als beantwortet voraussetzt. Dieses entscheidende Manko der Theorie wurde schon vor einigen Jahrzehnten von führenden Evolutionsforschern (Mayr, Simpson, Waddington, Haldane usw.) erkannt;[133] es war, wie gesagt, ein offenes Geheimnis. Da jedoch keine befriedigende Alternative in Sicht war, mußte die wankende Zitadelle verteidigt werden. Deshalb schrieb Sir Julian Huxley 1953: »Soweit wir wissen, ist natürliche Auslese nicht nur unvermeidlich, nicht nur *ein* wirksames Mittel der Evolution, sondern sie ist *das* einzige wirksame Mittel der Evolution.«[134]

Man vergleiche diese Verkündigung *ex cathedra* mit dem ätzenden Kommentar des inzwischen verstorbenen Professors Waddington, der selbst ein angesehenes Mitglied der neodarwinistischen Gemeinde war, jedoch von Zweifeln geplagt wurde:

»Überleben bedeutet natürlich nicht das körperliche Überdauern eines einzelnen Individuums, bis es älter als Methusalem geworden ist. Dieser Begriff, so wie er heute interpretiert wird, bezieht sich auf das Fortleben in zukünftigen Generationen. Dasjenige Individuum ›überlebt‹ am besten, das die zahlreichste Nachkommenschaft hat. Auch der Begriff ›am lebensfähigsten‹ bedeutet bei einem Tier nicht unbedingt, daß es am stärksten oder am gesündesten ist oder daß es einen Schönheitswettbewerb gewinnen würde. Im Prinzip bedeutet es nicht mehr als eine maximale Nachkommenschaft. Das grundlegende Prinzip der natürlichen Zuchtwahl läuft im Grunde auf die Feststellung hinaus, daß die Individuen, die die zahlreichste Nachkommenschaft haben, diejenigen sind, die die zahlreichste Nachkommenschaft haben. Das ist, wie man sieht, eine Tautologie.«[135]

Ludwig von Bertalanffy drückte es noch deutlicher aus. Er sagte über die orthodoxe Theorie: »Wenn differentielle Reproduktion und Auslesevorteil allein die Richtung der Evolution festlegen, so ist nicht einzusehen, wieso die Entwicklung der Arten je über den Hasen, den Hering oder sogar über das Bakterium hinausgekommen ist; diese Lebewesen besitzen ja eine geradezu unübertreffliche Fortpflanzungskapazität.«[136]

Um Mißverständnisse zu vermeiden: Selbstverständlich würde kein Kritiker der Theorie leugnen, daß biologisch *Ungeeignete*, die nicht imstande sind, die Anforderungen des Lebens zu bestehen, im Laufe der Evolution eliminiert werden. Aber die Eliminierung von Mißbildungen erklärt nicht die Evolution höherer Formen. Die Leistung eines Unkrautvertilgers ist sehr nützlich, aber sie erklärt nicht die Entwicklung neuer Pflanzenarten. Zahlreiche Evolutionsforscher machen den Fehler, den Prozeß der *Eliminierung* Untüchtiger mit dem Prozeß der Evolution in Richtung auf ein undefinierbares Ideal der »Tüchtigkeit« zu verwechseln. Die Verfechter der synthetischen Theorie könnten der Verwechslung leicht ein Ende machen, wenn sie den in Verruf geratenen Begriff »natürliche Auslese« durch »selektive Eliminierung« ersetzten. Sie begnügten sich jedoch damit, den Slogan »Überleben der Tüchtigsten« durch den subtileren Begriff »differentielle Reproduktion« zu ersetzen – der freilich, wie wir gesehen haben, keinen Ausweg aus dem Labyrinth der Tautologien bietet.

Es würde auch nichts nützen, ein anderes Synonym für Tüchtigkeit, nämlich »Anpassungsfähigkeit«, zu Hilfe zu nehmen. Um eine lange Geschichte abzukürzen, zitiere ich wieder Ludwig von Bertalanffy:

»Nach meiner Auffassung gibt es jedoch nicht den Funken eines wissenschaftlichen Beweises dafür, daß Evolution im Sinn einer Progression von einfacheren zu komplizierteren Organismen irgend etwas mit zunehmender Anpassung, mit Selektionsvorteil oder mit der Produktion einer größeren Nachkommenschaft zu tun hat . . . Eine Amöbe, ein Wurm, ein Insekt oder ein nichtplazentales Säugetier ist ebenso gut angepaßt wie ein Plazentalier; wären sie das nicht, so wären sie schon längst ausgestorben.«[137]

Mit anderen Worten: Niemand bezweifelt die Binsenwahrheit, daß eine Spezies nur dann überleben kann, wenn sie imstande ist, sich ihrer Umwelt anzupassen, aber es gibt *zahllose Methoden, sich einer und derselben Umgebung anzupassen*, und einige dieser Methoden sind so unglaublich umständlich und kompliziert, daß der Begriff »Anpassung« bedeutungslos wird. Nehmen wir folgendes Beispiel aus *The Living Stream* von Alister Hardy:

»Es gibt einige Orchideenarten, deren Blüten die Weibchen bestimmter Insekten in Farbe, Form und Geruch nachahmen und deshalb die Männchen dieser Insektenarten sexuell anlocken. Die erregten Männchen, die sich fortpflanzen wollen, beenden stattdessen unbeabsichtigt den Fortpflanzungsprozeß der Blume, weil sie Pollen mit sich tragen!«[138]

Oder, um noch einmal Ludwig von Bertalanffy zu Wort kommen zu lassen: »Mir wenigstens . . . fällt es immer noch schwer, zu verstehen, welchen Selektionsvorteil es für die Aale von Comacchio bot, die gefährliche Reise ins Sargassomeer zu unternehmen; oder wozu der Askariswurm im ganzen Körper seines Wirtes umherwandert, statt sich gemütlich in den Eingeweiden einzurichten, wo er hingehört; oder worin der Überlebensvorteil eines mehrfachen Magens für die Kuh besteht, wenn doch das Pferd, ebenfalls ein Pflanzenfresser und von vergleichbarer Größe, ganz gut mit einem einfachen Magen auskommt.[139]

Und wie erklärt die »Anpassung« die geradezu phantastische Verwandlung der Raupe in eine Schmetterlingspuppe und dann in einen Schmetterling – ein Prozeß, bei dem sie sich in einem Kokon einspinnt und eine komplette Transformation stattfindet, bei der die Organe und Gewebe aufgelöst und neu gebildet werden, bis das geflügelte erwachsene Tier entstanden ist? Bücher über Naturgeschichte enthalten zahllose Beispiele für sehr weit hergeholte

Techniken, um als Spezies zu überleben, aber in theoretischen Werken über Evolution werden sie nur selten erwähnt, weil sie zu deutlich demonstrieren, daß die Theorie den entscheidenden Fragen aus dem Weg geht. Die »Anpassung« als Deus ex machina der »natürlichen Auslese« teilt also das Los ihrer Vorgänger »Überleben der Tüchtigsten« und »differentielle Reproduktion«.

3

Nach der neodarwinistischen Doktrin wird das Rohmaterial für den Zauber der natürlichen Auslese von Zufallsmutationen, das heißt, chemischen Veränderungen in den Genen, den Trägern der Erbanlagen, geliefert. Diese Veränderungen werden durch Strahlungen, schädliche Chemikalien oder übermäßige Hitze ausgelöst und sind »zufällig« in dem Sinn, daß sie nichts mit den Bedürfnissen oder dem Wohlergehen oder der natürlichen Umwelt des Tieres zu tun haben: Sie liegen auf der Ebene der Unfälle, die die normale Funktion des sorgsam ausbalancierten Organismus beeinträchtigen. Dementsprechend hat die überwiegende Mehrheit der Mutationen entweder schädliche oder nebensächliche Auswirkungen, doch von Zeit zu Zeit kommt es – wie die Theorie will – zu einem Glückstreffer, der von der natürlichen Zuchtwahl beibehalten wird, weil er dem Träger des mutierten Gens zufällig einen kleinen Vorteil verschafft; und setzt man einen genügend langen Zeitraum voraus, »ist praktisch alles möglich«, wie Sir Julian Huxley schrieb. »Der uralte Einwand, es sei unwahrscheinlich, daß ein Auge, eine Hand oder ein Gehirn sich aus purem Zufall entwickelte, hat seine Gültigkeit verloren«, weil »die über die weiten geologischen Zeitspannen hin wirksame natürliche Zuchtwahl«[140] alles erklärt.

Man vergleiche diese Feststellung mit folgender Bemerkung von Waddington:

»Geht man von der Annahme aus, die Evolution der so vorzüglich adaptierten biologischen Mechanismen beruhe lediglich auf einer selektiven Auswahl aus einer Reihe von Varianten, die ihr Entstehen dem blinden Zufall verdanken, dann könnte man ebensogut behaupten, daß, wenn wir fortfahren, Ziegelsteine zu Haufen zusammenzuwerfen, wir schließlich ein ideales Wohnhaus vorfinden werden.«[141]

Dennoch bezeichnete Jacques Monod (Nobelpreis 1965) die Evolution als eine »riesige Lotterie«[142] und das »Roulett der Natur«[143], und er kommt zu dem Schluß, »daß *einzig* und allein der Zufall jeglicher Neuerung, jeglicher Schöpfung in der belebten Natur zugrunde liegt. Der reine Zufall, nichts als der Zufall, die absolute, blinde Freiheit als Grundlage des wunderbaren Gebäudes der Evolution – diese zentrale Erkenntnis der modernen Biologie ist heute nicht mehr nur eine unter anderen möglichen oder wenigstens denkbaren Hypothesen; sie ist die *einzig* vorstellbare, da sie allein sich mit den Beobachtungs- und Erfahrungstatsachen deckt. Und die Annahme (oder die Hoffnung), daß wir unsere Vorstellungen in diesem Punkt revidieren müßten oder auch nur könnten, ist durch nichts gerechtfertigt.[144] ... Das Universum trug weder das Leben, noch trug die Biosphäre den Menschen in sich. Unsere ›Losnummer‹ kam beim Glücksspiel heraus.«[145]

Der Vergleich mit dem Roulett unterstreicht die phantastische Unwahrscheinlichkeit größerer evolutionärer Fortschritte durch Zufallsmutationen jedoch nicht, sondern er lenkt davon ab. Damit ein solcher Fortschritt stattfindet, reicht es nämlich nicht aus, daß die Roulettkugel auf einer bestimmten Zahl, sagen wir der 17, liegenbleibt; die 17 muß vielmehr auf etwa einem Dutzend Tischen im selben Spielkasino gleichzeitig herauskommen, und anschließend muß auf allen Tischen die 18, die 19 und die 20 herauskommen – ebenfalls im selben Augenblick.

Zur Veranschaulichung einige Beispiele. Das erste ist ganz simpel und begnügt sich mit vier Roulettscheiben. Der Riesenpanda hat an seinen vorderen Tatzen einen zusätzlichen sechsten Finger. Das könnte der typische Fall einer Mißbildung sein, verursacht durch eine schädliche Zufallsmutation. Derweil kommt der sechste Finger dem Panda jedoch ausgezeichnet zupaß, wenn das Tier mit Bambusschößlingen, seiner Nahrung, hantiert – zugegeben, daß der überzählige Finger, nicht den geringsten Nutzen hätte, wenn er nicht mit den erforderlichen Muskeln und Nerven ausgestattet wäre und keine Blutzufuhr hätte. Die Wahrscheinlichkeit, daß von allen möglichen genetischen Mutationen ausgerechnet die stattfanden, die die zusätzlichen Knochen, Nerven, Muskeln und Adern produzierten, und daß diese Mutationen *gleichzeitig* und *voneinander unabhängig* stattfanden, ist unendlich gering. Und in diesem Fall haben wir nur vier Hauptfaktoren – vier Roulettscheiben, die in Betrieb sind.

Wenn es aber um so komplexe Wunderwerke geht wie das Auge der Wirbeltiere, jenen klassischen Stolperstein der darwinistischen Theorie, mit seiner Netzhaut, seinen Stäbchen und Zäpfchen, seiner Linse, Iris, Pupille und allem anderen, kann man – Huxley ruhe in Frieden! – wohl kaum noch von der Möglichkeit sprechen, daß sich alle diese Komponenten durch unabhängige Zufallsmutationen harmonisch entwickelten, und muß den »blinden Zufall« ins Reich der Fabel verweisen.

Darwin war sich dessen bewußt, als er 1860 an Asa Gray schrieb: »Ich erinnere mich noch sehr gut an die Zeit, als mich beim Gedanken an das Auge am ganzen Leibe fröstelte.«[146] Den Verfechtern seiner Theorie geht es noch heute so, und deshalb vermeiden sie es, darüber zu reden, oder versuchen, sich durch raffinierte Ausweichmanöver aus der Affäre zu ziehen.[147]

Ebenso fröstelt einen bei der Vorstellung, irgendwelche Ur-Reptilien seien durch winzige, schrittweise erfolgende, auf Zufallsmutationen verschiedener Organe beruhende Veränderungen in Vögel verwandelt worden. Man bekommt eine Gänsehaut, wenn man daran denkt, wie viele Monodsche Roulettscheiben sich drehen und synchron stehenbleiben müssen, damit sich Schuppen in Federn und feste Knochen in Röhren verwandeln, damit Luftsäcke zu Körperteilen werden, damit Schultermuskeln und Schulterknochen athletische Ausmaße annehmen und so fort. Und diese Umformung der Körperstruktur wird von grundlegenden Änderungen der inneren Systeme, einschließlich der Ausscheidung, begleitet. Vögel sind sehr ökonomische Lebewesen. Statt ihre Stickstoffexkrete in Wasser aufzulösen, das ein schwerer Ballast ist, scheiden ihre Nieren sie in halb fester Form durch die Kloake aus. Dann mußte der »blinde Zufall« noch das kleine Problem des Übergangs vom Kaltblüter zum Warmblüter lösen. Endlos ist die Zahl der Voraussetzungen, die erfüllt werden mußten, um unser Reptil in die Luft zu heben oder aus lebendem Rohmaterial ein Auge zu konstruieren, das ebenso genaue Bilder liefert wie eine Kamera.

Ich möchte diesen Abschnitt mit einem weniger spektakulären Beispiel für evolutionären Fortschritt beschließen, nämlich mit dem scheinbar bescheidenen Schritt, der zur Verwandlung des Amphibieneis in das Reptilienei führte. Ich habe diesen Prozeß in *Das Gespenst in der Maschine* geschildert und möchte mich an dieser Stelle wiederholen, weil seine Erklärung durch die darwinistische Theorie nicht nur äußerst unwahrscheinlich, sondern logisch unhaltbar ist.

»Die Eroberung des trockenen Landes durch die Wirbeltiere begann mit der Evolution der Reptilien aus einer primitiven amphibischen Form. Die Amphibien vermehrten sich im Wasser, und ihre Jungen waren Wassertiere. Das entscheidend Neue bei den Reptilien war, daß sie, im Gegensatz zu den Amphibien, ihre Eier aufs trockene Land legten; sie waren nicht mehr vom Wasser abhängig und konnten sich nun über die Kontinente hin ausbreiten. Das ungeborene Reptil innerhalb des Eies benötigte aber immer noch ein flüssiges Umweltmilieu: es mußte Wasser haben, sollte es nicht schon vor seiner Geburt austrocknen. Es brauchte auch viel Nahrung: Amphibien schlüpfen als Larven aus, die sich ganz allein versorgen, Reptilien dagegen schlüpfen erst aus, wenn sie voll entwickelt sind. Das Reptilienei mußte also viel Eidotter als Nahrung enthalten, außerdem Albumin – Eiweiß – als Flüssigkeit. Weder das Eigelb noch das Eiweiß hätte für sich allein irgendeinen selektiven Nutzwert. Überdies brauchte das Eiweiß eine schützende Hülle, damit sein Feuchtigkeitsvorrat nicht verdunstete. Es mußte also, als Zugabe, eine Schale aus lederartigem oder kalkhaltigem Material entstehen. Das ist jedoch nicht alles. Der Reptilienembryo konnte – wegen eben dieser Schale – seine Exkrete nicht loswerden. Dem weichschaligen Amphibienembryo stand der ganze Teich als ›Toilette‹ zur Verfügung, der Reptilienembryo dagegen mußte mit einer Blase als Abfallbehälter ausgerüstet werden. Man bezeichnet sie als Allantois (Urharnsack), und sie ist in gewisser Hinsicht die Vorläuferin der Placenta bei den Säugetieren. Aber selbst wenn dieses Problem gelöst ist, würde der Embryo im Innenraum der harten Schale gefangen bleiben; er benötigte ein Werkzeug, um herauszukommen. Die Embryos einiger Fische und Amphibien, deren Eier von einer gelatinösen Membran umgeben sind, haben an ihrem Maulteil Drüsen; wenn die Zeit gekommen ist, sondern sie ein chemisches Produkt ab, das die Membran auflöst. Embryos, die von einer harten Schale umgeben sind, brauchen jedoch ein mechanisches Werkzeug: So besitzen Schlangen und Eidechsen einen Zahn, der sich in eine Art Büchsenöffner verwandelt, Vögel dagegen haben eine Karunkel, einen harten Auswuchs nahe der Schnabelspitze, der den gleichen Zweck erfüllt.«[148]

Nach der darwinistischen Theorie müssen all diese Veränderungen allmählich stattgefunden haben, wobei jeder kleine Schritt durch eine Zufallsmutation verursacht wurde. Es liegt jedoch auf der Hand, daß jeder Schritt, so klein er auch gewesen sein mochte, gleichzeitige, unabhängig voneinander stattfindende Veränderungen voraussetzte, die *alle* an der Sache beteiligten Faktoren beeinflußten. So konnte der Flüssigkeitsvorrat im Albumin ohne die Schale nicht im Ei gehalten werden. Aber ohne die Allantois und den »Büchsenöffner« wäre die Schale nutzlos, ja mörderisch gewesen. Jede dieser Veränderungen hätte, wenn sie allein aufgetreten wäre, eine schädliche Wirkung gehabt, und die betroffenen Organismen wären von der natürlichen Zuchtwahl (oder vielmehr, wie oben vorgeschlagen, von der »natürlichen Eliminierung«) ausgelöscht worden. Man kann nicht eine isolierte Mutation A haben, sie über eine unberechenbare Zahl von Generationen hinweg erhalten, bis es im selben Stamm zu Mutation B kommt und dann zu Mutation C und D. Jede einzelne Mutation wäre fortgewischt worden, lange bevor sie mit den anderen hätte kombiniert werden können. Sie hängen alle innerhalb des Organismus voneinander ab, und der Organismus ist ein funktionales Ganzes, kein Mosaik. Die Doktrin, wonach das Zusammentreffen aller erforderlichen Veränderungen auf einer Serie von Zufällen beruht, ist nicht nur eine Beleidigung des gesunden Menschenverstandes, sondern auch ein Verstoß gegen die grundlegenden Prinzipien der wissenschaftlichen Erklärung. In einem kürzlich erschienenen wichtigen Werk erklärt Professor Pierre Grassé (der seit dreißig Jahren den Sorbonne-Lehrstuhl für Evolution innehat, ohne seinen gallischen Witz eingebüßt zu haben):

»Wo ist der Spieler, der, so sehr er auch von seiner Leidenschaft besessen sein mag, verrückt genug wäre, auf das Roulett der Evolution durch Zufall zu setzen? Die Wahrscheinlichkeit, daß Dürers Kupferstich *Melancholie* durch Staubkörner hätte geschaffen werden können, die der Wind vor sich her bläst, ist nicht so unendlich gering wie die Entstehung eines Auges durch die ›Pannen‹, die das DNS-Molekül ereilen können – Pannen, die mit den künftigen Aufgaben des Auges *nichts zu tun* haben.

Tagträume sind erlaubt, aber nicht die Wissenschaft sollte sich ihnen hingeben.«[149]

4

Wenn wir von der Evolution einer Spezies reden, denken wir meist an die Entwicklung neuer Formen und körperlicher Strukturen, wie wir sie in den naturwissenschaftlichen Abteilungen von Museen ausgestellt sehen. Aber die Evolution schafft nicht nur neue Formen; sie schafft auch neue Verhaltensweisen, neue instinktive Fertigkeiten, die angeboren und erblich sind. Wenn schon die Kräfte hinter der Entstehung neuer Strukturen im Halbdunkel liegen, dann sind jene hinter der Evolution erblicher Fertigkeiten in totale Finsternis gehüllt. Der Nobelpreisträger Niko Tinbergen klagte: »Und so wird es . . . deutlich, wie weit die Ethologie noch hinter der Morphologie zurücksteht.« Die Forschung habe es immer noch nicht geschafft, »klar umrissene Verhaltenseinheiten auf bestimmte Gene zurückzuführen«[150].

Das hat einen ganz einfachen Grund. Dem Neodarwinismus fehlt das theoretische Rüstzeug, um das Problem in Angriff zu nehmen. Die einzige Erklärung, die er für die unglaublich komplexen instinktiven Fertigkeiten von Tieren zu bieten hat, besteht darin, daß sie ebenfalls durch Zufallsmutationen produziert werden, die sich irgendwie auf den Nervenschaltkreis im Tierhirn und auf das Nervensystem auswirken und durch »natürliche Auslese« erhalten bleiben. Es wäre eine nützliche Übung für fortgeschrittene Studenten der Biologie, diese Erklärungsformel wie ein Sanskrit-Mantra herunterzubeten, während sie zuschauen, wie eine Spinne ihr Netz webt, wie eine Blaumeise ihr Nest baut, wie ein Biber einen Damm baut, wie ein Austernfischer mit seiner Beute hochfliegt und sie dann auf einen Felsen fallen läßt, welche sozialen Aktivitäten im Wohlfahrtsstaat der Honigbiene entfaltet werden und so fort. Man könnte eine Bibliothek mit Beispielen der atemberaubend komplexen Muster instinktiver Fertigkeiten von Tieren füllen, die sich mit dem darwinistischen Mantra nicht erklären lassen. Ich werde eines der weniger bekannten Beispiele zitieren, das Tinbergen erwähnt hat:

»Das legebereite Weibchen der Grabwespe gräbt eine Nesthöhle, tötet oder lähmt eine Raupe, bringt sie ins Nest, bettet sie ordentlich hin . . . und legt ein Ei darauf (Phase a). Das gleiche tut sie an mindestens einem zweiten Ort. Ist inzwischen im ersten Nest das Ei geschlüpft, und die Larve hat zu fressen begonnen, so bringt die Wespe (Phase b) noch einige weitere Raupen herbei, und später ebenso im zweiten Nest. Inzwischen kann sie noch andere Nester anlegen und ebenso behandeln. Hat endlich im ersten Nest die Larve eine gewisse Größe erreicht, so trägt die Wespe dort in einem dritten und letzten Arbeitsgang (Phase c) 6 bis 7 Raupen ein, verschließt das Nest endgültig und besucht es nicht wieder. So arbeitet sie abwechselnd an zwei, ja an drei Nestern, an jedem in der Phase, die dem Entwicklungsstadium des Bewohners entspricht . . . Baerends fand auch heraus, wie sie das fertigbringt. Jeden Morgen, ehe sie auf Jagd ausfliegt, besucht sie alle Nester, die noch nicht endgültig verschlossen sind, und kontrolliert ihren Inhalt. Durch Wegnahme von Raupen aus dem Nest konnte er die Wespe veranlassen, weit mehr Raupen einzubringen als im ungestörten Normalfall. Steckte er zusätzliche Raupen ins Nest, so brachte die Wespe entsprechend weniger ein.«[151]

Eine andere Wespe, die *Eumenes amedei*, vollbringt noch erstaunlichere Dinge. Die etwas gruselige Schilderung, die nun folgt, stammt aus dem Buch *Darwin Retried* von Norman Macbeth: »Das Ei wird nicht auf oder zwischen die Raupen gelegt wie bei vielen verwandten Arten. Die Raupen werden nur teilweise gelähmt und können weiterhin ihre Füße bewegen und mit den Kiefern beißen. Wenn eine von ihnen das Knabbern der winzigen Larve spürt, könnte sie sich also winden und diese verletzen. Sowohl das Ei als auch die Larve müssen geschützt werden, und zu diesem Zweck wird das Ei an einen hauchdünnen Seidenfaden gehängt, dessen anderes Ende am Dach befestigt ist. Die Raupen können sich krümmen, soviel sie wollen, aber sie sind nicht imstande, das Ei zu erreichen.

Wenn die Larve aus dem Ei geschlüpft ist, verschlingt sie die Eierschale und spinnt sich dann ein hauchdünnes seidiges Futteral, in dem sie mit dem Schwanz nach oben und dem Kopf nach unten hängt. In dieser Wiege schwebt sie über dem Haufen lebender Nahrung. Sie kann sich weit genug nach unten lassen, um an den Raupen zu knabbern. Wenn diese sich zu heftig bewegen, kann sie sich in ihr seidenes Futteral zurückziehen, warten, bis die Unruhe vorbei ist, und dann wieder zu ihrem Mahl hinuntergleiten. Je mehr die Larve an Größe und Kraft zunimmt, desto kühner wird sie; der seidene Schutz ist nicht mehr nötig; sie kann sich nach unten wagen und es sich zwischen den Überresten ihrer Nahrung wohl sein lassen.«[152]

An diesem Punkt dürfte das Mantra selbst bei den besonders strenggläubigen Neodarwinisten seine hypnotische Macht einbüßen, denke ich. Wie Tinbergen sagte, ist es der Wissenschaft bisher nicht gelungen, »Verhaltenseinheiten auf bestimmte Gene zurückzuführen«. Die synthetische Theorie wird die dazu nötigen Werkzeuge auch nicht liefern können.

5

Wie konnte eine Lehre, die allen wesentlichen Fragen aus dem Weg ging, in Biologenkreisen allgemeine Anerkennung finden und von der Öffentlichkeit als Evangelium akzeptiert werden? (Dieselbe Frage könnte man hinsichtlich des Behaviorismus stellen.) Einen Teil der Antwort finden wir abermals bei Ludwig von Bertalanffy: »Die Tatsache, daß eine derart vage, ungenügend beweisbare und so weit von den in der ›strengen‹ Wissenschaft üblicherweise angewandten Kriterien entfernte Theorie zu einem anerkannten Dogma werden konnte, läßt sich nach meiner Meinung nur auf soziologischer Grundlage erklären. Gesellschaft und Wissenschaft waren so von den Ideen des Mechanismus, Utilitarismus und dem ökonomischen Konzept des freien Wettbewerbs durchdrungen, daß man das Selektionsprinzip an Gottes Stelle setzte und als die letzte Realität ansah.«[153]

Das ist, wie gesagt, zweifellos ein Teil der Antwort, doch außerdem spielen andere Faktoren mit. Erstens enthielt die Theorie eine grundlegende Wahrheit: Die Fossilienfunde bezeugten, daß die Evolution ein Faktum war, daß Darwin recht hatte und Bischof Wilberforce sich irrte, und deshalb wurde der Darwinismus für alle aufgeklärten und progressiven Leute so etwas wie ein Credo. Die Einzelheiten der Theorie konnte man beruhigt den Experten überlassen.

Die Experten landeten jedoch bald in einer Sackgasse, auch Darwin selbst. Es gibt eine kaum bekannte Episode aus der Anfangsgeschichte des Darwinismus, die für unser Thema von Belang ist.[154] 1867, acht Jahre nach Erscheinen der englischen Originalausgabe von *Die Entstehung der Arten durch natürliche Zuchtwahl*, veröffentlichte Fleeming Jenkin, Professor der Ingenieurwissenschaften an der Universität Edinburgh, einen Artikel, in dem er Darwins Theorie von A bis Z widerlegte.[155] Jenkin demonstrierte mit einem verblüffend einfachen logischen Schluß, daß aufgrund des damals anerkannten Vererbungsmechanismus *durch Zufallsvariationen niemals neue Arten entstehen können.* Die Theorie der Vererbung beruhte in Darwins Tagen nämlich auf der Annahme, das angeborene Rüstzeug des Neugeborenen sei eine Legierung oder »Mischung« der Eigenschaften seiner Eltern, zu der jeder Elternteil etwa die Hälfte beigetragen habe. Francis Galton, ein Vetter Darwins, kleidete dieses sogenannte »Gesetz des Ahnenerbes« in eine mathematische Formel. Wenn in der Spezies ein Individuum mit einer nützlichen Zufallsvariation (später Zufallsmutation) auftauchte und sich mit einem normalen Partner, das heißt, mit einem Individuum aus der überwiegenden Mehrheit paarte, würden ihre Nachkommen nur rund 50 Prozent der brauchbaren neuen Merkmale erben, ihre Enkel 25 Prozent, ihre Urenkel 12,5 Prozent und so fort, bis die hoffnungsvolle Innovation wie ein Tropfen im Ozean verschwände, lange bevor die »natürliche Auslese« die Möglichkeit gehabt hätte, sie weiterzuverbreiten.

Es ist bemerkenswert, daß »die großen Geister der viktorianischen Ära«, wie Sir Alister Hardy schrieb,[156] den grundlegenden logischen Trugschluß, den Jenkin nachwies, nicht zur Kenntnis nahmen. Darwin selbst war immerhin so irritiert, daß er der sechsten Auflage des *Ursprungs* ein Kapitel hinzufügte, in dem er die Lamarcksche Theorie der Vererbung erworbener Eigenschaften wiederbelebte, die er vorher als einen »Haufen Quatsch« bezeichnet hatte und die noch heute für Darwinisten ein rotes Tuch ist. Wie seine Briefe an Alfred R. Wallace zeigen, sah er keinen anderen Ausweg.[157] Aber Darwins Jünger ignorierten den Rückfall des Meisters in die Lamarcksche Ketzerei (die ohnehin nicht die gesuchten Antworten lieferte), und in den letzten Jahrzehnten des 19. Jahrhunderts steckte der Darwinismus in einer Sackgasse – wovon die Öffentlichkeit freilich nichts merkte. William Bateson, der damals führende britische Darwinist, schrieb rückblickend: »In der Erforschung der Evolution gab es kaum mehr einen Fortschritt. Die Energischeren, vielleicht auch die Klügeren, verließen dieses Feld der Wissenschaft.«[158]

Im Jahre 1900 wurde die Krise jedoch durch ein unerwartetes und dramatisches Ereignis beendet – so schien es damals jedenfalls. Die Wolken verzogen sich, und der Darwinismus wurde in den Neodarwinismus verwandelt.

Dieses entscheidende Ereignis war die Wiederentdeckung einer Arbeit mit dem Titel *Versuche über Pflanzenhybriden,* die der Augustinermönch Gregor Mendel 1865 in den »Verhandlungen des naturforschenden Vereins« in Brünn veröffentlicht hatte. Jetzt, fünfunddreißig Jahre später, lange nach Mendels Tod, wurde seine Abhandlung fast gleichzeitig und unabhängig voneinander von drei Biologen aus drei verschiedenen Ländern (Tschermak in Wien, de Vries in Leiden und Correns in Berlin) wieder ans Licht geholt. Alle drei hatten in der Fachliteratur nach einem Ausweg aus der Sackgasse gesucht, und alle drei begriffen sofort die Bedeutung von Mendels Kreuzzüchtungen mit der Gartenerbse, die, wie Newtons Apfel, zum stehenden Begriff des wissenschaftlichen Ideenguts werden sollte. Mendels Experimente zeigten, daß die »Erbeinheiten« – später »Gene« genannt –, die die Farbe, Größe und andere Merkmale seiner Pflanzen bestimmten, sich nicht »vermischten«, also auch nicht verdünnt wurden. Sie glichen vielmehr harten, stabilen Steinchen, die sich zu vielfachen Mosaikmustern kombinieren, aber ihre Identität wahren und unverändert und intakt an die späteren Generationen weitergegeben werden – obgleich die Wirkung der »rezessiven« Gene kaschiert wird, wenn man sie mit »dominanten« Genen kombiniert.

Hier war endlich die Antwort auf Jenkins entscheidenden Einwand. Nun konnte man nämlich annehmen, daß Zufallsmutationen nicht durch Vermischung eliminiert, sondern von einer Generation an die nächste weitergegeben werden. Die »natürliche Zuchtwahl« hatte also sehr wohl eine Chance, sie auszubreiten.

Jetzt rundete sich das Bild endlich. Jeder Einzelfaktor, der ein erbliches Merkmal festlegte, war in einem Mendelschen Gen enthalten, und jedes Gen hatte seinen festen Platz in den Chromosomen des Zellkerns, wo es mit den anderen Genen wie Perlen auf einer Schnur aufgereiht war. Die Geheimnisse der Evolution waren enträtselt – wie man damals glaubte. Bateson schöpfte sogleich Hoffnung, als er Mendels Abhandlung in einem Eisenbahnabteil las, und gab zu Ehren des böhmischen Mönchs seinem jüngsten Sohn den Namen Gregory. »Nur diejenigen«, schrieb er zwanzig Jahre später, »die sich des totalen Dunkels entsinnen, das uns umfing, bevor mit Mendel ein neuer Tag anbrach, können ermessen, was geschehen war«[159].

Uns interessieren hier nicht die Einzelheiten der Mendelschen Lehre, sondern deren Auswirkungen auf die Theorie der Evolution, die sich nicht hoch genug veranschlagen lassen.

Bateson zeigte als erster, daß die Mendelschen Vererbungsgesetze für Pflanzen und Tiere gleichermaßen galten. Er experimentierte mit Hühnern, doch das beliebteste Versuchstier der neuen Wissenschaft von der Genetik war die kleine Taufliege, *Drosophila melanogaster*, die sich außerordentlich schnell vermehrt und nur vier Chromosomenpaare hat. Das ermöglichte die Anwendung statistischer Methoden beim Studium erblicher Variationen in großen Populationen; die betreffenden Variationen wurden durch spontane oder künstliche (mittels Bestrahlung, Hitze usw.) herbeigeführte Mutationen bewirkt. In ihrem begrenzten Bereich war die Genetik gewiß ungeheuer erfolgreich, und sie ist es noch heute. Es dauerte aber sehr lange, bis ihre nachdenklicheren Vertreter darauf kamen, daß ihre Arbeiten zwar neue Einblicke in die Mechanismen nebensächlicher erblicher *Variationen* vermittelten, aber wenig oder gar nichts mit dem eigentlichen Problem der *Evolution* zu tun hatten – der großen Frage nach dem Ursprung, nach dem Wie und Warum der entscheidenden Schritte auf der stammesgeschichtlichen Leiter sowie des Auftauchens höherer Formen des Lebens und neuer Lebensweisen. Zitieren wir noch einmal Pierre Grassé:

»*Variation ist eine Sache, Evolution eine ganz andere*: das kann man gar nicht genug betonen ...[160]

Ich möchte noch einmal wiederholen: Mutationen liefern keine Erklärung für die Art oder die zeitliche Reihenfolge der Phänomene der Evolution; sie schaffen keine evolutionären Neuheiten; sie können nicht für das präzise Zusammenpassen der Teile eines Organs und die gegenseitige Koordinierung von Organen verantwortlich gemacht werden ...[161]

Mutationen bewirken Änderungen, aber keinen Fortschritt ...[162]

Das Mutationsrepertoire oder *Mutationsspektrum* einer Spezies hat nichts mit Evolution zu tun. Die ›*Jordanons*‹ (Mutationsäquivalente) des Frühlings-Hungerblümchens (*Erophila verna*), des Stiefmütterchens (*Viola tricolor*), des Wegerichs (*Plantago*) und der Schleifenblume (*Iberis*), die eine so reiche und gut katalogisierte Sammlung bilden, sind der schlagende Beweis dafür. Kurzum, trotz ihrer zahlreichen Mutationen durchlaufen *Erophila verna, Viola tricolor* usw. keine Evolution. *Das ist eine Tatsache.*

Die verschiedenen Hunderassen und die Rassen der anderen domestizierten Tiere verkörpern lediglich das Mutationsspektrum der jeweiligen Art, die durch künstliche Selektion manipuliert wurde. Dasselbe gilt für Gartenpflanzen. Nichts von all dem läßt sich als Evolution bezeichnen.«[163]

Wir könnten hinzufügen, daß Mendels Gartenerbsen oder die

Taufliegen der Genetiker ebensowenig mit der »Evolution durch natürliche Auslese« zu tun haben. Mendels Beobachtungen galten Einzelmerkmalen wie gelben oder grünen Samen, purpurfarbenen oder weißen Blüten usw., die von einem einzelnen Gen abhingen und insofern »nebensächlich« waren, als sie keinerlei evolutionäre Bedeutung hatten. Ähnlich waren sämtliche Mutationen, die man in über fünzigjähriger Versuchstätigkeit bei *Drosophilae* herbeiführte oder beobachtete, entweder schädlich oder nebensächlich – Variationen der Borstenverteilung am Fliegenkörper, in der Augenfarbe usw. Solche Einzelmerkmale, die die Funktion des Organismus insgesamt nicht beeinflussen oder stören, kann man in der Tat beruhigt dem Roulett überlassen. Keine der Mutationen, die bei Millionen von *Drosophilae* beobachtet wurden, hat zu Nachkommen geführt, die irgendeinen evolutionären Vorteil hatten.

Trotz der Kraftspritze der Mendelschen Erbgesetze war der Darwinismus abermals in der Klemme. Bateson, der in England als erster gerühmt hatte, daß »mit Mendel ein neuer Tag anbrach«, war auch einer der ersten, die ihre Enttäuschung ausdrückten. 1924, zwei Jahre vor seinem Tod, gestand er seinem Sohn Gregory, es sei ein Fehler gewesen, sein ganzes Leben der Mendelschen Lehre zu widmen, sie führe in eine Sackgasse und biete keinen Aufschluß über die Differenzierung der Arten oder die Evolution im allgemeinen.«[164]

Schon früher hatte er in *Problems of Genetics* geschrieben:

»So viele zusammenfließende Linien der Beweise deuten ganz klar auf die zentrale Tatsache der Entstehung aller Lebensformen im Wege eines Entwicklungsprozesses hin, daß wir uns dieser Einsicht beugen müssen; was aber nahezu alle wesentlichen Merkmale angeht . . . darüber so gut wie nichts zu wissen, müssen wir wohl eingestehen. Der durch unmerkliche, von der Selektion gelenkte Schritte bewirkte Wandel ungezählter Populationen ist, wie viele von uns heute erkannt haben, mit den Tatsachen – der Variation wie der Differenzierung – so unvereinbar, daß wir uns nur über die mangelnde Einsicht derer wundern können, die diesen Gedanken hervorgebracht haben, und über die Geschicklichkeit jener, die ihn uns, wenn auch nur für kurze Zeit, logisch erscheinen ließen.«[165]

Bateson prägte den Terminus »Genetik« und erhielt den ersten Lehrstuhl, der an der Universität Cambridge für die neue Disziplin geschaffen wurde. Wilhelm Johannsen, der dänische Pionier des Neodarwinismus, kreierte den Begriff »Gen«. 1923 erkannte auch er, daß sämtliche experimentellen Beweise gegen die Theorie sprachen: »Weder Mendel noch die seiner Theorie verwandten modernen Erfahrungen mit Mutationen scheinen uns der Lösung des großen Problems der Evolution, der Entstehung der Arten, ernsthaft näherzubringen.«[166]

Aber die Verfechter der Theorie, die noch tief in der mechanistischen Tradition steckten, vermochten offenbar nicht einzusehen, daß Zufallsmutationen einzelner Faktoren – »Atome« der Vererbung – nichts mit dem grundlegenden Problem des evolutionären Fortschritts zu tun haben; dieser Fortschritt bedingt gleichzeitige koordinierte Veränderungen aller relevanten Komponenten der Struktur und Funktion der organischen Holarchie. Die Vorliebe der Genetiker für die Borsten der Taufliege und die Vorliebe der Behavioristen für die Hebelbetätigungen der Ratte haben eine mehr als oberflächliche Gemeinsamkeit: Beide gründen letztlich in einer reduktionistischen Philosophie, die das Lebewesen als eine Ansammlung elementarer Vererbungsfetzen (Mendelsche Gene) oder Verhaltensfetzen (konditionierte Reflexe oder operante Reaktionen) betrachtet.

6

Ich habe einige oppositionelle Biologen zitiert, die in der akademischen Welt großes Ansehen genießen. Es gab noch viele andere, die der orthodoxen Lehre ebenso kritisch gegenüberstanden, die es aber nicht immer so deutlich zum Ausdruck brachten – und ihre Zahl wächst stetig. Obgleich diese Kritiker zahlreiche Breschen in die Grundmauern geschlagen haben, steht die Zitadelle noch – wie ich schon sagte, vor allem deswegen, weil niemand eine befriedigende Alternative zu bieten hat. Wie die Geschichte der Wissenschaft zeigt, kann eine etablierte Theorie viele Schläge hinnehmen, sich in ein Gestrüpp von Widersprüchen verwickeln – die vierte Phase des historischen Zyklus: »Krise und Zweifel«[167] – und trotzdem die Gunst des Establishments genießen, bis es zu einem Umbruch kommt, der einen neuen Ausgangspunkt liefert und den Zyklus abermals in Gang bringt.

Dieses Ereignis ist allerdings noch nicht in Sicht. Die gebildeten Kreise der Öffentlichkeit glauben weiterhin, Darwin hätte mit seiner Zauberformel »Zufallsmutation plus natürliche Auslese« alle wichtigen Antworten geliefert. Sie haben keine Ahnung, daß Zufallsmutationen sich längst als irrelevant herausgestellt haben und der Begriff »natürliche Auslese« auf einer Tautologie beruht.

Gegen Ende des 19. Jahrhunderts schrieb Samuel Butler, ein anderer enttäuschter Darwinist, in seinen *Notebooks*:

»Ich habe in *Erewhon* an den Grundfesten der Moral gerüttelt, und keiner kümmerte sich einen Deut darum. In *The Fair Heaven* habe ich die Wunden meines Erlösers am Kreuze wieder aufgerissen, und den Leuten gefiel's. Aber als ich mir erlaubte, Herrn Darwin anzugreifen, gingen alle sofort auf die Barrikaden.«[168]

Heute, fast ein Jahrhundert später, reagiert man noch ganz ähnlich auf eine solche Majestätsbeleidigung.

7

In den fünfziger Jahren wurde Newtons Apfel und Mendels Erbsen ein neues populäres Symbol hinzugefügt: die Doppelspirale oder Doppelhelix. Die Entdeckung der chemischen Struktur der DNS, der Desoxyribonukleinsäure in den Chromosomen, die die »Blaupause der Vererbung« trug, war schon als solche eine bemerkenswerte Leistung und richtete die allgemeine Aufmerksamkeit auf das neue Gebiet der Molekularbiologie oder Molekulargenetik. Zuerst sah es – wie seinerzeit bei den Mendelschen Erbgesetzen – so aus, als sei die Doppelhelix ein Himmelsgeschenk für den Neodarwinismus, doch bald stellte sich heraus, daß sie mehr von einem Trojanischen Pferd an sich hatte: Die neuen Einblicke in die unendlich komplexen biochemischen Vorgänge, die der »Strategie der Gene« zugrunde liegen, demolierten das naive, allzu simple Modell der Mendelschen Genetik endgültig.

Bei den früheren Versionen des Modells wurden die Chromosomen als Tastatur eines großen Flügels mit Millionen Tasten dargestellt.[169] Dem befruchteten Ei steht die gesamte Tastatur zur Verfügung. Während der weiteren Entwicklung des Embryos und der Differenzierung seiner Organe wird der größte Teil seiner Tastatur mit »Klebeband« unbrauchbar gemacht, und es bleiben nur die Tasten in Betrieb, die den spezialisierten Funktionen der Zelle dienen. Das »Klebeband« heißt in der Sprache der Genetik »Repressor«. Der Mechanismus, der zur gegebenen Zeit die Taste anschlägt, von der das Gen aktiviert wird, ist ein Auslöser oder »Operant«. Ein mutiertes Gen ist eine Taste, deren Saite falsch gestimmt ist. Manchmal, wenn sehr viele Tasten sehr falsch gestimmt sind, besteht das Ergebnis, wie man uns glauben machen wollte, in einer wunderschönen neuen Melodie – ein Reptil, das in einen Vogel verwandelt wurde, oder ein Affe, der zum Menschen ward.[170] An irgendeinem Punkt war die Theorie offensichtlich aus dem Takt gekommen.

Dieser Punkt war, wie wir gesehen haben, das atomistische Konzept vom Gen. Als die Genetik flügge wurde, wurde der Atomismus à la 19. Jahrhundert zwar von den Physikern aufgegeben, doch in den Wissenschaften vom Leben stand er weiterhin in voller Blüte: Reflexe waren Verhaltensatome, und Gene waren atomare Vererbungseinheiten. Ein bestimmtes Gen war für glattes oder gelocktes Haar verantwortlich, ein anderes für die Bluterkrankheit, und der Organismus wurde als Mosaik aus solchen elementaren Einheiten dargestellt. Gegen die Mitte unseres Jahrhunderts wurde dieses starr atomistische Konzept der Mendelschen Genetik jedoch weitgehend aufgeweicht. Man erkannte, daß ein einzelnes Gen viele verschiedene Merkmale beeinflussen kann (Pleiotropie). Umgekehrt können viele Gene zusammenwirken und ein einziges Merkmal produzieren (Polygenie). Ein unwichtiges Merkmal, wie die Farbe der Iris, kann von einem einzelnen Gen abhängen, aber die Zusammenstellung aller wichtigen Erbmerkmale des Organismus richtet sich nach der Gesamtheit der Gene, dem Genkomplex oder »Genom« insgesamt. So konnte man 1957 in maßgeblichen Lehrbüchern der Biologie Feststellungen wie diese lesen:

»Alle Gene der gesamten ererbten Botschaft neigen dazu, bei der Steuerung der Entwicklung als integrierte Ganzheit zu funktionieren ... Man könnte sich nun leicht an die Vorstellung gewöhnen, ein Organismus habe eine bestimmte Zahl von Merkmalen, wobei jedes Merkmal von einem Gen kontrolliert werde. Das ist indessen ganz falsch. Die experimentellen Beweise zeigen deutlich, daß Gene nie völlig getrennt voneinander arbeiten. Organismen sind keine Flickenteppiche, wo jeder Flicken von einem Gen kontrolliert wird. Sie sind integrierte Ganzheiten, deren Entwicklung vom gesamten Satz der kooperierenden Gene gelenkt wird.«[171]

Das ist schon recht weit von den früheren Versionen der Theorie entfernt. In den Anfangstagen der Genetik konnte ein Gen »dominant« oder »rezessiv« sein, und das war ungefähr alles, was man darüber wissen mußte. Mit dem Aufstieg der Molekularbiologie wurde das Modell jedoch durch Phänomene von ungeahnter Komplexität angereichert (genau wie in der subatomaren Physik), so daß immer mehr Begriffe geprägt und dem Vokabular hinzugefügt werden mußten: Repressor-Gene mit Ko-Repressoren und Apo-Repressoren; modifizierende Gene, Schaltgene, Operator-Gene, die andere Gene aktivieren, »Cistronen« und »Operonen« (Monod), die Sub-Systeme von miteinander in Wechselbeziehung stehenden Genen bilden (wir könnten sie »genetische Holons« nennen), und sogar Gene, welche die Mutationsquote von Genen regulieren. Ursprünglich hatte man sich die Tätigkeiten der Chromosomen wie die Entfaltung einer Linearsequenz – gleichsam auf einem Tonbandgerät – vorgestellt, und nun wurde allmählich deutlich, daß die genetischen Kontrollmechanismen in den Zellen des heranwachsenden Embryos als *selbstregulierende Mikro-Hierarchie* fungieren, ausgerüstet mit Rückkoppelungsmechanismen aus einer Hierarchie von Umwelten[172], die jede einzelne Zelle umgeben.

Eine solche Holarchie muß man sich im – Gegensatz zu einem Tonband oder einer »Blaupause« – als ein stabiles und zugleich flexibles Phänomen vorstellen. Und doch muß sie weitgehend selbstregulierend sein und sich bis zu einem gewissen Grad selbst reparieren können. Sie muß nicht nur den Embryo vor den Gefahren und Erschütterungen schützen, denen er ausgesetzt ist, sondern auch die Spezies vor den evolutionären Risiken der Phylogenie – den Zufallsmutationen in ihren eigenen Chromosom-Genen – bewahren.

Das Konzept einer »genetischen Mikro-Hierarchie«[173] wird vom harten Kern der Anhänger der synthetischen Theorie immer noch mit Skepsis oder Feindseligkeit betrachtet, vielleicht hauptsächlich deshalb, weil wir unsere Vorstellungen vom evolutionären Prozeß sonst grundlegend revidieren müßten, wie wir in späteren Kapiteln sehen werden.

8

Anders als das modische Bild von der »genetischen Blaupause«, das auf eine unveränderliche topographische Karte hinzuweisen scheint, die mechanisch kopiert werden muß, besagt das Konzept der genetischen Hierarchie, daß die selektiven und regulierenden Kontrollmechanismen auf verschiedenen Ebenen des Organismus tätig sind.

Auf den unteren Ebenen werden schädliche Variationen im genetischen Material *eliminiert*; auf den höheren Ebenen werden die Wirkungen akzeptabler Veränderungen *koordiniert.* Wie wir sehen werden, liegt das Geheimnis in der Funktionsweise der höheren Ebenen, in der Koordinierung (oder Orchestrierung) der Veränderungen, die ein Amphibienei in ein Reptilienei und ein Reptil in einen Vogel verwandeln.

Zunächst muß ich jedoch einige kurze Bemerkungen über die Funktionsweise der unteren Ebenen machen:

Einige Biologen (darunter von Bertalanffy, Darlington, Spurway, Lima-de-Faria und nach ihnen Monod) haben die These aufgestellt, der evolutionäre Abschirmprozeß – die Leistung des »selektiven Unkrautvertilgers« – beginne womöglich im Organismus, auf der Ebene der Molekularchemie des Genoms selbst. Mutationen sind Veränderungen in der Folge der chemischen Einheiten in den Chromosomen (den vier Buchstaben des genetischen Alphabets); man hat sie mit den Abschreibfehlern verglichen, durch die mittelalterliche Mönche antike Texte verfälschten.[174] Der von den eben erwähnten Biologen benutzte Begriff der »inneren Selektion« beinhaltet, daß eine Hierarchie von Korrektoren damit beschäftigt ist, die Druckfehler auszumerzen. Nach der orthodoxen Theorie wird die natürliche Auslese gänzlich von den Zwängen der *äußeren* Umwelt beherrscht, die die Untüchtigen umbringt und die Tüchtigen mit reicher Nachkommenschaft segnet. Im Licht des eben Gesagten muß aber jede Chromosomenänderung ohne Rücksicht auf ihre Ursache den Test der *inneren* Selektion nach den Kriterien der physikalischen, chemischen und biologischen »Tüchtigkeit« bestehen, ehe sie als evolutionäre Neuheit freigegeben wird. Der Begriff der genetischen Mikro-Hierarchie begrenzt die Skala und die evolutionäre Wirkung von Zufallsmutationen also rigoros und *reduziert die Bedeutung des Zufallsfaktors auf ein Minimum.* Der sprichwörtlich gewordene Affe an der Schreibmaschine arbeitet in der Tat an einem sehr komplizierten Gerät, das von seinen Herstellern darauf programmiert wurde, nur Worte hinzuschreiben, die einen Sinn haben, und Nonsens-Silben automatisch auszumerzen.[175] Das hierarchische Modell erlaubt uns also wenigstens, auf den Affen als Typisten und auf Monods Roulettscheibe zu verzichten. Es beantwortet freilich nicht die entscheidende Frage, wer oder was jenen fabelhaften Schreibcomputer programmierte, aber es setzt das Fragezeichen an die Stelle, an die es gehört, und gibt uns die Möglichkeit, das Problem Schritt für Schritt anzupacken, während wir uns den höheren Ebenen der genetischen Hierarchie zuwenden.

Der nächste Schritt führt uns zu den bemerkenswerten Kräften der Regeneration und Selbstheilung, die dem Genkomplex insgesamt oder einer seiner wichtigen Untereinheiten innewohnen. Diese Kräfte werden von der experimentellen Embryologie demonstriert; wie wir gesehen haben,[176] wächst das Schwanzgewebe, das in den frühen Entwicklungsstadien des Molch-Embryos dorthin transplantiert wurde, wo eigentlich ein Bein wachsen soll, nicht etwa zu einem Schwanz, sondern zu einem Bein heran. Dieses Wunder geschieht nicht nur in der Ontogenese; man kann es auch in der Phylogenese beobachten. Eines der vielen

Beispiele habe ich in meinem Buch *Das Gespenst in der Maschine* beschrieben:

»Die Taufliege hat ein mutantes Gen, das rezessiv ist, das heißt, es verursacht keine erkennbare Wirkung, wenn es mit einem anderen Gen gepaart wird ... Wenn aber zwei solcher mutanten Gene in einem befruchteten Ei gepaart werden, entwickelt sich eine Fliege ohne Augen. Wenn man nun einen Stamm augenloser Fliegen untereinander paart, dann wird der gesamte Stamm nur die mutanten Gene haben, die zu Augenlosigkeit führen ... Trotzdem erscheinen innerhalb weniger Generationen *in dem durch Inzucht vermehrten ›augenlosen‹ Stamm Fliegen mit Augen, die völlig normal sind.* Die traditionelle Erklärung dieses bemerkenswerten Phänomens lautet, daß die anderen Mitglieder des Genkomplexes ›umverteilt‹ und so kombiniert wurden, daß sie das fehlende, normale, augenbildende Gen ersetzen.«[177]

Kein Biologe war jedoch so verrückt, die Möglichkeit in Betracht zu ziehen, die neuen Augen hätten sich rein zufällig entwikkelt, es sei also in wenigen Generationen ein evolutionärer Prozeß wiederholt worden, der ursprünglich Jahrmillionen dauerte. Auch der Begriff der natürlichen Auslese bietet nicht die geringste Hilfe. Die Neukombination von Genen mit dem Ziel, das fehlende Gen zu ersetzen, muß nach irgendeinem Gesamtplan oder Regelkodex koordiniert worden sein, der die Tätigkeit des Genkomplexes insgesamt lenkt. Diese an der Spitze der genetischen Hierarchie entstandene Koordinierungstätigkeit sorgt sowohl für die genetische Stabilität der Spezies im Verlauf von Millionen von Jahren als auch für evolutionäre Modifikationen in annehmbaren Grenzen. *Das zentrale Problem der evolutionären Theorie lautet: Wie wird diese unerläßliche koordinierende Tätigkeit ausgeführt?* Hier kommt das große Fragezeichen. Es geht nicht mehr um den Croupier am Roulettisch, sondern um den Dirigenten am Orchesterpult.

Diese »Verlagerung« wurde bereits von einigen Gründervätern des Neodarwinismus vorweggenommen, zum Beispiel von den späteren Abweichlern Bateson und Johannsen. Letzterer (der, wie wir uns erinnern, den Begriff »Gen« prägte) schrieb, nachdem man sämtliche winzigen Wirkungen Mendelscher Mutationen berücksichtigt hätte, würde immer noch »ein großes zentrales Etwas« bleiben, das den Schlüssel des Geheimnisses enthalte.[178]

Waddington bezog einen ambivalenten Standpunkt zur offiziellen Theorie. Ich habe eine Äußerung von ihm zitiert, in der er sich über die Vorstellung der Evolution durch Zufallsmutationen lustig macht, doch den vollständigen Bruch mit der darwinistischen Lehre wollte er vermeiden. Als Ausweg aus dem Dilemma bot er in einem vielbeachteten Rundfunkvortrag die These an, eine Zufallsmutation könne bei der Entwicklung eines komplexen Organs wie des Auges »den gesamten Organismus auf harmonische Weise beeinflussen«. Demnach würde eine Mutation, die nur einen einzigen Bestandteil, sagen wir die Linse, betrifft, lediglich als Auslöser eines bestehenden Systems fungieren, das darauf programmiert wurde, »auf eine harmonische Weise« zu reagieren (unsere »programmierte Schreibmaschine«), wobei die Programmierung ebenfalls ererbt, das heißt, auf einer höheren Stufe der genetischen Hierarchie vorhanden wäre. Außerdem wäre die harmonische Evolution von Organen, die anscheinend nichts miteinander zu tun haben (beispielsweise die Entwicklung der Flügel, der Luftsäcke und des Verdauungssystems von Vögeln), auf einer noch höheren Stufe koordiniert – das »große zentrale Etwas« an der Spitze der Hierarchie.

Jacques Monod stand vor demselben Dilemma. Sein mutiger Versuch, in seinem Buch *Zufall und Notwendigkeit* die berannte Zitadelle zu verteidigen, ließe sich mit dem Verzweiflungskampf vergleichen, bei dem der amerikanische General Custer am Little Big Horn gegen die vereinte Streitmacht der Sioux, Cheyenne und Arapahoe unterlag. Obgleich Monod mehrmals wiederholte, allein der Zufall sei die Quelle aller Schöpfungen in der Biosphäre, zwang ihn das Beweismaterial seiner eigenen Kollegen, die Existenz des »großen zentralen Etwas« zuzugeben, indem er – außer dem Zufall – ein zweites fundamentales Prinzip der Evolution postulierte und dieses als *Teleonomie* bezeichnete:

»Jedes Artefakt ist das Erzeugnis der Tätigkeit eines Lebewesens, das so auf besonders einleuchtende Art eine der grundlegenden Eigenschaften zum Ausdruck bringt, die ausnahmslos alle Lebewesen kennzeichnen: Objekte zu sein, die *mit einem Plan ausgestattet* sind, den sie gleichzeitig in ihrer Struktur darstellen und durch ihre Leistungen ausführen . . .[179]

Grundpfeiler der wissenschaftlichen Methode ist das Postulat der Objektivität der Natur. Das bedeutet die *systematische* Absage an jede Erwägung, es könne zu einer ›wahren‹ Erkenntnis führen, wenn man die Erscheinungen durch eine Endursache, d. h. durch ein ›Projekt‹, deutet . . . Die Objektivität selbst zwingt uns aber, den teleonomischen Charakter der Lebewesen anzuerkennen und zuzugeben, daß sie in ihren Strukturen und Leistungen ein Projekt verwirklichen und verfolgen.«[180]

Was ist aber, könnte man nun fragen, der Unterschied zwischen Monods Teleonomie und der guten alten Aristotelischen Teleologie, also der Lehre von den »Finalursachen«. Und, was noch schockierender ist, erinnert der zitierte Abschnitt nicht an die Lamarcksche Ketzerei, nach der die Evolution die Reaktion der Natur auf die Bedürfnisse der Organismen ist? Grassé erklärte dazu:

»Die Darwinisten haben die Begriffe ›Pseudo-Teleologie‹ und ›Teleonomie‹ geprägt, um Finalursachen zu bezeichnen, deren Existenz sie gleichzeitig leugnen. Sie sagen, daß die Erscheinungsformen trügen, daß die Bestandteile des Lebens ausnahmslos Produkte des Zufalls sind; und daß das, was wir als Finalität[181] betrachten, nichts als die Ordnung wahllos verstreuter Bausteine durch die natürliche Auslese ist . . . In Wahrheit beinhalten die Begriffe ›Pseudo-Teleologie‹ und ›Teleonomie‹ einen Tribut an die Finalität, wie der Begriff ›Heuchelei‹ der Tugend Reverenz erweist.«[182]

Jacques Monod war freilich kein Heuchler. Er war auf seinem Fachgebiet genial, zeigte jedoch eine entwaffnende Naivität, was die Bedeutung der dort gewonnenen Erkenntnisse betrifft; er war das, was die Franzosen einen *terrible généralisateur* nennen, einen »schrecklichen Verallgemeinerer«. Das gilt natürlich für viele seiner angesehenen Kollegen aus dem neodarwinistischen Establishment. Geleitet – und sei es unbewußt – von der Maxime, eine schlechte Theorie sei besser als gar keine Theorie, können oder wollen sie nicht einsehen, daß die Zitadelle, die sie verteidigen, bereits verloren ist.

10. Rückgriff auf Lamarck

1

Der genetische Atomismus ist tot, so tot wie der Atomismus der Physik des 19. Jahrhunderts, die Atome als harte, kleine, unteilbare Steinchen betrachtete. Der lebende Organismus ist kein Mosaik, in dem jeder Bestandteil von einem bestimmten Gen beherrscht wird, und die Evolution arbeitet nicht nach dem Prinzip, einzelne Bestandteile aufs Geratewohl neu zu verteilen, bis urplötzlich – man schaue und staune – das Bild eines Fisches durch das einer Amphibie ersetzt worden ist. In *Das Gespenst in der Maschine* habe ich die gegenwärtige Krise der Evolutionstheorie mit dem Niedergang der mittelalterlichen Kosmologie verglichen. Auf den nächsten Seiten werde ich noch einen Schritt weiter gehen.

2

In seinem 1879 veröffentlichten Werk *Evolution Old and New* schrieb Samuel Butler: »Lamarck wurde so gründlich und mit so viel Methode verspottet, daß es beinahe einem philosophischen Selbstmord gleichkommt, für ihn einzutreten.« Fast ein halbes Jahrhundert später wurde Paul Kammerer, der glänzendste Lamarckist seiner Zeit, durch den Spott und die Feindseligkeit seiner Kollegen zum physischen Selbstmord getrieben.[183] Heute, abermals fünfzig Jahre später, ist der Lamarckismus immer noch ein emotionales Minenfeld, das Universitätsgelehrte nur unter der Gefahr betreten, daß dabei ihr Renommee und ihre Karriere dran glauben müssen.[184] Der explosive Kern der Auseinandersetzung war – und ist noch heute – ein anscheinend ganz harmloses Postulat, nämlich die »Vererbung erworbener Eigenschaften«. Lamarck formulierte es Anfang des 19. Jahrhunderts in seinem Werk *Zoologische Philosophie.* Der Begriff »erworbene Eigenschaften« bezeichnet Verbesserungen im Körperbau, in den Fertigkeiten und in der Lebensweise, die Individuen im Laufe ihrer Anstrengungen entwickeln, mit der Umwelt zurechtzukommen und deren Chancen zu nutzen. Er bedeutet, anders ausgedrückt, progressive Veränderungen, die *den lebenswichtigen Bedürfnissen der Spezies entsprechen* und – das ist der springende Punkt – laut Lamarck durch Vererbung von den Eltern an die Nachkommen weitergegeben werden. Spätere Generationen profitieren demnach von den Mühen und Kämpfen ihrer Vorfahren unmittelbar durch Vererbung (und nicht nur mittelbar, indem sie durch Nachahmung von den Älteren lernen).

Einige frühe Lamarckisten glaubten tatsächlich, der Sohn eines Schmieds würde mit überdurchschnittlich entwickelten Oberarmmuskeln geboren, brauchte sie also nicht erst zu entwickeln, indem er wie sein Vater von vorn anfinge, und die Nachkommen eines Konzertpianisten erbten einen Teil des erworbenen Talents ihres Erzeugers. Die Neolamarckisten verwiesen diese naiven Ansichten jedoch schon vor langer Zeit ins Reich der Fabel und erklärten, daß nur biologisch wichtige Merkmale, die *im Verlauf vieler Generationen* als Reaktion auf intensive und kontinuierliche Zwänge der Umwelt entwickelt werden, schließlich auf dem Weg der Fortpflanzung weitergegeben, das heißt, in den Genkomplex aufgenommen werden. Trotz dieser Einschränkung blieb die Essenz des Lamarckismus erhalten: Die Anstrengungen der Eltern sind nicht gänzlich vergebens, einige der Vorteile, die sie ihren Erfahrungen und Mühen verdanken, werden an die Nachkommen weitergegeben, und das ist die Hauptursache der Evolution »von der Amöbe zum Menschen«.

Die Evolution ist nach Ansicht der Lamarckisten also ein *kumulativer* Prozeß, das Ergebnis des zielgerichteten Bemühens lebender Organismen (kein großer Unterschied zu Monods Teleonomie), während die Evolution nach der neodarwinistischen Lehre ein *zufälliger* Prozeß ist, bei dem die Eltern nur das weitervererben können, was sie selbst geerbt haben, plus einige (meist schädliche) Abweichungen des genetischen Materials. Von den Nachkommen aus gesehen, waren die Kämpfe und Leistungen der Eltern also vergeblich – »es war alles eitel und Haschen nach Wind«, um mit dem Prediger Salomo zu sprechen.

Die beiden gegensätzlichen Einstellungen lassen sich mit zwei Zitaten verdeutlichen. Das erste stammt von Kammerer, dem Lamarckisten: »Es ist nicht gnadenlose Zuchtwahl, die die Maschinerie des Lebens formt und vervollkommnet; es ist nicht allein der verzweifelte Kampf ums Überleben, der die Welt regiert, sondern die Tatsache, daß alles, was erschaffen wurde, aus eigener Kraft zum Licht und zur Lebensfreude nach oben strebt, wobei alles, was nutzlos ist, auf dem Friedhof der Zuchtwahl bestattet wird.«[185]

Das zweite Zitat stammt von G. G. Simpson, einem angesehenen Neodarwinisten der Universität Harvard: »Es hat den Anschein, als wäre das Problem [der Evolution] jetzt prinzipiell gelöst und der Adaptionsmechanismus bekannt. Er erweist sich als ein im Grunde materialistischer Faktor – nichts spricht dafür, daß die Zielgerichtetheit als Variable bei der Gestaltung des Lebens mitwirkt ... Der Mensch ist das Resultat eines ziellosen materialistischen Prozesses ...«[186]

Es ist nicht zu verwundern, daß diese grundverschiedenen Standpunkte ebenso emotionsgeladen vorgetragen wurden wie die theologischen Dispute der Vergangenheit. Sir John Arthur Thomson schrieb 1908: »Die Frage der Weitergabe von Eigenschaften, die der Körper des Elternteils zu seinen Lebzeiten erwarb ..., ist für Biologen weit mehr als nur ein technisches Problem. Unsere diesbezügliche Haltung beeinflußt nicht nur unsere gesamte Theorie der organischen Evolution, sondern sogar unser tägliches Verhalten. Die Frage sollte den Vater, die Mutter, den Arzt, den Lehrer, den Moralisten und den Sozialreformer, kurz uns alle interessieren.«[187]

Es ist nicht allein historisch bemerkenswert, daß Darwin sein Leben lang nur zur Hälfte Darwinist, zur anderen Hälfte aber Lamarckist war. In seinem Werk *Das Variieren der Tiere und Pflanzen im Zustande der Domestication,* dessen englische Originalausgabe 1868 erschien, und in seinen Journalen verzeichnete er eine ganze Reihe angeblicher Fälle von Vererbung erworbener Eigenschaften: »Einer Katze in Shrewsbury wurde der Schwanz abgehackt. Ihre Jungen hatten alle kurze Schwänze«; »Ein Mann verlor einen Teil seines kleinen Fingers, und alle seine Söhne kamen mit mißgebildeten kleinen Fingern zur Welt« und viele ähnliche Ammenmärchen, die er allen Ernstes glaubte. 1875, gegen Ende seines Lebens, schrieb er Galton, er sehe sich von Jahr zu Jahr mehr gezwungen, die Vererbung erworbener Eigenschaften zu Hilfe zu nehmen, da Zufallsvariationen und natürliche Auslese allein offenbar nicht ausreichten, die Phänomene der Evolution zu erklären. Die Beispiele, die er heranzog, entbehrten zweifellos jeder faktischen Grundlage, beweisen aber eines: Wenn der Lamarckismus »ein schimpflicher uralter Aberglaube« war (wie Professor Darlington schrieb), dann teilte Darwin ihn höchstpersönlich.[188] Das gleiche gilt für Herbert Spencer, den großen Apostel des Darwinismus, der 1893 in seinen *Principien der Biologie* erklärte: »Bei näherer Betrachtung der Fakten drängt sich mir mehr denn je folgende Alternative auf: *Entweder hat es eine Vererbung erworbener Merkmale gegeben, oder es hat keine Evolution gegeben.*«[189]

In jenen frühen Tagen war es also nicht nur möglich, sondern beinahe alltäglich, daß Evolutionsforscher gleichzeitig Lamarckisten und Darwinisten waren. Der Aufstieg des Neodarwinismus beendete diese friedliche Koexistenz, Lamarck wurde exkommuniziert, und der Eklektizismus der frühen Darwinisten verwandelte sich in sektiererische Intoleranz.

Die angebliche Ursache des Schismas war eine These, die der deutsche Zoologe August Weismann 1885, drei Jahre nach Darwins Tod, verkündete: die Theorie von der »Kontinuität und Unveränderlichkeit des Keimplasmas«. Weismanns »Keimplasma« ist der Träger der Erbanlagen (die man heute »genetische Blaupause« nennt). Es befindet sich in den Geschlechtszellen – Samen und Ei –, die in einem frühen Entwicklungsstadium des Embryos von den Somazellen getrennt werden, welche den restlichen Körper bilden; es wird dann auf der »kontinuierlichen Keimbahn« an die nächste Generation weitergegeben, unverändert und unbeeinflußt von all dem, was den vergänglichen Individuen, die das unsterbliche Plasma in ihren Ovarien und Testikeln speicherten, zu Lebzeiten widerfuhr. Die These, kein »erworbenes Merkmal« könne die schützende Wand um das Keimplasma durchdringen und die Erbanlagen modifizieren, wurde zu einem wesentlichen Bestandteil des neodarwinistischen Evangeliums und ist es noch heute – nur etwas aufpoliert in dem provokativ benannten »zentralen Dogma« von Crick und Watson. Dieses sagt uns, daß die DNS-Vererbungsketten in den Chromosomen streng vom übrigen Körper getrennt bleiben, daß sie potentiell unsterbliche Molekularstrukturen sind, die vor den Fährnissen des Lebens geschützt und unverändert von einer Generation an die nächste weitergegeben werden, und zwar *ad infinitum,* wenn nicht irgendeine böse Strahlung dazwischenkommt. Es ist eine deprimierende Lehre, ob sie nun stimmt oder nicht. Die Anzeichen sprechen freilich dafür, daß sie nicht stimmt.

Der Neodarwinismus trieb den Materialismus des 19. Jahrhunderts in der Tat auf die Spitze, indem er verkündete, die Evolution des Menschen sei das Ergebnis eines »ziellosen materialistischen Prozesses«, den der »blinde Zufall« lenke. Eben darin lag seine verwerfliche philosophische Anziehungskraft: in der uneingeschränkten Ablehnung jeder Spur eines Sinns oder Zwecks in den Erscheinungsformen des Lebens; in seiner grimmigen Entschlossenheit, ethische Werte und psychische Phänomene auf die elementaren Gesetze der Physik zu reduzieren und all jene Aspekte der Biologie, die sich nicht auf diese Weise reduzieren ließen, als der wissenschaftlichen Aufmerksamkeit unwürdig zu brandmarken.

Wie sehr diese weltanschauliche Voreingenommenheit die Methoden der Wissenschaft beeinflußte und korrumpierte, zeigt eine erheiternde Episode, die in den Standardwerken nur selten erwähnt wird. Um seine Theorie von der Unbeeinflußbarkeit des »Keimplasmas« durch erworbene Merkmale zu beweisen, schnitt Weismann zweiundzwanzig aufeinanderfolgenden Rattengenerationen die Schwänze ab. Er wollte sehen, ob daraufhin vielleicht eine schwanzlose Ratte das Licht der Welt erblicken würde. Eine solche Ratte wurde nicht geboren, also war Lamarck widerlegt. Wie ein unbeirrbarer Lamarckist freilich einwandte, hätte Weismann ebensogut die Vererbbarkeit eines Holzbeins studieren können. Lamarcks These lautete nämlich, daß nur jene erworbenen Merkmale erblich sind, die ein Tier aufgrund seiner natürlichen, lebenswichtigen Bedürfnisse entwickelt – und eine Schwanzamputation kann wohl kaum als lebenswichtiges Bedürfnis einer Ratte bezeichnet werden.

3

Weder Weismann noch irgend jemand anders war imstande, den Gegenbeweis für die Lamarcksche Vererbungstheorie anzutreten – nicht zuletzt wegen der Schwierigkeit, ein Negativum zu beweisen. Die Lamarckisten konnten sich immer auf das stichhaltige Argument berufen, daß die Evolution in einem unvergleichbar größeren Zeitrahmen arbeitet als jedes noch so geduldige Forscherteam. Das wurde sogar von unerschütterlichen Darwinisten wie J. B. S. Haldane eingeräumt:

»Man muß sich folgendes vor Augen halten: So viele Experimente auch fehlschlagen, es ist immer möglich, daß die Wirkungen erworbener Merkmale . . . einer Spezies mit einer Geschwindigkeit aufgeprägt werden, die sich nicht mit Versuchen nachweisen läßt, jedoch groß genug ist, um in geologischen Zeiträumen ihr Ziel zu erreichen.«[190]

Amüsanterweise benutzte Sir Julian Huxley, wie wir gesehen haben, genau dasselbe Argument, um die darwinistische Vererbungslehre gegen Kritiker zu verteidigen: »Der uralte Einwand, es sei unwahrscheinlich, daß ein Auge, eine Hand oder ein Gehirn sich aus purem Zufall entwickelte, hat seine Gültigkeit verloren«, weil »die über die weiten geologischen Zeitspannen hin wirksame natürliche Zuchtwahl« alles erklärt.[191]

Es war also nicht möglich, die darwinistische und die lamarckistische Lehre experimentell *zu widerlegen,* und bald stellte sich heraus, daß es ebenso unmöglich war, eine von ihnen *zu beweisen.* Auf der lamarckistischen Seite versuchten der große Pawlow in Leningrad und MacDougall von der Harvard-Universität zu zeigen, daß die Konditionierungsergebnisse bei Mäusen und Ratten erblich sind – und scheiterten dabei.[192] Die darwinistischen Genetiker schafften es bei ihren geduldigen Bemühungen mit Tausenden von *Drosophila*-Generationen aber auch nicht, irgendwelche evolutionären Fortschritte zu erzielen. Was unmittelbare experimentelle Beweise betrifft, so gelang keiner der beiden Parteien der Durchbruch.

Wenn die Neodarwinisten trotzdem – jedenfalls bis auf weiteres – den Sieg davontrugen, so lag das abgesehen von ihrem »weltanschaulichen Vorteil«, daran, daß sie allem Anschein nach für einige Aspekte des evolutionären Prozesses »moderne« wissenschaftliche Erklärungen liefern konnten, was den Lamarckisten nicht möglich war. Die Entdeckung der Mendelschen Gesetze, der statistische Genetik-Ansatz und schließlich das »Knacken des genetischen Codes« sahen zu Beginn jeweils so aus wie eine zusätzliche Bestätigung der prophetischen Weitsicht Darwins (ungeachtet seiner Rückfälle in den Lamarckismus). Der von ihm vorgeschlagene Evolutionsmechanismus war vielleicht recht grob und bedurfte der Veränderung und Verfeinerung, aber die Lamarckisten hatten überhaupt keinen Mechanismus zu bieten, der in den Rahmen der modernen Biochemie paßte. Durch Radioaktivität oder schädliche Chemikalien ausgelöste Zufallsmutationen in den Chromosomen waren für die Wissenschaft als Fundament der natürlichen Auslese zwar zunächst einmal akzeptabel. Man entwickelte jedoch keine akzeptable Hypothese, um zu erklären, wie ein erworbenes körperliches oder psychisches Merkmal die in der Mikrostruktur der Chromosomen enthaltene »genetische Blaupause« ändern könne. So richtete man sich abermals nach dem Grundsatz, daß eine schlechte Theorie besser ist als gar keine Theorie, und der Lamarckismus erhielt das Stigma eines »schimpflichen Aberglaubens«, weil er ein Naturprinzip postulierte, ohne einen ursächlichen Mechanismus anbieten zu können, mit dem sich die zeitgenössische Naturwissenschaft anfreunden konnte.

Diese Situation hat in der Geschichte der Wissenschaft viele Vorläufer. Als Kepler die Theorie aufstellte, die Gezeiten würden durch die Anziehungskraft des Mondes verursacht, tat selbst Galilei diese Idee als »okkulte Phantasie« ab, weil man sich damals keinen Mechanismus vorstellen konnte, der Fernwirkungen erklärte. Später verwarfen einige der angesehensten Zeitgenossen Newtons das Konzept der universalen Schwerkraft, weil es – nach seinen eigenen Worten – bedeutete, »mit Geisterhand nach fernen Dingen zu greifen«, also den Gesetzen der Mechanik widersprachen. *Mutatis mutandum* wurde der Lamarckismus abgelehnt, weil die Behauptung, die vom lebenden Organismus erworbenen Eigenschaften könnten die Struktur seiner erblichen Chromosomen beeinflussen, den im »zentralen Dogma« zusammengefaßten Gesetzen der Genetik widersprach.

Tatsache ist freilich, daß dieses zentrale Dogma weniger als zwanzig Jahre nach seiner Proklamation unter der Last des schnell wachsenden neuen Beweismaterials zusammenbrach. Am 25. Juni 1970 verkündete der *New Scientist* (der sich normalerweise nicht in reißerischen Schlagzeilen ergeht): »Zentrales Dogma der Biologie auf den Kopf gestellt«, und in der Wissenschaftsbeilage der Londoner *Times* hieß es: »Großer Rückschlag für Dogma der Biologie«[193]. Die experimentellen Arbeiten, die das zentrale Dogma umstießen (und sechs Jahre später mit einem Nobelpreis belohnt wurden[194]), sind so kompliziert, daß sie hier nicht ausführlich geschildert werden können; sie bewiesen jedenfalls zweifelsfrei, daß die »erbliche Blaupause« bei bestimmten Bakterien geändert werden kann durch das Einschleusen fremder Wirkungskräfte (Viren), die nützliche oder schädliche Effekte haben können.[195] Um mit Grassé zu sprechen: »Diese Ergebnisse zeigen, daß es einen molekularen Mechanismus gibt, der dem Organismus unter bestimmten Umständen Informationen von außen liefert und sie in den genetischen Code des Organismus einfügt. Das ist für Evolutionsforscher von ungeheurer Bedeutung.«[196]

In der Tat. Deshalb habe ich die Molekulargenetik als Trojanisches Pferd in der Zitadelle bezeichnet.

Es wäre natürlich töricht, sich nun zu der Schlußfolgerung zu versteigen, weil Viren erbliche Änderungen in einer Zelle bewirken könnten, müßten Eltern nur ausgiebig Klavier spielen, um musikalische Wunderkinder zu bekommen. Nichtsdestoweniger haben die Entdeckungen, die in den letzten zehn Jahren auf dem Gebiet der Molekulargenetik gemacht wurden, Weismanns Lehre von der »Unveränderlichkeit der Keimbahn« endgültig widerlegt und ihre moderne Version, das »zentrale Dogma«, schwer angekratzt. In Verbindung mit den weiter oben erwähnten Kritiken signalisieren sie vielleicht den Anfang vom Ende des Neodarwinismus, wie er in zeitgenössischen Lehrbüchern vertreten wird. Die darwinistische Selektion spielt fraglos eine Rolle im evolutionären Prozeß, aber nur eine Nebenrolle (vergleichbar mit der Tätigkeit eines selektiven Unkrautvertilgers) und man wird sich zunehmend darüber klar, daß auf dem weiten Feld der evolutionären Phänomene noch andere Prinzipien und Kräfte wirksam sein müssen. Mit anderen Worten: Das Beweismaterial läßt darauf schließen, daß die Evolution das Ergebnis einer Vielfalt von ursächlichen Faktoren ist. Einige von ihnen kennen wir, über andere können wir Spekulationen anstellen, und wieder andere sind uns noch völlig unbekannt.

4

In meinem Buch *Der Krötenküsser* wies ich auf die Möglichkeit hin, »daß unter diesen unzähligen Faktoren sich auch ein bescheidenes Plätzchen für eine Art abgewandelten ›Mini-Lamarckismus‹ findet, als Erklärung begrenzter und seltener Entwicklungsphänomene«[197]. Angesichts der neueren Daten bin ich nicht mehr so sicher, daß das Plätzchen bescheiden und die Phänomene selten sein müssen. Es wäre natürlich absurd, zu der naiven Version des Lamarckismus zurückzukehren, der Darwin selbst huldigte. Wie schon gesagt, ergibt der Lamarckismus nur dann einen Sinn, wenn sich die Vererbung erworbener Eigenschaften auf jene körperlichen Merkmale und Fertigkeiten beschränkt, die der Organismus als Reaktion auf Zwänge und Herausforderungen der Umwelt entwickelt, welche sich über viele Generationen erstrecken.

Diese Einschränkung ist wesentlich, und ihre Notwendigkeit läßt sich mit einer einfachen Analogie begründen. Unsere Sinnesorgane für Sehen und Hören funktionieren wie Filter oder schmale Schlitze, die nur einen sehr begrenzten Frequenzbereich elektromagnetischer Wellen und Schallwellen einlassen. Doch selbst diese reduzierte Eingabe ist so groß, daß wir sie nicht bewältigen können. Unser Geist würde streiken, wenn wir auf jeden einzelnen der Millionen Reize achten müssen, die unsere Sinnesorgane – um William James' geflügeltes Wort zu gebrauchen – »in blühender, summender Vielfalt« bombardieren. Deshalb arbeiten das Nervensystem und das Gehirn selbst als vielstufige Hierarchie filternder und ordnender Mechanismen, die einen Großteil der sensorischen Eingabe als belanglosen »Lärm« eliminieren und die belangvollen Informationen zu kohärenten Mustern zusammenfügen, ehe sie dem Bewußtsein präsentiert werden.[198] Ein typisches Beispiel für diesen Prozeß des Filterns und »Synthetisierens« ist das »Cocktailparty-Phänomen« der Psychologie – die bemerkenswerte Fähigkeit, aus dem allgemeinen Lärm, der unsere Trommelfelle erreicht, eine einzelne Stimme herauszuhören und uns auf sie zu konzentrieren.

Die Weismannsche Lehre oder das »zentrale Dogma« besagt letztlich, daß ein vergleichbarer Filtermechanismus die erbliche Blaupause in den Keimzellen vor der »summenden Vielfalt« biochemischer Störungen schützt, die sonst die Kontinuität und Stabilität der Spezies beenden würden. Das schließt freilich nicht unbedingt die Möglichkeit aus, daß einige besonders dauerhafte und nützliche Eigenschaften, die von vielen aufeinanderfolgenden Generationen erworben wurden, allmählich durch den Filter sikkern und erblich werden. Es gibt jedenfalls mehrere klassische Beispiele, die in der Fachliteratur ständig zitiert werden und nach einer Lamarckistischen Erklärung zu rufen scheinen, weil der Darwinismus keine zu bieten hat:

»So gibt es zum Beispiel das uralte Problem, warum die Haut an unseren Fußsohlen viel dicker ist als an anderen Körperteilen. Entstünde diese Verdickung erst *nach* der Geburt, als Folge der natürlichen Abnutzung, dann gäbe es kein Problem. Es ist aber so, daß die Verdickung der Fußsohlen bereits beim *Embryo* in Erscheinung tritt, der weder barfuß noch sonstwie herumgeht. Ein ähnliches, noch eindrucksvolleres Phänomen stellen die harten Hornhautstellen an den Hand- und Fußgelenken des afrikanischen Warzenschweines dar, auf die sich das Tier bei der Nahrungsaufnahme stützt; ferner die Hornhaut an den Knien der Kamele, und schließlich – am merkwürdigsten von allen – die beiden knollenförmigen Verdickungen, eine vorne, eine hinten, am Unterkörper des Straußes, auf die der ungelenke Vogel sich niederhockt. Alle diese Hornhautbildungen treten – genau wie die dicke Haut an unseren Fußsohlen – bereits beim Embryo in Erscheinung. Es handelt sich also um erbliche Merkmale. Aber ist es vorstellbar, daß sich diese Hornhautbildungen durch Zufallsmutationen ausgerechnet an jenen Stellen entwickelt haben sollten, wo das Tier sie benötigt? Oder sollen wir annehmen, es bestehe ein kausaler Zusammenhang – im Sinne Lamarcks – zwischen dem Bedarf des Tieres und der Mutation, die ihn befriedigt?«[199]

Diese und noch viele andere Fälle, die zu kompliziert sind, um hier behandelt werden zu können, wurden von den Lamarckisten seit Beginn der Kontroverse immer wieder angeführt, und da die Darwinisten nicht imstande waren, sie plausibel zu erklären, gingen sie dem Problem einfach aus dem Weg oder »verstraußten« das Beweismaterial, um mit Samuel Butler zu sprechen.[200] Ein Jahrhundert nach Butler befolgen sie diese Vogel-Strauß-Taktik immer noch.[201]

Zugegeben, es ist nicht leicht einzusehen, wie eine erworbene Hornhautbildung die Chromosomen verändern sollte. Aber, wie Waddington in einem seiner früheren Werke selbst sagte, »wenn solche Prozesse auch unwahrscheinlich sein mögen, sind sie doch zumindest theoretisch erklärbar. Ob sie sich in der Natur tatsächlich ereignen oder nicht, muß experimentell geklärt werden.«[202] Er entwickelte sogar ein »spekulatives Modell«, um zu zeigen, wie Veränderungen in der Tätigkeit von Körperzellen die genetischen Vorgänge in den Keimzellen durch adaptive Enzyme beeinflussen könnten. Wie er schrieb, »sollte das Modell lediglich aufzeigen, daß es nicht ganz ungefährlich sein könnte, das Auftreten gezielter (im Gegensatz zu zufälligen) Mutationen unter dem Einfluß der Umwelt a priori auszuschließen«[203].

5

Man weiß seit langem, daß es die »Weismannsche Wand«, die angeblich die Fortpflanzungszellen, die Träger der Erbanlagen, vom übrigen Körper isoliert, weder bei Pflanzen noch bei niederen Tieren wie Plattwürmern und Hydren (Süßwasserpolypen) gibt, welche die Fähigkeit haben, aus praktisch jedem Segment ihres Körpers einen vollständigen Organismus einschließlich des Fortpflanzungssystems neu zu bilden. Die Biologen werden sich letztlich entscheiden müssen, ob sie weiterhin das Dogma von der »undurchdringlichen Mauer«, die die »unveränderliche Keimbahn« vom Rest der Welt trennt, verteidigen und deren evolutionäre Änderungen dem blinden Zufall zuschreiben wollen – oder ob sie zugeben wollen, daß die Wand porös ist, aus feinmaschigen Netzen besteht, die nur ausgewählte, lebenswichtige Informationen zum Allerheiligsten der Erbanlagen in den Keimzellen vordringen lassen. Die junge Molekulargenetik sagt uns - noch – nicht, wie das geschieht, doch sie ist eine ständig fortschreitende Wissenschaft und schließt nicht von vornherein die Möglichkeit aus, daß in den Chromosomen ein phylogenetisches Gedächtnis für lebenswichtige und wiederkehrende Erfahrungen codiert ist. Wie hätten so komplexe erbliche Fertigkeiten wie das Nestbauen oder das Netzweben entstehen können, wenn es keinen Prozeß des phylogenetischen Lernens und der phylogenetischen Gedächtnisbildung gäbe? Wie wir gesehen haben, bietet die offizielle Theorie keinerlei Erklärung für die Genetik dieser erblichen Virtuosität.

Noch einmal: Man kann den Filtermechanismus, der im Nervensystem arbeitet und den Geist vor belanglosen Reizen schützt, mit der genetischen Mikro-Hierarchie vergleichen, die das erbliche Rüstzeug vor schädlichen Zufallsmutationen bewahrt und die Wirkungen nützlicher Zufallsmutationen koordiniert. Wir können die Analogie nun erweitern und die These aufstellen, daß am evolutionären Prozeß auch eine lamarckistische Mikro-Hierarchie beteiligt ist, die eine Änderung der erblichen Blaupause durch erworbene Merkmale verhindert – es sei denn, diese entsprechen einem lebenswichtigen Bedürfnis der Spezies und haben sich im Lauf vieler Generationen aufgrund kontinuierlicher Zwänge der

Umgebung herangebildet, wie beispielsweise die verdickte Haut an den Fußsohlen des menschlichen Embryos. Dann gäbe es also eine quasi-darwinistische Mikro-Hierarchie, auf deren Konto in erster Linie die große Vielfalt von *Variationen* auf den einzelnen Sprossen der stammesgeschichtlichen Leiter geht, und eine quasi-lamarckistische Mikro-Hierarchie, die vor allem für die *Evolution* zu den höheren Sprossen verantwortlich ist. Und daneben sind sicher noch weitere Kausalfaktoren beteiligt, von deren Existenz wir bislang nichts wissen. Nur ein Narr könnte den revolutionären Einfluß des Darwinismus auf die Anschauungen des 19. Jahrhunderts leugnen, als die gebildete Öffentlichkeit vor der Alternative »für Darwin oder gegen die Evolution« stand.[204] Die sektiererische Beschränktheit der Neodarwinisten unserer Tage ist jedoch eine ganz andere Sache, und in nicht allzu ferner Zukunft werden sich die Biologen vielleicht fragen, wieso ihre Vorgänger bloß so verbissen und ignorant gewesen sind. Dieser Ansicht sind auch einige der von mir zitierten Kritiker, und sie wird vermutlich von der Mehrheit der jüngeren Generation geteilt. Es ist sicher bezeichnend, daß aus der Einführung, die ein angesehener Entomologe für die Zentenarausgabe von Darwins *Ursprung der Arten* schrieb, eine sehr skeptische Haltung zur orthodoxen Theorie herauszulesen ist:

»Die Situation, daß Männer der Wissenschaft sich zur Verteidigung einer Lehre zusammenscharen, die sie nicht wissenschaftlich definieren, geschweige denn mit wissenschaftlicher Akribie beweisen können, und daß sie versuchen, ihr öffentliches Ansehen durch Unterdrückung von Kritik und Umgehung von Schwierigkeiten zu wahren, ist abnorm und der Wissenschaft unwürdig.«[205]

Bezeichnend ist vielleicht auch, daß diese Einführung in die folgenden Ausgaben des *Ursprungs der Arten* nicht wieder aufgenommen wurde.

11. Strategien und Ziele der Evolution

1

Im zehnten Abschnitt des zweiten Kapitels erwähnte ich das klassische Beispiel der Vordergliedmaßen von Wirbeltieren, die immer dieselbe grundlegende Anordnung von Knochen, Muskeln, Nerven usw. aufweisen, ob sie nun Reptilien, Vögeln, Walen oder Menschen gehören, und deshalb homologe Organe genannt werden. Sie dienen als Beine, Flügel oder Flossen, haben also ganz unterschiedliche Funktionen. Im Grunde sind diese Funktionen jedoch Variationen ein und desselben Themas – strategische Modifikationen einer vorgegebenen Struktur, und zwar der Vordergliedmaßen des gemeinsamen reptilischen Urahns. Wenn die Natur erst einmal ein lebenswichtiges Organ »patentiert« hat, hält sie an dem Organ fest, und es wird zu einem stabilen evolutionären Holon. Seine Grundkonstruktion scheint von einem unveränderlichen *evolutionären Kanon* beherrscht zu werden, während seine Anpassung an die Erfordernisse des Schwimmens, Gehens oder Fliegens auf der flexiblen *Strategie* der Evolution beruht.

Dieses Prinzip gilt für alle Stufen der evolutionären Hierarchie, von der subzellularen Ebene bis zum Primatenhirn. Die vier chemischen Grundlagen der DNS, der Nukleinsäure in den Chromosomen, bilden im gesamten Tierreich das aus vier Buchstaben bestehende Alphabet der genetischen Codes; die gleichen »Modelle« von Organellen arbeiten in ihren Zellen; der gleiche chemische Treibstoff – Adenosintriphosphorsäure (ATP) – liefert ihre Energie; die gleichen kontraktilen Proteine ermöglichen die Bewegungen der Amöbe und die der menschlichen Muskeln. Tiere und Pflanzen bestehen aus homologen Molekülen, homologen Organellen und noch vielschichtigeren homologen Sub-Strukturen. Sie sind die stabilen Holons im Fluß der Evolution, die Knoten des Lebensbaums.

Die auf den vorhergehenden Seiten erörterten Theorien der Evolution befassen sich in erster Linie mit der Art der evolutionären *Strategien* (darwinistisch, lamarckistisch usw.), die dazu führten, daß die höheren Lebensformen aus den Wurzeln am Fundament der Hierarchie sprossen. Die atemberaubende *Vielfalt* von Pflanzen und Tieren verleitete die Biologen jedoch dazu, die *Uniformität* jener fundamentalen Einheiten, wie sie sich in den Phänomenen der Homologie äußert, und die *Beschränkungen*, die diese Uniformität allen existierenden und möglichen Formen des Lebens auf unserem Planeten auferlegt, nicht genügend zu beachten. Die grundlegende Uniformität der Organellen, die die lebende Zelle bilden, beruht nämlich auf den Beschränkungen der grundlegenden chemischen Substanzen aller belebten Materie, zum Beispiel Aminosäuren, Proteine, Enzyme. Auf einer höheren Stufe erlegen die genetischen Mikro-Hierarchien den erblichen Variationen weitere Zwänge auf. Noch weiter oben regelt das »große zentrale Etwas« – auf bisher unbekannte Weise – die »harmonische Koordinierung« genetischer Änderungen. Deren vereinte Wirkung ist der evolutionäre Kanon, der eine große Zahl von Variationen, aber nur *in bestimmten Richtungen* und *über eine begrenzte Zahl von Themen* zuläßt. Die Evolution ist kein Freistil-Wettkampf, sondern, um zu unserem Begriff zurückzukehren, ein Spiel mit festen Regeln und flexiblen Strategien, das seit Jahrmillionen gespielt wird.

Um diese ein wenig abstrakten Gedankengänge zu veranschaulichen, werde ich noch einmal auf das Beispiel der australischen Beuteltiere oder Marsupialier zurückkommen, das ich in *Das Gespenst in der Maschine* benutzt habe.[206] Ich habe diese Geschöpfe als ein doppeltes Rätsel bezeichnet. Das erste Rätsel zeigen die Zeichnungen auf Seite 243. Das zweite Rätsel lautet: Warum verschließen die Evolutionsforscher vor ihm die Augen?

2

Die Klasse der Säugetiere hat zwei wichtige Unterklassen[207]: die Marsupialier und die Plazentalier. Beide entwickelten sich unabhängig voneinander von gemeinsamen Urahnen her (den heute ausgestorbenen Therapsida, säugetierähnlichen Reptilien). Bei den Marsupialiern wird der Embryo in einem sehr frühen Stadium aus der Gebärmutter ausgestoßen und in einem elastischen Beutelsack am Bauch der Mutter aufgezogen. Ein neugeborenes Känguruh ist ein sehr unfertiges Wesen: etwa drei Zentimeter lang, nackt, blind, mit Hinterbeinen wie embryonale Knospen. Man könnte nun Vermutungen darüber anstellen, ob das menschliche Baby, das bei der Geburt weiter entwickelt, aber trotzdem noch sehr hilflos ist, in einem Beutelsack besser aufgehoben wäre; man fühlt sich auch an afrikanische oder japanische Frauen erinnert, die ihre Kleinkinder auf den Rücken geschnallt herumtragen. Ob die marsupialische Methode nun besser oder schlechter ist als die plazentale, es geht hier darum, daß die beiden Techniken sich voneinander unterscheiden. Man könnte Beutelsack und Plazenta strategische Variationen im allgemeinen Schema der Säugerfortpflanzung nennen.

Die beiden Unterklassen haben sich, wie schon gesagt, zu Beginn der Evolution der Säugetiere, im späten Kretazeum, als Australien noch mit dem asiatischen Kontinent verbunden war, ausgebildet. Die Marsupialier (die sich früher als die plazentalen Säugetiere von dem gemeinsamen Urahn abgezweigt hatten), gelangten nach Australien, bevor es von Asien getrennt wurde, die Plazentalier nicht. So entwickelten sich die beiden Linien etwa eine Million Jahre lang vollkommen unabhängig voneinander. Rätselhaft ist, warum so viele Tiere der australischen Fauna, die von der selbständigen Evolutionslinie der Marsupialier hervorgebracht wurden, ihren »Gegenstücken« im Reich der Plazentalier so verblüffend ähneln. Die Zeichnungen auf Seite 243 zeigen links drei Marsupialier, rechts die ihnen entsprechenden Plazentalier. Man meint unwillkürlich, zwei Maler, die sich nie begegneten und denen nie dasselbe Modell zur Verfügung stand, hätten Serien von beinahe identischen Porträts geschaffen.

Als Australien eine Insel wurde, hatten es winzige, mäuseähnliche Beuteltiere, die vielleicht der heute noch existierenden gelbfüßigen Beutelmaus ähnelten, aber noch primitiver waren, als einzige Säuger geschafft, rechtzeitig dorthin zu kommen. Diese archaischen Geschöpfe, die ihren Inselkontinent nicht verlassen konnten, brachten es nun fertig, neue Arten zu produzieren und »Beutelversionen« unserer plazentalen Maulwürfe, Ameisenbären, Flughörnchen, Katzen, Wölfe, Löwen und so fort zu entwickeln – Wesen, die wie etwas unbeholfene Kopien ihrer plazentalen Vettern wirkten. Warum entstanden, wenn die Evolution ein Freistil-Wettkampf ist, in Australien nicht völlig andere Tierarten, beispielsweise an Science-fiction erinnernde Monster? Die einzige einigermaßen ungewöhnliche Schöpfung, die der isolierte Kontinent in hundert Millionen Jahren hervorbrachte, ist das Känguruh; die restliche Fauna besteht aus vergleichsweise minderwertigen Duplikaten von vergleichsweise tüchtigen plazentalen Vorbildern – Variationen über eine begrenzte Reihe von Themen innerhalb des evolutionären Kanons. Die offizielle Theorie hat für dieses Rätsel nur eine Erklärung geliefert, die im folgenden Zitat aus einem maßgeblichen Lehrbuch zusammengefaßt ist: »Sowohl Beutelwölfe als auch plazentale Wölfe sind Raubtiere, die sich ihre Beute unter anderen Tieren von etwa gleicher Größe und gleichen Lebensgewohnheiten aussuchen. Adaptive Ähnlichkeit [das heißt, Anpassung an ähnliche Lebensverhältnisse] bedingt Ähnlichkeit von Struktur und Funktionsweise. Der Mechanismus einer solchen Evolution ist die natürliche Selektion.«[208]

Und G. G. Simpson, der führende Evolutionsforscher der Harvard-Universität, kommt bei der Erörterung des Problems zu dem Ergebnis, die Erklärung liege in der »Selektion aus zufälligen Mutationen«.[209] Das ist Drückebergerei, auf die Spitze getrieben. Wir sollen also glauben, die vage Charakterisierung ». . . die sich ihre Beute unter anderen Tieren von etwa gleicher Größe und gleichen Lebensgewohnheiten aussuchen« (was Hunderte von Arten tun), liefere eine ausreichende Erklärung für die Entwicklung der beinahe identischen Schädel auf Seite 243! Schon die Evolution einer einzigen Wolfsart durch Zufallsmutationen plus Auslese birgt, wie wir gesehen haben, unüberwindliche Schwierigkeiten. Daß dieser Prozeß auf dem Kontinent von einem fast gleichen Vorgang auf der Insel begleitet wurde, sprengt sogar die Grenzen des Wunderbaren. Es bleibt ein Rätsel, warum die Darwinisten das nicht rätselhaft finden – oder zumindest so tun, als fänden Sie es nicht rätselhaft.[210]

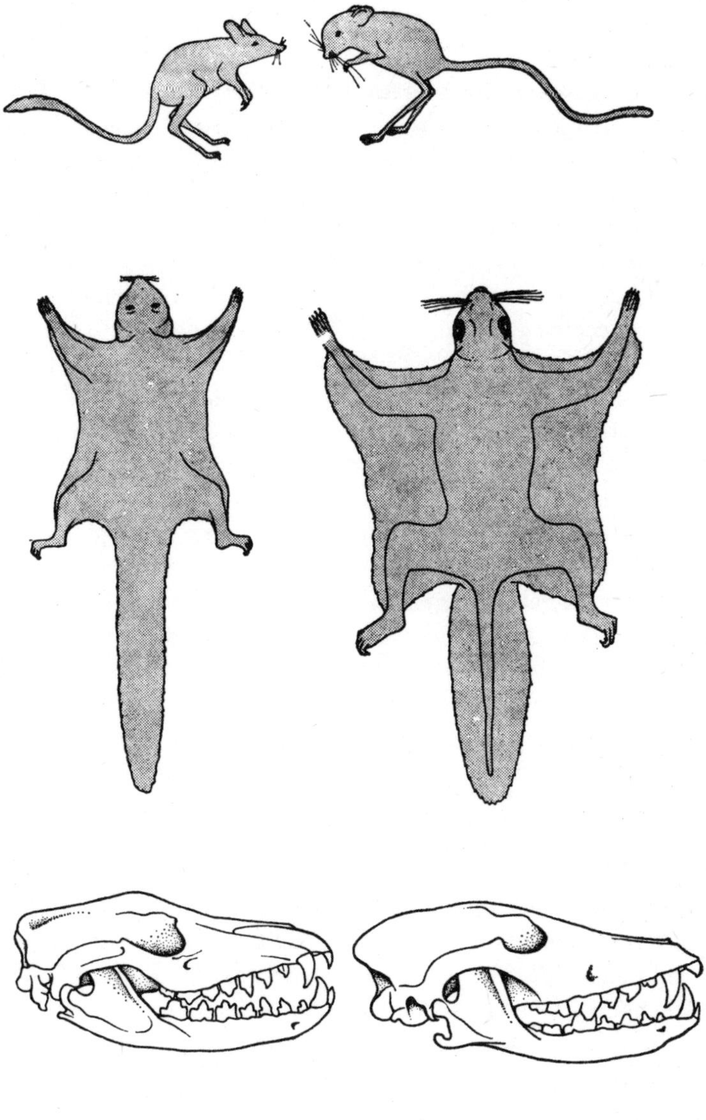

Oben: Marsupiale und plazentale Wüstenspringmaus. Mitte: Marsupialer Flugbeutler und plazentales Flughörnchen. Unten: Schädel des marsupialen Beutelwolfs und des plazentalen Wolfs (nach Hardy).

3

Die australischen Doppelgänger stützen die Theorie, daß der evolutionären Vielfalt einheitliche Gesetze zugrunde liegen, die praktisch unbegrenzte Variationen über eine begrenzte Zahl von Themen erlauben. Dazu gehören auf den unteren Stufen der Hierarchie Makromoleküle, Organellen und Zellen, die evolutionäre Holons darstellen; dazu gehören weiter oben homologe Organe wie die Vordergliedmaßen der Wirbeltiere, die Lungen und Kiemen, ganz zu schweigen von Augen mit Linsen, die sich unabhängig voneinander in ganz verschiedenen Evolutionslinien entwickelt haben, nämlich bei Mollusken, Spinnen und Wirbeltieren. Noch weiter oben müssen wir der Liste die mehr oder weniger standardisierten Typen von Wirbeltieren hinzufügen, von denen die Zeichnungen einige Beispiele zeigen. Das »mehr oder weniger« können wir den Variationen der evolutionären Strategie in veränderten Umwelten zuschreiben, aber die Standardisierung läßt sich nur durch Regeln erklären, die in den genetischen Mikro-Hierarchien enthalten sind und evolutionäre Fortschritte auf bestimmte Hauptbahnen beschränken, den Rest jedoch eliminieren.

Dieses Konzept der »archetypischen Formen« geht auf die deutschen Transzendentalisten des 18. Jahrhunderts, auf Goethe und letzten Endes auf Platon zurück; wiederbelebt wurde es freilich von einer Reihe neuerer Evolutionsforscher, die mit der Idee der »inneren Selektion« spielten, ohne ihrer weitreichenden Bedeutung ins Auge zu sehen.[211] So folgerte Helen Spurway aus der universalen Verbreitung homologer Formen, der Organismus habe nur »ein begrenztes Mutationsspektrum«, das »für seine Evolutionsmöglichkeiten bestimmend ist«[212]. Andere Biologen sprachen von »organischen Gesetzen, die mitbestimmend auf die Evolution einwirken«, und von »formenden Einflüssen, die den evolutionären Wandel in bestimmte Bahnen lenken«[213], während Waddington seine Zuflucht beim »Konzept der Archetypen« suchte, also bei »der Vorstellung, daß die organische Form nur eine gewisse Zahl grundlegender Muster annehmen kann«[214].

Alle diese Autoren meinen (ohne es allerdings deutlich zu sagen) folgendes: Bei den auf unserem Planet herrschenden Bedingungen, in Anbetracht seiner Schwerkraft und Temperatur, der chemischen Zusammensetzung seiner Atmosphäre, seiner Ozeane und seines Bodens konnte sich das Leben von seinen Anfängen in der ersten Blase lebenden Schleims nur *in eine begrenzte Zahl von Richtungen und in einer begrenzten Zahl von Formen* entwickeln. Demnach war das oben erwähnte säugetierähnliche Reptil – ebenso wie der australische und der europäische Wolf in ihrem gemeinsamen Urahn vorhanden oder *in potentia* angelegt waren – in der Ahnform der Chordaten angelegt, und so fort bis zur Ahnform des Einzellers und zum ersten selbstreplizierenden Nukleinsäurestrang.

Das ist offenbar die zwangsläufige Schlußfolgerung aus den Phänomenen der Homologie – die laut Sir Alister Hardy »von absolut fundamentaler Bedeutung für alle Probleme ist, die mit der Evolution zusammenhängen«[215]. Wenn diese Argumentation stimmt, bedeutet sie das Ende der Science-fiction-Monster als mögliche Lebensformen auf der Erde und erdähnlichen Planeten. Sie bedeutet aber nicht das Gegenteil, also nicht ein eindeutig prädeterminiertes Universum, das wie ein Uhrwerk arbeitet. Sie besagt vielmehr – um ein Leitmotiv dieses Buches wiederaufzunehmen –, daß die Evolution des Lebens ein brillantes Spiel nach fixen Regeln ist, die die Spielmöglichkeiten begrenzen, aber genügend Raum für praktisch unbegrenzte Variationen lassen. Die Regeln sind in die Grundstruktur der lebenden Materie eingebaut, die Variationen beruhen auf den flexiblen Strategien, die den von den Regeln gewährten Freiraum ausnutzen.

Die Evolution ist, anders ausgedrückt, weder ein Freistil-Wettkampf, der vom blinden Zufall geleitet wird, noch ein starr festgelegtes Computerprogramm. Man könnte sie mit klassischen Musikkompositionen vergleichen, deren Möglichkeiten von den Regeln der Harmonie und dem Aufbau der diatonischen Tonleitern begrenzt sind, welche jedoch unermeßlich viele originale Schöpfungen zulassen. Man könnte sie auch mit dem Schachspiel vergleichen, das festen Regeln gehorcht, aber gleichfalls unendlich viele Variationen erlaubt. Und, um aus dem *Gespenst in der Maschine* zu zitieren:

»Schließlich könnte man noch die riesige Zahl der heute existierenden Tierarten (etwa eine Million) und die relativ geringe Zahl der Klassen (etwa fünfzig) und der größeren Stämme (etwa zehn) mit der riesigen Zahl der literarischen Werke und der relativ geringen Zahl der ihnen zugrunde liegenden Grundthemen vergleichen. Alle literarischen Werke sind Variationen einer begrenzten Anzahl von Leitmotiven, die sich aus den archetypischen Erfahrungen und Konflikten des Menschen herleiten, die aber immer wieder einer neuen Umwelt angepaßt werden – den Kostümen, den Konventionen und der Sprache der jeweiligen Zeitperiode. Nicht einmal Shakespeare vermochte ein originales Thema zu ›erfinden‹. Goethe zitierte zustimmend den italienischen Dramatiker Carlo Gozzi, nach dessen Auffassung es nur sechsunddreißig tragische Situationen gibt. Goethe selbst war sogar der Ansicht, ihre Zahl sei vermutlich noch geringer; die genaue Zahl ist uns nicht bekannt, sie ist ein wohlgehütetes Geheimnis der Dichter und Schriftsteller. Ein literarisches Werk besteht aus thematischen Holons.«[216]

Gozzis magere Liste von sechsunddreißig Situationen läßt dem Schriftsteller jedoch mehr als genug Spielraum, und einen ähnlichen Spielraum haben die evolutionären Strategien, wenn es darum geht, die begrenzten Möglichkeiten auszunutzen, die der physikalisch-chemische Aufbau der lebenden Materie auf der Erde bietet – und wohl auch auf anderen Planeten, wo ähnliche Bedingungen herrschen wie bei uns. Wir werden später noch Gelegenheit haben, Vermutungen darüber anzustellen.

4

Man könnte nun einwenden, wer von der »Strategie der Evolution« spreche, sei in die Falle des Anthropomorphismus gelaufen, das heißt, er unterschiebe der Natur menschliche Motivationen. Der hier vorgeschlagene Ansatz sollte daher als »biomorph« bezeichnet werden, weil er im Gegensatz zu dem »robotomorphen« Ansatz des Reduktionismus auf den zielgerichteten oder sinnvollen Aspekten beruht, die den Phänomenen des Lebens innewohnen. Die Wissenschaft sollte sich nicht davor fürchten, Begriffe wie »Sinn«, »Ziel« und »Strategie« auf die Evolution anzuwenden; sie beinhalten nämlich nicht, daß ein göttlicher Stratege an der Arbeit ist. Diese unberechtigte Furcht hat jedoch die Diskussion vernebelt und die orthodoxen Theoretiker in einen Sumpf von Widersprüchen geführt.

Um noch einmal einen maßgeblichen Sprecher, Professor G. G. Simpson, zum Thema Evolution zu zitieren: »Es hat den Anschein, als wäre das Problem der Evolution jetzt prinzipiell gelöst und der Adaptionsmechanismus bekannt. Er erweist sich als ein im Grunde materialistischer Faktor ... und der ›zielbewußte Schöpfungsfaktor‹ ist ein ebenso mystischer Begriff wie das *Primum mobile* ... Der Mensch ist das Ergebnis eines ziellosen materialistischen Prozesses, der ihn nicht geplant hat. Der Mensch war nicht beabsichtigt.«[217]

Hier tritt der logische Trugschluß, der auf einer Pseudo-Alternative beruht, offen zu Tage: *Entweder* ist die Evolution ziellos, *oder* es muß ein göttlicher Schöpfungsfaktor am Werk sein. Man fragt sich, wie es kommt, daß Naturforscher, die sich auf Genetik spezialisiert haben, der Natur so blind gegenüberstehen, daß sie in der *Zielstrebigkeit* nicht ein grundlegendes Lebensmerkmal erkennen, das keinen zielgerichteten Schöpfungsfaktor voraussetzt, weil es zum Begriff des Lebens einfach dazugehört bzw. – um Sinnott zu zitieren – weil Zielstrebigkeit nichts anderes ist als die »zielgerichtete Tätigkeit individueller Organismen, durch die sich die lebenden Kreaturen von den unbelebten Objekten unterscheiden«[218].

Der Begriff »Zielstrebigkeit« bedeutet bei lebenden Organismen, daß sie zielgerichtet, also nicht aufs Geratewohl tätig sind; er beinhaltet die Anwendung flexibler Strategien, um ein Ziel zu erreichen, im Gegensatz zu starren, mechanischen Reaktionen; er impliziert Anpassung an die Umwelt, aber nach Art des jeweiligen Organismus, oft also auf eine recht phantastische Weise wie bei der Orchidee oder dem Schmetterling; er bedeutet schließlich Anpassung entsprechend den eigenen Bedürfnissen. Wie der Nobelpreisträger H. J. Muller in diesem Zusammenhang schrieb, »ist Zielstrebigkeit nicht etwas, das wir in die Natur hineinprojizieren, und man braucht sich nicht den Kopf darüber zu zerbrechen, als wäre sie ein ... rätselhafter oder göttlicher Faktor, der sich ins Leben hineinmischt und es in Gang hält ... sie ist einfach ein Merkmal der biologischen Organisation«[219].

So ist es für den Wissenschaftler wieder mehr oder weniger vertretbar geworden, von Ziel oder Zielgerichtetsein in der *Ontogenese,* das heißt, in der Entwicklung des einzelnen Individuums, zu sprechen, aber dieser Begriff auf die *Phylogenese* oder Geschichte der Evolution anzuwenden, gilt weiterhin als ketzerisch. Die Ontogenese ist zielgerichtet, die Phylogenese blind; die Ontogenese wird vom Gedächtnis und vom Lernen bestimmt, während die Phylogenese von beidem unberührt bleibt. Wir haben jedoch gesehen, daß den nachdenklicheren Neodarwinisten angesichts dieser künstlich geschaffenen Kluft immer unwohler wird und daß man inzwischen begonnen hat, sie zu überbrücken – beispielsweise mit Monods Teleonomie oder mit dem Begriff der genetischen Mikro-Hierarchien, die Änderungen der Erbanlagen filtern und koordinieren. Selbst Simpson mußte trotz seines Dogmatismus schließlich einsehen, daß die Phylogenese eine Abstraktion ist, wenn man sie nicht als Folge von Ontogenesen auffaßt, und daß »sich der Evolutionsprozeß aufgrund von Neuerungen in der Ontogenese vollzieht«. Wenn Ontogenesen aber zielgerichtet sind, ist schwer einzusehen, warum ihre Summe ziellos sein sollte – es sei denn, wir unterschreiben Weismanns und Cricks Dogma von der »unveränderlichen Keimbahn« (die das einzige Beispiel für einen biologischen Prozeß ohne Rückkoppelung wäre, das man in der Natur vorfindet).

Die uralte Frage nach dem hinter der Zielstrebigkeit stehenden Schöpfer ist also falsch gestellt. Der Schöpfer war seit den Anfängen des Lebens jeder einzelne Organismus, der bemüht und bestrebt war, das Beste aus seinen begrenzten Möglichkeiten herauszuholen, und die Gesamtsumme dieser Ontogenesen widerspiegelt das tätige Streben der lebenden Substanz, das evolutionäre Potential des Planeten möglichst weitgehend auszuschöpfen.

5

Die Betonung liegt dabei auf den beiden Worten »tätiges Streben«. Wenn orthodoxe Evolutionsforscher von Anpassungen sprechen, meinen sie – wie Behavioristen, wenn sie von »Reaktionen« sprechen – einen im wesentlichen passiven Prozeß, der ausschließlich von den »Umweltbedingungen« kontrolliert wird. Das mag sich mit ihrer Philosophie vereinbaren, aber nicht mit dem vorhandenen Beweismaterial, demzufolge »der Organismus in der Umwelt agiert, bevor er auf die Umwelt reagiert«[220], um mit G. E. Coghill zu sprechen.

Kurz nachdem die Kreatur aus dem Ei geschlüpft oder geboren worden ist, legt sie sich mit ihrer flüssigen oder festen Umwelt an, bearbeitet sie mit Zilien, Flagellen oder Muskeln; sie schwimmt, krabbelt, gleitet, pulsiert; sie stößt, schreit, atmet und ernährt sich von der Umwelt. Sie paßt sich nicht nur der Umwelt an, sondern paßt die Umwelt auch ihren eigenen Bedürfnissen an – sie frißt und säuft ihre Umwelt, kämpft und paart sich mit ihr, sie gräbt in ihr und baut auf ihr; sie »reagiert« oder antwortet nicht nur auf ihre Umwelt, sondern stellt ihr auch Fragen, indem sie sie erkundet. Erinnern wir uns daran, daß der Explorationstrieb ein ebenso grundlegender Primärinstinkt ist wie der Hunger und der Geschlechtstrieb und manchmal sogar noch stärker sein kann als diese beiden.[221]

Angefangen von Darwin, haben zahllose Naturforscher gezeigt, daß die Neugier bei Ratten, Vögeln, Delphinen, Affen usw. ein instinktiver Drang ist; und wie wir gesehen haben, ist sie die wichtigste Triebkraft, die Künstler und Wissenschaftler motiviert. Der Explorationstrieb ist also ein beherrschender Faktor der geistigen Evolution des Menschen, und Hardy und andere haben die These aufgestellt, daß sie womöglich auch ein beherrschender Faktor der biologischen Evolution ist. Nach dieser Auffassung beruht der evolutionäre Fortschritt auf der *Initiative* einiger wagemutiger Mitglieder der Spezies, die eine neue Methode der Nahrungssuche, der Selbstverteidigung oder irgendeine neue Fertigkeit entwickeln, welche sich durch Nachahmung verbreitet und in die Lebensgewohnheiten der Spezies aufgenommen wird. Um diesen Prozeß zu veranschaulichen, führt Hardy als Beispiel den auf den Galapagos-Inseln lebenden »Darwin-Fink« *Cactospiza pallida* an, einen bemerkenswerten Vogel, der, nach Art der Spechte, Löcher oder Spalten in die Rinde von Bäumen pickt. »Dann nimmt er«, fährt Hardy fort, »einen Kaktusstachel oder ein etwa zwei bis fünf Zentimeter langes Zweiglein, hält es in Längsrichtung in seinem Schnabel, stochert damit im Spalt herum und läßt schließlich das Zweiglein fallen, um das Insekt zu packen, sobald es sich blicken läßt ... Manchmal trägt der Vogel einen Stachel oder ein kleines Zweiglein mit sich umher, sucht einen Baum nach dem anderen ab und stochert damit emsig in Spalten, Ritzen und Löchern herum.«[222]

Anschließend beschreibt Hardy eine Reihe ähnlicher Fälle und stellt die These auf, der wichtigste Kausalfaktor des evolutionären Fortschritts sei *nicht* der selektive Zwang der Umwelt, sondern die Initiative des lebenden Organismus – »das rastlose, die Umwelt wahrnehmende und erkundende Tier, das neue Lebensformen und neue Nahrungsquellen entdeckt ... Nur die von der Aktivität des Tieres, von seiner rastlosen Erkundung der Umwelt, seiner Initiative verursachten Adaptionen, nur diese bedingen die divergierenden Hauptlinien der Evolution ... Auf diese Art entstanden die verschiedenen Gruppen der Lauftiere, Klettertiere, Wühltiere, Schwimmtiere und der Eroberer der Lüfte.«[223]

Man könnte diesen Vorgang als »Fortschritt durch Initiative« bezeichnen und die entsprechende Evolutionstheorie danach benennen. Die Pioniere der Spezies führen eine neue Gewohnheit, eine Verhaltensänderung ein, die sich dann in der gesamten Population ausbreitet und von den späteren Generationen nachgeahmt wird, bis eine glückliche Zufallsmutation sie in einen erblichen Instinkt verwandelt. Der Prozeß wird also vom Tier selbst eingeleitet, und die glückliche Mutation kommt erst später als eine Art genetische Bestätigung, die die neue Fertigkeit in die genetische Blaupause einbaut. Die Rolle des Zufalls ist weiter reduziert worden; der Affe an der Schreibmaschine braucht nur so lange zu probieren, bis er eine bestimmte Taste trifft.

Als ich *Das Gespenst in der Maschine* schrieb, fand ich diese Theorie recht verlockend, doch beim zweiten Hinsehen zeigt sie einen entscheidenden Schönheitsfehler, weil auch sie – wenn auch in geringerem Maße als die orthodoxe Theorie – auf Zufallsmutationen zurückgreifen muß, um die unendlich komplexen Änderungen im Nervensystem zu erklären, die erforderlich sind, wenn dem erblichen Rüstzeug des Organismus eine neue Gewohnheit oder Fertigkeit hinzugefügt werden soll. Die Betonung der Initiative, der aktiven Rolle des experimentierenden Tieres ist weiterhin verlockend, doch das eigentliche Rätsel der Hornhautplatten des Straußes oder der architektonischen Fähigkeiten der Spinne bleibt ungelöst. Wenn man die Sache methodisch betrachtet, neigt man mehr zu der Annahme, das jägerische Geschick des Darwin-Finken sei seinen Chromosomen aufgeprägt worden, weil es nützlich war, das heißt, nach der lamarckistischen Vererbungstheorie, und nicht durch das vielstrapazierte darwinistische Mantra.

6

Aus der Menschenperspektive betrachtet, scheint die Evolution ein unglaublicher Verschwendungsprozeß zu sein. Biologen gehen wie selbstverständlich davon aus, daß für jede einzelne der heute lebenden eine Million Arten Hunderte von anderen ausgelöscht worden sein müssen. Sie finden sich damit ab, daß die Spezies, die überlebt haben, offenbar stagnieren, das heißt, daß ihre Evolution irgendwann in der fernen Vergangenheit zum Stillstand kam. Die Hauptursache für Auslöschung und Stagnation scheint die übermäßige Spezialisierung gewesen zu sein, die mit der abnehmenden Fähigkeit einherging, sich den Veränderungen der Umwelt anzupassen.

Julian Huxley hat in diesem Zusammenhang folgendes gesagt: »Die Evolution besteht aus einer ungeheuren Zahl von Sackgassen, und nur sehr selten führt ein Weg zur Höherentwicklung . . . Alle Reptilienreihen waren Sackgassen – mit zwei Ausnahmen: eine von ihnen entwickelte sich weiter zu Vögeln, die andere zu Säugetieren. Von der Urform der Vögel gerieten alle Entwicklungsreihen in eine Sackgasse, von den Säugetieren alle bis auf eine: aus ihr entstand der Mensch.«[224]

Das menschliche Beispiel für übermäßige Spezialisierung ist der *Pedant*, der Sklave seiner Gewohnheiten, dessen Denken und Verhalten in starr festgelegten Bahnen verlaufen – der dazu prädestiniert ist, unerwarteten Katastrophen zum Opfer zu fallen. Sein Gegenstück im Tierreich ist der rührende Koalabär, der sich auf den Verzehr der Blätter einer ganz bestimmten Art von Eukalyptusbäumen spezialisiert hat und nichts anderes frißt; er hat hakenähnliche Klauen, die sich ideal für das Festklammern an der Rinde dieser Bäume eignen – jedoch für nichts anderes. Alle orthodoxen Lehren wollen aus uns menschliche Koalabären machen.

Ein Fluchtweg aus dem Labyrinth der Sackgassen ist für unser Thema von besonderer Bedeutung. Es handelt sich um ein Phänomen, das unter dem Namen *Pädomorphose* bekannt ist; es wurde in den zwanziger Jahren von Garstang beschrieben und von einigen Biologen aufgegriffen.[225] Man weiß zwar, daß es dieses Phänomen gibt, doch die Vertreter der orthodoxen Theorie ließen sich kaum davon beeinflussen, und in den Lehrbüchern wird es nur selten erwähnt. »Pädomorphose« besagt, daß die Evolution ihre Schritte in bestimmten kritischen Stadien *rückgängig* machen kann, und zwar auf dem Weg, der in eine Sackgasse führen würde, um dann in einer anderen, mehr Erfolg versprechenden Richtung von neuem zu beginnen. Der entscheidende Punkt ist dabei das Auftauchen einer nützlichen evolutionären Neuheit in der embryonalen, larvalen oder jugendlichen Phase, die bis ins Erwachsenenstadium der Nachkommenschaft des betreffenden Organismus beibehalten wird. Das folgende Beispiel zeigt, was gemeint ist:

»Reichhaltiges Beweismaterial spricht heute zugunsten der . . . Theorie, daß die Chordatiere – und somit auch wir, die Wirbeltiere – von der larvalen Phase eines primitiven Stachelhäuters abstammen, der vielleicht dem Seeigel oder der Seewalze ähnelte. Freilich scheint die ausgewachsene Seewalze nicht gerade ein Ahne zu sein, für den man sich begeistern könnte – sie ist eine träge Kreatur, die auf dem Meeresgrund liegt und wie eine schlecht gefüllte Wurst mit lederartiger Haut aussieht. Ihre frei schwimmende Larve erscheint jedoch erheblich vielversprechender: Im Gegensatz zur ausgewachsenen Seewalze ist die Larve bilateral symmetrisch gebaut wie ein Fisch; sie hat ein Ziliarband – einen Vorläufer des Nervensystems – und einige weitere differenzierte Merkmale, die man beim ausgewachsenen Tier nicht mehr vorfindet. Wir müssen annehmen, daß das ausgewachsene Tier, das seßhaft auf dem Meeresboden ruht, auf die mobilen Larven angewiesen war, um diese Spezies in den Gewässern des Ozeans auszubreiten, ähnlich wie etwa Pflanzen ihre Samen im Wind verstreuen; daß ferner die Larven, die auf sich angewiesen und einem weit stärkeren Selektionsdruck ausgesetzt waren als die ausgewachsenen Tiere, dadurch allmählich immer fischähnlicher wurden; daß sie schließlich die sexuelle Reife erreichten, während sie sich noch in der frei schwimmenden larvalen Phase befanden – und daß sie auf diese Weise eine neue Tierform hervorbrachten, die sich nicht mehr auf dem Meeresgrund niederließ, und die senile, seßhafte Seewalze völlig aus ihrem Lebensablauf eliminierten.«[226]

Die Beschleunigung der Geschlechtsreife ist ein bekanntes stammesgeschichtliches Phänomen, das man *Neotenie* nennt. Sie hat zwei Aspekte: Das Tier pflanzt sich bereits im larvalen oder jugendlichen Stadium fort, und es erreicht nie das Erwachsenenstadium, das einfach fallengelassen, aus seinem Lebenszyklus eliminiert wird (»Endverkürzung«). Die jugendlichen Entwicklungsstadien des Ahnen werden also zum Erwachsenenstadium der Nachfahren, und die Reifemerkmale der Ahnen werden unterwegs fallengelassen. Das kommt einem Prozeß der »Verjüngung«[227] und Entspezialisierung gleich – einer gelungenen Flucht aus einer Sackgasse des evolutionären Labyrinths.

J. Z. Young schrieb über Garstangs Auffassung: »Die Frage, die noch zu klären ist, heißt in Wirklichkeit nicht: ›Wie haben sich die Wirbeltiere aus Seescheiden gebildet?‹, sondern: ›Wie haben die Wirbeltiere das [erwachsene] Seescheidenstadium aus ihrem Lebenslauf eliminiert!‹ Es ist durchaus berechtigt anzunehmen, daß es mit Hilfe der Pädomorphose geschah.«[228]

Sir Gavin de Beer hat diesen Prozeß mit dem Neuaufziehen einer biologischen Uhr verglichen, wenn die Evolution abzulaufen und zum Stillstand zu kommen droht: »Ein Stamm kann sich verjüngen, indem er das Erwachsenenstadium seiner Individuen vom Ende ihrer Ontogenesen abstößt; danach könnte sich ein solcher Stamm nach allen Richtungen hin strahlenförmig ausbreiten.«[229]

Die Belege der Paläontologie und der vergleichenden Anatomie lassen tatsächlich darauf schließen, daß die Evolution an jedem wichtigen stammesgeschichtlichen Abschnitt umkehrte, um den Sackgassen der übermäßigen Spezialisierung zu entrinnen. Ich erwähnte eben die Evolution der Wirbeltiere vom Larvenstadium eines primitiven Stachelhäuters her. Hardy und Kolzow[230] haben zahlreiche andere Beispiele beschrieben, und Tachtajan[231] hat gezeigt, daß die Pädomorphose auch in der Evolution des Pflanzenlebens eine wichtige Rolle spielt. Die Insekten haben sich aller Wahrscheinlichkeit nach aus einem tausendfüßigen Urahn entwickelt – allerdings nicht aus seiner ausgewachsenen Form, deren Struktur zu spezialisiert war, sondern aus seiner Larvenform. Die Eroberung des trockenen Landes wurde von Amphibien eingeleitet, deren Stammbaum sich bis auf die primitive Form eines Lungenfisches zurückverfolgen läßt, während die spätere Entwicklung der hochspezialisierten Kiemenfische in einer Sackgasse endete. Die Beispiele ließen sich beliebig fortführen, doch der spektakulärste Fall der Pädomorphose ist die Entwicklung unserer eigenen Spezies.

Seit Louis Bolks bahnbrechender Arbeit, die 1926 veröffentlicht wurde, hat sich allmählich die Ansicht durchgesetzt, daß der erwachsene Mensch eher dem Embryo eines Affen ähnelt als einem ausgewachsenen Affen.

»Sowohl beim Embryo des Menschenaffen als auch beim erwachsenen Menschen ist die Gewichtsrelation vom Gehirn zum Gesamtkörper unverhältnismäßig hoch. Bei beiden verzögert sich die Schließung der Suturen zwischen den Schädelknochen, um eine Ausdehnung des Gehirns zu ermöglichen. Die Achse durch den menschlichen Kopf – das heißt die Richtung seiner Sehlinie – steht im rechten Winkel zu seiner Wirbelsäule, eine Anordnung, die man bei Affen und anderen Säugetieren nur im Embryonalzustand vorfindet, nicht jedoch im Erwachsenenstadium. Das gleiche gilt auch für den Winkel zwischen dem Rückgrat und dem Urogenitaltrakt – woraus sich erklärt, daß der Mensch als einziges Wesen den Geschlechtsverkehr von Angesicht zu Angesicht vollzieht. Embryonale, oder, um Bolks Ausdruck zu gebrauchen, *fötale* Merkmale beim erwachsenen Menschen sind z. B. auch: das Fehlen von Augenbrauenwülsten; die Spärlichkeit und das späte Auftreten der Körperbehaarung; die Blässe der Haut; das verzögerte Wachstum der Zähne . . .«[232]

Das »fehlende Verbindungsglied« zwischen dem Affen und dem Menschen wird wahrscheinlich nie gefunden werden – weil es ein Embryo war.

7

Die Pädomorphose oder Verjüngung scheint also eine wichtige Rolle in der Strategie der Evolution zu spielen. Sie zeigt sich in einem *Rückschritt* von spezialisierten ausgewachsenen Lebewesen zu früheren, weniger festgelegten und anpassungsfähigeren Formen des Organismus, gefolgt von einem plötzlichen Fortschritt in eine neue Richtung. Es ist, als habe der Strom des Lebens vorübergehend seinen Lauf geändert, sei eine Weile bergauf zu seiner Quelle zurückgeflossen und habe dann ein neues Bett gefunden – wobei der Koalabär wie eine ad acta gelegte Theorie an seinem Eukalyptusbaum hängenblieb. Wir haben es, anders ausgedrückt, abermals mit dem Prinzip *reculer pour mieux sauter* – zurückweichen, um besser springen zu können – zu tun, dem wir bereits an den entscheidenden Wendepunkten von Wissenschaft und Kunst begegneten. Die biologische Evolution ist weitgehend eine Geschichte gelungener Fluchtversuche aus den Sackgassen der übermäßigen Spezialisierung, und die Geschichte der Ideen ist eine Reihe gelungener Fluchtversuche aus der Tyrannei geistiger Gewohnheiten und erstarrter Routinetätigkeiten. In der biologischen Evolution ist die Flucht ein Rückschritt vom Erwachsenen- ins Kindheitsstadium, das anschließend als Ausgangspunkt für eine neue Entwicklungslinie benutzt wird; bei der geistigen Evolution ist sie ein vorübergehender Rückschritt zu primitiveren, umgehemmteren Arten der Vorstellungsfähigkeit, gefolgt von einem schöpferischen Sprung nach vorn (dem Gegenstück zu einem unvermittelten Ausbruch »adaptiver Radiation«). Diese beiden Arten des Fortschritts – das Auftauchen evolutionärer Neuheiten und die Schöpfung kultureller Neuheiten – zeigten also dasselbe Schema des Abbaus und der Neuformierung und erscheinen als analoge Prozesse auf verschiedenen Ebenen.

Weder die biologische Evolution noch der kulturelle Fortschritt beschreiben eine kontinuierliche Kurve. Sie sind beide nicht streng kumulativ in dem Sinn, daß sie dort weiterbauen, wo die vorige Generation aufgehört hat. Beide schreiten auf einem Zickzackkurs fort.[233] Stetig ist der Fortschritt der Wissenschaft nur in den Perioden der Konsolidierung und Verfeinerung, die auf einen wichtigen Durchbruch oder »Paradigma-Wechsel« folgen. Früher oder später führt die Konsolidierung freilich zu zunehmender Starre, Orthodoxie und deshalb in die Sackgasse der Überspezialisierung – das Gegenstück des irischen Elchs oder des Koalabären. Die neue theoretische Struktur, die sich nach dem Durchbruch ergibt, wird jedoch nicht nur dem alten Bauwerk hinzugefügt; sie zweigt von dem Punkt ab, wo die Evolution der Ideen die falsche Richtung einschlug.

Die großen Revolutionen in der Geschichte der Wissenschaft haben also entschieden pädomorphen Charakter. In der Geschichte der Literatur und Kunst ist der Zickzackkurs noch deutlicher: Wir haben gesehen, daß die Perioden des kumulativen Fortschritts einer bestimmten »Schule« oder Technik unweigerlich mit Stillstand, Manierismus oder Dekadenz enden, bis die Krise durch eine revolutionäre Verlagerung der Sensibilität, der Emphase und der stilistischen Mittel beendet wird.

8

Wir können die Analogie zwischen der biologischen und der kulturellen Evolution noch weiter untermauern, wenn wir unsere Aufmerksamkeit einem der grundlegenden Merkmale lebender Organismen zuwenden: der Kunst der Selbstreparatur und ihren dramatischen Äußerungen in den Phänomenen der *Regeneration* (die Needham als »einen der spektakulären Zaubertricks im Repertoire der lebenden Organismen« bezeichnet hat).[234] Sie ist ebenso lebenswichtig wie die Fähigkeit der Fortpflanzung, und bei einigen niederen Organismen, die sich durch Spaltung oder Knospung vermehren, sind Regeneration und Fortpflanzung oft nicht voneinander zu unterscheiden. Wenn man zum Beispiel einen Plattwurm quer durchschneidet, wird der Kopfteil einen neuen Schwanz bilden, der Schwanz einen neuen Kopfteil. Selbst wenn man den Wurm in ein halbes Dutzend Scheiben schneidet, wird sich jede Scheibe zu einem neuen Tier regenerieren. Plattwürmer, Hydren, Seescheiden und Seesterne, die alle aus einem kleinen Körpersegment einen vollständigen Organismus regenerieren können, ließen sich als biologische Hologramme bezeichnen.

Auf den höheren Sprossen der stammesgeschichtlichen Leiter sind die Amphibien imstande, ein verlorenes Glied oder Organ neu zu bilden; abermals findet der Zauber nach dem Rezept des Auflösens und Neuzusammenfügens statt; die Gewebezellen am Amputationsstumpf entdifferenzieren sich und entwickeln sich in ein gleichsam embryonales Stadium zurück, um sich dann zwecks Bildung der neuen Struktur abermals zu differenzieren und zu spezialisieren.[235]

Die Erneuerung eines verlorenen Glieds oder einer verlorenen Augenlinse ist natürlich ein Phänomen völlig anderer Ordnung als die normale Wundheilung. Das regenerative Potential der Spezies verschafft den einzelnen Individuen einen zusätzlichen Sicherheitsmechanismus im Dienst der Evolution – nämlich eine Methode der Selbstreparatur, die auf der genetischen Formbarkeit der nicht festgelegten Embryonalzellen beruht. Es ist aber mehr als ein Sicherheitsmechanismus, denn wir haben eben gesehen, daß die wichtigen evolutionären Neuheiten durch einen ähnlichen Rückschritt von der ausgewachsenen zur embryonalen Stufe bewirkt wurden. Die größeren Schritte auf der Leiter, die zu unserer Spezies führte, lassen sich in der Tat als eine Reihe von *phylogenetischen Selbstreparaturen* bezeichnen, als eine Serie geglückter Fluchtversuche aus Sackgassen mittels Auflösens und Neuformens von schlecht angepaßten Strukturen.

Auf den höheren Stufen des Lebens, die von den Reptilien zu den Säugetieren führen, nimmt die Kraft der Regeneration einzelner Körperteile ab und wird durch die wachsende Fähigkeit des Gehirns und Nervensystems ersetzt, das Verhaltensmuster des Organismus zu ändern. In der ersten Hälfte unseres Jahrhunderts untergrub Karl Lashley mit einer Reihe klassischer Experimente die Vorstellung, das Nervensystem sei ein starrer Reflexautomat. Er demonstrierte, daß Gehirnpartien von Ratten, die normalerweise eine bestimmte Funktion ausüben, unter gewissen Bedingungen die Aufgaben anderer, verletzter Gehirnteile übernehmen können. Er richtete seine Ratten zum Beispiel darauf ab, zwischen verschiedenen Gegenständen visuell zu unterscheiden, und operierte dann ihr Sehfeld heraus. Erwartungsgemäß war ihr optisches Unterscheidungsvermögen verschwunden, doch wider Erwarten konnten die Tiere die Fertigkeit von neuem erlernen. Eine andere Partie des Gehirns, die normalerweise nichts mit visuellem Lernen zu tun hat, mußte diese Aufgabe übernommen haben, also für die entfernte Partie eingesprungen sein. Man könnte diese Leistung als »Meta-Adaption« bezeichnen. Ähnliche Fälle sind von Insekten, Vögeln, Schimpansen und anderen Tieren belegt.[236]

Beim Menschen ist die Fähigkeit, Körperteile zu regenerieren, auf ein Mindestmaß beschränkt, wird jedoch durch seine einzigartige Gabe kompensiert, Denk- und Verhaltensmuster zu ändern, um kritische Herausforderungen durch schöpferische Reaktionen zu bestehen. So haben wir den Kreis der biologischen Evolution durchmessen und sind wieder bei den Äußerungen der menschlichen Kreativität angelangt, die auf dem Schema des Auflösens und Neuzusammenfügens beruht und sich wie ein Leitmotiv von der Pädomorphose zu den revolutionären Wendepunkten in Wissenschaft und Kunst, zu der psychischen Regeneration mit Hilfe der regressiven Techniken der Psychoanalyse und schließlich zu den Archetypen von Tod und Auferstehung, Rückzug und Wiederkehr zieht, denen wir in allen Mythologien begegnen.

9

Eine der grundlegenden Lehren der mechanistischen Weltanschauung des 19. Jahrhunderts war der berühmte »Zweite Hauptsatz der Thermodynamik« von Rudolf Clausius. Er postulierte, daß der Kosmos seiner endgültigen Auflösung zustrebt, weil seine Energie ständig und unaufhaltsam in Zufallsbewegungen von Molekülen umgesetzt wird, bis er schließlich als eine formlose Gasblase mit gleichbleibender Temperatur etwas über dem absoluten Nullpunkt enden wird: Das Universum löst sich im Chaos auf.

Erst vor relativ kurzer Zeit erholte sich die Wissenschaft langsam von den hypnotischen Wirkungen dieser Schreckensvision, weil sie begriff, daß der Zweite Hauptsatz nur auf den Sonderfall der sogenannten »geschlossenen Systeme« (zum Beispiel eine Gasmenge in einem vollkommen dichten Behälter) anwendbar ist, während alle lebenden Organismen »offene Systeme« sind, die ihre vielschichtige Struktur und Funktion bewahren, indem sie ihrer Umwelt dauernd Substanz und Energie entziehen. Statt »abzulaufen« wie ein mechanisches Uhrwerk, das seine Energie durch Reibung verschwendet, baut ein lebender Organismus aus den Substanzen, die er konsumiert, ständig vielschichtigere Substanzen auf, bildet von der Energie, die er absorbiert, vielschichtigere Formen der Energie und von der Eingabe seiner Sinnesorgane vielschichtigere Informationsgefüge – Wahrnehmungen, Wissen, gespeicherte Erinnerungen.

Die Tatsachen lagen also deutlich sichtbar auf der Hand, doch die orthodoxen Evolutionsforscher wollten ihre theoretische Bedeutung nicht akzeptieren. Die Vorstellung, daß lebende Organismen im Gegensatz zu Maschinen in erster Linie *aktiv* waren und nicht nur *reagierten,* daß sie sich nicht passiv ihrer Umwelt anpaßten, sondern, um Judson Herrick zu zitieren, »schöpferisch in dem Sinn waren, daß sie ständig neue Formen und Verhaltensweisen hervorbrachten« – solche Vorstellungen waren Darwinisten, Behavioristen und Reduktionisten im allgemeinen zutiefst zuwider.[237] Daß der ehrwürdige Zweite Hauptsatz, der in der Physik so nützlich gewesen war, nicht für lebende Materie galt, mehr noch, daß er bei der lebenden Materie gleichsam *umgekehrt* galt, war in der Tat nicht akzeptabel für die Vertreter einer orthodoxen Schule, die immer noch fest daran glaubte, alle Phänomene des Lebens ließen sich letztlich auf physikalische Gesetze zurückführen.

Es war übrigens ein Physiker und kein Biologe, nämlich der Nobelpreisträger Erwin Schrödinger, der die Tyrannei des Zweiten Hauptsatzes mit einem berühmt gewordenen Ausspruch beendete: » . . . wovon ein Organismus sich ernährt, ist negative Entropie.«[238] *Entropie* ist die Bezeichnung für abgebaute Energie, die durch Reibung und andere Abbauprozesse aufgelöst worden ist und nicht wiedergewonnen werden kann; sie ist, anders gesagt, eine Maßeinheit für den Energieverlust. Der Zweite Hauptsatz läßt sich auch ausdrücken, indem man sagt, daß die Entropie eines geschlossenen Systems dazu neigt, auf ein Höchstmaß anzusteigen, bei dem sich all seine Energie in die chaotischen Bewegungen von Gasmolekülen verflüchtigt. Wenn unser Universum also ein geschlossenes System wäre, müßte es schließlich vom Kosmos zum Chaos »ablaufen«. Die Entropie wurde zu einem Schlüsselbegriff der Physik – gleichsam zu einem physikalischen Pseudonym für Thanatos; sie fand sogar einen Weg in Freuds Konzept vom Todestrieb.

Die »negative Entropie« (oder *Negentropie*) ist somit die beinahe pervers formulierte Bezeichnung für die Fähigkeit lebender Organismen, aufzubauen statt abzubauen, aus einfachen Elementen vielschichtigere Strukturen, aus Formlosigkeit integrierte Muster, aus Unordnung Ordnung zu schaffen. Die gleiche nicht zu unterdrückende Aufbautendenz äußert sich im Fortschritt der Evolution, in der Entstehung neuer Stufen der Komplexität in der Hierarchie von Organismen, in der Entwicklung neuer Methoden der funktionalen Koordinierung, die zu mehr Unabhängigkeit von der Umwelt und zur Beherrschung der Umwelt führen.

Weiter oben sprach ich vom »tätigen Streben der lebenden Substanz, das evolutionäre Potential des Planeten möglichst weitgehend auszuschöpfen«. Der altehrwürdige Biologe und Nobelpreisträger Albert Szent-Györgyi dachte in der gleichen Richtung, als er vorschlug, den Begriff »Negentropie«, der einen negativen Beigeschmack hat, durch die positive Bezeichnung *Syntropie* zu ersetzen; er definiert sie als einen »instinktiven Perfektionstrieb der lebenden Materie«. Als sein Äquivalent im psychologischen Bereich bezeichnete er »Drang zur Synthese, zum Wachstum, zur Ganzheit und Selbstperfektion«[239].

Das läuft auf nicht mehr und nicht weniger als eine Wiederbelebung des *Vitalismus* hinaus, den die reduktionistische Schule als dunklen Aberglauben gebrandmarkt hatte. Die Ursprünge des Begriffs reichen bis zur *Entelechie* des Aristoteles zurück, zu dem grundlegenden Funktionsprinzip, das bloße Substanz in einen lebenden Organismus verwandelt und gleichzeitig nach Vollkommenheit strebt. Nach Aristoteles wurde die Vorstellung von einer elementaren Kraft, die lebloser Materie Leben einhaucht, von verschiedenen Autoren in unterschiedlicher Gestalt aufgenommen: von Galen und Kepler mit ihrer *facultas formatrix*, von Galvani mit seiner »Lebenskraft«, von Leibniz mit seinen »Monaden«, von Goethe mit seiner »Gestaltung«, von Bergson mit seinem *élan vital*. Zu Beginn unseres Jahrhunderts wurde der Begriff *Entelechie* von dem deutschen Biologen Hans Driesch übernommen, der bei seinen berühmt gewordenen Experimenten in Embryologie und Regeneration die Überzeugung gewann, daß sich diese Phänomene nicht allein mit den physikalischen und chemischen Gesetzen erklären lassen – was die Anhänger der entgegengesetzten »mechanistischen« Schule behaupteten. Aufgrund der schnellen Fortschritte auf dem Gebiet der Biochemie verlor der Vitalismus an Boden und kam in den Ruch einer überflüssigen Hypothese mit mystischem Beigeschmack, bis das Pendel wieder in die andere Richtung ausschlug. Schrödingers revolutionäre Vorstellung von der Negentropie, die 1944 veröffentlicht und in weiten Kreisen begrüßt wurde, führte den Vitalismus gleichsam durch die Hintertür wieder ein.[240] Man sollte ihn jedoch als *Neovitalismus* bezeichnen, um ihn von seinen präwissenschaftlichen Vorläufern zu unterscheiden. Seine grundlegende Botschaft wurde mit bewundernswerter Einfachheit von Szent-Györgyi zusammengefaßt (dem man kaum eine unwissenschaftliche Einstellung vorwerfen kann):

»Wenn Elementarteilchen zusammengetan werden, um einen Atomkern zu bilden, ist etwas Neues entstanden, das man nicht mehr mit den Eigenschaften von Elementarteilchen beschreiben kann. Genauso ist es, wenn man diesen Kern mit Elektronen umgibt und ein Atom baut, wenn man Atome zu einem Molekül zusammensetzt usw. Die unbelebte Natur endet auf der Ordnungsstufe einfacher Moleküle. Lebende Systeme gehen jedoch weiter und kombinieren Moleküle zu Großmolekülen, Großmoleküle zu Organellen (wie Zellkernen, Mitochondrien, Chloroplasten, Ribosomen oder Membranen) und fügen diese schließlich alle zusammen, um das größte Wunder der Schöpfung, die Zelle mit ihren inneren Regulierungsmechanismen, zu schaffen. Dann werden immer mehr Zellen zusammengebaut, um ›höhere Organismen‹ und immer komplexere Lebensformen zu bilden, zu denen auch wir gehören. Bei jedem neuen Schritt entstehen komplexere und subtilere Merkmale, und so haben wir es zuletzt mit Eigenschaften zu tun, die in der unbelebten Welt keine Parallele haben, obgleich die Grundregeln unverändert geblieben sind.«[241]

Mit den »Grundregeln« meint Szent-Györgyi die Gesetze der Physik und Chemie, die ihre Gültigkeit im Bereich der biologischen Phänomene zwar behalten, aber nicht ausreichen, um diese zu erklären, weil sie »in der unbelebten Welt keine Parallele haben«. Daher hat man die Syntropie (oder die Negentropie oder den *élan vital*) als »instinktiven Perfektionstrieb der lebenden Materie« postuliert – als den Drang, das evolutionäre Potential möglichst weitgehend auszuschöpfen.

Nach der Theorie, die ich in diesem Buch erörtere, gründet dieser »instinktive Trieb« in der *integrativen Tendenz.* Und sie bezeichnet den Sachverhalt genauer als all die Begriffe, die ich zuvor anführte, weil sie sich aus dem Konzept der hierarchischen Ordnung ergibt und auf jeder einzelnen Stufe äußert, von der Symbiose der Organellen in der Zelle bis zu den ökologischen Systemen und menschlichen Gesellschaften. Ihr Gegensatz, die *selbstbehauptende Tendenz,* wirkt ebenfalls auf jeder Stufe. Sie liefert einen Schlüssel für die rätselhafte konservative Neigung der Evolution, wie sie die Phänomene der Homologie, die Stabilität der Arten, das langsame Tempo des Wandels, das Überdauern »lebender Fossilien« (auch »stehenbleibende Arten« genannt) widerspiegelt, und führt letzten Endes in die Sackgasse der Stagnation und Überspezialisierung, wenn sie nicht von der integrativen Tendenz in Schach gehalten wird. Wir haben nämlich gesehen[242], daß die selbstbehauptende Tendenz in der Tat konservativ und darauf bedacht ist, »die Individualität des Holons im Hier und

Jetzt der herrschenden Bedingungen zu bewahren, während die integrative Tendenz die dualistische Funktion hat, die konstituierenden Holons eines Systems in dessen gegenwärtigem Stadium zu erhalten *und* neue Stufen vielschichtiger Integrationen bei der Entwicklung von Hierarchien zu bilden, wobei die Hierarchien biologisch, sozial oder kognitiv sein können. Die selbstbehauptende Tendenz ist also gegenwartsorientiert und mit Selbst-Erhaltung befaßt, während man von der integrativen Tendenz sagen kann, daß sie sowohl für die Gegenwart als auch in Richtung auf die Zukunft arbeitet.«

Man hat die Evolution auch mit einer Reise von einem unbekannten Ursprung zu einem unbekannten Ziel, mit einer Fahrt über einen unermeßlichen Ozean verglichen. Wir können aber wenigstens die Route kartographieren, die uns von einem seegurkenähnlichen Stadium bis zur Eroberung des Mondes führte, und es läßt sich nicht leugnen, daß es einen Wind gibt, der die Segel bläht. Es ist freilich Ansichtssache, ob man sagt, daß der Wind, der aus der fernen Vergangenheit kommt, das Schiff zielstrebig vorantreibt oder daß er uns der Zukunft entgegenschlingern läßt. Die Zielgerichtetheit aller Lebensprozesse, die Strategie der Gene und die Macht des Explorationstriebs bei Tier und Mensch, all das scheint darauf hinzuweisen, daß die Anziehungskraft der Zukunft ebenso real ist wie der Druck der Vergangenheit. Kausalität und Finalität sind Komplementärprinzipien in den Wissenschaften vom Leben; wenn man Finalität und Zielstrebigkeit ausklammert, klammert man aus der Biologie und der Psychologie das Leben aus.[243]

Wenn das als Vitalismus bezeichnet wird, habe ich nichts dagegen einzuwenden und werde mich damit begnügen, eine tiefschürfende Bemerkung des »Erzvitalisten« Henri Bergson zu zitieren: »Das vitalistische Prinzip mag wohl nicht imstande sein, vieles zu erklären, es ist aber zumindest ein Schild, das wir unserer Ignoranz anhängen können, damit wir uns ihrer erinnern, während der Mechanismus dazu verleitet, diese unsere Ignoranz zu ignorieren.«[244]

Das letzte Wort dieses Kapitels gebührt indessen Professor Grassé: »Die gemeinsamen Bemühungen der Paläontologie und einer vom Dogmatismus befreiten Molekularbiologie müßten schließlich zur Entdeckung des eigentlichen Mechanismus der Evolution führen – möglicherweise jedoch, ohne uns über die Ursachen, die die Richtung der evolutionären Bahnen bestimmen, und die Zielgerichtetheit der Strukturen, Funktionen und grundlegenden Zyklen aufzuklären. Angesichts dieser Probleme muß die Biologie womöglich ihre Hilflosigkeit eingestehen und bei der Metaphysik Hilfe suchen.«[245]

Vierter Teil
Neue Horizonte

12. Freier Wille im Rahmen der Hierarchie

1

»Hätte Kleopatra eine kürzere Nase gehabt«, hat Pascal einmal gesagt, »dann wäre die Weltgeschichte anders verlaufen.« Und wenn sein Zeitgenosse Descartes einen Pudel gehabt hätte, wäre die Geschichte der Philosophie anders verlaufen. Der Pudel hätte Descartes nämlich bewiesen, daß Tiere im Gegensatz zu seiner Lehre keine Maschinen sind und daß daher auch der menschliche Körper keine Maschine ohne direkte Verbindung mit dem Geist ist, der nach Meinung des großen Philosophen in der Zirbeldrüse saß.

Den entgegengesetzten Standpunkt faßte Bergson in einem unvergeßlichen Aphorismus zusammen: »Die Unbewußtheit eines fallenden Steins ist etwas anderes als die Unbewußtheit eines heranwachsenden Kohlkopfs.«

Bergsons Ansicht entspricht in etwa dem *Panpsychismus,* der Lehre von der Allbeseelung, nach der jedes Tier und sogar Pflanzen irgendeine Art von Gefühl oder Empfindung haben. Einige moderne Physiker, die nicht vor Spekulationen zurückschrecken, würden selbst subatomaren Teilchen ein psychisches Element zuschreiben. Der Panpsychismus postuliert also ein Kontinuum vom heranwachsenden Kohlkopf bis zur menschlichen Selbst-Bewußtheit, während der kartesianische Dualismus das Bewußtsein als ausschließlich menschliches Merkmal betrachtet und Geist und Materie durch so etwas wie einen Eisernen Vorhang trennt.

Der Panpsychismus und der kartesianische Dualismus sind die entgegengesetzten Punkte des philosophischen Spektrums. Ich werde mich hier nicht mit ihren subtilen Weiterentwicklungen – wie Interaktionismus, Parallelismus, Epiphänomenalismus, Identitätshypothese usw. – beschäftigen, sondern zu zeigen versuchen, daß der Begriff der vielstufigen Holarchie sich vorzüglich eignet, neues Licht auf dieses sehr alte Problem zu werfen. Wie wir sehen werden, ersetzt der hierarchische Ansatz die kontinuierlich ansteigende Kurve des Panpsychismus vom Kohlkopf zum Menschen durch eine Reihe von einzelnen Stufen. Der Berghang wird also durch eine Treppe abgelöst, und die kartesianische Mauer, die Geist und Körper voneinander trennt, wird gleichsam durch eine Reihe von Schwingtüren durchbrochen.

Wie wir aus unserer täglichen Erfahrung wissen, ist das Bewußtsein keine Frage des Entweder-Oder. Es hat vielmehr zahlreiche Abstufungen, die gleichsam eine Treppe bilden – eine Treppe von der tiefen, durch Narkosemittel herbeigeführten Bewußtlosigkeit zu einem medikamentösen Dämmerzustand, zur Verrichtung komplexer Routinetätigkeiten wie dem »geistesabwesenden« Schnüren von Schuhsenkeln zur vollen Bewußtheit und zur Selbst-Bewußtheit, daß das Ich seiner selbst bewußt ist – und so fort, denn die Treppe des Bewußtseins hat nach oben kein Ende.

Auch in der anderen Richtung gibt es eine Vielzahl von Stufen des Bewußtseins oder Empfindens, die weit unter die Ebene des Menschlichen reichen. Verhaltensforscher, die einen »guten Draht« zu Tieren haben, weigern sich im allgemeinen, einen Trennungsstrich zu ziehen, der die untere Grenze des Bewußtseins auf der stammesgeschichtlichen Leiter anzeigt, während Neurophysiologen vom »spinalen Bewußtsein« niederer Wirbeltiere und sogar vom »protoplasmischen Bewußtsein« bei Protozoen sprechen. Um ein Beispiel anzuführen: Sir Alister Hardy verdanken wir eine sehr anschauliche Beschreibung der Foraminiferen, winziger, einzelliger Meerestiere, die mit den Amöben verwandt sind und aus den Skelettnadeln toter Schwämme kunstvolle, mikroskopisch kleine Häuser bauen – »wahre Konstruktionswunder«, wie Hardy sie nennt.[246] Und doch haben diese primitiven Einzeller weder Augen noch ein Nervensystem und sind nichts als eine gallertartige Masse fließenden Protoplasmas. Die Hierarchie scheint also in beiden Richtungen offen zu sein.

Um den angesehenen Biologen W. H. Thorpe zu zitieren: »Alles Beweismaterial deutet darauf hin, daß das Bewußtsein auf den unteren Sprossen der Evolutionsleiter – wenn es dort überhaupt existiert – von sehr allgemeiner Art, das heißt sozusagen unstrukturiert sein muß; und daß mit der Entwicklung von zielgerichteten Verhaltensweisen und intensivierter Aufmerksamkeit das erwartungsvolle Bewußtsein ständig lebhafter und präziser wird.«[247]

Man muß sich jedoch vor Augen führen, daß diese Abstufungen der »Gliederung, Lebhaftigkeit und Genauigkeit« des Bewußtseins nicht nur auf der Evolutionsleiter und bei Mitgliedern einer Spezies in verschiedenen Abschnitten ihrer Ontogenese, sondern auch bei erwachsenen Menschen zu beobachten sind, wenn sie mit verschiedenen Situationen konfrontiert werden. Als Beispiel mag die nur scheinbar triviale Tatsache dienen, daß man ein und dieselbe Tätigkeit – meinetwegen Autofahren – entweder *automatisch,* ohne sich der einzelnen Vorgänge bewußt zu sein, oder *bewußt* verrichten kann, wobei das »bewußt« wiederum *viele Abstufungen* haben kann. Wenn ich eine Straße, die ich gut kenne und auf der wenig Verkehr herrscht, entlangfahre, kann ich die »automatische Steuerung« in meinem Nervensystem einschalten und an etwas anderes denken. Mit anderen Worten: Die Aufgabe, meine Fahrtätigkeit zu kontrollieren und zu koordinieren, ist von einer höheren Stufe meiner geistigen Hierarchie auf eine niedrigere verlegt worden. Beim Überholen eines anderen Autos muß die Kontrolle jedoch wieder *nach oben,* auf eine Stufe der halbbewußten Routinetätigkeit, verlagert werden, und bei schwierigen Überholmanövern ist eine weitere Verlagerung nach oben erforderlich, damit ich mir meines Tuns uneingeschränkt bewußt bin.

Es gibt mehrere Faktoren, die darüber entscheiden, *ob* man der Tätigkeit, die man gerade verrichtet, bewußte Aufmerksamkeit schenkt und *wieviel* bewußte Aufmerksamkeit man ihr schenkt. Der wichtigste dieser Faktoren ist in unserem Zusammenhang die *Gewohnheitsbildung.* Während wir eine Fertigkeit erlernen, müssen wir uns auf jede Einzelheit dessen, was wir tun, konzentrieren. Wir lernen unter Mühen, die gedruckten Buchstaben des Alphabets auseinanderzuhalten und zu benennen, auf einem Fahrrad zu fahren, die richtige Taste auf dem Klavier oder der Schreibmaschine zu treffen. Mit wachsender Meisterschaft und nach längerer Praxis kann die Typistin ihre Finger sozusagen »sich selbst überlassen«; wir lesen, schreiben, fahren »automatisch«, und das bedeutet, daß die Regeln, die die Ausübung der Fertigkeit beherrschen, nunmehr unbewußt befolgt werden. Diese Verdichtung von Lernen zu Gewohnheit läßt sich als ein Prozeß bezeichnen, *der geistige in mechanische Aktivitäten umsetzt* – geistige Vorgänge in maschinelle Vorgänge. Er beginnt schon in der frühesten Kindheit und geht nie zu Ende.

Diese Tendenz zur fortschreitenden Automatisierung von Gewohnheiten hat eine positive Seite: sie entspricht dem Sparsamkeitsprinzip. Wenn ich das Lenkrad des Autos mechanisch drehe, kann ich eine Unterhaltung fortsetzen; und wenn ich die Regeln der Grammatik und Syntax nicht automatisch anwende, kann ich nicht genug auf die Bedeutung meiner Worte achten. Die progressive Mechanisierung von Gewohnheiten und Routinetätigkeiten birgt aber auch die Gefahr, daß wir uns in Automaten verwandeln. Der Mensch ist zwar keine Maschine, aber wir benehmen uns den größten Teil des Tages wie Maschinen oder wie Schlafwandler, nämlich ohne geistig an den Tätigkeiten teilzunehmen, die wir verrichten. Das gilt nicht nur für reine Routineabläufe – die Handhabung von Messer und Gabel bei Tisch, das Anzünden einer Zigarette, das Unterschreiben eines Briefes –, sondern auch für geistige Aktivitäten. So kann man »geistesabwesend« einen ganzen Buchabschnitt lesen, ohne ein einziges Wort aufzunehmen. Karl Lashley zitierte einmal einen seiner Kollegen, einen Professor der Psychologie, der ihm erklärt hatte: »Wenn ich einen Vortrag halten muß, lasse ich meinem Mund freien Lauf und schlafe inzwischen.«

Man könnte das Bewußtsein also etwas überpointiert als das spezielle Attribut einer Tätigkeit beschreiben, *das mit dem Voranschreiten der Gewohnheitsbildung* abnimmt. Die Verdichtung von Lernen zu Gewohnheiten wird von einer Verminderung der Bewußtheit begleitet. Wir rechnen indessen damit, daß der entgegengesetzte Prozeß abläuft, wenn eine Routinetätigkeit durch irgendein unerwartetes Hindernis oder Problem gestört wird – daß wir dann unverzüglich wieder von »mechanischem« auf »geistiges« oder »bewußtes« Verhalten umschalten. Wenn über die Straße, auf der man eben noch geistesabwesend gefahren ist, plötzlich eine Katze läuft, übernimmt der bislang abwesende Geist blitzartig wieder die Kontrolle, das heißt, er trifft unverzüglich die Entscheidung, ob die Katze überfahren oder die Sicherheit der Mitfahrer durch eine Notbremsung gefährdet werden soll. Was in einem solchen Krisenmoment stattfindet, ist die Übertragung der Kontrolle einer Tätigkeit auf eine höhere Stufe der vielstufigen Hierarchie, weil die Entscheidung, die getroffen werden muß, die Kompetenzen des »Autopiloten« übersteigt und an eine »höhere Dienststelle« delegiert werden muß. Nach unserer Theorie ist diese plötzliche Kontrollverlagerung auf eine höhere Stufe der Hierarchie – analog dem Quantensprung in der Physik – die Essenz des bewußten Entscheidungsprozesses und der subjektiven Erfahrung des freien Willens.

Der entgegengesetzte Prozeß ist, wie wir gesehen haben, die Mechanisierung von Routinetätigkeiten, das Phänomen, daß man Sklave seiner Gewohnheiten wird. Wir haben es also mit einem dynamischen Konzept zu tun, das sich durch folgendes Bild verdeutlichen läßt: In der Geist-Körper-Hierarchie herrscht ständig Verkehr in beiden Richtungen, nach unten und nach oben. Die Automatisierung von Gewohnheiten und Fertigkeiten vollzieht sich in einer ständigen *Abwärtsbewegung* wie in einem nach unten gleitenden Fahrstuhl, so daß auf den oberen Etagen Raum für kompliziertere Tätigkeiten frei wird; die Gefahr liegt freilich darin, daß wir uns in Automaten verwandeln können. Jeder Schritt nach unten ist ein Übergang vom Geistigen zum Mechanischen; jeder Schritt auf eine höhere Stufe der Hierarchie führt zu lebhafteren und stärker strukturierten Bewußtseinsstadien.

Dieses Alternieren zwischen roboterhaftem und bewußtem Verhalten ist, wie ich bereits sagte, ganz alltäglich. Bei seltenen Gelegenheiten erleben schöpferische Menschen jedoch ein blitzschnelles Hinüberschwingen – ein *reculer pour mieux sauter* – von den über-artikulierten, über-spezialisierten Stufen der kognitiven Hierarchie zu den primitiveren, flexibleren Stufen und wieder zurück nach oben zu einer neu strukturierten höheren Stufe.

2

Der klassische Dualismus kennt nur eine einzige Barriere zwischen Geist und Körper. Die hierarchische Auffassung, auf der unsere Theorie beruht, impliziert *eine vielstufige an Stelle einer zweistufigen Anordnung*: Die Umwandlung von physikalischen Vorgängen in geistige und umgekehrt geschieht nicht durch einen einzigen Sprung über eine einzige Barriere, sondern durch eine Reihe von Schritten auf der vielstufigen Hierarchie, wobei verschiedene Schwingtüren durchquert werden.

Ein konkretes Beispiel dafür bieten die bereits erwähnten Luftschwingungen[248], also physikalische Vorgänge, die auf unser Trommelfell treffen und in Ideen oder Vorstellungen, also geistige Vorgänge, umgewandelt werden. Um die Botschaft der Luftbewegung zu entziffern, muß der Hörende blitzschnell eine Reihe »Quantensprünge« von der einen Stufe der Hierarchie zur nächsthöheren ausführen: Phoneme sagen nichts aus und können erst auf der Stufe der Morpheme interpretiert werden; Wörter müssen in ihrem Kontext gedeutet, Sätze in einem größeren Zusammenhang aufgefaßt werden. Aktives Sprechen – das Artikulieren einer bisher nicht verbalisierten Idee oder Vorstellung – macht den umgekehrten Prozeß notwendig. Dabei werden geistige Vorgänge in die mechanischen Bewegungen der Stimmbänder umgesetzt. Das geschieht wiederum durch eine Zwischenserie schneller, aber deutlich voneinander getrennter Schritte, die jeweils immer stärker automatisierte sprachliche Routinetätigkeiten auslösen: die Gliederung der beabsichtigten Botschaft zu einer Linearsequenz, wobei die Botschaft nach den stummen Befehlen der Grammatik und Syntax bearbeitet wird; zuletzt kommen dann die rein mechanischen Bewegungsabläufe der Sprechorgane.

Shakespeare hat Noam Chomskys psycholinguistische Hierarchie im *Sommernachtstraum* vorweggenommen:

> Und wie die schwangere Phantasie Gebilde
> von unbekannten Dingen ausgebiert,
> gestaltet sie des Dichters Kiel, benennt
> das luft'ge Nichts und gibt ihm festen Wohnsitz.

Noch einmal: Bei der schrittweise erfolgenden Umwandlung von »luftigen Nichtsen« in die physikalischen Bewegungen der Stimmbänder bewirkt jeder Schritt nach unten eine Übertragung der Kontrolle an einen stärker automatisierten Automatismus; jeder Schritt nach oben führt zu geistigeren Prozessen der Geistestätigkeit. Die Dichotomie zwischen Geist und Körper wird also nicht an einer einzigen Grenze offenbar, wie es der klassische Dualismus sieht. Sie ist vielmehr auf jeder Zwischenstufe der Hierarchie gegenwärtig.

Nach dieser Auffassung verschwindet die kategorische Trennung von Geist und Körper, und an ihre Stelle treten die Komplementärmerkmale »geistig« oder »bewußt« einerseits und »mechanisch« andererseits. Welches Merkmal dominiert – ob ich meine Krawatte bewußt oder mechanisch binde –, hängt von dem Verkehr in der Hierarchie ab: ob die Kontrollen nach oben oder nach unten durch die Schwingtüren verlagert werden. So können selbst die unteren viszeralen Stufen der Hierarchien, auf denen normalerweise das autonome Nervensystem herrscht, durch Yoga-Übungen oder Biofeedback-Methoden unter geistige oder bewußte Kontrolle gebracht werden. Und, wie bereits gesagt, umgekehrt: Wenn ich müde oder gelangweilt bin, kann ich die angeblich geistige Tätigkeit des Lesens verrichten, ohne ein einziges Wort »aufzunehmen«.

Wir sprechen vom »Geist« gewöhnlich nicht wie von einer Sache, obwohl er keine ist – er besteht nämlich nicht aus Materie. Geistestätigkeiten wie Denken, Erinnern, Vorstellen sind *Prozesse,* die in einer reziproken oder komplementären Beziehung zu mechanischen Prozessen stehen. Hier liefert uns die moderne Physik eine zweckdienliche Analogie, nämlich das sogenannte Prinzip der Komplementarität, ein grundlegender Begriff dieser Wissenschaft. Er bedeutet, allgemein ausgedrückt, daß die elementaren Bestandteile der Materie – Elektronen, Protonen, Neutronen usw. – ambivalente, januskopfige Einheiten sind, die sich unter bestimmten Bedingungen wie feste Körper, unter anderen Bedingungen dagegen wie Wellen in einem nicht-substantiellen Medium verhalten.

Werner Heisenberg, einer der Pioniere der subatomaren Physik, erklärte in diesem Zusammenhang: »Der neugeprägte Begriff der Komplementarität sollte eine Situation beschreiben, in der wir ein und dasselbe Geschehen mit zwei verschiedenen Betrachtungsweisen erfassen können. Diese beiden Betrachtungsweisen schließen sich zwar gegenseitig aus, aber sie ergänzen sich auch, und erst durch das Nebeneinander der beiden widersprechenden Betrachtungsweisen wird der anschauliche Gehalt des Phänomens voll ausgeschöpft . . . Was die Kopenhagener Schule Komplementarität nennt, stimmt recht hübsch mit dem kartesianischen Dualismus von Geist und Materie überein.«[249]

Das bezieht sich zwar auf den klassischen Dualismus und nicht auf die hier vorgeschlagene Pluralität der Stufen, aber die Analogie ist nichtsdestoweniger nützlich. Das Wissen, daß ein Elektron sich je nach der Versuchsanordnung wie ein Teilchen oder wie eine Welle verhält, erleichtert uns, die Tatsache zu akzeptieren, daß der Mensch je nach den herrschenden Umständen wie ein Automat oder wie ein bewußtes Wesen funktioniert.

Wolfgang Pauli, ebenfalls Nobelpreisträger, dachte ganz ähnlich: »Das allgemeine Problem der Beziehung zwischen Psyche und Physis, zwischen Innen und Außen, dürfte zwar kaum gelöst sein. Die moderne Naturwissenschaft hat uns jedoch vielleicht einer befriedigenderen Auffassung dieser Beziehung nähergebracht, indem sie bereits innerhalb der Physik den Begriff der *Komplementarität* aufgestellt hat.«[250]

Diese Zitate ließen sich durch eine beinahe beliebige Zahl entsprechender Äußerungen von Pionieren der neuen Physik ergänzen. Es liegt auf der Hand, daß die Parallele zwischen den beiden Arten der Komplementarität – Körper/Geist und Teilchen/Welle – für sie mehr als nur eine oberflächliche Analogie ist. Sie ist in Wahrheit eine sehr weitreichende Analogie, doch um ihre Bedeutung zu erfassen, müssen wir uns vor Augen halten, was der Physiker unter den »Wellen« versteht, die einen der beiden Aspekte ausmachen. Der gesunde Menschenverstand, dieser unzuverlässige Ratgeber, sagt uns, daß etwas Wogendes oder Wellenförmiges – eine vibrierende Klaviersaite, wogendes Wasser, Luft, die sich bewegt – da sein muß, wenn eine Welle erzeugt werden soll. Das Konzept der »Materiewellen« schließt jedoch per definitionem jedes Medium mit materiellen Merkmalen als Wellenträger aus. Wir stehen also vor der Aufgabe, uns die Vibration einer Saite ohne die Saite oder das Lächeln der Cheshire-Katze aus *Alice im Wunderland* ohne die Katze vorstellen zu müssen. Die Analogie zwischen den beiden Komplementaritäten bietet uns immerhin einen gewissen Trost. Die Bewußtseinsinhalte, die den Geist passieren, von der Wahrnehmung von Farben bis zu Gedanken und Bildern, sind nicht-substantielle »luftige Nichtse«, und doch sind sie irgendwie mit dem materiellen Gehirn verbunden – wie die nicht-substantiellen Wellen der Physik irgendwie mit den materiellen Merkmalen der subatomaren Teilchen verbunden sind.

Der dualistische Aspekt des Menschen scheint also den dualistischen Aspekt der grundlegenden Bausteine des Universums widerzuspiegeln.

3

Das »Ausdrücken« einer Absicht – ob es sich nun um die verbale Artikulation einer Idee oder nur um das Ausdrücken einer Zigarette handelt – ist ein Prozeß, der aufeinanderfolgende Sub-Routinen, funktionale Holons auslöst, von arithmetischen Fertigkeiten bis hinab zu mechanischen Muskelkontraktionen. Es ist also ein Prozeß der *Partikularisierung* einer allgemeinen Absicht. Umgekehrt ist die Verweisung von Entscheidungen an höhere Stufen ein *integrativer* Prozeß, der gewöhnlich ein höheres Maß von Koordinierung und Ganzheit des Erlebens herbeiführt. Wie läßt sich das Problem des freien Willens in dieses Schema einpassen?

Wir haben gesehen, daß alle unsere körperlichen und geistigen Fertigkeiten von *festen Regeln* und mehr oder weniger *flexiblen Strategien* beherrscht werden. Die Schachregeln definieren die erlaubten Züge, die Strategie des einzelnen Spielers bestimmt die Wahl des tatsächlichen Zugs. Die Wahl des Schachspielers kann insofern »frei« genannt werden, als sie nicht von den Regeln festgelegt wird. Sie ist in diesem Sinne also frei, wird aber gewiß nicht aufs Geratewohl getroffen. Im Gegenteil, sie richtet sich nach Erwägungen von viel größerer Komplexität als die einfachen Spielregeln, und sie nimmt auf den höheren Stufen der Hierarchie noch ständig zu. Vergleichen wir das Mühlespiel mit dem Schachspiel: In beiden Fällen ist die strategische Wahl des nächsten Zuges »frei« in dem Sinne, daß sie nicht von den Regeln determiniert wird. Das Mühlespiel bietet aber nur wenige Alternativen, die von relativ einfachen Strategien bestimmt werden, während sich der Schachspieler von Erwägungen auf einer weit höheren Stufe der Hierarchie mit einer unvergleichlich größeren Vielfalt von Alternativen leiten läßt – das heißt, er hat mehr *Freiheitsgrade*[251]. Außerdem bilden die strategischen Erwägungen, die seine Wahl bestimmen, wiederum eine ansteigende Hierarchie. Auf der untersten Stufe stehen die taktischen Richtlinien, die zum Beispiel besagen, daß er die mittleren Spielfelder besetzen, Materialverluste vermeiden, den König schützen muß – Richtlinien, die jeder Stümper befolgen kann, während ein Meister oft gegen sie verstößt, indem er seine Aufmerksamkeit auf höhere Stufen der Strategie richtet, wo man Figuren opfern und den König gefährden kann, indem man einen anscheinend verrückten Zug macht, der vom Gesamtspiel her gesehen jedoch sehr vielversprechend ist. Im Spielverlauf müssen also ständig Entscheidungen an höhere Instanzen mit mehr Freiheitsgraden verlagert werden, und jede Verlagerung nach oben wird von einer Schärfung des Bewußtseins und von dem Empfinden begleitet, frei gewählt zu haben. In diesen höheren Regionen funktioniert der einengende Kodex der Regeln (des Schachspiels oder der Grammatik) allgemein gesagt mehr oder weniger automatisch und auf unbewußten oder präbewußten Stufen, während die strategischen Entscheidungen im Scheinwerferlicht der Bewußtheit getroffen werden.

Noch einmal: Die Freiheitsgrade der Hierarchie nehmen mit aufsteigender Ordnung zu, und jede Verlagerung der Aufmerksamkeit auf höhere Stufen, jede Delegierung von Entscheidungen an höhere Instanzen wird von dem Empfinden der freien Wahl begleitet. Ist das aber nur eine subjektive Empfindung, hervorgerufen durch trügerischen Schein? Ich denke, nein. Freiheit läßt sich schließlich nicht absolut, sondern nur relativ, nämlich als *Freiheit von einem bestimmten Zwang*, definieren. Der normale

Häftling hat mehr Freiheit als ein Mann in Einzelhaft; die Demokratie erlaubt mehr Freiheit als die Tyrannei und so fort. Ähnliche Abstufungen finden sich in den vielstufigen Hierarchien des Denkens und Handelns, wo mit jedem Schritt nach oben *die relative Bedeutung der Zwänge ab- und die Zahl der Alternativen zunimmt.* Das bedeutet freilich nicht, daß es eine höchste Stufe gibt, die frei von Zwängen ist. Im Gegenteil, unsere Theorie besagt ja, daß die Hierarchie nach oben und nach unten offen ist, also in keiner Richtung ein Ende hat.

Wir neigen zu der Annahme, die letzte Verantwortung liege beim Gipfel der Hierarchie – dieser Gipfel aber bleibt nicht am gleichen Ort, er weicht vor dem Bergsteiger zurück: Das Ich entzieht sich dem Zugriff seines eigenen Bewußtseins. Nach unten und nach außen blickend, ist man sich der augenblicklichen Aufgabe bewußt, eine Bewußtheit, die mit jedem Schritt nach unten in das Zwielicht der Routine, das Dunkel der viszeralen Prozesse, auf die verschiedenen Stufen der Unbewußtheit des heranwachsenden Kohlkopfs und des fallenden Steins nachläßt und sich schließlich in der Ambivalenz des janusköpfigen Elektrons auflöst.

Doch die Hierarchie ist auch nach oben offen und führt zum unendlichen Zurückweichen des Ichs. Wenn ein Mensch nach oben oder in sich hinein schaut, hat er das Gefühl, ein Ganzes zu sein, einen festen Persönlichkeitskern zu besitzen, von dem Entscheidungen ausgehen, der »sein Denken kontrolliert und den Scheinwerferstrahl seiner Aufmerksamkeit steuert«, um mit Wilder Penfield zu sprechen. Dieses Bild des großen Neurochirurgen ist jedoch irreführend. Wenn ein Priester einen Bußfertigen ermahnt, der sündhafte Gedanken gehabt hat, gehen beide stillschweigend davon aus, daß hinter der Kraft, die die sündhaften Gedanken »angeschaltet« hat, eine andere Kraft steht, die das Schaltbrett kontrolliert – und sofort, *ad infinitum.* Der letzte Schuldige, das Ich, das den Scheinwerferstrahl meiner Aufmerksamkeit steuert, kann nie in seinem Lichtstrahl ertappt werden. Das erlebende Subjekt kann nie zum uneingeschränkten Objekt seiner Erlebnisse werden; es kann sich diesem Zustand bestenfalls immer mehr nähern. Wenn Lernen und Wissen daraus bestehen, sich zu einem Modell des Universums zu machen, kann das Modell nie ein vollständiges Modell seiner selbst enthalten, weil es immer einen Schritt hinter dem zurückhinken muß, was es darstellen soll. Mit jeder Verschiebung des Bewußtseins nach oben zum Gipfel der Hierarchie – dem Ich als integriertem Ganzen – weicht es wie eine Fata Morgana zurück. »Erkenne dich selbst« ist der ehrwürdigste und quälendste aller Befehle. Die uneingeschränkte Bewußtheit des Ichs, die Identität von Erkennendem und Erkanntem, ist zwar ständig in Sicht, wird aber nie erreicht. Sie könnte nur erreicht werden, indem man den Gipfel der Hierarchie betritt, der aber, wie gesagt, immer einen Schritt von dem Kletternden entfernt bleibt.

Das ist ein altes Mysterium, das im Rahmen der offenen Hierarchie jedoch zu neuem Leben zu erblühen scheint. Der Determinismus verflüchtigte sich nicht nur auf der subatomaren Quantenstufe, sondern auch in der entgegengesetzten Richtung, wo die Zwänge mit jeder höheren Stufe abnehmen und die Freiheitsgrade zahlreicher werden – *ad infinitum.* Gleichzeitig wird die alptraumhafte Vorstellung der Voraussagbarkeit und Vorherbestimmtheit vom unendlichen Zurückweichen widerlegt. Der Mensch ist weder ein Spielzeug der Götter noch eine Marionette, deren Fäden von seinen Chromosomen manipuliert werden. Das geht auch aus Sir Karl Poppers These hervor, kein System der Informationsverarbeitung (z. B. ein Computer) könne in sich selbst eine auf den neuesten Stand gebrachte Repräsentation seiner selbst – *einschließlich dieser Repräsentation* – umfassen[252]. Ähnliche Argumente wurden von Michael Polanyi[253] und Donald MacKay[254] vorgebracht.

Einigen Philosophen mißfällt der Begriff des unendlichen Zurückweichens, weil er sie an den kleinen Mann in dem kleinen Mann in dem kleinen Mann erinnert. Aber wir können nicht vom Unendlichen loskommen. Was wäre die Mathematik, was die Physik ohne die Infinitesimalrechnung? Man hat das Selbst-Bewußtsein mit einem Spiegel verglichen, in dem das Individuum seine Aktivitäten betrachtet. Es wäre vielleicht passender, es mit einem Spiegelkabinett zu vergleichen, wo ein Spiegel das von einem anderen Spiegel reflektierte Bild reflektiert und so fort. Die

Unendlichkeit starrt uns ins Gesicht, ob wir nun die Sterne betrachten oder nach unserer Identität suchen. Der Reduktionismus hat keine Verwendung für sie, aber eine wahre Wissenschaft vom Leben muß die Unendlichkeit berücksichtigen und darf sie nie vergessen.

4

Das Problem freier Wille kontra Determinismus hat Philosophen und Theologen seit undenklichen Zeiten gequält. Gewöhnliche Sterbliche stoßen sich nur selten an dem Paradoxon von der Kraft hinter der Kraft, die das Denken lenkt, weil sie – ob paradoxerweise oder nicht – wie selbstverständlich davon ausgehen, ihr »Ich« sei für ihre Handlungen verantwortlich. Im *Gespenst in der Maschine* erfand ich eine kleine Parabel, um diesen Punkt zu veranschaulichen. Ich stellte mir ein Tischgespräch in einem der ehrwürdigen Colleges von Oxford vor. Die Gesprächsteilnehmer waren ein älterer, streng deterministisch ausgerichteter Professor und ein junger temperamentvoller Gastdozent aus Australien.

Der Australier ruft aus: »Wenn Sie noch weiter leugnen, daß ich in meinen Entscheidungen frei bin, dann muß ich Ihnen wirklich eine herunterhauen.«

Der alte Herr läuft rot an: »Ich muß sagen, daß ich Ihr Benehmen unverzeihlich finde.«

»Entschuldigen Sie bitte. Ich habe mich hinreißen lassen.«

»Sie sollten sich wirklich besser beherrschen.«

»Danke. Das Experiment ist gelungen.«

So war es tatsächlich. Aus den Ausdrücken »unverzeihlich« »Sie sollten sich besser beherrschen« geht hervor: Der Professor setzte ganz und gar nicht voraus, daß das Verhalten des Australiers durch seine Chromosomen und seine Erziehung determiniert war, sondern daß er frei wählen konnte, ob er grob oder höflich sein wollte. Welche philosophische Überzeugung man auch haben mag, im täglichen Leben braucht man einfach den stillschweigenden Glauben an die persönliche Verantwortung, und Verantwortung beinhaltet freie Wahl. Die subjektive Erfahrung der Freiheit ist eine ebenso feststehende Gegebenheit wie das Farbempfinden oder das Schmerzgefühl.

Diese Erfahrung wird jedoch ständig von der Bildung von Gewohnheiten und mechanischen Routinetätigkeiten abgeschwächt, die dazu neigen, uns in Automaten zu verwandeln. Als der Herzog von Wellington gefragt wurde, ob er auch der Meinung sei, daß die Gewohnheit die zweite Natur des Menschen ist, rief er aus: »Zweite Natur? Sie ist zehnmal soviel wie die Natur!« Gewohnheit ist das Leugnen von Kreativität und die Verneinung der Freiheit; eine freiwillig angelegte Zwangsjacke, deren sich der Träger nicht bewußt ist.

Ein anderer Feind der Freiheit ist die Leidenschaft, genauer gesagt, ein Übermaß an selbstbehauptenden Emotionen. Wenn sie geweckt sind, wird die Verhaltenskontrolle von jenen primitiven Stufen der Hierarchien übernommen, die mit dem »alten Gehirn« zusammenhängen. Der aus dieser Verlagerung nach unten resultierende Freiheitsverlust spiegelt sich in dem juristischen Begriff der »verminderten Zurechnungsfähigkeit« und in dem subjektiven Gefühl, unter einem Zwang zu handeln – was sehr anschaulich in Redensarten wie »Ich konnte einfach nicht anders«, »Ich habe den Kopf verloren« oder »Ich muß von Sinnen gewesen sein« zum Ausdruck kommt.

An diesem Punkt beginnt das moralische Dilemma, über andere zu urteilen. Ruth Ellis war die letzte Frau, die in England gehängt wurde - weil sie ihren Geliebten »kaltblütig« erschossen hatte, wie es hieß. Wie soll ich wissen und wie konnten die Geschworenen wissen, ob und in welchem Grad ihre »Zurechnungsfähigkeit« – Verantwortlichkeit – vermindert war, als sie die Tat beging, und ob sie nicht doch »anders konnte«? Zwang und freier Wille sind philosophische Begriffe an den beiden Endpunkten einer Skala, aber die Skala hat keinen Zeiger, an dem man den jeweiligen Zustand ablesen könnte. In einem solchen Dilemma legt man am besten zwei verschiedene Maßstäbe an: Man schreibt dem anderen ein Minimum und sich selbst ein Maximum an freiem Willen zu. Es gibt eine alte französische Redensart: *Tout comprendre c'est tout pardonner*, alles verstehen, heißt alles verzeihen. Im Licht des oben Gesagten sollte sie in *Tout com-*

prendre, ne rien se pardonner geändert werden – alles verstehen, sich selbst nichts verzeihen.

Es mag schwer sein, sich danach zu richten, aber es ist zumindest eine beherzigenswerte Maxime.

13. Physik und Metaphysik

1

»Die Hälfte meiner Freunde bezichtigen mich eines Übermaßes an wissenschaftlicher Pedanterie, die anderen einer höchst unwissenschaftlichen Vorliebe für solche widersinnigen Phänomene wie etwa die *Außersinnliche Wahrnehmung* (ASW), die sie in den Bereich des Übernatürlichen einordnen. Doch ist es tröstlich zu wissen, daß dieselben Vorwürfe gegen eine Elite von Wissenschaftlern erhoben werden, die auf der Anklagebank eine recht gute Gesellschaft darstellen.« Mit diesen Sätzen begann mein Buch *Die Wurzeln des Zufalls.* Seitdem ist aus der »Elite« der Wissenschaftler offenbar die Mehrheit geworden. 1973 schickte die angesehene englische Wochenzeitschrift *New Scientist* einen Fragebogen an ihre Leser und bat sie um ihre Meinung zum Thema »Außersinnliche Wahrnehmungen«. Von den 1500 Lesern – fast ausnahmslos Wissenschaftler und Ingenieure –, die den Fragebogen ausgefüllt zurücksandten, betrachteten 67 Prozent ASW als »feststehende Tatsache« oder als »plausible Möglichkeit«.[255]

Noch früher (1967) verantstaltete die New Yorker Akademie der Wissenschaften ein Symposion über Parapsychologie, und 1969 empfahl die American Association for the Advancement of Science die Aufnahme der Parapsychology Association in ihren erlauchten Kreis. Zwei frühere Aufnahmegesuche waren abgelehnt worden; die Befürwortung des dritten war ein Zeichen für den Wandel des geistigen Klimas – und für die Parapsychologie die letzte Beglaubigung ihrer Seriosität. Schon deshalb erübrigt es sich wohl, noch einmal über den Fortschritt der Parapsychologie zu sprechen, der von spiritistischen Sitzungen in verdunkelten viktorianischen Salons zu einer modernen empirischen Wissenschaft führte, die mit Computerstatistiken, Geigerzählern und anderen modernen elektronischen Hilfsmitteln arbeitet. Ich werde auf den nächsten Seiten nicht mehr die Frage behandeln, ob Telepathie und verwandte Phänomene *existieren,* weil ich sie aufgrund des umfangreichen Beweismaterials für beantwortet halte,[256] sondern die Bedeutung dieser Phänomene für unser Weltbild untersuchen.

Im Weltbild des gebildeten Laien liegen Parapsychologie und Physik an entgegengesetzten Enden des Spektrums von Wissen und Erfahrung. Der gebildete Laie betrachtet die Physik als Königin der »exakten Wissenschaften« mit direktem Zugang zu den unveränderlichen »Naturgesetzen«, die das materielle Universum beherrschen. Im Gegensatz dazu hat die Parapsychologie es mit subjektiven, launenhaften und unberechenbaren Phänomenen zu tun, die sich anscheinend auf »gesetzlose« Weise manifestieren oder im Widerspruch zu allen Naturgesetzen. Die Physik ist, um den akademischen Jargon zu gebrauchen, eine »harte« Wissenschaft, während die Parapsychologie in irgendeinem Wolkenkuckucksheim schwebt.

Diese Vorstellung von der Physik war in den beiden Jahrhunderten, in denen der Begriff »Physik« praktisch mit der Newtonschen Mechanik gleichbedeutend war, völlig gerechtfertigt und ungeheuer nützlich. Zitieren wir den jungen Physiker Fritjof Capra: »Fragen nach dem Wesen der Dinge wurden in der klassischen Physik mit dem Newtonschen mechanistischen Modell des Universums beantwortet, welches alle Phänomene auf die Bewegungen und das gegenseitige Einwirken harter, unzerstörbarer Atome reduzierte, so ähnlich wie in dem griechischen Modell von Demokrit. Die Eigenschaften dieser Atome waren abgeleitet von der makroskopischen Vorstellung von Billardkugeln und somit von Sinneseindrücken. Es wurde nicht danach gefragt, ob diese Vorstellung tatsächlich auf die Welt der Atome anwendbar war.«[257]

Oder, um Newtons Worte zu gebrauchen: »Ich halte es für wahrscheinlich, daß Gott am Anfang die Materie als feste, harte, massive, undurchdringliche, bewegliche Partikel schuf, in der Größe und Gestalt und mit solchen Eigenschaften und in solchem Verhältnis zum Raum, wie sie dem Zweck am dienlichsten waren, für den er sie erschaffen hatte; und daß diese einfachen Partikel als Festkörper unvergleichlich härter sind als irgenwelche porösen Körper, die aus ersteren aufgebaut sind; sogar so hart, daß sie nie verschleißen oder zerbrechen. Keine gewöhnliche Kraft vermag zu trennen, was Gott selbst am ersten Schöpfungstag erschuf.«[258]

Wenn man von den Verweisen auf Gott absieht, spiegelt diese Äußerung aus dem Jahre 1704 immer noch das stillschweigende Credo unseres gebildeten Laien wider. Er weiß natürlich, daß die einstmals unteilbaren Atome gespalten werden können (was unheimliche Folgen hat), aber wenn er über die Sache nachdenkt, glaubt er, *in* dem Atom befänden sich andere, wirklich unteilbare Billardkugeln namens Protonen, Neutronen, Elektronen usw. Wenn er sich jedoch genügend für das Phänomen interessierte, würde er bald feststellen, daß die gigantischen Zyklotronen oder Teilchenbeschleuniger längst Kleinholz aus den Protonen, Neutronen usw. gemacht haben, daß die (bislang) letzten Elementarteilchen »Quarks«[259] heißen und daß manche Quarks eine physikalische Eigenschaft namens »Charme« (Zauber) haben. Zu der skurrilen Terminologie der theoretischen Physiker gehören auch die Ausdrücke »achtfacher Weg«, »Fremdheit« und »Schnürsenkelprinzip« – was letztlich zeigt, daß sie sich des surrealistischen Aspekts der Welt, die sie geschaffen haben, sehr wohl bewußt sind. Hinter dem schuljungenhaften Humor liegt die ehrfürchtige Anerkennung des Mysteriums. Auf dieser submikroskopischen Stufe unterscheiden sich die Kriterien der Realität nämlich grundlegend von den Maßstäben, die wir auf unserer Makro-Stufe anlegen. Innerhalb des Atoms haben unsere Vorstellungen von Raum, Zeit, Materie und Kausalität keine Geltung mehr, und die Physik verwandelt sich in eine mystisch angehauchte Metaphysik. Infolge dieser Entwicklung scheinen die merkwürdigen Phänomene der Parapsychologie im Licht der phantastischen Lehrsätze der Relativität und Quantenphysik etwas weniger absurd zu sein.

Einen dieser Lehrsätze habe ich bereits erwähnt: das Prinzip der Komplementarität, das die sogenannten »elementaren Bausteine« der klassischen Physik in janusköpfige Wesenheiten verwandelt, die sich unter bestimmten Bedingungen wie harte Materieklümpchen, unter anderen Umständen jedoch wie Wellen oder

Vibrationen innerhalb eines Vakuums verhalten. Sie scheinen, wie Sir William Bragg es ausgedrückt hat, montags, mittwochs und freitags Wellen und dienstags, donnerstags und sonntags Teilchen zu sein. Wie wir gesehen haben, betrachteten einige Pioniere der Quantenphysik das Prinzip der Komplementarität als passendes Beispiel für die Dichotomie von Geist und Körper, was ihre Nachfolger noch heute tun. Das war eine erfreuliche Nachricht für Parapsychologen, doch wir dürfen nicht vergessen, daß der kartesianische Dualismus nur die zwei Bereiche Geist und Materie anerkannte, während es nach unserer Theorie eine Reihe von Stufen mit Schwingtüren gibt, die sich einmal in dieser Richtung, dann wieder in jener Richtung öffnen. In unserem täglichen Verhalten und auf der subatomaren Ebene schwingen die Türen ständig hin und her.

2

Das Konzept der Materiewellen, das in den zwanziger Jahren von Louis-Victor de Broglie und Erwin Schrödinger in die Welt gesetzt wurde, vervollkommnete den Prozeß der *Entmaterialisierung der Materie*. Dieser Prozeß hatte schon viel früher, nämlich mit Einsteins magischer Formel $E = mc^2$,[260] begonnen, derzufolge die Masse eines Teilchens nicht als stabiles Elementarmaterial, sondern als Energiemuster in einem scheinbar festen Materieteilchen aufzufassen ist. Der »Stoff«, aus dem Protonen und Elektronen bestehen, gleicht offenbar dem Stoff, aus dem die Träume sind, wie die Abbildung auf Seite 286 zeigt. Sie veranschaulicht die Vorgänge, die in der Vakuumkammer des Physikers stattfinden, wo stark geladene Elementarteilchen kollidieren und einander vernichten oder neue Teilchen schaffen, die eine neue Kettenreaktion auslösen. Die betreffenden Teilchen sind natürlich unendlich klein, und ihre Lebensdauer beträgt weit weniger als eine millionstel Sekunde, aber in der Vakuumkammer hinterlassen sie Spuren, die man mit den sichtbaren Spuren unsichtbarer Düsenflugzeuge am Himmel vergleichen kann. Aufgrund der Länge, Dicke und Krümmung der Spuren kann der Physiker feststellen,

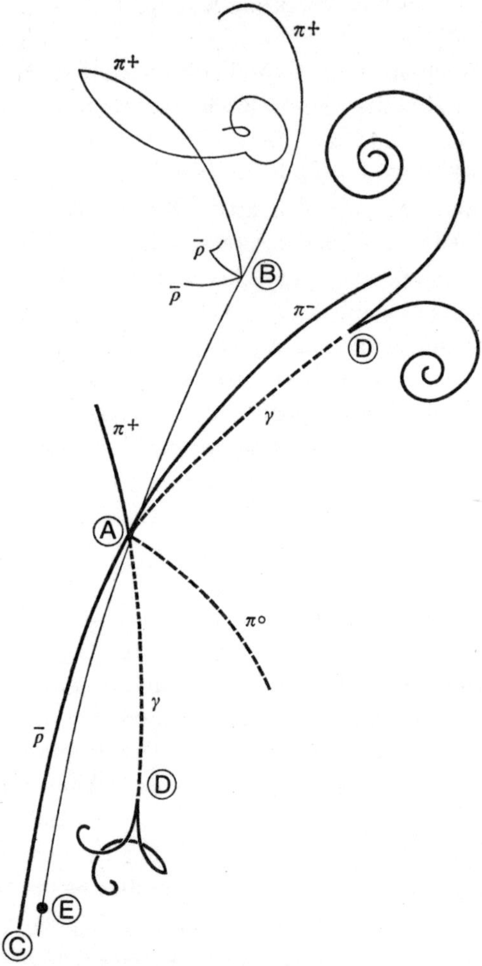

Graphische Darstellung nach einem in der Vakuumkammer aufgenommenen Foto subatomarer Vorgänge (mit freundlicher Genehmigung des Europäischen Rates für Kernforschung – CERN, Genf). Die Bildunterschrift (die für Nicht-Physiker alles andere als aufschlußreich ist) lautet: »Interaktion in der Schwerflüssigkeits-Vakuumkammer Gargamelle. Bei A vernichtet ein auftreffendes Antiproton, das die Kammer bei C betritt, ein Proton, wodurch ein + ve und –ve Pion, ein neutrales Pion und zwei Gammastrahlen entstehen, die sich (bei D) jeweils in ein Elektron/Positron-Paar umwandeln. Ein zweiter Vorgang wird an der Stelle registriert, wo ein bei E eintretendes Partikel bei H interagiert und zwei Anti-Protonen und zwei + ve Pionen produziert, deren eines dann zweimal auf beständige Partikel trifft.«

welches der rund zweihundert bekannten »Elementarteilchen« sie verursacht hat, oder ob sie von bisher unbekannten »Teilchen« hinterlassen wurden.

Die grundlegende Lektion, die Vakuumkammern und andere raffinierte Hilfsmittel den Physikern erteilen, lautet freilich, daß unsere Begriffe von Raum, Zeit, Materie und konventioneller Logik auf der subatomaren Ebene nicht mehr gelten. So können zwei Teilchen aufeinanderprallen und dabei in Stücke brechen, die nicht etwa kleiner sind als die ursprünglichen Teilchen – und zwar, weil sich die beim Zusammenprall freigewordene kinetische Energie in »Masse« umgewandelt hat. Oder ein Photon, die Elementareinheit des Lichts, die keine Masse hat, kann ein Elektron/Positron-Paar entstehen lassen, das Masse *hat;* dieses Paar kann dann kollidieren und sich durch den umgekehrten Prozeß wieder in ein Photon verwandeln. Man hat die phantastischen Vorgänge in der Vakuumkammer mit Schiwas Tanz verglichen, bei dem Schöpfung und Zerstörung rhythmisch miteinander abwechseln.[261]

All das ist weit entfernt von dem bestechend einfachen Rutherford-Bohr-Modell, das zu Beginn unseres Jahrhunderts entwickelt wurde und Atome als Miniatur-Sonnensysteme auffaßte, in denen negativ geladene Elektronen planetengleich einen positiv geladenen Kern – die »Sonne« – umkreisten. Leider führte das Modell zu einem Paradoxon nach dem anderen. Man stellte fest, daß sich die Elektronen ganz anders verhielten als Planeten: Sie hüpften dauernd von einer Umlaufbahn zur nächsten, ohne den Raum zwischen ihnen zu durchmessen, als wäre die Erde urplötzlich in der Umlaufbahn des Mars, ohne sich erst dorthin bewegt zu haben. Die Umlaufbahnen selbst waren gar keine eigentlichen »Bahnen«, sondern nicht genau bestimmbare Trajektorien, die dem Wellencharakter des Elektrons entsprachen, das quer über die Umlaufbahn »wischte«, und als man das erkannt hatte, war es sinnlos geworden, danach zu fragen, an welcher Stelle sich das Elektron in einem bestimmten Augenblick befand – so sinnlos wie der Versuch, eine Welle genau zu lokalisieren. Wie Bertrand Russell schrieb: »Die Vorstellung, daß das Elektron oder das Proton ein harter kleiner Klumpen *ist,* ist ein illegitimer Einbruch von Begriffen des gesunden Menschenverstands, die vom Tastsinn abgeleitet sind.«[262]

Den Atom*kernen* des Modells erging es nicht besser als den »Planeten« auf ihren Umlaufbahnen. Sie erwiesen sich als Konglomerate von Teilchen, vor allem Protonen und Neutronen, zusammengehalten von anderen Teilchen und von Kräften, die jedem auf unseren Sinneserfahrungen beruhenden optischen Modell, jeder Darstellung trotzten. Einer Theorie zufolge rasen die Neutronen und Protonen mit einer Geschwindigkeit von etwa 65 000 Kilometern pro Sekunde – einem Fünftel der Lichtgeschwindigkeit – im Kern umher. Capra schreibt dazu in seinem Buch *Der kosmische Reigen:* »Nukleare Masse ist also eine Masseform, die völlig anders ist als alles, was wir ›hier oben‹ in unserer makroskopischen Welt erleben. Wir können sie vielleicht am besten als winzige Tropfen einer extrem dichten Flüssigkeit beschreiben, die heftig siedet und brodelt.«[263]

3

In früheren Büchern[264] habe ich über einige der berüchtigsten Paradoxa der Quantenphysik gesprochen: Thomsons Experimente, bei denen ein und dasselbe Elektron zwei winzige Löcher in einer ebenen Platte gleichzeitig passierte (was, um Sir Cyril Burt zu zitieren, »keinem entkörperten Geist . . . jemals gelang«); das »Paradoxon von Schrödingers Katze«, von der man beweisen kann, daß sie zur gleichen Zeit lebt und tot ist; Feynmans Diagramme, auf denen sich Partikel einen Augenblick lang in der Zeit zurückbewegen (wofür er 1965 den Nobelpreis erhielt); und das »Einstein-Podolsky-Rosen-Paradoxon« (oder EPR-Paradoxon), auf das ich gleich noch zurückkommen werde.

Heisenberg, einer der Pioniere der Quantenphysik, hat die Situation folgendermaßen zusammengefaßt: »Der bloße Versuch, ein Bild von den Elementarteilchen heraufzubeschwören und sie visuell aufzufassen, muß dazu führen, sie falsch zu interpretieren.«[265] An anderer Stelle erklärte er, daß Atome »offenbar keine

Dinge mehr sind, jedenfalls keine Dinge im Sinne der früheren Physik, die man ohne Vorbehalte mit Begriffen wie Ort, Geschwindigkeit, Energie, Ausdehnung beschreiben könnte«, und daß es, »wenn man bis zu den Atomen hinabsteigt, eine solche objektive Welt in Raum und Zeit gar nicht gibt«.[266]

4

Die Nachwelt wird Werner Heisenberg sicher als den großen Bilderstürmer betrachten, der dem kausalen Determinismus in der Physik – und damit in der Philosophie – durch seine berühmte Unbestimmtheitsrelation (oder Unschärferelation) ein Ende machte; diese Relation ist für die moderne Physik so grundlegend, wie Newtons Axiome es für die klassische Mechanik waren. Ich habe versucht, die Bedeutung der Relation durch eine grobe Analogie zu vermitteln.[267] Der Eindruck einer gewissen Statik, den viele Gemälde der Renaissance erwecken, beruht darauf, daß die Personen im Vordergrund und die Landschaft im Hintergrund gleich scharf erscheinen – was optisch unmöglich ist: Wenn wir einen nahen Gegenstand ins Auge fassen, verschwimmt der Hintergrund und umgekehrt.

Die Unbestimmtheitsrelation besagt nun, daß sich der Physiker beim Studium des subatomaren Panoramas in einem ähnlichen Dilemma befindet (allerdings aus anderen Gründen). Nach der klassischen Physik muß ein Teilchen jederzeit an einem bestimmten Ort sein und eine bestimmte Geschwindigkeit haben, doch auf der subatomaren Ebene sieht die Situation ganz anders aus. Je genauer der Physiker den Ort eines Elektrons bestimmen kann, desto ungewisser wird beispielsweise dessen Geschwindigkeit und umgekehrt; das heißt, je genauer er die Geschwindigkeit des Teilchens berechnen kann, desto verwischter, also unbestimmter ist dessen Ort. Diese Unbestimmtheit beruht nicht etwa auf der Unvollkommenheit unserer Beobachtungsmethoden, sondern auf der dualistischen Natur des Elektrons als »Teilchen« und »Welle«, die eine genaue Lokalisierung praktisch *und theoretisch* unmöglich macht. Das bedeutet aber nicht weniger, als daß der

Kosmos sich auf der subatomaren Stufe in jedem beliebigen Augenblick in einem gleichsam unentschiedenen Zustand befindet, und daß sein Zustand im nächsten Moment bis zu einem gewissen Grad nicht vorherbestimmt oder »frei« ist. Wenn ein Superfotograf das Universum also in einem bestimmten Augenblick mit einer Superkamera aufnähme, würde das Bild wegen des unbestimmten Zustands seiner elementaren Bestandteile verschwommen wirken.[268] Wegen dieser Verschwommenheit können die Physiker bei den subatomaren Vorgängen nicht von Gewißheiten, sondern nur von Wahrscheinlichkeiten sprechen; in jener Mikro-Welt werden die Gesetze der Kausalität von den Gesetzen der Wahrscheinlichkeit abgelöst – »die Natur ist unvorhersagbar«, um Heisenberg noch einmal zu zitieren.

So ist es in den letzten fünfzig Jahren, seit der Entwicklung der Quantentheorie, unter den Physikern der vorherrschenden Schule (der sogenannten Kopenhagener Schule) zu einer Binsenweisheit geworden, daß die streng deterministische, mechanistische Weltbetrachtung nicht mehr aufrechterhalten werden kann; sie gilt heute als ein viktorianischer Anachronismus. Das kosmische Modell des 19. Jahrhunderts – ein mechanisches Uhrwerk – ist zerstört, und da der Begriff der Materie selbst entmaterialisiert wurde, *kann der Materialismus nicht mehr den Anspruch erheben, eine wissenschaftliche Philosophie zu sein.*

5

Ich habe einige der Koryphäen (meist Nobelpreisträger) zitiert,[269] die gemeinsam für die Demontage des antiquierten Uhrwerks verantwortlich waren und versuchten, es durch ein vollkommeneres Modell zu ersetzen, das genügend Raum für logische Paradoxa und gewagte, bislang belächelte Theorien läßt. In der ersten Hälfte unseres Jahrhunderts wurden zahllose Entdeckungen gemacht, ob mit Radioteleskopen, die alle Winkel des Himmels absuchten, oder in Vakuumkammern, in denen man den subatomaren Tanz Schiwas aufzeichnen kann, aber man hat noch kein befriedigendes Modell und keine konsequente Philosophie gefunden, die mit der klassischen, Newtonschen Physik vergleichbar wäre. Wir könnten den Zeitraum seit Newton als Periode der »schöpferischen Anarchie« bezeichnen, die es in der Geschichte jeder Wissenschaft immer wieder gibt, sobald die alten Begriffe überholt sind, ohne daß man den zu einer neuen Synthese führenden Umbruch erkennen kann. In dem Augenblick, in dem diese Sätze geschrieben werden, scheint die theoretische Physik selbst in einer Vakuumkammer zu stecken, in der die gewagtesten Vermutungen und Thesen aufeinanderprallen. Einige davon, die für unser Thema besonders interessant zu sein scheinen, werde ich kurz erwähnen.

Erstens gab es einige hochangesehene Physiker, darunter Einstein, de Broglie, Schrödinger, Vigier und David Bohm, die sich nicht mit der Unbestimmtheit und Akausalität der subatomaren Vorgänge abfinden wollten, da die beiden Postulate ihrer Meinung nach auf die Behauptung hinausliefen, die Vorgänge würden vom blinden Zufall beherrscht. (Einsteins berühmter Ausspruch »Ich weigere mich zu glauben, daß Gott mit der Welt Würfel spielt«, bringt diese Haltung zum Ausdruck.) Sie neigten dazu, an die Existenz einer Ebene unterhalb der subatomaren zu glauben, die jene anscheinend unberechenbare Prozesse lenkte und bestimmte. Diese Annahme führte zu der Theorie der »verborgenen Parameter«, die dann allerdings selbst von ihren hartnäckigsten Verfechtern wieder aufgegeben wurde, weil sie nirgendwohin zu führen schien.

So unannehmbar die »verborgenen Parameter« für Physiker sein mochten – für metaphysische und parapsychologische Spekulationen boten sie ein weites Feld. Theologen stellten die These auf, vielleicht sei die göttliche Vorsehung in den verschwommenen Lücken der Matrix der physikalischen Kausalität wirksam (der »Gott der Lücken«). Sir John Eccles, Träger des Nobelpreises für Physiologie, spekulierte, die Quanten-Unbestimmtheit der »kritisch ausgewogenen« Neuronen des Gehirns schaffe Raum für die Ausübung des freien Willens; er meinte, daß »in der aktiven Hirnrinde das Entladungsmuster von Hunderttausenden von Neuronen innerhalb von zwanzig Millisekunden als Ergebnis eines ›Eingreifens‹ modifiziert werden könnte, das anfänglich die

Entladung von nur einem einzigen Neuron bewirke . . . Somit lautet die neurophysiologische Hypothese, daß der ›Wille‹ die raum-zeitliche Aktivität des neuralen Netzwerks modifiziert, indem er sich raum-zeitlicher ›Beeinflussungsfelder‹ bedient, die durch diese einzigartige Detektorfunktion der Hirnrinde mit Bedeutung geladen werden.«[270]

Das war auf die Tätigkeit der individuellen Psyche in ihrem »eigenen« Gehirn bezogen. In den letzten Abschnitten seines Werkes bezieht Eccles jedoch ASW und PK (Psychokinese) in seine Theorie ein. Er akzeptiert die Versuchsergebnisse des Parapsychologen J. B. Rhine und seiner Schule als Nachweis für einen »Gegenverkehr« zwischen zwei Psychen. Er glaubt, ASW und PK seien schwache und unregelmäßige Manifestationen *desselben* Prinzips, das dem psychischen Wollen eines Individuums die Beeinflussung seines eigenen materiellen Gehirns und dem materiellen Gehirn das Schaffen bewußter Erlebnisse gestattet.

Die Theorie ist nicht bis ins einzelne ausgearbeitet, läßt jedoch erkennen, welche Denkrichtung die aufgeschlossenen Neurophysiologen vom inzwischen verstorbenen Sir Charles Sherrington bis zu Penfield und Grey Walter, den ich in früheren Werken zitierte, eingeschlagen haben.

Interessant ist auch die Tatsache, daß der Neurologe Penfield an eine zu Unrecht vernachlässigte Hypothese erinnert, die der Astronom Eddington aufstellte. Eddington postulierte ein »geordnetes Verhalten der individuellen Materieteilchen, das in Erscheinung tritt, wenn Materie mit Geist liiert ist. Das Verhalten derartiger Materie würde in scharfem Gegensatz zu dem ungeordneten oder zufälligen Verhalten der Teilchen stehen, wie es in der Physik postuliert wird.«[271]

Materie, die mit Geist verbunden ist, weist demnach spezifische Merkmale auf, die man im Reich der Physik sonst nicht findet – eine These, die nicht weit vom Panpsychismus entfernt ist. Ein anderer Astronom, V. A. Firsoff, meinte, daß »der Geist eine universale Wesenheit oder Wechselwirkung von derselben Art sei wie Elektrizität oder Schwerkraft und daß analog zu Einsteins berühmter Gleichsetzung $E = mc^2$ ein *Transformationsmodul* existieren müsse«.[272]

Anders ausgedrückt: Da Materie in physikalische Energie umgewandelt werden kann, muß physikalische Energie auch in geistige oder psychische Energie umgewandelt werden können und umgekehrt.

In den letzten Jahren hat man eine Fülle solcher Theorien aufgestellt, um die Kluft zwischen der Quantenphysik und der Parapsychologie zu überbrücken. Sie klingen wie Science-fiction, doch das gilt, wie wir gesehen haben, auch für die grundlegende Theorie der modernen Physik selbst. Adrian Dobbs, der brillante Mathematiker von der Universität Cambridge, legte eine umfassende Theorie der Telepathie und Präkognition vor, nach der hypothetische »Psitronen«, die ähnliche Eigenschaften haben wie Neutrinos[273], die Träger von ASW-Phänomenen sind und unmittelbar auf die Neuronen im Gehirn des Empfängers einwirken können.[274] Noch neuer ist die quantenmechanische Theorie des Ballistikexperten Dr. E. Harris Walker, in der er die hypothetischen »verborgenen Variablen« als »nichtkörperliche, aber reale Wesenheiten« mit dem Bewußtsein identifiziert; sie sind unabhängig von Zeit und Raum und »durch die quantenmechanische Wellenfunktion mit der körperlichen Welt verbunden«[275]. Seine Theorie berücksichtigt auch parapsychologische Phänomene, kann hier jedoch nicht weiter besprochen werden, da sie fortgeschrittene Kenntnisse der höheren Mathematik voraussetzt und sehr kompliziert ist.

Wenn wir die Vakuumkammer verlassen und uns dem Sternenhimmel zuwenden, stellen wir fest, daß unsere normalen Vorstellungen von Raum, Zeit und Kausalität hier ebenso unzulänglich sind wie im subatomaren Bereich. Im relativistischen Universum ist der Raum gekrümmt, und der Strom der Zeit wird je nach der Bewegung des Zeitmessers beschleunigt oder verlangsamt. Und wenn Teile des Universums mit Galaxien aus Anti-Materie [276] ausgestattet sind, was Astronomen glauben, besteht eine gute Chance, daß der Strom der Zeit in diesen Galaxien »rückwärts« läuft.

Wenden wir uns wieder vom Makrokosmos zum Mikrokosmos und erinnern wir uns daran, daß sich die Elementarteilchen in Feynmans Diagrammen zeitlich zurückbewegten, jedenfalls für winzige Zeiträume. Sogar Heisenberg unterstützte diese These: »Als einzige Abhilfe [angesichts der Paradoxa der Quantentheorie] scheint sich einstweilen die Annahme darzubieten, daß in ganz kleinen Raum-Zeit-Bereichen von der Größenordnung der Elementarteilchen Raum und Zeit in einer eigentümlichen Weise verwischt sind, nämlich derart, daß man in so kleinen Zeiten selbst die Begriffe früher oder später nicht mehr richtig definieren kann. Im Großen würde sich an der Raum-Zeit-Struktur natürlich nichts ändern können, aber man müßte mit der Möglichkeit rechnen, daß Experimente über die Vorgänge in ganz kleinen Raum-Zeit-Bereichen zeigen werden, daß gewisse Prozesse scheinbar zeitlich umgekehrt ablaufen, als es ihrer kausalen Reihenfolge entspricht.«[277]

Unsere mittelgroße Welt mit ihren beruhigend normalen Vorstellungen von Raum, Zeit und Kausalität scheint also zwischen dem Makro- und Mikrobereich der Realität eingeklemmt zu sein, wo jene provinziellen Vorstellungen nicht mehr gelten. Wie Sir James Jeans schrieb: »Die Geschichte der Physik des 20. Jahrhunderts besteht in einer fortgesetzten Befreiung vom rein menschlichen Gesichtspunkt.«[278] Im makrokosmischen Bereich der großen Entfernungen und hohen Geschwindigkeiten führte die Relativität diesen Gesichtspunkt ad absurdum. Im mikrokosmischen Bereich hatte die Relativität zusammen mit der Quantentheorie die gleiche Wirkung. Heute haben Physiker einen völlig anderen Zeitbegriff als in der viktorianischen Epoche. Sir Fred Hoyle, einer der angesehensten zeitgenössischen Astronomen, hat das sehr drastisch ausgedrückt: »Man klammert sich an eine groteske und absurde Illusion . . . die Vorstellung von der Zeit als ständig fließendem Strom . . . Dabei steht eines ziemlich fest: Die Vorstellung von der Zeit als stetiger Progression von der Vergangenheit zur Zukunft ist falsch. Ich weiß sehr wohl, daß wir subjektiv so denken. Aber wir sind einem Schwindel zum Opfer gefallen.«[279]

Wenn die Unumkehrbarkeit der Zeit auf einem »Schwindel« – also auf einer subjektiven Illusion – beruht, haben wir aber kein Recht mehr, die theoretische Möglichkeit präkognitiver Phänomene wie Traumvisionen von vornherein auszuschließen. Das logische Paradoxon, man könne ein künftiges Ereignis womöglich durch eine zutreffende Voraussage verhindern oder ändern, wird durch die Unbestimmtheit der Zukunft in der modernen Physik und die bloße Wahrscheinlichkeit aller Voraussagen zumindest teilweise gelöst.

6

Die Revolution der Physik, die unser Weltbild dermaßen veränderte, fand in den zwanziger Jahren statt. In der zweiten Hälfte des Jahrhunderts nahm sie jedoch eine noch surrealistischer wirkende Wendung. Zur Zeit spricht alles dafür, daß der Kosmos mit sogenannten »schwarzen Löchern« durchsetzt ist. Dieser Begriff wurde von John A. Wheeler, Professor an der Universität Princeton und einer der führenden Physiker unserer Zeit, geprägt.[280] Schwarze Löcher sind hypothetische Gruben oder Schächte im Kosmos, welche die Masse ausgebrannter Sterne nach deren Schwerkraftkollaps mit Lichtgeschwindigkeit aufsaugen, um sie dann zu vernichten und aus dem Universum zu eliminieren. Die Orte, wo diese apokalyptischen Vorgänge ablaufen, werden als »Singularitäten« im Kontinuum bezeichnet; dort wird die Krümmung des Raums nach den Gleichungen der allgemeinen Relativität unendlich, die Zeit erstarrt, und die physikalischen Gesetze verlieren ihre Geltung. Das Universum erweist sich in der Tat als ein unheimliches Phänomen, und es bedarf keiner Gespenster mehr, damit sich uns die Haare sträuben.

Man könnte nun die naive Frage stellen, wohin die in ein schwarzes Loch gefallene Materie »geht« (denn sie kann nicht restlos in Energie umgewandelt worden sein). Wheeler hat versucht, diese Frage zu beantworten. Er erklärt, die Materie tauche womöglich in Form eines »weißen Lochs« in einem anderen Universum wieder auf:

»Die Bühne, auf der sich der Raum des Universums bewegt, ist gewiß nicht der Weltraum selbst. Nichts und niemand kann eine Bühne für sich selbst sein; man braucht eine größere Arena, um sich zu bewegen. Die Arena, in der sich der Raum bewegt, ist auch nicht die Raum-Zeit Einsteins, denn Raum-Zeit ist die Geschichte der Geschwindigkeit, die sich mit der Zeit ändert. Die Arena muß ein größeres Ding sein: der *Superraum* ... Er hat nicht drei oder vier Dimensionen – er hat eine *unendliche* Zahl von Dimensionen. Jeder einzelne Punkt des Superraums bildet eine abgeschlossene, dreidimensionale Welt; die nahegelegenen Punkte bilden etwas andere dreidimensionale Welten.«[281]

Der Superraum – oder Hyperraum – gehört seit langer Zeit ebenso zu den Requisiten der Science-fiction wie die Vorstellung von Paralleluniversen und umgekehrter oder vieldimensionaler Zeit. Dank der Radioteleskope und Teilchenbeschleuniger gewinnen alle diese Begriffe langsam akademisches Ansehen. Je merkwürdiger die unumstößlichen experimentellen Daten werden, desto merkwürdiger werden aber auch die Theorien, mit denen man sie zu erklären versucht.

Wheelers Hyperraum hat einige außergewöhnliche Merkmale: »Der Raum der Quanten-Geometrodynamik läßt sich mit einem Schaumteppich auf einer Landschaft mit sanften Hügeln vergleichen ... Die dauernden mikroskopisch kleinen Veränderungen im Schaumteppich, die durch die Bildung neuer Blasen und das Zerplatzen alter bewirkt werden, symbolisieren die Quantenfluktuationen in der Geometrie.«[282]

Eine andere bemerkenswerte Eigenschaft des Wheelerschen Hyperraums ist die Möglichkeit »mehrfacher Verbindungen«. Dieses Phänomen besagt, einfach ausgedrückt, daß Gebiete, die in unserer hausbackenen dreidimensionalen Welt weit voneinander entfernt sind, durch Tunnel oder »Löcher« im Hyperraum vorübergehend in direkten Kontakt zueinander gebracht werden können. Man bezeichnet diese Öffnungen als »Wurmlöcher«. Angeblich wird das Universum durchzogen von solchen Wurmlöchern, die in ungeheuer schneller Folge entstehen und wieder verschwinden, was zu ständig neuen Mustern führt – ein kosmisches Kaleidoskop, geschüttelt von unsichtbarer Hand.

7

Ein wesentliches Merkmal der modernen Physik ist ihr ständig stärker werdender Trend zum Holismus, ein Trend, der auf der Einsicht beruht, daß das Ganze ebenso wesentlich für das Verständnis seiner Teile ist wie umgekehrt. Ein frühes Symptom für diesen Trend, der um die Jahrhundertwende einsetzte, war das sogenannte Machsche Prinzip, das auch von Einstein bestätigt wurde. Es besagt, daß die Trägheitseigenschaften der irdischen Materie von der Gesamtmasse des uns umgebenden Universums bestimmt werden. Es gibt keine befriedigende kausale Erklärung, *wie* dieser Einfluß ausgeübt wird, und doch ist das Machsche Prinzip ein unerläßlicher Bestandteil der relativistischen Kosmologie. Es ist von grundlegender metaphysischer Bedeutung, denn es besagt nicht nur, daß das Universum als ganzes lokale irdische Ereignisse beeinflußt, sondern auch, daß lokale Vorgänge einen wenn auch noch so minimalen Einfluß auf das Universum als ganzes haben. Physiker mit einem Hang zur Philosophie sind sich dieser Implikationen bewußt – die uns übrigens an ein altes chinesisches Sprichwort erinnern: Wenn du einen Grashalm abschneidest, erschütterst du das Universum.

Bertrand Russell bemerkte respektlos, obgleich das Machsche Prinzip formal korrekt sei, »schmecke es nach Astrologie«, während Henry Margenau, Professor der Physik an der Yale-Universität bei einem Referat vor der American Society for Psychical Research erklärte: »Trägheit ist keine immanente Eigenschaft des Körpers; sie wird durch den Umstand herbeigeführt, daß der Körper vom ganzen Universum umgeben ist . . . Wir kennen keinen physischen Effekt, der dieses Phänomen hervorruft; sehr wenige Leute machen sich die Mühe, nach einer physischen Kraft zu fragen, die es weiterleitet. Soweit ich sehe, ist das Machsche Prinzip ebenso geheimnisvoll wie Ihre unerklärten parapsychologischen Erscheinungen, und seine Formulierung scheint mir fast ebenso unklar zu sein.«[283]

Wenn wir abermals den Makrokosmos verlassen und uns dem Mikrokosmos zuwenden, stehen wir vor dem berühmten »Einstein-Podolsky-Rosen-Paradoxon«. Es hat heftige Kontroversen ausgelöst, seit es 1933 von Einstein formuliert wurde, und vor kurzem ist es von J. S. Bell, einem theoretischen Physiker bei CERN (Europäischer Rat für Kernforschung mit Sitz bei Genf), präziser ausgedrückt worden. Nach Bells Theorem wird die Beeinflussung eines von zwei Elementarteilchen, die aufeinander eingewirkt haben und dann in entgegengesetzten Richtungen davongeflogen sind, auch für das andere Teilchen unverzüglich Folgen haben, und zwar ohne Rücksicht auf die Entfernung zwischen ihnen. An der Richtigkeit von Bells experimentellen Ergebnissen ist nicht zu zweifeln, doch ihre Interpretation wirft ein schwieriges Problem auf, weil sie besagt, daß zwischen den Partikeln so etwas wie »Telepathie« stattfindet. David Bohm hat die Situation folgendermaßen zusammengefaßt:

»Es herrscht weitgehend Übereinstimmung darüber, daß die Quantentheorie viele verblüffend neue Züge aufweist . . . Unserer Meinung nach hat man jedoch nicht genug auf das wichtigste neue Charakteristikum, das heißt, die enge Wechselwirkung zwischen verschiedenen, räumlich nicht verbundenen Systemen, hingewiesen. Es zeigte sich besonders deutlich bei den bekannten Experimenten von Einstein, Podolsky und Rosen . . . Kürzlich wurde das Interesse für diese Frage durch die Arbeiten Bells geweckt, der genaue mathematische Kriterien für die experimentellen Konsequenzen dieses Charakteristikums der ›Quantenverbundenheit getrennter Systeme‹ erarbeitete . . . So kommen wir zu einem neuen Begriff der *ungebrochenen Ganzheit*, der die klassische Vorstellung von der Zerlegbarkeit der Welt in getrennte und voneinander unabhängig existierende Teile leugnet.«[284]

Ich muß hier noch ein allem Anschein nach nichtkausales Naturgesetz erwähnen, das sogenannte Paulische Ausschließungsprinzip. Wolfgang Pauli, den ich bereits zitiert habe, erhielt 1945 für die Entdeckung dieses Prinzips den Nobelpreis. Es besagt (in stark vereinfachter Form), daß die »Planentenbahnen« innerhalb des Atoms jeweils nur von einem Elektron besetzt werden können. Andernfalls käme es zum Chaos, und das Atom würde kollabieren – *warum* ist das aber so? Die Antwort – oder vielmehr, das Fehlen einer Antwort – wird in der nun folgenden Bemerkung Margenaus deutlich:

»Die theoretischen Physiker bauen heute auf ein Prinzip, das als ›Ausschließungsprinzip‹ bekannt ist ... Es ist für die meisten Strukturierungsprozesse in der Natur verantwortlich. Sie alle beruhen auf dem Pauli-Prinzip oder ›Pauli-Verbot‹, das einfach ein Symmetrieprinzip darstellt, eine formale, mathematische Eigenschaft der Gleichungen, die letzten Endes die Phänomene in der Natur regieren. Auf beinahe wunderbare Weise ruft es die Wechselwirkungen ins Leben, jene Kräfte, die Atome zu Molekülen binden und Moleküle zu Kristallen ... Die Undurchdringlichkeit der Materie, ihre außerordentliche Stabilität kann direkt auf das Paulische Ausschließungsprinzip zurückgeführt werden. Nun enthält dieses Prinzip jedoch keinerlei dynamische Aspekte. Es wirkt wie eine Kraft, ist aber keine Kraft. Man kann nicht sagen, daß es irgend etwas mechanisch täte. Nein, es ist eine sehr allgemeine und zugleich schwer faßliche Angelegenheit; eine mathematische Symmetrie, die den grundlegenden Gleichungen der Natur auferlegt wird.«[285]

Diese Zitate (die sich beliebig fortsetzen ließen) sind nicht etwa Stimmen in der Wildnis, sondern sie stehen für einen Chor angesehener Physiker, die sich der revolutionären Bedeutung der Quantentheorie und der neuen Kosmologie bewußt sind: Das Bild vom Universum wird noch radikaler verändert werden, als es durch die kopernikanische Revolution geschah. Aber die breite Öffentlichkeit wird sich, wie bereits gesagt, nur langsam über diese Veränderung klar. Die Dogmen und Tabus über Raum, Zeit, Materie und Energie, die von der materialistischen Naturwissenschaft des 19. Jahrhunderts in einem starren Rahmen von Kausalität und Determinismus entwickelt wurden, beherrschen weiterhin die Denkgewohnheiten der gebildeten Öffentlichkeit, die auf ihren rationalen Standpunkt stolz ist und sich gezwungen fühlt, die Existenz von ASW-Phänomenen, die den »Naturgesetzen« zu widersprechen scheinen, pauschal zu leugnen. In Wahrheit waren unsere Physiker in den letzten fünfzig Jahren damit beschäftigt, die bis dato sakrosankten »Naturgesetze« rücksichtslos zum alten Eisen zu werfen und durch seltsame geistige Konstruktionen zu ersetzen, die sich nicht im dreidimensionalen Raum darstellen lassen und deren quasi mythischer Gehalt vom wissenschaftlichen Jargon und mathematischen Formalismus kaschiert wird. Wenn Galilei auferstünde, würde er Heisenberg und Pauli gewiß beschuldigen, »okkulten Phantasien« zu frönen.

Interessanterweise wurde die Parapsychologie im selben Zeitraum immer »faktischer«, weil sie sich zunehmend statistischer Methoden, strenger Kontrollen, mechanischer Hilfsmittel und Elektronenrechner bediente. Das Klima scheint sich also in den beiden Lagern in entgegengesetzter Richtung entwickelt zu haben: Joseph B. Rhines Nachfolgern wird manchmal trockene Pedanterie vorgeworfen, während man Einsteins Nachfolger beschuldigt, sie flirteten mit Geistern in der Verkleidung von Teilchen ohne Masse, ohne Gewicht und ohne bestimmten Ort im Raum. Dieser Trend ist sicher bezeichnend, bedeutet aber nicht, daß die Physik in naher oder selbst in ferner Zukunft Erklärungen für die Phänomene der Parapsychologie liefern wird. Beiden Wissenschaften ist gemeinsam, daß sie einen Standpunkt bezogen haben, der dem gesunden Menschenverstand und den früher als unverletzlich geltenden »Naturgesetzen« Hohn spricht. Beide sind provokativ und ikonoklastisch. Und, um es noch einmal zu sagen, die verwirrenden Paradoxa der Physik lassen die verwirrenden Phänomene der Parapsychologie ein bißchen weniger merkwürdig erscheinen. Ist Telepathie immer noch unvorstellbar, wenn weit voneinander entfernte Regionen des Kosmos durch Wurmlöcher im Superkosmos in Kontakt gebracht werden können? Die Analogien können irreführen, doch eines ist ermutigend zu wissen: Wenn der Parapsychologe sich an der Grenze der Wissenschaft bewegt, dann balanciert der Physiker auf einem Drahtseil.

8

Es gibt ein Phänomen, das noch geheimnisvoller ist als Telepathie oder Präkognition und die Menschheit seit den Anfängen der Mythologie verwirrt hat: das anscheinend zufällige Zusammentreffen von zwei nicht miteinander verbundenen Kausalketten in einem koinzidentiellen Vorgang, das außerordentlich unwahrscheinlich und zugleich außerordentlich bedeutsam zu sein scheint. Jede

Theorie, die diese Phänomene ernst nehmen will, muß sich noch weiter von unseren traditionellen Denkkategorien entfernen als die Lehre Einsteins, Heisenbergs und Feynmans. Es ist sicherlich kein Zufall, daß ausgerechnet Wolfgang Pauli, der Entdecker des Ausschließungsprinzips, C. G. Jung bei dessen berühmter Abhandlung *Synchronizität als ein Prinzip akausaler Zusammenhänge* half. Jung prägte den Begriff »Synchronizität« für die »Gleichzeitigkeit zweier sinngemäß, aber akausal verbundener Ereignisse«[286] und behauptete, der akausale Faktor hinter solchen Ereignissen sei *»ein Erklärungsfaktor, der ebenbürtig der Kausalität gegenübersteht«*[287].

»Als Psychiater und Psychotherapeut kam ich oft in Berührung mit den in Frage stehenden Phänomenen . . .«, schreibt Jung, »und konnte mich namentlich darüber vergewissern, wieviel sie für die innere Erfahrung des Menschen bedeuten. Es handelt sich ja meist um Dinge, über die man nicht laut spricht, um sie nicht gedankenlosem Spott auszusetzen. Ich war immer wieder erstaunt darüber, wie viele Leute Erfahrungen dieser Art gemacht haben und wie sorgsam das Unerklärliche gehütet wurde.«[288]

Offenbar sind die Schweizer von Natur aus verschlossener als die Briten, denn seit Erscheinen meines Buches *Die Wurzeln des Zufalls* bin ich förmlich mit Leserzuschriften überschwemmt worden, in denen von solchen Begebenheiten die Rede ist. Die aufschlußreichsten Briefe kamen von Leuten, die zunächst erklärten, es sei purer Unsinn, solchen Zufällen irgendeine Bedeutung beizumessen, dann aber doch dem Drang nachgaben, ihre eigene »unglaubliche« Geschichte zu erzählen. Könnte es sein, daß in jedem hartgesottenen Skeptiker ein weicher Mystiker steckt, der um Gehör fleht?

Leser, die sich ebenfalls für den Zufall interessieren, werden in *The Challenge of Chance* (»Die Herausforderung des Zufalls«) eine Auswahl dieser Zuschriften finden. Beim Durchsehen des umfangreichen Materials ergaben sich einige spezifische Muster; in vielen Fällen überlappten sie sich freilich, und in anderen schien es zweifelhaft, ob Zufälle, die sich trotz astronomischer Unwahrscheinlichkeit ereignet hatten, als eine Äußerungsform »klassischer« ASW oder als akausale »Synchronizität« interpretiert werden sollten. Das galt zum Beispiel für die *Bibliotheksfälle*: Man sucht ein ganz bestimmtes Zitat, schlägt aufs Geratewohl einen dicken Wälzer auf – und da ist es. Bei den Episoden vom Typ *Deus ex machina* interveniert eine anscheinend überirdische Macht gerade noch rechtzeitig, um ein Problem zu lösen, ein Unglück abzuwenden oder eine Vorahnung zu bestätigen. Interessant ist die Tatsache, daß die Intervention wahllos bei tragischen und bei trivialen Gelegenheiten stattfindet. Eine Untergruppe dieser Kategorie ist die scheinbar wunderbare *Wiedererlangung verlorenen Eigentums*, das gewöhnlich keinen materiellen, sondern einen ideellen Wert hat. In den *Poltergeistfällen* treffen emotionale Spannungen (meist bei labilen Jugendlichen) mit physischen Ereignissen zusammen – abermals ohne Rücksicht darauf, ob die Wirkung dramatisch oder grotesk ist. Zu den häufigsten »zusammentreffenden« oder »konvergierenden« Ereignissen (wie man diese Art von Zufällen bezeichnen könnte) gehören unwahrscheinliche *Begegnungen*, die freilich in vielen Fällen durch ASW herbeigeführt zu werden scheinen. Für den rationalen Geist am schwersten zu fassen sind die zufälligen Häufungen von *Namen, Zahlen, Adressen* und *Daten*. Schließlich gibt es noch eine Fülle umfassend belegter Fälle von Vorahnungen oder Warnungen über bevorstehende Unglücke – doch hier ist es besonders schwierig, zwischen ASW und Synchronizität oder »konvergierenden Ereignissen« zu unterscheiden.

Noch frustrierender ist der Versuch, eine genaue Trennungslinie zwischen *signifikanten* Zusammentreffen, hinter denen eine unbekannte Macht jenseits der physikalischen Kausalität zu stehen scheint, und *trivialen* Zusammentreffen zu ziehen, die auf blindem Zufall beruhen. Bei einem solchen Versuch muß man nämlich die Gesetze der Wahrscheinlichkeit zu Hilfe nehmen, die, wie wir gleich sehen werden, voller Fußangeln sind.

9

Jungs 1951 erschienene Abhandlung über die Synchronizität[289] basierte zum Teil auf Paul Kammerers Buch *Das Gesetz der Serie*, das 1919 veröffentlicht wurde. Kammerer, der glänzende experimentelle Biologe aus Wien, ein Anhänger der lamarckistischen Lehre, wurde beschuldigt, seine Ergebnisse manipuliert zu haben, und beging 1926, im Alter von fünfundvierzig Jahren, Selbstmord.[290] Er war sein Leben lang fasziniert von Zufällen (Koinzidenzen) und führte vom zwanzigsten bis zum vierzigsten Lebensjahr genau Buch darüber – was Jung ebenfalls tat.

Kammerer definierte seinen Begriff der »Serialität« als das räumliche Zusammentreffen oder die zeitliche Wiederholung von bedeutungsmäßig, aber nicht kausal verbundenen Ereignissen. So kehrte er das Argument der Skeptiker um, demzufolge wir dazu neigen, überall einen tieferen Sinn zu sehen, weil wir uns von der Vielzahl zufälliger Zusammentreffen nur an die wenigen erinnern, die uns bedeutsam oder signifikant erscheinen. Kammerer schloß den ersten, klassifizierenden Teil seines Werkes mit den Worten: »Bisher rechneten wir mit dem faktischen Ablaufen serialer Wiederholungen, ohne uns um deren ›Warum‹ zu bekümmern. Daß in benachbarten Raumbezirken und Zeitabschnitten Gleiches oder Ähnliches wiederkehrt, haben wir einfach als Tatsache aufgefunden und hingenommen, die jeden ›Zufall‹ ausschließt oder, vielleicht noch deutlicher, den Zufall derart zur Regel macht, daß sein Begriff aufgehoben erscheint.«[291]

Im zweiten, theoretischen Teil des Buches entwickelt Kammerer dann seine These, neben der physikalischen Kausalität sei im Universum auch ein akausales Prinzip wirksam, das zu Einheit in der Vielfalt neige. In mancher Hinsicht kann man es mit jener anderen geheimnisvollen Macht, der universalen Schwerkraft, vergleichen, doch die Schwerkraft wirkt auf alle Materie gleich ein, während dieser hypothetische Faktor selektiv darauf hinarbeitet, Gleiches mit Gleichem in Raum und Zeit zusammentreffen zu lassen – er läßt es durch Affinität oder eine Art selektive Resonanz konvergieren, wie Stimmgabeln, die auf derselben Wellenlänge vibrieren. Womit diese akausale Kraft in die kausale Ordnung der Dinge eingreift, können wir nicht wissen, weil sie außerhalb der bekannten physikalischen Gesetze arbeitet. Im Raum produziert sie konvergierende Ereignisse, die durch Affinitäten von Form und Funktion verbunden sind; in der Zeit produziert sie ähnlich verbundene Serien: »Es entsteht so das Bild eines Weltmosaiks und Weltkaleidoskops, das trotz stetig wechselnder und ständig neu zusammengestellter Lagen auch immer wieder Gleiches zu Gleichem wirft.«[292]

Man muß kein professioneller Spieler sein, um Kammerers Gesetz der Serialität faszinierend zu finden. Das »Gesetz der Serie« ist im Deutschen ein stehender Begriff, und in den meisten anderen Sprachen gibt es Sprichwörter oder Redensarten, die dasselbe besagen. Manche Leute scheinen Zufälle förmlich anzuziehen, wie andere Unfälle anzuziehen scheinen. Am Ende seines Buches gibt Kammerer seiner Überzeugung Ausdruck, die Serialität sei »ein wesentliches Walten und Wirken im ganzen der Welt . . . Höchstleistungen des Fühlens und Denkens, ans Göttliche ragende Meisterwerke der Kunst wie der Wissenschaft . . . mit dem Schoße des Weltalls, das alles in der Welt gebar, verknüpft sie alle das Gesetz der Serie.«[293]

Der Hauptunterschied zwischen Kammerers Serialität und Jungs Synchronizität liegt darin, daß ersterer serielle Ereignisse in der Zeit hervorhebt (obwohl er gleichzeitige Koinzidenzen im Raum einschließt), während Jung gleichzeitige Ereignisse betont (aber auch präkognitive Träume berücksichtigt, die einige Tage vor dem Ereignis stattgefunden haben). Kammerer legte seiner Theorie teilweise die Analogie mit der Schwerkraft, zum anderen Teil die periodischen Zyklen der Biologie und Kosmologie zugrunde. Einige seiner Abstecher in die Physik enthalten naive Irrtümer, andere Passagen zeugen von genialem Weitblick – so sehr, daß Einstein sich positiv über das Werk aussprach und es als »originell und durchaus nicht absurd«[294] bezeichnete. Jung war vorsichtiger und benutzte Pauli gewissermaßen als Nachhilfelehrer für theoretische Physik, machte am Ende aber kaum Gebrauch von den so gewonnenen Erkenntnissen; seine Erklärungen des »akausalen Faktors« waren äußerst verschwommen und griffen auf das kollektive Unbewußte und dessen Archetypen zurück. Das war enttäuschend, trug aber dazu bei »Synchronizität« zu einem Kultwort zu machen.

Die Rolle, die Pauli bei diesen Entwicklungen spielte, ist besonders interessant. Er teilte Kammerers und Jungs Überzeugung, daß im Universum nichtkausale, nichtphysikalische Faktoren wirksam sind. Hieß es nicht von seinem eigenen Ausschließungsprinzip: »Es wirkt wie eine Kraft, ist aber keine Kraft«? Er sah die Grenzen der Naturwissenschaft wahrscheinlich besser als die meisten seiner Kollegen. Außerdem wurde er wie Jung sein Leben lang von poltergeistähnlichen Phänomenen verfolgt.[295] Im Alter von fünfzig Jahren, als er schon Nobelpreisträger war, schrieb er eine scharfsinnige Abhandlung über Naturwissenschaft und Mystizismus in den Werken Johannes Keplers, die zunächst als Monographie vom Zürcher Jung-Institut veröffentlicht wurde. Gegen Ende dieses Essays heißt es:

»Heute besitzen wir zwar Naturwissenschaften, aber kein naturwissenschaftliches Weltbild mehr . . . Seit der Entdeckung des Wirkungsquantums war ja die Physik allmählich gezwungen, ihren stolzen Anspruch, im Prinzip die *ganze* Welt verstehen zu können, aufzugeben. Eben dieser Umstand könnte aber als Korrektur der früheren Einseitigkeit den Keim eines Fortschritts in sich tragen in Richtung auf ein einheitliches Gesamtweltbild, in welchem die Naturwissenschaften nur ein Teil sind.«[296]

Dieser philosophische Zweifel am »Sinn hinter dem Ganzen« ist bei Wissenschaftlern, die die Fünfzig überschritten haben, nicht ungewöhnlich, sondern im Gegenteil fast die Regel. Pauli ließ es jedoch nicht bei dem Versuch bewenden, physikalische Theorien zur Erklärung von ASW und Synchronizität zu entwickeln. Er spürte, daß dies hoffnungslos sei,und meinte, man solle sich lieber damit abfinden, daß die betreffenden Phänomene die sichtbaren Spuren unsichtbarer akausaler Faktoren seien – wie die Spuren unsichtbarer Elementarteilchen in der Vakuumkammer. Pauli machte den revolutionären Vorschlag, den Begriff der nichtkausalen Vorgänge nicht nur in der Mikrowelt anzuwenden (wo man seine Anwendbarkeit anerkannte), sondern auch auf die Makrowelt (wo dies nicht der Fall war) auszudehnen! Vielleicht hoffte er, mit Jung eine akausale Theorie auszuarbeiten, die paranormale Phänomene einigermaßen plausibel machen würde. Das Ergebnis war, wie schon gesagt, enttäuschend. Jungs Abhandlung über die Synchronizität lief letzten Endes auf ein merkwürdiges Schema hinaus, auf das sich die beiden Wissenschaftler, wie Jung sagte, »schließlich einigten«.[297] Hier ist es:

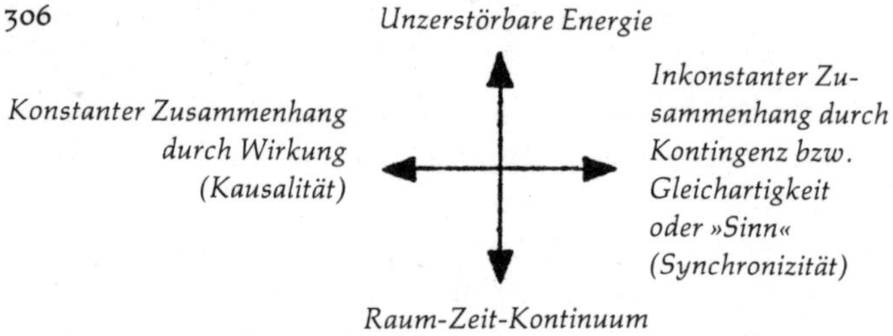

Jung bot keine Erklärung für die Anwendbarkeit oder Aussagemöglichkeiten des Schemas an. Seine diesbezüglichen Ausführungen sind so dunkel, daß ich es dem interessierten Leser überlassen muß, sie im Original nachzulesen. Man wird unwillkürlich an den biblischen Berg erinnert, der eine Maus gebar. Doch es war immerhin eine Maus von symbolischer Bedeutung. Zum erstenmal wurde der Hypothese eines akausalen Faktors im Kosmos von einem international anerkannten Psychologen und von einem nicht minder angesehenen Physiker gemeinsam Geltung verschafft.

10

Kammerer und Jung waren natürlich nicht die ersten, die an Zusammenhänge jenseits der physikalischen Kausalität glaubten. Einer ihrer unmittelbaren Vorläufer war Schopenhauer, der nicht nur Jung, sondern auch Freud wesentlich beeinflußte. Schopenhauer lehrte, die physikalische Kausalität sei *nur eines* der Prinzipien, welche die Welt beherrschen; das andere sei eine metaphysische Wesenheit, so etwas wie ein universales Bewußtsein, zu dem sich das individuelle Bewußtsein verhalte wie der Traum zur Wirklichkeit. Er schrieb: »›Zufällig‹ bedeutet das Zusammentreffen in der Zeit, des kausal nicht Verbundenen . . . Versinnlichen wir uns jetzt jene einzelnen Kausalketten durch Meridiane, die in der Richtung der Zeit lägen; so kann überall das Gleichzeitige und eben deshalb nicht in direktem Kausalzusammenhang Stehende, durch Parallelkreise angedeutet werden . . . Alle Ereignisse im Leben eines Menschen ständen demnach in zwei grundverschiedenen Arten des Zusammenhangs.«[298]

Diese Vorstellung von der Einheit in der Vielfalt geht bis auf die pythagoreische Vorstellung von der »Harmonie der Sphären«[299] und die »Sympathie zwischen allen Dingen« des Hippokrates zurück: » . . . es gibt einen gemeinsamen Fluß, ein gemeinsames Atmen, alle Dinge stehen in Sympathie zueinander.« Die Lehre, nach der alles im Universum zusammenhängt, zum Teil aufgrund von mechanischen Ursachen, vor allem aber aufgrund verborgener Affinitäten (die auch für augenscheinliche Zufälle verantwortlich sind), lieferte nicht nur das Fundament für Sympathiezauber, Astrologie und Alchemie, sondern zieht sich auch wie ein Leitmotiv durch die Lehre des Taoismus und Buddhismus, der Neuplatoniker und der Philosophen der Frührenaissance.

Der italienische Humanist Pico della Mirandola hat sie im Jahr 1550 treffend zusammengefaßt: »Erstens gibt es eine Einheit der Dinge, durch die jedes Ding eins mit sich selbst ist, aus sich selbst besteht und mit sich selbst zusammenhängt. Zweitens gibt es eine Einheit, durch die *ein* Geschöpf mit allen anderen vereint ist, und alle Teile der Welt ergeben *eine* Welt.«[300]

Die erste Hälfte dieses Zitats spiegelt nach unserer Theorie die Tätigkeit der *selbstbehauptenden* Tendenz wider, während die zweite die Wirkungsweise der selbsttranszendierenden oder *integrativen* Tendenz auf einer universalen Stufe beschreibt.

Wir können Picos Erklärung auch mit der Meinung zeitgenössischer Physiker vergleichen: »Es ist unmöglich, einen Teil des Universums vom Rest zu trennen.« Diese beiden Aussagen, zwischen denen vier Jahrhunderte liegen, wurzeln in einer holistischen Betrachtung des Universums, die über die physikalische Kausalität hinausgeht.

11

Eines der bestgehüteten Geheimnisse des Kosmos betrifft die Frage, wie die subatomare Mikrowelt der Teilchen *(particles)*, die zugleich »Wellchen« *(wavicles)* sind und sowohl dem strikten Determinismus als auch der mechanischen Kausalität trotzen – wie dieser »wogende Schaumteppich« die feste, ordentliche, von der strengen Kausalität regierte Makrowelt entstehen ließ.

Die Antwort des modernen Naturwissenschaftlers lautet, daß man diese scheinbar wunderbare Leistung – das Schaffen von Ordnung aus dem Chaos – im Licht der Wahrscheinlichkeitslehre oder des »Gesetzes der großen Zahl« sehen muß. Dieses Gesetz gleicht Paulis Ausschließungsprinzip jedoch insofern, als es nicht mit physikalischen Größen zu erklären ist; es hängt gewissermaßen in der Luft. Hierzu einige Beispiele:

Bei den ersten beiden handelt es sich um klassische Fälle aus Warren Weavers Buch über die Wahrscheinlichkeitslehre[301]. Aus den Statistiken der New Yorker Gesundheitsbehörde geht hervor, daß im Jahre 1955 im Durchschnitt jeden Tag 75,3mal gemeldet wurde, ein Hund habe einen Menschen gebissen; 1956 wurden täglich 73,6 Hundebisse verzeichnet, 1957 waren es 73,5, 1958 meldete man 74,5 Bisse pro Tag und 1959 betrug die Zahl der täglichen Hundebisse 72,4. Statistisch ähnlich zuverlässig waren die Kavalleriepferde, die zwischen 1875 und 1894 Soldaten des deutschen Heeres zu Tode traten – sie richteten sich offenbar nach der sogenannten Poisson-Gleichung der Wahrscheinlichkeitstheorie. Mörder in England und Wales hatten den gleichen Respekt vor den Gesetzen der Statistik, so sehr sie sich auch in Charakter und Motiv unterschieden. Seit dem Ersten Weltkrieg verzeichnete man dort, gemessen an der Bevölkerungszahl, in den einzelnen Jahrzehnten eine nahezu konstante Mordquote: 1920-29 gab es 3,84 Morde pro 1 Million Einwohner, 1930-39 waren es 3,27 Morde, 1940-49 wurden 3,92 Menschen pro Million umgebracht, 1950-59 waren es 3,3 Morde pro Million Einwohner, und 1960-69 kamen auf eine Million Einwohner etwa 3,5 Morde.

Diese bizarren Beispiele zeigen das paradoxe Wesen der Wahrscheinlichkeitstheorie, die die Philosophen fasziniert, seitdem Pascal diesen Zweig der Mathematik begründete – und die Johann von Neumann, der größte Mathematiker unseres Jahrhunderts, »schwarze Magie« genannt hat. Das Paradoxon liegt in der Tatsache, daß die Wahrscheinlichkeitstheorie es erlaubt, die Gesamtzahl vieler individueller Fälle, von denen kein einziger für sich allein voraussagbar ist, mit geradezu unheimlicher Präzision vorauszusagen. Wir stehen, anders gesagt, vor einer *großen Zahl von Ungewißheiten, die eine Gewißheit produzieren,* vor einer großen Zahl von Zufallsereignissen, die ein gesetzmäßiges Gesamtresultat ergeben.

Ob das Gesetz der großen Zahl nun paradox ist oder nicht – es *funktioniert* jedenfalls; geheimnisvoll ist nur, warum und wie es funktioniert. Es ist inzwischen ein unerläßliches Werkzeug für Physiker und Genetiker, Wirtschaftsplaner, Versicherungsgesellschaften, Spielkasinos und Meinungsforscher geworden – so sehr, daß wir die schwarze Magie, die darinsteckt, einfach hinnehmen. Die wahrscheinlichkeitsbewußten Hunde oder Kavalleriepferde amüsieren uns vielleicht, wir erkennen aber nicht die universale Natur des Paradoxons und seine Bedeutung für das Problem von Zufall und Absicht, Freiheit und Notwendigkeit.

In der Kernphysik finden wir verblüffende Parallelen zu den unberechenbaren Hunden, die berechenbare Statistiken produzieren. Ein klassisches Beispiel ist der radioaktive Zerfall, wo völlig unberechenbare radioaktive Atome exakt zu berechnende Gesamtergebnisse herbeiführen. Der Augenblick, in dem ein radioaktives Atom plötzlich zerfällt, läßt sich weder theoretisch noch experimentell voraussagen. Er hängt nicht von physikalischen oder chemischen Faktoren wie Temperatur oder Druck ab. Er richtet sich, anders ausgedrückt, nicht nach der Vergangenheit oder der jetzigen Umwelt des Atoms. »Der Zerfallsmoment hat keinerlei Ursachen«, um mit Professor Bohm zu sprechen, und ist »*völlig willkürlich* in dem Sinn, daß er keinerlei Beziehung zu irgendwelchen Dingen hat, die in der Welt existieren oder existierten«[302]. Und doch *hat* er irgendeine verborgene, anscheinend akausale Beziehung zur übrigen Welt, denn die sogenannte Halbwertzeit eines Teilchens radioaktiver Substanz (das heißt, die Zeit, in der die Hälfte seiner Atome zerfällt) ist genau festgelegt und berechenbar. Bei Uran beträgt sie viereinhalb Millionen Jahre. Die Halbwertzeit von Radium beträgt 3,825 Tage. Beim Thorium C dauert sie 60,5 Minuten. Und so geht es bei den einzelnen radioaktiven Elementen weiter, bis zu millionstel Sekunden.

Die Zerfallgeschwindigkeit des Teilchens kann jedoch schwanken; ehe die Halbwertzeit abgelaufen ist, zerfallen manchmal plötzlich viel zu viele oder viel zu wenige Atome, so daß der Zeitplan durcheinanderzukommen droht, aber diese Abweichungen von der statistischen Norm werden früher oder später korrigiert und die Halbwertzeit wird rigoros eingehalten. Von welcher Kraft geht diese kontrollierende und korrigierende Wirkung aus, da der Zerfall der einzelnen Atome nicht von den Vorgängen im restlichen Teilchen beeinflußt wird? Wie wissen die New Yorker Hunde, ob sie nicht mehr beißen dürfen oder ob sie weiter beißen müssen, um ihr statistisch ermitteltes Tagespensum zu erfüllen? Was veranlaßt die Mörder in England und Wales dazu, bei knapp vier Opfern pro Million Einwohner aufzuhören? Durch welche mysteriöse Macht wird die Roulettkugel nach einer Serie von Rot veranlaßt, das Gleichgewicht zwischen Rot und Schwarz auf lange Sicht wiederherzustellen? Durch »die Gesetze der Wahrscheinlichkeit«, sagt man uns. Aber das Gesetz hat keine physikalischen Kräfte, um seine Diktate durchzusetzen. Es ist ohnmächtig – und doch praktisch allmächtig.

Es mag scheinen, als sei es eine fixe Idee von mir, auf diesem Punkt herumzureiten, aber das Paradoxon ist wirklich von fundamentaler Bedeutung für das Problem der Kausalität. Da die zum Zerfall der einzelnen Atome führenden Kausalketten offenbar nicht miteinander verbunden sind, gibt es nur zwei Möglichkeiten. Entweder müssen wir annehmen, daß die Erfüllung der statistischen Voraussage, meine Thorium C-Probe werde eine Halbwertzeit von 60,5 Minuten haben, auf blindem Zufall beruht – was absurd wäre; oder wir müssen den Sprung wagen und uns für eine Hypothese entscheiden, die auf der Linie einer »akausalen verbindenden Kraft« liegt – diese Kraft würde die physikalische Kausalität insofern ergänzen, als Teilchen und Welle, »mechanisches« und »mentales« Prinzip, sich irgendwie komplementär verhielten. Die Kraft würde in verschiedener Gestalt auf verschiedenen Stufen wirken: in Form von »verborgenen Parametern«, die auf der subatomaren Stufe die Lücken der Kausalität füllen;
die die Tätigkeiten der physikalisch voneinander unabhängigen Atome des Thorium C so koordinieren, daß diese ihre Halbwertzeit respektieren;
die bei den »konvergierenden Ereignissen« der Serialität und Synchronizität Gleiches mit Gleichem zusammenbringen;
die vielleicht auch das »Psi-Feld« der Parapsychologen bilden.

Diese Theorie klingt womöglich phantastisch, ist aber nicht phantastischer als die paradoxen Phänomene, auf denen sie beruht. Wir leben in einem Universum aus »wogendem Quantenschaum«, der ständig unheimliche Phänomene erzeugt – mit Mitteln, die die klassischen Grenzen der physikalischen Kausalität sprengen. Das Ziel dieser akausalen Kraft ist unbekannt, und vielleicht werden wir es nie erfahren, doch wir spüren intuitiv, daß es irgendwie mit jenem Streben nach höheren Formen und Einheit in der Vielfalt zusammenhängt, das wir in der Evolution des Universums insgesamt, des Lebens auf der Erde, des menschlichen Bewußtseins und schließlich der Wissenschaft und Kunst beobachten. Ein letztes Geheimnis ist leichter zu akzeptieren als ein Abfallkorb einzelner, nicht miteinander verbundener Rätsel.

Erwin Schrödinger bezog in seiner klassischen Abhandlung *Was ist Leben?*, die ich bereits zitiert habe, einen ganz ähnlichen Standpunkt. Er bezeichnete das Verbindungsglied zwischen den völlig unberechenbaren subatomaren Vorgängen und ihrem exakt berechenbaren Gesamtergebnis als das »Prinzip der ›Ordnung aus der Unordnung‹«. Er gab offenbar zu, daß dieses Prinzip jenseits der physikalischen Kausalität liegt:

»Der Zerfall des einzelnen radioaktiven Atoms ist beobachtbar (es sendet ein Geschoß aus, das auf einem Fluoreszenzschirm ein sichtbares Aufleuchten hervorruft). Wenn man aber ein einzelnes radioaktives Atom betrachtet, so ist seine wahrscheinliche Lebensdauer viel schwerer abzuschätzen als diejenige eines gesunden Spatzen. Man kann im Grunde über seine Lebensdauer nicht mehr aussagen als: Solange es lebt (und das mag während Tausenden von Jahren der Fall sein), bleibt die Möglichkeit, daß es schon in der nächsten Sekunde explodiert, immer bestehen, sei sie nun groß oder klein. Trotz dieses offenkundigen Mangels an individueller Bestimmbarkeit besteht das exakte Exponentialgesetz für den Zerfall einer großen Zahl gleichartiger Atome.«[303]

Robert Harvie, der zusammen mit Sir Alister Hardy und mir *The Challenge of Chance* geschrieben hat, kommentierte diese Äußerung Schrödingers so: »Die orthodoxe Quantentheorie versucht dieses Paradoxon zu lösen, indem sie die probabilistische Natur der Materie auf der mikroskopischen Stufe postuliert. Aber dann bleibt ein weiteres Paradoxon – nämlich das der Probabilität oder Wahrscheinlichkeit selbst. Die Gesetze der Wahrscheinlichkeit beschreiben, *wie* sich eine Sammlung zufälliger Ereignisse zu einer übergeordneten Gewißheit summieren kann, aber sie beschreiben nicht, *warum* sie das tut. Warum explodieren die Millionen Kerne nicht gleichzeitig? Warum sollen wir damit rechnen, daß ein symmetrisch ausgewogener Pfennig nicht bis in alle Ewigkeit mit dem ›Kopf‹ nach oben zu Boden fallen wird? Die Frage ist anscheinend nicht zu beantworten. Das Prinzip ›Ordnung aus der Unordnung‹ ist offenbar nicht auf irgend etwas zurückführbar, es scheint unerklärlicherweise ›einfach da zu sein‹. Statt nach dem Warum zu fragen, könnte man auch gleich fragen: ›Warum ist das Universum?‹ oder ›Warum hat der Raum drei Dimensionen?‹ (Wenn er sie tatsächlich hat!)«[304]

In unserer Theorie ist das Prinzip »Ordnung aus der Unordnung« der integrativen Tendenz zugeordnet, und wie wir sahen, läßt es sich bis zu den Pythagoreern zurückverfolgen. Nach seinem zeitweiligen Niedergang unter der Herrschaft der reduktionistischen Lehre in der Physik und Biologie gewinnt das Prinzip heute in ausgeklügelteren Versionen wieder an Boden. Ich habe einige mit ihm verwandte Konzepte erwähnt: Schrödingers Negentropie, Szent-Györgyis Syntropie, Bergsons *élan vital* usw. Man könnte an dieser Stelle den (von Bertalanffy übernommenen) Begriff der »Anamorphose« hinzufügen, den der deutsche Biologe Woltereck für die Tendenz der Natur prägte, neue Formen des Lebens zu schaffen, und hierher gehört auch L. L. Whytes »morphisches Prinzip« oder »fundamentales Prinzip der Entwicklung von Strukturen«. Allen diesen Theorien ist gemeinsam, daß sie die morphische oder formative oder syntropische Tendenz, das Streben der Natur, Ordnung aus der Unordnung, Kosmos aus dem Chaos zu schaffen, als letzte und nicht weiter zerlegbare Prinzipien jenseits der physikalischen Kausalität betrachten.[305]

Unsere Theorie geht noch weiter, weil sie ausdrücklich postuliert, daß die integrative Tendenz auf *kausale und akausale* Weise wirkt, wobei beide Wirkungsarten in einem komplementären Verhältnis analog zu dem der Teilchen und Wellen in der Physik stehen. Sie umfaßt also nicht nur die akausalen Kräfte, die auf der subatomaren Stufe tätig sind, sondern auch die Phänomene der Parapsychologie und die »konvergierenden Ereignisse«. Wie wir sahen, überlappen sich ASW und Synchronizität oft so, daß ein angeblich paranormales Ereignis entweder als Resultat von ASW oder als ein Fall von Synchronizität gedeutet werden kann. Vielleicht begehen wir aber einen Irrtum, wenn wir versuchen, kategorisch zwischen den beiden Erscheinungen zu unterscheiden. Die klassische Physik hat uns gelehrt, daß es verschiedene Äußerungsformen der Energie gibt, zum Beispiel kinetische, potentielle, thermische, elektrische, atomare Energie und Strahlenenergie, und daß man diese Energiearten durch geeignete Prozesse jeweils in eine andere umwandeln kann; sie sind also mit konvertierbaren Währungen zu vergleichen. Nach der vorliegenden Theorie sind Telepathie, Hellsehen, Präkognition, Psychokinese und Synchronizität dementsprechend nur *verschiedene Äußerungsformen eines unter verschiedenen Bedingungen tätigen universalen Prinzips* – das heißt, der integrativen Tendenz, die sowohl mit kausalen als auch mit akausalen Mitteln arbeitet. Wie dies geschieht, entzieht sich unserem Verständnis, aber wir können die Indizien der paranormalen Phänomene nun zumindest in den vereinigten Gesamtentwurf einpassen.

12

Zu den grundlegenden Voraussetzungen für die Gültigkeit eines wissenschaftlichen Experiments gehören seine Wiederholbarkeit und seine Voraussagbarkeit. Paranormale Vorgänge sind jedoch unberechenbar und relativ selten, ob sie nun im Labor herbeigeführt werden oder spontan stattfinden. Das ist einer der Gründe, weshalb Skeptiker sich berechtigt glaubten, die Daten, die bei streng kontrollierten Versuchen über ASW und Psychokinese in rund vierzig Jahren gesammelt wurden, kategorisch abzulehnen – trotz des umfangreichen statistischen Beweismaterials, das man auf jedem anderen Gebiet der Wissenschaft als Beweis für die Realität der beobachteten Phänomene betrachten würde.

Das Kriterium der Wiederholbarkeit gilt freilich nur, wenn die Versuchsbedingungen im wesentlichen den Bedingungen des ursprünglichen Experiments entsprechen, und bei sensitiven oder medial veranlagten Menschen lassen sich diese Bedingungen nicht beliebig reproduzieren, weil Stimmung, Empfänglichkeit und emotionale Beziehung zwischen Versuchspersonen und Versuchsleiter unweigerlich variieren. Außerdem sind an ASW-Phänomenen fast immer unbewußte Prozesse beteiligt, die sich der gezielten Steuerung entziehen. Und noch eines: Wenn diese Phänomene tatsächlich durch akausale Kräfte ausgelöst werden, wäre es naiv zu erwarten, man könnte sie durch eine Willensanstrengung herbeiführen.

Es gibt jedoch eine weitere Erklärung für die augenscheinliche Seltenheit und Launenhaftigkeit paranormaler Phänomene, die in unserem Zusammenhang besonders interessant ist. Sie wurde meines Wissens von Henri Bergson erarbeitet und ist dann von verschiedenen Autoren benutzt worden, die über Parapsychologie geschrieben haben. Zitieren wir H. H. Price, ehemaliger Professor der Logik an der Universität Oxford:

»Es hat den Anschein, als ob telepathisch empfangene Eindrücke oder Inhalte einige Schwierigkeiten hätten, die Bewußtseinsschwelle zu überschreiten und bewußt zu werden. Ein Hindernis oder Verdrängungsmechanismus scheint solche Inhalte dem Bewußtsein fernhalten zu wollen; es ist ein recht schwer zu überwindendes Hindernis, doch sie benutzen alle Möglichkeiten, es zu umgehen . . . Und oft können sie nur in verzerrter und symbolischer Form auftreten (wie andere unbewußte Inhalte ebenfalls). Es ist eine einleuchtende Vermutung, daß viele unserer alltäglichen Gedanken und Gefühle telepathischen oder zumindest teilweise telepathischen Ursprungs sind, als solche jedoch nicht erkannt werden, weil sie bei der Überwindung der Bewußtseinsschwelle so sehr verzerrt und mit anderen psychischen Inhalten durchsetzt werden.«[306]

Adrian Dobbs, Mathematiker an der Universität Cambridge, kam bei der Kommentierung dieses Abschnitts ohne Umschweife zum springenden Punkt: »Dieser interessante und anregende Gedanke läßt die Vorstellung entstehen, daß entweder die Psyche oder das Gehirn eine Sammlung von verschiedenen Selektionsfiltern enthalte, die unerwünschte Signale auf benachbarten Frequenzen ausblenden sollen, von denen jedoch einige, genau wie beim gewöhnlichen Radioempfang, in verzerrter Form durchkommen.«[307]

Cyril Burt, früher Professor der Psychologie am University College in London, nahm denselben Faden auf: »Unsere Sinnesorgane und unser Gehirn funktionieren wie eine Art komplizierte Filter, die die hellseherischen Kräfte der Psyche einschränken und steuern, so daß unter normalen Bedingungen die Aufmerksamkeit nur auf jene Objekte oder Situationen gerichtet ist, die für das Überleben des Organismus und seiner Art von biologischer Bedeutung sind ... In der Regel, so scheint es, lehnt die Psyche Vorstellungen aus einer anderen Psyche ab, wie auch der Körper Gewebe von anderen Körpern ablehnt.«[308]

Der Leser hat vielleicht jetzt ein Gefühl des *déjà vu,* weil ich weiter oben andere »Filtertheorien« besprochen habe; diese hingen allerdings mit den Wahrnehmungsmechanismen und dem Evolutionsprozeß zusammen. Die Hypothese, daß es einen Filter gibt, der uns vor unerwünschten ASW-Signalen schützt, ist in Wirklichkeit nichts als eine Extrapolation dessen, was wir über normale Sinneswahrnehmungen wissen. Wir erinnern uns an William James' berühmte »blühende, summende Vielfalt der Wahrnehmungen«, die ständig unsere Sinnesorgane, besonders die Augen und die Ohren, bombardieren. Unser Geist würde im Chaos versinken, wenn wir auf jeden der Millionen von Reizen achten sollten, die auf die Sinne einstürmen. Deshalb müssen das zentrale Nervensystem und das Gehirn als eine vielstufige Hierarchie von abtastenden, filternden und einordnenden Mechanismen fungieren, »die einen Großteil der sensorischen Eingabe als belanglosen ›Lärm‹ eliminieren und die belangvollen Informationen zu kohärenten Mustern zusammenfügen, ehe sie dem Bewußtsein präsentiert werden.« Entsprechend könnte es einen ähnlichen Filterapparat geben, der unseren rationalen Geist vor der »blühenden, summenden Vielfalt« der Botschaften, Bilder, Eingebungen und zufälligen Ereignisse des uns umgebenden »psychomagnetischen Feldes« schützt.

Eine Analogie besteht auch zwischen den filternden Hierarchien, die den Geist vor belanglosen Reizen sinnlichen oder außersinnlichen Ursprungs schützen, und den genetischen Mikro-Hierarchien, die die genetische Blaupause in den Chromosomen vor biochemischen Störungen und schädlichen Veränderungen bewahren, welche sonst die Stabilität und Kontinuität der Spezies gefährden würden.[309] Ich habe es außerdem gewagt, die Existenz einer lamarckistischen Mikro-Hierarchie selektiver Filter zu postulieren, die dafür sorgt, daß erworbene Merkmale nicht in das Erbgut hineingeraten – abgesehen von den sehr wenigen, die ein grundlegendes Bedürfnis der Spezies erfüllen und im Lauf von Generationen aus den ständigen Zwängen der Umwelt resultieren. Sie haben es gleichsam geschafft, durch den Filter zu sickern und in das Erbgut des Embryos aufgenommen zu werden, wie beispielsweise die dicke Haut an den Fußsohlen des Menschen, zweifellos ein erworbenes Merkmal, das erblich geworden ist (und sich nichtsdestoweniger mit der herrschenden Lehre vereinbaren läßt, die uns glauben machen will, es beruhe auf blindem Zufall).

Übrigens steckten die Lamarckisten, wie wir sahen, in einem ganz ähnlichen Dilemma wie die Parapsychologen: Sie konnten kein wiederholbares Laborexperiment vorweisen. Selbst scheinbar eindeutige Fälle lamarckistischer Vererbung wurden unterschiedlich interpretiert, mit geradezu religiöser Inbrunst bekämpft und verteidigt und schließlich als betrügerische Manipulationen abgetan, wenn nichts anderes mehr half. Außerdem konnten die Lamarckisten keine physiologische Erklärung für die Erblichkeit erworbener Merkmale liefern – genau wie die Parapsychologen nicht imstande sind, ASW-Phänomene physikalisch zu erklären.

Diese merkwürdige Parallele scheint sowohl den Lamarckisten als auch den Parapsychologen entgangen zu sein; ich habe jedenfalls in der Literatur der beiden Schulen keinen Hinweis auf sie gefunden. Sie scheint mir jedoch bezeichnend zu sein, weil beide Häresien die Mängel wissenschaftlicher Lehren aufzeigen, ohne eine umfassende Alternative bieten zu können, es sei denn, man bezeichnet Johannsens »großes zentrales Mysterium« als eine solche oder bescheidet sich mit Grassés Erkenntnis: »Angesichts dieser Probleme muß die Biologie möglicherweise ihre Hilflosigkeit eingestehen und bei der Metaphysik Hilfe suchen.«[310]

14. Ein Blick durchs Schlüsselloch

1

Ehe wir unsere Reise beenden, sollten wir vielleicht noch einmal zum Prolog zurückschauen, wo ich den plötzlichen Aufstieg des menschlichen Neocortex und sein schnelles Anwachsen besprach, das in der Geschichte der Evolution ohnegleichen ist. Wir haben gesehen, daß dieser Prozeß unter anderem zu dem chronischen Konflikt zwischen dem neuen Gehirn, dem Sitz der menschlichen Vernunft, und dem archaischen alten Gehirn führte, das von Instinkten und Emotionen beherrscht wird. Das Ergebnis war eine geistig unausgeglichene Spezies mit einem eingebauten paranoiden Zug, der sich im Verlauf ihrer Geschichte gnadenlos äußerte.

Die Gehirnexplosion im späten Pleistozän hatte allerdings noch andere – weniger dramatische, aber ebenso weitreichende – Folgen, über die wir noch sprechen müssen.

Der springende Punkt liegt darin, daß die Evolution bei der Entwicklung des menschlichen Gehirns hemmungslos über das Ziel hinausschoß: »Es wurde ein Instrument geschaffen, das den Bedürfnissen seines Besitzers weit voraus ist . . . Die natürliche Zuchtwahl hätte dem Wilden ein Gehirn schenken können, das dem des Affen ein wenig überlegen ist, während er eines bekam, das dem eines durchschnittlichen Angehörigen unserer gebildeten Gesellschaften nur sehr wenig unterlegen ist.«[311] Das wurde von keinem geringeren als Alfred Russell Wallace geschrieben, der zusammen mit Darwin die Theorie der Evolution durch natürliche Auslese zeugte (wenn der Ausdruck erlaubt ist).[312] Darwin begriff die Brisanz dieses Arguments sofort und schrieb Wallace: »Hoffentlich haben Sie Ihrem und meinem Kind nicht endgültig den Garaus gemacht.«[313] Er hatte jedoch keine befriedigende Antwort auf die kritische Äußerung seines Kollegen, und seine Jünger kehrten die Kritik einfach unter den Teppich.

Warum war jene Kritik so wichtig? Aus zwei Gründen. Der erste ist lediglich von historischem Interesse, denn Wallaces Einwand unterminierte einen Eckpfeiler des darwinistischen Bauwerks. Nach der darwinistischen und neodarwinistischen Theorie muß die Evolution in sehr kleinen Schritten voranschreiten, die dem mutierten Organismus jeweils einen winzigen, auf Auslese beruhenden Vorteil verschaffen – sonst ergibt die ganze Konstruktion keinen Sinn, wie Darwin selbst immer wieder betonte. Die rapide Entwicklung des menschlichen Großhirns, das einige Anthropologen mit einer »tumorartigen Wucherung« [314] verglichen haben, ließ sich jedoch beim besten Willen nicht mit dieser Theorie vereinbaren. So erklärt sich Darwins furchtsame Antwort – und die darauf folgende Verschwörung des Schweigens.

Der zweite und viel bedeutsamere Aspekt der Kritik scheint Wallace gar nicht richtig aufgegangen zu sein. Er betonte, das »Instrument« sei »den Bedürfnissen seines Besitzers weit voraus«[315] gewesen. Aber die Evolution des menschlichen Gehirns ging nicht nur über die Bedürfnisse des vorgeschichtlichen Menschen hinaus, sondern ist auch das einzige Beispiel dafür, daß *die Evolution eine Spezies mit einem Organ ausstattete, das sie nicht zu gebrauchen weiß*, mit einem Luxusorgan, für dessen richtige Benutzung der Besitzer Tausende von Jahren trainieren muß, wenn er es überhaupt jemals schafft.

Das archäologische Beweismaterial läßt erkennen, daß der früheste Vertreter des Homo sapiens – der Cro-Magnon-Mensch, der den Schauplatz vor hunderttausend Jahren oder noch eher betrat – bereits ein Gehirn hatte, das in Größe und Form nicht von dem unseren zu unterscheiden ist. Doch er machte, so paradox das klingen mag, fast nie Gebrauch von diesem Luxusorgan. Er blieb ein analphabetischer Höhlenbewohner und fuhr jahrtausendelang fort, Speere, Pfeile und Bogen der gleichen primitiven Art zu fertigen, obgleich das Organ, das den Menschen zum Mond bringen sollte, bereits ausgeformt in seinem Schädel lag. Die Evolution des Gehirns schoß also um einen Zeitfaktor von astronomischer Größe über das Ziel hinaus. Das Paradoxon ist schwer zu fassen. In *Das Gespenst in der Maschine* habe ich versucht, diese Tatsache mit einem Gleichnis zu veranschaulichen, das von der

Science-fiction inspiriert ist. Ich nannte es *Die Parabel von der unerbetenen Gabe:*

»In einem arabischen Basar lebte einmal ein Ladenbesitzer namens Ali; er konnte nicht sehr gut rechnen und wurde daher von seinen Kunden ständig bemogelt – anstatt daß er sie bemogelte, wie sich das gehört. Also betete er jeden Abend zu Allah, er möge ihm einen Abakus schenken, jenen altehrwürdigen Apparat, mit dem man addiert und subtrahiert, indem man kleine Kugeln an Drahtstäben entlangschiebt. Aber ein boshafter Dschinn leitete sein Gebet an die falsche Dienststelle der himmlischen Postversandabteilung, und als Ali eines Morgens im Basar eintraf, mußte er zu seinem Erstaunen feststellen, daß sein Laden sich in ein vielstöckiges, modernes Bürogebäude verwandelt hatte, in welchem das jüngste Computermodell installiert war: Schalttafeln und Armaturenbretter bedeckten alle Wände, mit Tausenden von fluoreszierenden Oszillatoren, Schaltern, Hebeln, Skalenscheiben und dergleichen; es gab auch ein mehrere hundert Seiten starkes Handbuch mit Bedienungsanweisungen, das Ali, der Analphabet war, natürlich nicht lesen konnte. Nachdem er mehrere Tage lang vergeblich an diesem oder jenem Knopf herumgefummelt hatte, geriet er schließlich in Wut und gab einem der glitzernden, eleganten Armaturenbretter einen Fußtritt. Der Schock setzte eines der Millionen elektronischen Schaltsysteme der Maschine in Aktion, und nach einer Weile entdeckte Ali zu seinem freudigen Erstaunen, daß, wenn er zunächst dreimal und hernach noch fünfmal gegen das Armaturenbrett trat, eine der Skalenscheiben tatsächlich die Zahl 8 anzeigte. Er dankte Allah auf den Knien für den prächtigen Abakus und benutzte die Maschine bis an sein Lebensende, um drei plus zwei oder vier plus fünf zu addieren – ohne zu ahnen, daß der Computer fähig war, Einsteins Gleichungen im Handumdrehen abzuleiten oder die Bahnen von Planeten für Tausende von Jahren vorauszuberechnen.

Alis Kinder und Enkelkinder erbten die Maschine und auch das Geheimnis, wie man immer nach demselben Armaturenbrett tritt; aber es brauchte Hunderte von Generationen, ehe sie endlich darauf kamen, wie man die Maschine wenigstens für einfache Multiplikationsaufgaben benutzen konnte. Wir selbst sind Alis Nachkommen: Zwar haben wir inzwischen noch eine Reihe anderer Verwendungsarten für die Maschine erlernt, aber trotzdem sind wir nur fähig, einen winzigen Bruchteil des Potentials ihrer schätzungsweise hundert Millionen Stromkreise zu benutzen. Denn mit der unerbetenen Gabe ist natürlich das menschliche Gehirn gemeint. Was das Handbuch mit den Bedienungsanweisungen betrifft, so ging es verloren – falls es überhaupt jemals existierte. Platon behauptet zwar, es habe einmal existiert, aber das ist offenbar nur ein Gerücht.«[316]

Wenn Biologen von der »geistigen Evolution« sprechen, die die biologische Evolution beim Menschen – im Gegensatz zum Tier – überlagert habe, ignorieren sie gewöhnlich den Kern des Problems. Das Lernpotential der Tiere wird nämlich zwangsläufig dadurch begrenzt, daß sie im Gegensatz zum Menschen vollen – oder beinahe vollen – Gebrauch von den Organen machen, die sie mitbekommen haben, einschließlich des Gehirns. Die Kapazität des Computers im Schädel eines Reptils oder niederen Säugetiers wird beinahe hundertprozentig ausgenutzt, läßt also keinen Raum für kumulatives Lernen und »geistige Evolution«. Nur beim Homo sapiens hat die Evolution die Bedürfnisse der Spezies um eine Zeitspanne von solchem Ausmaß vorweggenommen, daß wir jetzt gerade erst beginnen, einige der bisher ungenutzten, unerforschten Möglichkeiten der schätzungsweise zehntausend Millionen Neuronen und ihrer praktisch unerschöpflichen synaptischen Querverbindungen zu nutzen. So gesehen, ist die Geschichte der Wissenschaft, Philosophie und Kunst der langsame Prozeß, bei dem der Geist durch Erfahrung lernt, das Potential des Gehirns zu aktivieren. Die neuen Territorien, die auf ihre Eroberung warten, liegen in den Windungen der Großhirnrinde.

Die Gründe, weshalb dieser Prozeß, *den Gebrauch unseres Gehirns zu lernen,* so langsam, sprunghaft und so voller Rückschläge war, lassen sich auf einen gemeinsamen Nenner bringen: Das alte Gehirn kam dem neuen in die Quere oder bremste es. Die einzigen Zeiträume der europäischen Geschichte, in denen das Wissen wirklich kumulativ anwuchs, waren die drei großen Jahrhunderte Griechenlands vor der mazedonischen Eroberung und die vier Jahrhunderte von der Renaissance zur Gegenwart. Das

Organ, mit dem dieses Wissen erzeugt wurde, befand sich auch während des zweitausendjährigen Winterschlafs zwischen jenen beiden Perioden im Schädel der Menschen, durfte aber vorübergehend kein neues Wissen mehr erzeugen. In den meisten Abschnitten der belegten Geschichte des Menschen und in den weit längeren Abschnitten der Vorgeschichte durften die wunderbaren Fähigkeiten der »unerbetenen Gabe« nur in den Dienst von archaischen, auf Emotionen basierenden, mit Tabus gesättigten Glaubenssätzen und Überzeugungen treten: in den durch Magie inspirierten Höhlenmalereien der Dordogne; bei der Übersetzung der archetypischen Vorstellungswelt in die Sprache der Mythologie; in der religiösen Kunst Asiens und des christlichen Mittelalters. Die Vernunft hatte die Aufgabe, *ancilla fidei,* Dienerin des Glaubens, zu sein – ob es sich nun um den Glauben von Zauberern und Medizinmännern, Theologen, Scholastikern, dialektischen Materialisten, von Anhängern Mao Tse-tungs oder König Mbo-Mbas handelte. Schuld daran sind nicht die Sterne, sondern das Pferd und das Krokodil, die wir in unserem Schädel mit uns herumtragen.

2

Die historischen Auswirkungen der gespaltenen Persönlichkeit des Menschen sind in den vorangegangenen Kapiteln ausführlich besprochen worden, und ich komme nur deshalb noch einmal auf das Thema zurück, weil ich eine ganz andere Konsequenz dieses Zustandes aufzeigen möchte, eine Konsequenz, die grundlegende philosophische Probleme aufwirft. Um noch einen Moment bei unserem Gleichnis zu verweilen: Alis Nachkommen waren von den offenbar unerschöpflichen Möglichkeiten des Computers (in den glücklichen Perioden, in denen er sie ungehindert entfalten durfte), so beeindruckt und begeistert, daß sie der verständlichen Täuschung erlagen, das Gerät sei potentiell *allwissend.* Diese Täuschung beruhte darauf, daß die Evolution über das Ziel hinaus geschossen war. Anders ausgedrückt: Verglichen mit dem Gehirn anderer Lebewesen und in Relation zu den primären Bedürfnissen seiner Besitzer waren die Lern- und Denkfähigkeiten des Gehirns so gewaltig, daß der Mensch die Überzeugung gewann, seine ungenutzten Möglichkeiten seien unerschöpflich und seine Vernunft sei unbegrenzt. Es bestand in der Tat kein Grund zu der Annahme, es könne Probleme geben, für die der Computer keine Antwort hätte, weil er nicht darauf »programmiert« sei, sie zu lösen. Diese Einstellung läßt sich als »rationalistische Illusion« bezeichnen – als der Glaube, es sei nur eine Frage der Zeit, bis die letzten Rätsel des Universums dank der unbegrenzten Fähigkeiten des Gehirns gelöst werden würden.

Dieser Illusion erlagen die meisten Nachkommen Alis, auch die klügsten von ihnen. Aristoteles meinte, alles Entdeckenswerte am Universum sei bereits entdeckt worden, und es gebe keine ungeklärten Probleme mehr.[317] Descartes war von der erfolgreichen Anwendung mathematischer Methoden in der Naturwissenschaft so hingerissen, daß er glaubte, er könne das gesamte Bauwerk der neuen Physik ganz allein fertigstellen. Seine vorsichtigeren Zeitgenossen unter den Pionieren der wissenschaftlichen Revolution meinten, es könne womöglich noch zwei Generationen dauern, bis man der Natur ihr letztes Geheimnis entrissen habe. »In Wirklichkeit gibt es in den Wissenschaften und Künsten nur eine Handvoll verschiedener Phänomene«, schrieb Sir Francis Bacon. »Also dürfte die Entdeckung aller Ursachen und alles Wissenswerten nur noch eine Arbeit von wenigen Jahren sein.«[318] Zwei Jahrhunderte später, 1899, veröffentlichte der angesehene deutsche Biologe und Darwin-Apostel Ernst Haeckel sein Buch *Die Welträtsel,* das die Bibel meiner jungen Jahre wurde. Der Verfasser zählte darin sieben große Rätsel auf, von denen sechs »definitiv gelöst« seien. Das siebte, die subjektive Erfahrung des freien Willens, sei aber nur eine Illusion ohne realen Hintergrund, so daß es gar keine ungelösten Rätsel mehr gebe – was beruhigend zu wissen war. Sir Julian Huxley teilte wahrscheinlich diese Ansicht, als er schrieb: »Auf dem Gebiet der Evolution hat die Genetik die grundlegenden Fragen beantwortet, und die Evolutionsbiologen können sich nun anderen Problemen zuwenden.«[319]

Die Philosophie des Reduktionismus war ein direkter Nachfahre der rationalistischen Illusion. »Also dürfte die Entdeckung aller Ursachen und alles Wissenswerten nur eine Sache von wenigen Jahren sein« – man ersetze »Jahre« durch »Jahrhunderte« und hat die Essenz des reduktionistischen Credos, nach dem das potentiell allwissende Gehirn des Menschen die Rätsel des Universums letzten Endes erklären wird, indem er sie auf »nichts als« die Wechselwirkung von Elektronen, Protonen und Quarks reduziert. Geblendet von den Wohltaten der »unerbetenen Gabe« kam es den Beschenkten nicht in den Sinn, daß die Fähigkeiten des menschlichen Gehirns zwar in mancher Beziehung immens, doch in anderer Hinsicht – nämlich dort, wo es um den »letzten Sinn« ging – außerordentlich begrenzt waren. Mit anderen Worten: Die Evolution schoß, allgemein gesehen, über ihr »Ziel« hinaus, aber was die letzten, existentiellen Fragen betrifft, erreichte sie das Ziel dennoch nicht, weil sie nicht darauf »programmiert« war. Zu diesen letzten Fragen gehören etwa die Paradoxa der Unendlichkeit und Ewigkeit (»Wenn das Universum mit einem großen Knall begann, was war dann vor dem großen Knall?«); die von der Relativität postulierte Krümmung des Raums; der Begriff der parallelen und sich gegenseitig durchdringenden Universen; die Phänomene der Parapsychologie und der akausalen Prozesse; und schließlich all die Fragen, die mit dem letzten Sinn (des Universums, des Lebens, des Guten und Bösen usw.) zusammenhängen. Zitieren wir zum letztenmal einen angesehenen Physiker, nämlich Professor Henry Margenau von der Yale-Universität:

»Ein Kunstgriff, der gelegentlich angewandt wird, um Präkognition zu erklären, besteht in der Annahme einer mehrdimensionalen Zeit. Diese gestattet ein echtes Rückwärtslaufen der Zeit, so daß ein zeitlicher Abstand in der einen Dimension positiv, in einer anderen negativ (›Wirkung vor ihrer Ursache‹) werden kann. Im Prinzip stellt diese Methode ein zulässiges Denkmodell dar, und ich kenne keine Kritik, die sie als wissenschaftliche Modellvorstellung disqualifizieren könnte. Wenn sie anerkannt werden soll, muß jedoch eine vollkommen neuartige Metrik von Raum und Zeit entwickelt werden.«[320]

Für eine solche neue Metrik sind wir indessen nicht »programmiert«; wir sind nicht imstande, uns andere räumliche Dimensionen als Länge, Breite und Höhe vorzustellen, und das gleiche gilt für ein Rückwärtsfließen der Zeit von morgen nach gestern und andere Phänomene – nicht etwa, weil diese Phänomene unmöglich sind, sondern weil das Gehirn und Nervensystem des Menschen nicht für sie programmiert wurden.

Bei unseren Sinnesorganen liegen die Grenzen unseres Programms – unseres angeborenen Rüstzeugs – noch deutlicher auf der Hand. Das menschliche Auge kann nur einen sehr kleinen Bruchteil des Spektrums elektromagnetischer Strahlen wahrnehmen; unser Ohr erfaßt eine kleinere Skala von Tonfrequenzen als das Ohr des Hundes; unser Geruchssinn ist unzulänglich, und was die Fähigkeit der räumlichen Orientierung betrifft, so sind uns die Zugvögel weit überlegen.

Bis zum 13. Jahrhundert wußte der Mensch nicht, daß er von magnetischen Kräften umgeben ist; er vermag diese Kräfte nicht sensorisch wahrzunehmen, ebensowenig die Schwärme von Neutrinos, die seinen Körper zu Millionen durchqueren, und andere unbekannte Kraftfelder und Einflüsse, die in ihm und um ihn tätig sind. Wenn der *sensorische* Apparat unserer Spezies darauf programmiert ist, nur einen unendlich kleinen Bruchteil der kosmischen Erscheinungen aufzunehmen, warum räumen wir dann nicht ein, daß sein *kognitiver* Apparat vielleicht ähnlich weitgehenden Programmbeschränkungen unterworfen ist, das heißt, daß er die Antworten auf die letzten Fragen nach dem »Sinn hinter dem Ganzen« einfach nicht finden *kann*? Ein solches Eingeständnis würde den Geist des Menschen nicht abwerten, und es würde den Menschen auch nicht entmutigen, seinen Geist auszuschöpfen, denn die Kreativen unter uns werden ohnehin immer wieder versuchen, eben dies zu tun – »als ob« die Antworten hinter der nächsten Ecke lägen.

Das Eingeständnis der Grenzen unserer Vernunft führt automatisch zu einer toleranteren und aufgeschlosseneren Einstellung zu allen Phänomenen, die der Vernunft zu trotzen scheinen – wie der Quantenphysik, der Parapsychologie und der akausalen Ereignisse. Diese neue Einstellung würde auch das Ende der primitiven reduktionistischen Maxime bedeuten, alles, was sich nicht erklären lasse, könne auch nicht existieren. Eine Spezies von Menschen ohne Augen – wie die Bürger von H. G. Wells' *Land der*

Blinden – würde unsere Behauptung, wir könnten ferne Objekte ohne Berührungskontakt wahrnehmen, als okkulten Unsinn verwerfen. Und ein chinesisches Sprichwort sagt, daß es sinnlos ist, sich mit einem Frosch, der auf dem Grund eines Brunnens lebt, über das Meer zu unterhalten.

Wir haben gehört, wie ein ganzer Chor von Nobelpreisträgern versicherte, Materie sei nur verkleidete Energie, die Kausalität sei tot, und der Determinismus habe seinen Geist ebenfalls ausgehaucht. Wenn das stimmt, sollte man den Leichen in den Olivenhainen der *Akademeia* ein öffentliches Begräbnis zuteil werden lassen, begleitet von einem Requiem elektronischer Musik. Es wird wirklich Zeit, die Zwangsjacke des Materialismus à la 19. Jahrhundert, des Reduktionismus und der rationalistischen Illusion abzulegen, in die unser philosophisches Weltbild gesteckt worden ist. Wenn dieses Weltbild mit den revolutionären Botschaften der Vakuumkammern und Radioteleskope Schritt gehalten hätte, statt ein Jahrhundert hinterherzuhinken, wären wir schon vor langer Zeit von jener Zwangsjacke befreit worden.

Sobald wir diese einfache Tatsache begreifen, werden wir vielleicht aufnahmefähiger für die bizarren Phänomene in und um uns, die wir wegen der einseitigen Betonung des mechanistischen Determinismus ignoriert haben. Dann spüren wir vielleicht die Zugluft, die durch die Ritzen des Kausalgebäudes dringt, dann berücksichtigen wir in unseren revidierten Vorstellungen von der Normalität vielleicht die paranormalen Phänomene, und dann sehen wir vielleicht ein, daß wir im Land der Blinden oder auf dem Grund eines Brunnens gelebt haben.

Die Folgen einer solchen Bewußtseinsverlagerung sind nicht vorauszusehen. Professor H. H. Price hat zum Beispiel gesagt, daß die »Parapsychologie das bedeutendste Forschungsgebiet ist, das der menschliche Geist jemals in Angriff genommen hat«, und daß sie »die gesamte intellektuelle Weltanschauung, auf der unsere gegenwärtige Zivilisation beruht, verändern könnte«.[321] Das sind große Worte aus dem Mund eines Oxford-Professors der Logik, aber ich glaube nicht, daß Price übertreibt.

Möglicherweise sind wir hinsichtlich unserer sensitiven Fähigkeiten eine unterprivilegierte Spezies (von unseren anderen Handikaps einmal ganz abgesehen). Der große Plan der evolutionären Strategie schließt die Existenz biologischer Mißgeburten wie des Koalabären und selbstzerstörerischer Arten wie das paranoiden Menschen nicht aus. Wir müssen in diesem Fall so leben, »als ob« das nicht zuträfe, und uns bemühen, das Beste daraus zu machen – so, wie wir auch versuchen, trotz des individuellen Todesurteils, das über uns verhängt ist, das Beste aus unserem Leben zu machen.

Die Grenzen von Alis Computer mögen uns zu der Rolle von Voyeuren am Schlüsselloch der Ewigkeit verdammen. Aber wir können wenigstens versuchen, den Stopfen aus dem Schlüsselloch zu entfernen, der unser begrenztes Gesichtsfeld noch weiter verkleinert.

3

Im Prolog dieses Buches habe ich die Tatsache unterstrichen, daß unsere jetzige Lage in der Geschichte einmalig ist. Noch einmal: In allen früheren Generationen mußte der Mensch mit der Aussicht auf seinen Tod als Individuum fertig werden; die jetzige Generation ist die erste, die mit der Aussicht auf den Tod unserer ganzen Spezies konfrontiert wird. Der Homo sapiens betrat den Schauplatz vor rund hunderttausend Jahren, was angesichts des evolutionären Zifferblatts nur soviel wie ein Augenzwinkern ist. Wenn er jetzt verschwinden müßte, wären sein Aufstieg und Fall nur eine kurze Episode gewesen, von den anderen Bewohnern unserer Galaxie weder besungen noch beklagt. Wir wissen ja inzwischen, daß es auf anderen Planeten in der Weite des Raums eine Vielfalt von Lebewesen gibt – und unser kurzer Auftritt hätte wahrscheinlich nie ihre Aufmerksamkeit erregt.

Noch vor wenigen Jahrzehnten nahm man allgemein an, die Entwicklung von Leben aus unbelebten chemischen Zusammensetzungen müsse ein außerordentlich unwahrscheinlicher und deshalb außerordentlich seltener Vorgang gewesen sein, der nur einmal, und zwar auf unserem privilegierten Planeten und sonst nirgendwo stattgefunden haben könne. Man glaubte ferner, die

Entstehung von Sonnensystemen wie dem unseren sei ebenfalls ein seltener Vorgang, und Planeten, auf denen Leben möglich sei, müßten noch seltener sein. Doch diese Annahmen, die einen starken Beigeschmack von »Erdchauvinismus« hatten, wurden durch die schnellen Fortschritte der Astrophysik widerlegt. Heute stimmen die meisten Astronomen darin überein, daß die Entstehung von Planetensystemen mit bewohnbaren Planeten »ein alltägliches Ereignis«[322] ist und daß es sowohl in unserer unmittelbaren Nachbarschaft, auf dem Mars, als auch in den interstellaren Staubwolken ferner Nebel organische Zusammensetzungen gibt, aus denen sich Leben entwickeln könnte. Außerdem hat man festgestellt, daß eine bestimmte Kategorie von Meteoriten organische Substanzen mit den gleichen Spektren enthält wie pollenähnliche Sporen aus Ablagerungen des Präkambriums.[323] Sir Fred Hoyle und sein indischer Kollege Professor Chandra Wickranashinghe stellten 1977 eine Theorie auf, nach der »prästellare Molekülwolken, wie sie der Orionnebel enthält, die ›natürlichsten‹ Wiegen des Lebens« sind. Die Wissenschaftler fahren fort: »Prozesse, die in solchen Wolken ablaufen, führen zum Beginn und zur Ausbreitung von biologischer Aktivität in der Galaxie . . . Höchstwahrscheinlich findet die Umwandlung von anorganischer Materie in primitive biologische Systeme mehr oder weniger kontinuierlich im Raum zwischen den Sternen statt.«[324]

Was die pollenähnlichen Strukturen in den Meteoriten betrifft, so hielten die Autoren es für möglich, daß sie »primitive, interstellare ›Protozellen‹ in einem Zustand des Scheintodes darstellen«[325]. Gegenwärtig »treten jeden Tag einige hundert Tonnen von Meteoritenmaterial in die Erdatmosphäre ein; in früheren geologischen Epochen kann die Eintrittsmenge aber viel größer gewesen sein.« Ein Teil dieses Materials entstand womöglich in den »Wiegen des Lebens«, den Molekülwolken, die der Entstehung der Sterne vorausgingen.

Die Lehren des »irdischen Chauvinismus« sind also wie so viele andere hochgeschätzte Doktrinen der Wissenschaft des 19. Jahrhunderts unhaltbar geworden. Wir sind nicht allein im Universum – nicht die einzigen Zuschauer im Welttheater, nicht von leeren Sitzen umgeben. Im Gegenteil, das Universum ringsum strotzt vor Leben, von urtümlichen »Protozellen«, die im interstellaren Raum fließen, bis zu Millionen fortgeschrittener Zivilisationen, die uns weit voraus sind, wobei »weit« die Entfernung bezeichnen könnte, die uns von unserem Reptil- oder Amöbenahn trennt. Ich finde das tröstlich und erheiternd. Zunächst einmal ist es angenehm zu wissen, daß wir dort draußen auf den Sternen Gesellschaft haben, so daß es kein allzu großes Unglück ist, wenn wir verschwinden – das kosmische Drama wird dann nicht vor leerem Haus weitergespielt werden. Der Gedanke, daß wir in dieser Unendlichkeit die einzigen Wesen mit Bewußtsein sind und daß, wenn wir verschwänden, das Bewußtsein aus ihr verschwinden würde, ist dagegen unerträglich. Umgekehrt könnte das Wissen, daß es in unserer und in anderen Galaxien Milliarden von Lebewesen gibt, die unvergleichlich weiter sind als unsere arme kranke Spezies, zu jener Demut und Selbsttranszendenz führen, die die Quelle jeder religiösen Erfahrung ist.

Das bringt mich zu einer vielleicht naiven, meiner Ansicht nach aber sehr plausiblen Überlegung, bei der es um die Art der außerirdischen Intelligenzen und Zivilisationen geht. Die irdische Zivilisation (die mit den Anfängen der Landwirtschaft, der Schriftsprache usw. begann) ist, großzügig geschätzt, etwa 10 000 Jahre alt. Vermutungen über die Art außerirdischer Zivilisationen, die einige *Millionen* Jahre älter sind als unsere, wären natürlich a priori vollkommen unrealistisch. Man kann jedoch mit einiger Berechtigung annehmen, daß jede dieser Zivilisationen früher oder später – sagen wir einmal, in den ersten 10 000 Jahren ihrer Existenz – thermonukleare Reaktionen entdeckt, das heißt, das Jahr Null ihres neuen Kalenders erreicht hat. An diesem Punkt kommt die natürliche Selektion – oder der »selektive Unkrautvertilger«, wie ich mich ausgedrückt habe – auf kosmischer Ebene an die Macht. Die kranken Zivilisationen, die von biologischen Irrläufern gezeugt wurden, werden früher oder später zu ihren eigenen Scharfrichtern werden und von ihren verseuchten Planeten verschwinden. Die Zivilisationen, die diesen und andere Tests der geistigen Gesundheit überleben, werden sich zu einer kosmischen Elite von Halbgöttern entwickeln oder haben es bereits getan. Es ist, nüchterner gesagt, ein beruhigender Gedanke, daß dank der

Tätigkeit des kosmischen Unkrautvertilgers nur die »Guten« unter diesen Zivilisationen überleben werden, während sich die »Bösen« selbst vernichten werden. Es ist angenehm zu wissen, daß der Kosmos ein Platz für die Guten ist und daß wir von ihnen umgeben sind. Die etablierten Religionen denken nicht nachsichtig über die kosmische Verwaltung.[326]

4

Ich möchte dieses Buch mit so etwas wie einem *Credo* beschließen, dessen Ursprung etwa vierzig Jahre zurückliegt. Während des Spanischen Bürgerkrieges saß ich 1937 einige Monate als angeblicher Spion im Gefängnis der Franco-Leute in Sevilla, und mir drohte die Todesstrafe. Damals hatte ich, in der Einzelhaft, Erlebnisse und Empfindungen, die mir dem »ozeanischen Gefühl« der Mystiker zu gleichen schienen und die ich später in einem autobiographischen Bericht zu schildern versuchte. Ich nannte jene Erlebnisse »die Stunden am Fenster«. Der nun folgende, recht zwanglos formulierte Auszug ließe sich als »Credo eines Agnostikers« bezeichnen:

»Die ›Stunden am Fenster‹, die mit der rationalen Erkenntnis der Möglichkeiten endlicher Aussagen über das Unendliche begonnen hatten – und die tatsächlich eine Reihe solcher Aussagen auf einer nicht rationalen Ebene darstellten – hatten mich mit der unmittelbaren Gewißheit erfüllt, daß es eine höhere Ordnung der Realität gibt und daß diese höhere Ordnung allein dem Sein seinen Sinn verleiht. Später nannte ich das ›die Realität der dritten Ordnung‹. Die enge Welt der Sinneswahrnehmungen bildete die erste Ordnung; diese Welt war von einer begrifflichen umgeben, welche die nicht direkt wahrnehmbaren Phänomene umfaßte, wie Schwerkraft, elektromagnetische Felder und den gekrümmten Raum. Diese zweite Ordnung der Realität füllte die Lücken der ersten aus und gab der fragmentarischen Welt der Sinne erst ihre Bedeutung.

Auf analoge Art hüllte die dritte Ordnung der Realität die zweite ein, durchdrang sie und verlieh ihr Sinn. Sie enthielt okkulte Phänomene, die man weder auf der sinnlichen noch auf der begrifflichen Ebene verstehen oder erklären konnte – Meteore, die den gewölbten Himmel der Primitiven durchkreuzen.

So wie die begriffliche Ordnung die Illusionen und Entstellungen der Sinne bloßlegte, so zeigte die ›dritte Ordnung‹, daß Zeit, Raum und Kausalität, die scheinbare Isolierung, Abgeschlossenheit und raum-zeitliche Begrenzungen des Ichs von der nächst höheren Schicht her gesehen nur optische Täuschungen waren. Wenn man die Illusionen der ersten Art als wahr unterstellte, dann ertrank die Sonne jede Nacht im Meer, und ein Splitter im Auge war größer als der Mond; und betrachtete man die begriffliche Welt fälschlicherweise als die letzte Realität, wurde die Welt zu einer ebenso absurden, von einem Idioten oder von idiotischen Elektronen erzählten Geschichte, in der kleine Kinder von Autos überfahren und kleine andalusische Bauern durch Herz, Mund oder Augen geschossen wurden, Geschichten ohne Sinn und Verstand. Aber wie man die Anziehungskraft eines Magneten nicht mit der Haut spüren konnte, so konnte man auch nicht hoffen, in begrifflicher Form die Natur der letzten Realität zu erfassen. Es war ein mit Geheimtinte geschriebener Text, und obwohl man ihn nicht lesen konnte, war das Wissen um die Existenz eines solchen Textes hinreichend, um die Daseinsform eines Menschen zu ändern und ihm den Willen beizubringen, seine Handlungen dem neuen Text anzupassen.

Es machte mir Spaß, diese Parabel weiter auszuspinnen. Der Kapitän eines Schiffes begibt sich auf die Fahrt mit einer versiegelten Order in der Tasche, die er erst auf hoher See öffnen darf. Er wartet ungeduldig auf diesen Augenblick, der aller Ungewißheit ein Ende machen wird; als es aber soweit ist und er den Umschlag aufreißt, findet er nur die unsichtbare Geheimschrift, die allen Versuchen einer chemischen Behandlung widersteht. Hie und da wird ein Wort sichtbar, oder eine Zahl, die einen Meridian bezeichnet; dann verschwindet alles wieder. Er wird den genauen Wortlaut des Befehls nie erfahren, auch nicht, ob er ihn ausgeführt hat oder bei seiner Aufgabe versagte. Aber sein Wissen um den Befehl in seiner Tasche, auch wenn er nicht entziffert werden kann, läßt ihn anders denken und handeln, als der Kapitän eines

Vergnügungsdampfers oder eines Piratenschiffs handelt.

Ich glaube auch zu wissen, daß Gründer von Religionen, Propheten, Heilige und Seher in manchen Augenblicken fähig waren, Fragmente des Geheimtextes zu lesen. Später hatten sie ihn dann redigiert, dramatisiert und ausgeschmückt, bis sie selbst nicht mehr sagen konnten, welche seiner Teile authentisch waren.«[327]

Anhang

I. Ein Wahrnehmungsexperiment[328]

von Arthur Koestler und James J. Jenkins

Aufgabe

Die tägliche Erfahrung läßt vermuten, daß man bei der Verarbeitung visueller Sequenzen häufig den Fehler macht, zwei oder mehrere benachbarte Items umzukehren oder zu vertauschen. Dieses Phänomen weist darauf hin, daß Informationen über die Identität von Erscheinungen und über ihre Position vielleicht teilweise trennbar sind. Das Wahrnehmungsexperiment bestand darin, Sequenzen von 5, 6 und 7 Ziffern mit dem Tachistoskop darzubieten. Dabei ergab sich eine Fülle von Indizien für Vertauschungsfehler. Diese Fehler lagen überdies auf einer ganz ähnlichen seriellen Positionskurve wie die Identifizierungsfehler, die bei einzelnen Ziffern gemacht wurden.

Problem

Man hat zwar der Informationsverarbeitung bei der optischen Wahrnehmung in den letzten Jahren zunehmend Aufmerksamkeit geschenkt,[329] doch *ein* Phänomen der fehlerhaften Verarbeitung, das eine gewisse theoretische Bedeutung zu haben scheint, wurde dabei offenbar ignoriert. Wir meinen die Umkehrung (oder Vertauschung) benachbarter Items in einer Folge von Ziffern, die mit einem Tachistoskop gezeigt wird. Obgleich solche Fehler bei der Buchhaltung häufig sind und sogar ein spezielles Korrekturzeichen bekommen haben, werden sie bei der Erörterung der optischen Wahrnehmung oder der Gedächtnisspanne in Standardwerken wie Osgood[330] oder Woodworth und Schlosberg[331] nicht erwähnt.

Um eine Sequenz von Ziffern wahrzunehmen und anschließend in ihrer richtigen Reihenfolge zu wiederholen, müssen die einzelnen Ziffern entweder gleich in der *korrekten Reihenfolge* gespeichert werden, oder man muß die Information über ihre Position speichern. Wenn die Versuchsperson die gestellte Aufgabe lösen will, braucht sie beide Informationen – die Identität der Ziffer und den Platz der Ziffer in der Sequenz.

Die mögliche Trennung dieser beiden Arten von Informationen läßt sich nicht leicht nachweisen. Wenn eine Versuchsperson einen einzigen

Identifizierungsfehler macht, indem sie entweder eine falsche Ziffer oder gar keine Ziffer nennt, kann das bedeuten, daß sie nur die Identitätsinformation vergessen hat. Es ist aber auch eine andere Erklärung möglich. Wenn die Versuchsperson nämlich überhaupt keine Information über das betreffende Item, dafür aber vollständige Informationen über die anderen Items gespeichert hätte, wäre das Ergebnis dasselbe. Die Umkehrung von zwei Ziffern oder die Vertauschung von drei oder mehr Ziffern liefert dagegen ein schlüssiges Argument, weil sie glaubhaft beweist, daß die Identitätsinformation stimmt, während die Positionsinformation unvollständig oder fehlerhaft ist.

Die vorliegende Untersuchung sollte zeigen, daß man das Phänomen der Vertauschung unter Laborbedingungen beobachten und ihr wahrscheinliches Auftreten in einer bestimmten Sequenz lokalisieren kann.

Methode

Das Reizmaterial waren 80 10 x 15 cm große Karteikarten, auf die wir die Ziffernfolgen in Maschinenschrift getippt hatten. Die 80 Karten wurden in vier Gruppen zu je 20 Karteikarten aufgeteilt. Die erste Gruppe bestand aus fünfstelligen Zahlen – Folgen von je 5 Ziffern; die zweite und dritte bestanden aus sechsstelligen Zahlen, und die vierte Gruppe bestand aus siebenstelligen Zahlen. Die einzelnen Zahlen oder Sequenzen bestanden aus den Ziffern 1 bis 9, wobei auf einer Karte höchstens eine Ziffer wiederholt wurde. Wenn eine Ziffer zweimal auf einer Karte vorkam, dann nie hintereinander. Es stand mindestens eine andere Ziffer dazwischen. Die Gruppen wurden in der oben beschriebenen Reihenfolge gezeigt. Die Karten der jeweiligen Gruppe wurden in einer Zufallsanordnung gezeigt. Diese Anordnung wurde bei der Hälfte der Versuchspersonen von vorn nach hinten und beim Rest in der umgekehrten Reihenfolge präsentiert. Das Material wurde mit einem Spiegel-Tachistoskop dargeboten.

Bei den Versuchspersonen handelte es sich um 14 Studenten, die an Einführungskursen in die Psychologie teilnahmen. Jede Versuchsperson bekam einen Knopfschalter, mit dem sie das Tachistoskop betätigen konnte. Der Versuchsleiter gab ein Zeichen, wenn die Reizkarte eingelegt war. Die Versuchsperson betätigte das Tachistoskop, sobald sie bereit war. Sie wurde aufgefordert, die Sequenz unmittelbar nach der Darbietung laut zu wiederholen, und sie wurde zum Raten ermutigt, wenn sie sich bei einer oder mehreren Ziffern nicht mehr sicher war. Die Versuchsperson wußte immer, wie viele Ziffern gezeigt werden würden. Die Antworten wurden mit einem Tonbandgerät aufgenommen. Jede Sequenz wurde nur einmal dargeboten, und die Versuchsperson wurde nicht informiert, ob ihre Antworten richtig waren oder nicht.

Zwei Übungssequenzen mit ansteigenden Grenzwerten wurden gezeigt, um die Versuchsperson an das Gerät zu gewöhnen und dem Versuchsleiter grundlegende Informationen zu verschaffen. Dann wurden die eigentlichen Testgruppen gezeigt. Nach jeder Gruppe ruhte die Versuchsperson eine Minute aus.

Die Dauer der Darbietung wurde individuell auf die einzelnen Versuchspersonen abgestimmt. Vorarbeiten wiesen darauf hin, daß Vertauschungen am häufigsten dann auftreten, wenn die Versuchsperson anfängt, einzelne Ziffern der Folge nicht zu speichern. Deshalb bemühte sich der Versuchsleiter, die Darbietungsintervalle so lange zu machen, daß die richtige Anzahl der Ziffern gespeichert wurde, gleichzeitig aber so kurz, daß die einzelnen Ziffern nicht immer genau angegeben werden konnten. Nach jeder fünften Karte entschied der Versuchsleiter, ob die Darbietungsdauer beizubehalten oder zu ändern sei. Da Übungseffekte auftraten und da die Aufgabe zunehmend schwieriger wurde, fuhr der Versuchsleiter fort, die Darbietungszeit bis zum Ende des Experiments zu modifizieren. Im allgemeinen betrugen die einzelnen Änderungen 1/10 Sekunde, doch bei einigen Versuchspersonen, deren Leistung deutlich unter dem Durchschnitt lag, wurde die Zeitspanne vergrößert.

Ergebnisse und Diskussion

Die Antworten wurden nach der Tonbandaufnahme protokolliert und ausgezählt. Dafür wurden folgende Kategorien benutzt:

R – richtig;
F – schwerer Fehler;
E – eine Ziffer falsch oder eine fehlende Ziffer;
V – Vertauschung von zwei benachbarten Ziffern, Rest der Sequenz richtig;
V1 – Vertauschung von drei oder mehr Ziffern, Rest der Sequenz richtig;
EV – Vertauschung von zwei oder mehr Ziffern *und* eine Ziffer falsch;
A – andere Fehler, die meist auf der Versuchsanordnung oder auf das Gerät zurückzuführen waren.[332]

In Tabelle 1 sind die Ergebnisse nach diesen Bewertungskategorien aufgeschlüsselt. Beim Studium der Tabelle zeigt sich, daß eine wesentliche Fehlerquelle die Vertauschung ist. Es ist jedoch schwierig, ein statistisches Modell zu finden, das eine genaue Bewertung der statistischen Signifikanz solcher Fehler erlaubt. Wie Woodworth und Schlosberg[333] bei ihrer Diskussion über die Zählung der Gedächtnisspannen erklären, ist jedes Zählsystem, das versucht, Genauigkeit und Reihenfolge getrennt zu messen, willkürlich. Also muß jedes statistische Modell einerseits die Taktik der Versuchsperson (zum Beispiel: Hat die Versuchsperson gemerkt, daß sich die Ziffern in einer Sequenz wiederholen können, und wenn ja, hat sich das entsprechend auf ihr Rateverhalten ausgewirkt?) und andererseits die Wechselbeziehungen von Fehlerarten (die wir noch nicht kennen) berücksichtigen. Zum Glück ist diese Frage bei der vorliegenden Studie nicht entscheidend. Hier braucht nur gefragt zu werden, ob es mehr Vertauschungen gibt, als nach dem Zufall zu erwarten wäre (wie immer man »Zufall« auch definieren mag.

Tabelle 1: Verteilung der Antworten nach Kategorien für jede Reizgruppe (280 Items)

Bewertungsschlüssel	5 Ziffern	6 Ziffern	6 Ziffern	7 Ziffern
R	130	60	65	12
F	21	67	47	122
E	50	43	50	21
V	23	23	32	12
V1	2	14	5	9
EV	44	64	73	96
A	10	9	8	8

Wir meinen, die Antwort ist klar. 69 der 140 Fehler, die bei den fünfstelligen Zahlen gemacht wurden, enthalten Vertauschungen; von den 211 bzw. 207 Fehlern bei den sechsstelligen Zahlen enthalten 101 bzw. 110 Vertauschungen; von den 260 Fehlern bei den Sequenzen aus 7 Ziffern enthalten 117 eine Vertauschung. Uns ist kein plausibles »Ratemodell« oder Zufallsmodell bekannt, das dieses Ergebnis erklären könnte. Die einfachste Schlußfolgerung lautet offenbar, daß die Versuchsperson bei einem großen Teil der Fehler die richtige Identitätsinformation über einige Ziffern hat, während die Information über deren genaue Position verlorengegangen ist.

Tabelle 2: Position der Fehler in Fällen, wo eine Ziffer falsch angegeben wurde

	Position						
Sequenz	1	2	3	4	5	6	7
5 Ziffern	1	1	4	34	10	–	–
6 Ziffern	0	2	1	4	31	6	–
6 Ziffern	0	1	3	11	25	10	–
7 Ziffern	0	0	2	0	7	8	4

Um das Phänomen zu beschreiben, wurde zunächst die Verteilung der Positionsfehler untersucht, und zwar anhand der einfachsten Fehler beider Typen. Tabelle 2 zeigt die Position der Fälle, in denen eine Ziffer falsch oder überhaupt nicht genannt wurde (E-Fehler).

Tabelle 3: Position der vertauschten Ziffern bei einfachen Vertauschungsfehlern.

	Vertauschte Positionen					
Sequenz	1-2	2-3	3-4	4-5	5-6	6-7
5 Ziffern	0	2	18	3	–	–
6 Ziffern	0	2	1	17	3	–
6 Ziffern	0	5	1	21	5	–
7 Ziffern	0	0	0	3	7	2

Tabelle 3 zeigt die Position der Fälle, in denen ein Ziffernpaar vertauscht wurde (V-Fehler). Wie man sieht, ist beide Male der gleiche serielle Positionseffekt zu beobachten, was darauf schließen läßt, daß beide Fehlerarten derselben Interferenz unterliegen. Wenn man alle einzelnen Items richtig angeben kann, besteht die geringste Wahrscheinlichkeit, daß man genaue Positionsangaben für die zweite Hälfte der Sequenz machen kann. Wenn man umgekehrt die Identität eines Items nicht angeben kann, besteht die größte Wahrscheinlichkeit, daß es eine Position in der zweiten Hälfte der Zusammenstellung einnimmt. Die wahrscheinlichste Vertauschung scheint in allen Sequenzen darin zu bestehen, die Ziffer in der schwierigsten Position der Sequenz mit der unmittelbar davor befindlichen zu vertauschen.

Die psychologische Natur der einzelnen Fehlerarten ist alles andere als klar, doch man kann sicher damit rechnen, daß künftige Arbeiten die Alternativen eingrenzen helfen werden. Besonders interessant wäre es zum Beispiel, in Erfahrung zu bringen, ob Vertauschungen ebenso häufig sind, wenn das Experiment nach Sperlings Verfahren oder nach dem Verfahren der schnellen Sequenz durchgeführt wird, das bei der Untersuchung kurzfristiger Erinnerungsprozesse angewandt wird.

Wir können zwar noch keine endgültige Aussage über das eigentliche Wesen des Vertauschungsphänomens machen, sind aber der Meinung, daß dieses Experiment die tägliche Erfahrung in folgendem Punkt bestätigt: Bei der optischen Wahrnehmung und dem Wiedergabesystem ist eine durchgehende Verzerrung wirksam, die von Theorien der Informationsverarbeitung berücksichtigt werden muß.

II. Bemerkungen über das autonome oder vegetative Nervensystem[334]

Im allgemeinen (es gibt allerdings, wie wir gesehen haben, wichtige Ausnahmen) ist die Tätigkeit der beiden Teile des Nervensystems einander entgegengesetzt: Sie gleichen sich gegenseitig aus. Der sympathische Teil bereitet das Tier auf Notreaktionen unter dem Streß von Hunger, Schmerz, Wut und Furcht vor. Er beschleunigt den Puls, erhöht den Blutdruck, liefert zusätzlichen Blutzucker als Energiequelle. Der parasympathische Teil tut in fast jeder Hinsicht das Gegenteil: Er senkt den Blutdruck, verlangsamt die Herztätigkeit, neutralisiert überschüssigen Blutzucker, erleichtert die Verdauung und das Ausscheiden von Abfallstoffen, aktiviert die Tränendrüsen – er wirkt im allgemeinen beruhigend und entspannend.

Beide Abteilungen des autonomen Nervensystems werden vom limbischen Gehirnsektor (dem Hypothalamus und seinen Nachbarregionen) kontrolliert. Verschiedene Autoren haben ihre Funktionen unterschiedlich beschrieben. *Allport*[335] verband die angenehmen Emotionen mit dem parasympathischen, die unangenehmen mit dem sympathischen Zweig. *Olds*[336] unterscheidet zwischen »positiven« und »negativen« emotionserregenden Systemen, die vom parasympathischen bzw. sympathischen Zentrum des Hypothalamus aktiviert werden. *Hebb* kam unter einem ganz anderen theoretischen Ansatz ebenfalls zu dem Schluß, man müsse eine Unterscheidung zwischen zwei Kategorien von Emotionen treffen, nämlich zwischen »denen, die dazu neigen, die ursprünglichen stimulierenden Bedingungen (angenehme oder integrative Emotionen) zu erhalten oder zu steigern«, und »denen, die dazu neigen, den Stimulus (Zorn, Furcht, Abscheu) zu eliminieren oder zu verringern«.[337] *Pribram* unterschied ähnlich zwischen »vorbereitenden« (abwehrenden) und »partizipatorischen« Emotionen.[338] *Hebb* und *Gellhorn* unterscheiden zwischen einem ergotropen (energieverbrauchenden) System, das mittels des sympathischen Zweigs auf friedliche oder verlockende Reize reagiert.[339] Gellhorn hat die emotionalen Wirkungen von zwei verschiedenen Medikamentenarten zusammengefaßt – der Aufputschmittel wie Benzedrin und der Tranquilizer wie Chlorpromazin. Ersteres aktiviert den sympathischen, letzteres den parasympathischen Zweig. Tranquilizer bewirken in kleinen Dosen »leichte Verschiebungen des Hypothalamus-Gleichgewichts zur parasympathischen Seite, was einen Zustand der Ruhe und Ausgeglichenheit hervorruft, der offenbar dem Stadium vor dem Einschlafen ähnelt, während größere Verschiebungen eine depressive Stimmung herbeiführen«.[340] Medikamente vom Benzedrin-Typ aktivieren dagegen die sympathische Abteilung, verursachen bei Tieren gesteigerte Aggressivität und beim Menschen in kleinen Dosen Wachheit und Euphorie, in größeren Dosen Übererregung und manisches Verhalten. *Cobb* faßte den hier skizzierten offensichtlichen Gegensatz in pointierter Form zusammen: »Man hat den Zorn als typische adrenergische und die Liebe als typische cholinergische Reaktion des Parasympathicus bezeichnet.«[341]

Diese kurze Übersicht läßt vor allem erkennen, daß bei den führenden Vertretern dieses Fachs der Trend herrscht, *zwischen zwei grundlegenden Kategorien von Emotionen zu unterscheiden* – wenn sie diese Kategorien auch unterschiedlich definieren. Zweitens ist man allgemein der Ansicht, daß die beiden Kategorien mit den beiden Zweigen des autonomen Nervensystems zusammenhängen.

III. Ufos: ein Festival der Absurdität[342]

Die öffentliche Meinung hat einen verständlichen, aber fragwürdigen Zusammenhang zwischen CETI (Communication with Extra-Terrestrial Intelligences – Kommunikation mit außerirdischen Intelligenzen) und Ufos (unidentifizierte fliegende Objekte, auch fliegende Untertassen genannt) hergestellt. Bei der CETI-Konferenz im Jahre 1971[343] wurden Ufos nur nebenbei erwähnt, und kein einziger Teilnehmer behauptete, sie seien außerirdischen Ursprungs. Der Astrophysiker Carl Sagan faßte die Hauptgründe für diese skeptische Haltung zusammen:

»Solche fortgeschrittenen außerirdischen Zivilisationen werden der unseren unvorstellbar weit voraus sein. Wir brauchen uns nur die Veränderungen des Menschen in den letzten 10^4 Jahren und die potentiellen Schwierigkeiten vor Augen zu halten, die unsere Vorfahren aus dem Pleistozän bei der Anpassung an unsere gegenwärtige Gesellschaft haben würden, um zu erkennen, welch unermeßliche Kluft 10^8 bis 10^{10} Jahre selbst bei einer winzigen intellektuellen Fortschrittsquote bedeuten. Solche extraterrestrischen Gesellschaften werden Naturgesetze entdeckt und Technologien entwickelt haben, deren Anwendung für uns gleichbedeutend mit Magie wäre. Eine ernst zu nehmende Frage lautet, ob solche Gesellschaften mehr mit uns kommunizieren möchten, als wir mit unseren protozoischen oder bakteriellen Vorfahren kommunizieren möchten. Wir studieren zwar Mikroorganismen, aber gewöhnlich kommunizieren wir nicht mit ihnen. Ich halte es deshalb für möglich, daß es bei der Evolution technologisch hochentwickelter Gesellschaften eine Grenze des Kommunikationsinteresses gibt und daß eine Zivilisation, die uns weit voraus ist, zwar eifrig mit ihr ebenbürtigen Zivilisationen kommunizieren wird, aber nicht mit uns und *nicht mit Hilfe von Techniken, die uns zugänglich sind*. Wir stehen gleichsam auf der Stufe der Papuas im Dschungel Neuguineas, die durch Boten oder Trommeln kommunizieren, aber keine Ahnung von dem gewaltigen internationalen Funk- und Kabelverkehr haben, der über und unter ihnen stattfindet.«[344]

Die oben kursiv gesetzten Worte beziehen sich auf die Hypothese, Ufos seien vielleicht Raumschiffe oder von größeren Mutterschiffen ausgeklinkte automatische Sonden (wie die Landefähren der Viking-Raumfahrzeuge). Trotz der akrobatischen Kunststücke, die die Ufos angeblich vollführen, stehen sie allerdings, was ihr Aussehen und Verhalten betrifft, »Techniken, die uns zugänglich sind«, so nahe, daß wir sie nicht kopfschüttelnd als Zauberei bezeichnen können. Und das Argument, wir seien eine so primitive Zivilisation, daß wir keine Untersuchung wert sind, ließe sich natürlich mit dem Hinweis beantworten, daß unsere Verhaltensforscher und Anthropologen diese überhebliche Einstellung zu niedrigeren Lebens- und Kulturformen keineswegs teilen. Es gibt aber auch hier ein Gegenargument: Wenn unsere Galaxie vor Leben strotzt, wie die Astrophysiker uns erklären, dann muß es im Forschungs- und Beobachtungsprogramm der extraterrestrischen Magier irgendein System von Prioritäten geben, und selbst unter den niederen Zivilisationen zählen wir vielleicht zu denen, die nicht von besonderem Interesse sind. Wenn wir dagegen so interessant sind, wie unser irdischer Chauvinismus uns vorgaukelt, warum sind die Ufos dann so sehr darum bemüht, jeden Kontakt mit uns zu vermeiden, sei es durch Funk, Laser oder Holographen – von irgendwelchen fortgeschrittenen ASW-Techniken ganz zu schweigen? Die Vermeidung jeglichen Kontakts ist in der Tat das Hauptmerkmal und der gemeinsame Nenner des ganzen Ufo-Treibens. Und was die wenigen Fälle betrifft, in denen angeblich ein Kontakt mit »humanoiden« Passagieren stattfand, so handelt es sich, wie der Ufologe Aimé Michel schrieb, um »ein wahres Festival der Absurdität«[345].

Warum bringe ich dieses unrühmliche Thema dann überhaupt zur Sprache? Erstens, weil es mir feige erscheint, die Ufos bei der Erörterung außerirdischer Intelligenz zu ignorieren – obgleich vielleicht, wie schon gesagt, kein Zusammenhang zwischen beiden besteht. Zweitens scheinen Ufos, also unidentifizierte (oder unerklärte) Objekte im Gegensatz zu Ifos (identifizierte fliegende Objekte), tatsächlich zu existieren, welchen Ursprungs sie auch sein mögen. Diese Meinung wird offenbar von jedem zweiten amerikanischen Astronomen geteilt. Lesen wir einen Auszug aus einem Artikel, der im *New Scientist* erschien:

»Unidentifizierte fliegende Objekte (Ufos) sind ›gewiß‹, ›wahrscheinlich‹ oder zumindest ›möglicherweise‹ der wissenschaftlichen Untersuchung würdig, erklärten 80 Prozent der Personen, die einen an die Mitglieder der angesehenen American Astronomical Society (AAS) geschickten Fragebogen ausgefüllt zurücksandten. 1356 oder 2611 Mitglieder antworteten, und nur 20 Prozent von ihnen hielten die Untersuchung des Phänomens für überflüssig.

Das bedeutet, daß etwa 40 Prozent der AAS-Mitglieder eine Ufo-

Studie befürworten würden. 62 Mitglieder behaupteten sogar, ein Ufo gesehen zu haben, wie einem Bericht der kalifornischen Stanford-Universität zu entnehmen ist, an der die Umfrage durchgeführt wurde . . .

In fünf dieser Fälle wurden die Objekte mit Teleskopen und in drei Fällen mit Ferngläsern gesichtet. In sieben Fällen lagen Fotografien vor. Der Organisator der Enquete, der Astrophysiker Peter Sturrock, ist der Meinung, für zwei davon gebe es eine natürliche, also eine Nicht-Ufo-Erklärung.

Sturrock gehört zu den nachdrücklichen Befürwortern einer erneuten Ufo-Untersuchung. Er kritisiert den Condon-Report von 1969, der das Ufo-Phänomen ins Reich der Fabel verwies und ›Projekt Blaubuch‹, die Sammlung von Ufo-Daten durch Angehörige der US Air Force, beendete. ›Es ist unbedingt notwendig, daß Wissenschaftler mit dem Austausch wichtiger diesbezüglicher Informationen beginnen‹, erklärt Sturrock, ›wenn sie zur Lösung des Ufo-Problems beitragen wollen!‹«[346]

Besonders beeindruckend ist, daß 62 Astronomen – also 5 Prozent der Umfrageteilnehmer – angaben, *selbst ein Ufo gesehen zu haben.* Das ist viel bemerkenswerter als die letzte Gallup-Umfrage zu diesem Thema, die 1973 durchgeführt wurde und darauf schließen ließ, daß 15 Millionen Amerikaner behaupteten, Ufos gesehen zu haben, und daß 51 Prozent der Bevölkerung an die Existenz von Ufos glaubt.[347] Bei der breiten Öffentlichkeit lassen sich solche Zahlen immer als das Ergebnis von Massenhysterie und optischen Täuschungen erklären oder hinwegerklären. Bei professionellen Astronomen geht man jedoch davon aus, daß sie gegen derartige Einflüsse und Irrtümer gefeit sind.

Der Begriff »Ufologie« wurde von Luftmarschall Sir Victor Goddard geprägt, als er 1946 die Royal Air Force beim beratenden Ausschuß der vereinigten Stabschefs in Washington vertrat. Er hielt Ufos damals für Schwindel und trug maßgeblich dazu bei, Präsident Truman zur Beendigung der Suche nach Ufos durch die US Air Force zu bewegen, die der amerikanische Präsident eingeleitet hatte, um die Gerüchte über Eindringlinge im amerikanischen Luftraum zu prüfen. Später änderte Goddard jedoch seine Meinung. In seinem Buch *Flight Towards Reality* schreibt er:

»In fast dreißig Jahren sind in wenigstens hundert Ländern zweihunderttausend angebliche Ufo-Sichtungen registriert worden. Das ist die Basis für die gegenwärtig verfügbaren Ufo-Statistiken in Nord- und Südamerika. Zehntausend gründliche Überprüfungen haben Indizien erbracht, die zu zwei Schlußfolgerungen führen: Erstens bleiben nur 6 Prozent der Sichtungen sogenannter Ufos ungelöst und unerklärt; zweitens waren von dem unerklärten Rest – inzwischen zwölftausend nicht identifizierte Flugkörper – einige sicher genau das, wofür man sie ursprünglich gehalten hatte, nämlich reale Objekte, deren Ursprung und Technik unbekannt sind ... Es handelte sich also um Ufos und nichts anderes, und das kann nicht einmal von eingefleischten Skeptikern bestritten werden.«[348]

In verschiedenen Ländern Europas und in Amerika gibt es heute Ufo-Forschungsgruppen, die meist ehrenamtlich von Astronomen und anderen Naturwissenschaftlern geleitet werden. Das amerikanische Center for UFO Studies hat rund 80 000 katalogisierte und klassifizierte Berichte in einen Computer eingespeichert. Gegründet wurde das Zentrum von Dr. J. Allen Hynek, Direktor der Abteilung für Astronomie an der North-Western Universität, der es auch heute noch leitet; Hynek war früher stellvertretender Direktor des Astrophysikalischen Observatoriums der Smithsonian Institution und astronomischer Berater der amerikanischen Luftwaffe beim »Projekt Blaubuch«, das angeblichen Ufo-Sichtungen nachging.

Warum steht die Ufologie trotz alledem noch in Mißkredit? Ein Teil der Antwort liegt in einer amüsanten historischen Analogie. Der nun folgende Auszug stammt aus E. L. Krinows Werk *Principles of Meteoritics*:

»In der Periode des unaufhaltsamen wissenschaftlichen Fortschritts im 18. Jahrhundert kamen die Gelehrten zu dem Schluß, es sei unmöglich, daß Meteoriten auf die Erde fallen; Berichte über solche Vorkommnisse wurden als absurde Erfindungen abgetan. So erklärte etwa der Schweizer Mineraloge J. A. Deluc, ›wenn er den Fall eines Meteoriten sähe, würde er seinen eigenen Augen nicht trauen‹. Besonders erstaunlich ist aber die Tatsache, daß sogar der berühmte Chemiker Lavoisier 1772 zusammen mit anderen Mitgliedern der Pariser Akademie der Wissenschaften eine Denkschrift unterzeichnete, die darin gipfelte, daß ›das Fallen von Steinen vom Himmel physikalisch unmöglich ist‹. Als dennoch 1790 in Barbotan (Südwestfrankreich) ein Meteorit vom Himmel fiel, was vom Bürgermeister und vom Stadtrat beobachtet wurde, schrieb der französische Naturwissenschaftler Berthollet: ›Wie traurig ist es, daß der ganze Magistrat in einem amtlichen Dokument Ammenmärchen aufzeichnet und als etwas tatsächlich Geschehenes darstellt, wo doch selbige sich weder durch die Physik noch auf irgendeine andere vernünftige Weise erklären lassen.‹«[349]

Man kann sich unschwer vorstellen, daß Meteoriten für die Menschen des 18. Jahrhunderts nicht leichter zu schlucken waren als Ufos für uns.

Daher auch das gleiche Gezänk. Das zeigte sich besonders im Verlauf des sogenannten Condon-Skandals um den Bericht gleichen Namens, der sich zu so etwas wie einem akademischen Watergate auswuchs. Eine der besten zusammenfassenden Schilderungen dieser komplizierten Angelegenheit, die zum Ende des ›Projekts Blaubuch‹ der US Air Force und zum offiziellen Ufo-Tabu führte, stammt von dem angesehenen Luftfahrthistoriker Charles H. Gibbs-Smith. Es folgt eine gekürzte Fassung seines Berichts:

»Es geht mir in diesem Artikel nicht um die Frage, ob Ufos Raumschiffe, aus Freiballons abgeworfene Hamburger oder Flecken vor den Augen neurotischer Klatschbasen sind. Es geht mir um die Seriosität und den Rang eines wissenschaftlichen Berichts, des ›Condon-Berichts über die wissenschaftliche Untersuchung unidentifizierter fliegender Objekte‹, der 1968 fertiggestellt und im Januar 1969 der Presse übergeben wurde.

Am 9. August 1966 schickte ein gewisser Robert J. Low leitenden Herren der Universität von Colorado ein vertrauliches Memorandum über den in Aussicht genommenen Vertrag zwischen dieser Universität und der US Air Force. Der Vertrag sehe vor, daß die Universität Untersuchungen über Ufos anstellen und dafür öffentliche Mittel in Höhe von rund einer halben Million Dollar erhalten werde. Das Projekt sollte unter der Leitung von Dr. Edward U. Condon stehen, und Mr. Low (ein Angestellter der Universität) war als Projekt-Koordinator und ›Einsatzleiter‹ vorgesehen.

Das Low-Memorandum trug die Überschrift ›Einige Gedanken über das UFO-Projekt‹ und enthielt unter anderem folgende Passagen:

›Unsere Untersuchung würde fast ausschließlich von Ufo-Gegnern durchgeführt werden, die wohl zu keinem beweiskräftigen negativen Ergebnis kommen können, aber doch imstande sind, umfangreiches Beweismaterial dafür zu sammeln, daß diese Beobachtungen jeder realen Grundlage entbehren. Das werden sie wahrscheinlich tun. *Der Trick liegt meiner Ansicht nach darin, das Projekt so darzustellen, daß die Öffentlichkeit den Eindruck hat, es sei eine völlig objektive Untersuchung, während die wissenschaftliche Welt zu der Schlußfolgerung kommt, eine Gruppe von Ufo-Gegnern habe sich nach besten Kräften um Objektivität bemüht,* obgleich ihre Hoffnung, eine Untertasse zu finden, von Anfang an praktisch gleich Null gewesen sei. Das ließe sich zum Beispiel dadurch erreichen, daß die Untersuchung sich weniger auf die physikalischen Phänomene als auf die Personen konzentriert, die beobachten – Psychologie und Soziologie der Leute und Gruppen, die angeblich Ufos gesichtet haben. *Wenn die Betonung hier läge und nicht auf der Prüfung der alten Frage nach der physikalischen Realität der Untertasse, würde die wissenschaftliche Welt meiner Ansicht nach schnell kapieren* . . . Ich neige in diesem Anfangsstadium zu der Ansicht, wenn wir die Sache richtig anpacken und uns bemühen, mit den richtigen Leuten zusammenzuarbeiten, *und wenn wir der wissenschaftlichen Welt das Image präsentieren können, das wir ihr präsentieren wollen, könnten wir die Sache in unserem Sinn schaffen.*‹

Dieses Memorandum wurde Ende 1967 zufällig von einem Forscher entdeckt und im Mai 1968 von der Illustrierten *Look* veröffentlicht . . .

Das Low-Memorandum kann nur als gezieltes Täuschungsmanöver betrachtet werden; getäuscht werden sollte in erster Linie die wissenschaftliche Welt und durch sie die breite Öffentlichkeit. Ich kenne keine Parallele für eine derart zynische Doppelzüngigkeit eines Universitätsangestellten . . . Dieses Dokument machte die Glaubwürdigkeit des ganzen Projekts von vornherein zunichte. Mr. Lows Worte zeigen, daß alles in diesem Bericht – ohne Wissen des Lesers, sei er nun Wissenschaftler oder Laie – letzten Endes zu einer tendenziösen Darstellung beitragen und dazu führen sollte, daß die ›wissenschaftliche Welt schnell kapiert‹. Das bedeutet, daß man schon vor der Vertragsunterzeichnung mit der Air Force plante, die Wahrheit zu verdrehen, und das läßt wiederum auf eine *Absprache* mit irgendeiner Person oder offiziellen Stelle schließen – man vereinbarte, *was* die wissenschaftlichen Leser ›kapieren‹ sollten. Der Geist der Wahrheitsverdrehung muß sich zwangsläufig auf die Formulierung des Berichts ausgewirkt haben; er bestimmte zweifellos, was berücksichtigt wurde und was nicht; was hochgespielt und was heruntergespielt wurde; was auf eine ganz bestimmte Weise gesagt wurde und was verschwiegen wurde; was angedeutet wurde und was nicht angedeutet wurde . . .

Das Low-Memorandum gibt auch Aufschluß darüber, wie voreingenommen die Universität gegenüber den Ufos war, für deren Untersuchung sie so großzügig bezahlt wurde . . .

Die Unaufrichtigkeit, mit der man das Projekt in Angriff nahm, wird ferner durch die Tatsache unterstrichen, *daß das Low-Memorandum zu keinem Zeitpunkt von einer der betroffenen Parteien zurückgewiesen oder auch nur bedauert wurde.* Weder die Universität von Colorado noch die Air Force hatten ein erklärendes Wort für das Verhalten übrig, das an die Wurzeln der wissenschaftlichen Integrität rührt.«[350]

Der Grund der Verschwörung – es gibt wohl keine andere Bezeichnung dafür – ist unschwer zu erraten. Einige der Wissenschaftler vom Ausschuß hatten einen wahren Horror davor, im Zusammenhang mit »kleinen grünen Männchen von der Venus« genannt zu werden, und weigerten sich, zwischen seriöser Ufo-Forschung und den Geschichten von Spinnern und Schwindlern zu unterscheiden. In der Geschichte der Wissenschaft gibt es eine Fülle von Präzedenzfällen für diese Einstellung. Lange bevor namhafte Naturwissenschaftler die Existenz von Meteoriten leugneten, bestritten einige Kollegen Galileis das Vorhandensein der von ihm entdeckten Jupitermonde und lehnten es sogar ab, durch sein Teleskop zu schauen, weil sie sicher waren, die Monde seien eine optische Täuschung.[351]

Was die Air Force und andere offizielle Stellen betrifft, so erinnerten sie sich natürlich nur zu gut an die Massenhysterie und die Panik, die 1938 von Orson Welles' Hörspiel über eine Invasion von Marsmenschen ausgelöst worden war, und wollten eine Wiederholung auf jeden Fall vermeiden. Außerdem gibt keine Regierungsbehörde gern zu, daß am Himmel der Nation Dinge passieren, die sie nicht erklären kann. Fazit: Der US-Minister für Luftfahrt teilte 1969 offiziell mit, weitere Untersuchungen ließen sich »mit der nationalen Sicherheit oder wissenschaftlichem Interesse nicht mehr rechtfertigen«. So wurde »Projekt Blaubuch« abgebrochen.

Im Gegensatz zu amerikanischen Stellen gaben französische Regierungsbehörden offen zu, daß sie sich lebhaft für Ufos interessierten; sie forderten die Bevölkerung auf, Sichtungen auf dem nächsten Polizeirevier zu melden, und befahlen den Polizisten, ihre Untersuchungsberichte an die vorgesetzte Dienststelle weiterzuleiten. Mehr noch: Bei einem bemerkenswerten Rundfunkinterview erklärte der französische Verteidigungsminister Robert Galley 1975 eingehend die Methoden, die beim Sammeln von Daten über Ufos benutzt wurden, und bekräftigte, die betreffenden Phänomene seien seiner Meinung nach »bis jetzt unerklärt oder zumindest ungenügend erklärt«. Er befürwortete außerdem eine Anregung Claude Pohers, des Forschungsleiters der nationalen Raumforschungsbehörde, der sich dafür ausgesprochen hatte, automatisierte Beobachtungsposten für die Untersuchung von Zusammenhängen zwischen Schwankungen des Magnetfelds der Erde und durchfliegenden Ufos zu konstruieren. Und das, obgleich die Franzosen angeblich eine Nation von Skeptikern sind!

Welche Schlußfolgerung sollen wir nun ziehen? Aufgeschlossene Naturwissenschaftler sammeln angesichts glaubhafter Indizien für Phänomene, die sie nicht erklären können, weiterhin Daten, weil sie hoffen, daß man schließlich eine Erklärung finden wird. Diese Hoffnung mag trügen, mag ein Produkt der rationalistischen Illusion sein, aber in der Wissenschaft gibt es keine andere Taktik – wenn man von der Taktik des Straußes absieht, der sich nach der Devise richtet: »Was ich nicht erklären kann, kann auch nicht existieren.« Selbst wenn umfassend dokumentierte Ufo-Fälle an ein »Festival der Absurdität« erinnern, müssen wir immer damit rechnen, an den Grenzen der Wissenschaft – ob bei ASW, bei der Quantenphysik oder Ufologie – auf Phänomene zu stoßen, die uns paradox oder absurd erscheinen. Um noch einmal Aimé Michel zu zitieren:

»Wir dürfen nie vergessen, daß man bei jeder Manifestation übermenschlicher Art mit dem scheinbar Absurden rechnen muß. ›Warum machst du dir soviel Mühe mit deinem Essen und deiner Wohnung?‹ fragte mich eines Tages eine meiner Katzen. ›Was für ein absurder Aufwand, wo man doch alles, was man braucht, im Mülleimer findet und sich so gut unter Autos verkriechen kann!‹«[352]

Anmerkungen

1 *Time*, 19. 1. 1965.
2 Vaihinger (1911).
3 Die folgenden Abschnitte basieren auf Ausführungen im Dritten Teil meines Buches *Das Gespenst in der Maschine* (1968) und einer Zusammenfassung des Inhalts, die ich in einem Vortrag beim Vierzehnten Nobel-Symposion (»The Urge to Self-Destruction«) gab. Der Text ist enthalten in *The Heel of Achilles* (1974).
4 »Die Folter ist heutzutage ein so weitverbreitetes Instrument der politischen Unterdrückung, daß wir von der Existenz von ›Folterstaaten‹ als politische Realität unserer Zeit sprechen können. Das Übel ist epidemisch geworden und kennt keine ideologischen, rassischen und ökonomischen Grenzen. In über dreißig Ländern wird systematisch gefoltert, um Geständnisse zu erpressen, Informationen zu erhalten, abweichende Meinungen zu bestrafen und von der Opposition gegen eine repressive Regierungspolitik abzuschrecken. Die Folter ist institutionalisiert worden.« (Victor Jokel, Vorsitzender von British Amnesty, in *Epidemic: Torture*, Amnesty International, London 1975.)
5 Bertalanffy (1956).
6 Dr. Paul MacLean ist Leiter der Abteilung für Gehirn-Verhaltensforschung am Neurophysiologischen Laboratorium des National Institute of Mental Health, Bethesda, Maryland.
7 MacLean (1962).
8 MacLean (1973).
9 MacLean (1958).
10 Vgl. Franz Kafkas Erzählung *Die Verwandlung*.
11 Gaskell (1908), S. 65 ff.
12 Wood Jones u. Porteus (1929), S. 27 f.
13 Genauer gesagt, die höheren (nicht-olfaktorischen) Funktionsbereiche.
14 Konrad Lorenz spricht von »Prägung« und setzt die kritische Empfänglichkeitsperiode kurz nach der Pubertät an (Lorenz, 1966). Er scheint sich nicht darüber klar zu sein, daß die Empfänglichkeit des Menschen anders als bei seinen Graugänsen von der Wiege bis zum Grab dauert.
15 Russell (1951), S. 120.
16 Man bezeichnet es, nach dem Ferienort in den Alpen, wo es abgehalten wurde, meist als »Alpbacher Symposion«. Die Teilnehmer waren: Ludwig von Bertalanffy (Professor an der Staatsuniversität von New York in Buffalo), Blanche

Bruner (Center for Cognitive Studies, Harvard-Universität), Jerome S. Bruner (Leiter des Center for Cognitive Studies, Harvard-Universität), Viktor E. Frankl (Professor für Neurologie und Psychiatrie an der Universität Wien, Direktor der neurologischen Poliklinik), F. A. v. Hayek (Professor für Volkswirtschaftslehre an der Universität Freiburg/Brsg.), Holger Hydén (Professor an der Universität Göteborg, Direktor des Instituts für Neurobiologie und Histologie), Bärbel Inhelder (Professor für Entwicklungspsychologie, Universität Genf), Seymour S. Kety (Professor für Psychiatrie, Harvard-Universität), Arthur Koestler (Schriftsteller, London), Paul D. MacLean (Leiter der Abteilung für Verhaltensforschung unter besonderer Berücksichtigung des limbischen Systems, Neurophysiologisches Laboratorium des National Institute of Mental Health, Bethesda, Maryland), David McNeill (Professor für experimentelle Psychologie, Universität Genf), J. R. Smythies (Dozent für Psychiatrie, Universität Edinburgh), W. H. Thorpe (Leiter der Abteilung für Verhaltensforschung am Zoologischen Institut der Universität Cambridge), C. H. Waddington (Leiter des Instituts für Genetik, Universität Edinburgh); Paul A. Weiss (Professor emeritus, Rockefeller-Universität, New York).

17 Frankl in A. Koestler u. J. R. Smythies (1970), S. 375.

18 Morris (1968), S. 278.

19 Siehe im Dritten Teil dieses Buches.

20 Zitiert von Frankl in A. Koestler u. J. R. Smythies (1970), S. 380.

21 Höchstens indirekt durch die Gestaltpsychologie.

22 Pattee (1970).

23 Weiss in A. Koestler u. J. R. Smythies (1970), S. 193.

24 Needham (1936), zitiert in Koestler (1968), S. 55.

25 Needham (1941).

26 Koestler (1966,1968).

27 Vgl. auch Jevons: »Die Organisationshierarchie, die gleichsam eine Brücke zwischen Teilen und Ganzem schlägt, ist einer der wirklich grundlegenden, zentralen Begriffe der Biologie.« (1972, S. 64.)

28 Koestler (1968).

29 Ruyer (1974).

30 Die Situation wird jedoch irgendwie durch die Tatsache verschleiert, daß vielschichtige Gesellschaften durch *mehrere*, miteinander verflochtene Hierarchien gegliedert werden. Siehe Abschnitt 12 dieses Kapitels.

31 Das »oder« ist nötig, um Konfigurationen in symbolischen Hierarchien zu berücksichtigen, die kein »Verhalten« im gewöhnlichen Sinn manifestieren.

32 Verschiedene Autoren haben auf gewisse Übereinstimmungen zwischen dem Begriff des Holons und Ralph Gerards »Org« hingewiesen. So D. Wilson in *Hierarchical Structures:* »Koestler entscheidet sich dafür, diese ›januskköpfigen Erscheinungen mit dem Ausdruck *Holon* zu bezeichnen . . . Wir stellten fest, daß Gerard den Terminus *Org* benutzt, um denselben Begriff zu bezeichnen (Gerard, 1957).« Das läuft natürlich auf einen versteckten Vorwurf des Plagiats hinaus. Die beiden folgenden Zitate aus Gerard lassen die Ähnlichkeiten

und Unterschiede zwischen seinem *Org* und meinem *Holon* erkennen: »Jene *materiellen* Systeme oder Entitäten, die auf einer bestimmten Stufe Individuen sind, aber aus untergeordneten Einheiten, Orgs einer niedrigeren Stufe, bestehen ... (Gerard, 1957).« Die Beschränkung auf »materielle Systeme« ist im folgenden Zitat noch deutlicher; dort definiert er das *Org* als »jene Untergruppe von materiellen Systemen, bei denen Materie ins Spiel kommt; das schließt zum Beispiel formale Systeme aus (Gerard 1969, S. 228)«. Also kann man den Terminus »Org« nicht auf verhaltensmäßige oder sprachliche oder kognitive Hierarchien anwenden, bei denen sich der Begriff des Holons als besonders nützlich erwiesen hat. Orgs, wie Gerard sie definiert, sind eine auf materielle Systeme beschränkte Untergruppe von Holons.

33 »Zwang« ist ein recht unglücklicher wissenschaftlicher Terminus (wegen der unwillkürlichen Assoziation mit Zwangsjacke), der sich auf die Regeln bezieht, nach denen organisierte Aktivitäten ablaufen.

34 Die Transposition eines musikalischen Themas in eine andere Tonart, wo die Folge der Fingerbewegungen völlig anders ist, läuft übrigens auf eine Widerlegung der Reaktionsketten-Theorie der Behavioristen hinaus.

35 Thorpe (1974), S. 35.

36 Dieser Prozeß des Unbrauchbarmachens verläuft ebenfalls schrittweise, während sich der hierarchische Baum in zunehmend spezialisierte Gewebe verzweigt. Vgl. auch Koestler (1968), 9. Kap. sowie Dritter Teil dieses Buches.

37 Bonner (1965), zitiert in Koestler (1968), S. 140.

38 Waddington (1957).

39 Geoffroy St. Hilaire (1818).

40 Simon (1962).

41 Interessanterweise weigern sich die Universitätspsychologen, selbst diejenigen, die die kruderen Formen der behavioristischen S-R-Theorie (Stimulus-Response-Theory) überwunden haben, mit großer Hartnäckigkeit, der Realität ins Auge zu sehen. So schreibt Professor G. A. Miller 1964 in einem Aufsatz über Psycholinguistik: »Während die Psychologen die Komplexität der Sprache zu würdigen lernten, wurde die Chance, sie auf die bei niederen Tieren [er meint Skinners Ratten] so sorgfältig studierten Verhaltensgesetze zurückzuführen, immer geringer. Wir wurden zu einem Standpunkt gedrängt, den Nichtpsychologen sicher ganz selbstverständlich finden: Sprache ist von Regeln beherrschtes Verhalten, das von enormer Flexibilität und freier Wahl charakterisiert wird. Diese Schlußfolgerung hat, so schlicht und einfach sie auch scheinen mag, wichtige Konsequenzen für jede wissenschaftliche Theorie der Sprache. Wenn die Begriffe ›richtig‹ oder ›falsch‹ von Regeln bestimmt werden, bringen diese einen normativen Aspekt ins Spiel, den man bei den Naturwissenschaften immer vermieden hat ... Das Eingeständnis, daß die Sprache Regeln gehorcht, scheint sie aus dem Bereich der Phänomene zu rükken, die Gegenstand der wissenschaftlichen Untersuchung sein können.« – Welch merkwürdige Vorstellung von Zweck und Methode »wissenschaftlicher Untersuchung«!

42 Vgl. dazu das »starre Aktionsmuster« der Verhaltensforscher.

43 Der folgende Abschnitt ist eine Zusammenfassung von Buch II, 10. Kap. in *The Act of Creation* (in der deutschen Ausgabe, *Der göttliche Funke*, nicht enthalten) und eines Vortrags, den ich bei dem von der Harvard Medical School veranstalteten Symposion »The Pathology of Memory« hielt (Koestler, 1969).

44 Der Roman (London 1886) erschien in mehreren deutschen Ausgaben, zuletzt unter dem Titel *Entführt oder Die Abenteuer David Balfours*, München 1977.

45 Der Psychologe unterscheidet auf den unteren Stufen der Hierarchie zwischen lateraler Hemmung, Gewöhnung und nach außen gerichteter Kontrolle der Rezeptoren; auf den höheren Stufen unterscheidet er zwischen den Mechanismen, die für die optischen und akustischen Konstanzphänomene verantwortlich sind, und den Abtast- und Filtervorrichtungen, die uns ermöglichen, Muster zu erkennen und Allgemeinbegriffe zu abstrahieren.

46 Siehe Anhang I. Es handelt sich um eine ziemlich fachliche Abhandlung, die vielleicht für experimentelle Psychologen interessant ist, vom nicht fachlich interessierten Leser aber ohne weiteres übergangen werden kann. Das Experiment bestand im wesentlichen darin, den einzelnen Versuchspersonen mit Hilfe eines sogenannten Tachistokops einen Sekundenbruchteil lang eine Reihe von sieben oder acht Zahlen zu zeigen. Anschließend sollten sie versuchen, die Abfolge der Zahlen wiederzugeben. Wie sich bei einigen hundert Versuchen herausstellte, bestand eine außerordentlich signifikante Zahl von Irrtümern (ungefähr 50 Prozent) darin, daß die Probanden alle Zahlen der Sequenz richtig *identifizierten*, die Reihenfolge von zwei oder drei benachbarten Zahlen jedoch *umkehrten*. Dieses Resultat scheint zu bestätigen, daß die Identifizierung einzelner Zahlen und die Bestimmung ihrer Reihenfolge von verschiedenen Zweigen der Wahrnehmungshierarchie ausgeführt werden.

47 Vgl. Eingangskapitel »Prolog«, Abschnitt 4.

48 Der Begriff »Information« wird in der modernen Kommunikationstheorie in einem allgemeineren Sinn benutzt als in der Umgangssprache. Information kann von der Farbe und dem Geruch eines Apfels bis zur Neunten Sinfonie von Beethoven alles umfassen. Irrelevante Eingaben oder *inputs* vermitteln keine Information und werden als »Geräusche« bezeichnet – man könnte sie mit den Störungen in einer Telefonleitung vergleichen.

49 Jaensch (1936).

50 Kluever (1933).

51 Penfield u. Roberts (1959).

52 Frankl in A. Koestler u. J. R. Smythies (1970), S. 378.

53 Eine sowohl ausführlichere als auch zusammenfassende Darstellung der in diesem Kapitel beschriebenen charakteristischen Eigenschaften offener hierarchischer Systeme (sowie einiger anderer, noch zu behandelnder Eigenschaften) bietet der Vortrag, den ich beim Alpbacher Symposion hielt und sowohl in dem von J. R. Smythies und mir herausgegebenen Band *Das neue Menschenbild* (1970) als auch in der englischen Originalausgabe des vorliegenden Buches

(*Janus*, 1978, Appendix I) in gekürzter Form abgedruckt ist. Vgl. Anmerkung 328.

54 In einem vor vielen Jahren geschriebenen Science-fiction-Stück ließ ich eine Jungfrau von einem fernen Planeten die Erde besuchen und die wichtigste Doktrin ihrer Religion folgendermaßen erklären: »Wir beten die Schwerkraft an. Sie ist die einzige Kraft, die nicht in Windeseile durch den Kosmos eilt; sie ruht überall. Sie hält die Sterne in ihren Umlaufbahnen und unsere Füße auf unserer Erde. Sie ist die Angst der Natur vor der Einsamkeit, die Sehnsucht der Erde nach dem Mond; sie ist Liebe in ihrer reinen, unorganischen Form.« (*Twilight Bar*, 1945.)

55 Ein anderes Beispiel für die Polarität in der unbelebten Natur findet sich im Machschen Prinzip, das die Trägheit der Erde mit der Gesamtmasse des Universums in Verbindung bringt. Vgl. auch 13. Kap.

56 Freud (1920), S. 58.

57 Ebd., S. 6 f.

58 Man könnte nun argumentieren, in Freuds Welt sei kein Platz für das Liebesspiel gewesen, weil Freud wie auch D. H. Lawrence im Grunde seines Wesens ein Puritaner mit einem Horror vor allem Fleischlich-Frivolen war und die Sexualität »mit tierischem Ernst« behandelte. Ernest Jones erklärt in seiner Freud-Biographie: »Freud hatte etwas von der Prüderie jener Zeit an sich, als es für unschicklich galt, von den unteren Extremitäten zu sprechen.« Anschließend führt er einige Beispiele an. So verbot Freud seiner Verlobten, eine alte Freundin zu besuchen, »die, wie sie sich taktvoll ausdrückte ›vor ihrer Hochzeit geheiratet hatte‹.« (1969, S. 128 f.)

59 Wir werden später sehen, daß dieses Gesetz nur für sog. »geschlossene Systeme« in der Physik, nicht aber für lebende Organismen gilt. Das ist allerdings eine relativ neue Erkenntnis, von der Freud nichts wissen konnte.

60 Horney (1977), S. 131.

61 Pearl in *Encyclopaedia Britannica*, 14. Aufl, Bd. VIII, S. 110 f.

62 Ebd.

63 Thomas (1976), S. 46.

64 Ebd., S. 47.

65 Ebd., S. 47 f.

66 Vgl. Koestler (1968), 15. Kap.

67 Wo Edward L. Thorndikes »Gesetz der Wirkung«, dem derselbe Irrtum zugrunde lag, als obertes Dogma herrschte.

68 *Psychologie der Massen* (1908; Neuausgabe 1968), das Hauptwerk des französischen Psychologen Gustave Le Bon (1841–1931), begründete die sog. Massenpsychologie und beeinflußte besonders Freud und seine Schule.

69 In einer Abhandlung mit dem Titel »The Evolution of Systems of Rules of Conduct« setzt sich Professor F. A. v. Hayek (1967) zum Ziel, »einen Unterschied zu machen zwischen den Systemen von Verhaltensregeln, die das Verhalten der individuellen Mitglieder einer Gruppe (oder der Elemente irgendeiner Ordnung) bestimmen, und dem System, das sich daraus für die Gruppe als

ganzes ergibt ... Daß [diese beiden] nicht identisch sind, sollte eigentlich ohne weiteres klar sein, trotzdem werden sie in der Tat häufig miteinander verwechselt.« (Zitiert in Koestler, 1968, S. 274.)

70 *Milgram* (1975), S. 18.

71 Ebd.

72 Milgram (1974), S. 193.

73 Ebd., S. 89.

74 Die Versuchsreihe bestand aus Experimenten mit jeweils vierzig Probanden verschiedener Altersstufen und Berufsgruppen.

75 Milgram (1974), S. 193 f.

76 Ebd., S. 194.

77 Ich danke dem Verfasser für die wiederholten Verweise auf das hierarchische Modell, das ich in *Das Gespenst in der Maschine* entwickelt habe.

78 Milgram (1974), S. 154.

79 Ebd., S. 155.

80 Ebd.

81 Ebd., S. 25.

82 Ebd., S. 26.

83 Ebd., S. 170.

84 Milgram (1975), S. 20.

85 Milgram (1974), S. 216.

86 Calder (1976), S. 124 ff.

87 Calder (1976).

88 Calder (1976a), S. 127.

89 Prescott (1956), zitiert in Koestler (1968), S. 258.

90 *The Times*, London, 27. 7. 1966.

91 Vgl. etwa William James, *Die religiöse Erfahrung in ihrer Mannigfaltigkeit* (1914), immer noch ein Standardwerk auf diesem Gebiet, sowie *The Divine Flame* (1966) und *The Biology of God* (1975) von Sir Alister Hardy.

92 Hydén (1961).

93 Koestler (1968), S. 367.

94 Witz – und das englische *wit* – kommt von *witan* (verstehen), dessen Wurzeln auf das sanskritische *veda* (Wissen) zurückgehen. Witz bedeutet sowohl Spaß als auch Scharfsinn und leitet sich von *Wissen* her. *Wissenschaft* ist nahe verwandt mit *Fürwitz* und *Aberwitz*. Die gleiche Erfahrung vermittelt das Französische: *spirituel* heißt sowohl witzig als auch tiefsinnig; und eine witzige Bemerkung ist ein *jeu d'esprit*, eine spielerisch-boshafte Form der Erkenntnis.

95 Dieses Kapitel beruht auf der Zusammenfassung der Komiktheorie, die ich zur 15. Auflage der *Encyclopaedia Britannica* beitrug.

96 Boulogne (1862).

97 Eine Variante der im Prolog zitierten Anekdote von Russell.

98 Foss (1961).

99 Eine genauere Analyse der Humor- bzw. Witztheorien von Bergson und Freud

in Koestler (1948), Anhang II.

100 Freud (1940), Bd. VI.

101 A. Huxley (1961).

102 Anspielung auf Verse eines Gedichtes in *Alice hinter den Spiegeln* (4. Kap.), der Fortsetzung von *Alice im Wunderland*.

103 Vgl. Koestler, *The Act of Creation* (1964), Buch II, 8. Kap. In der deutschen Ausgabe des Werks, *Der göttliche Funke* (1966), nicht enthalten.

104 Hilgard u. Atkinson (1967), 7. Kap. »Emotion«, Abschnitt »Weinen«: »Lachen und Weinen sind oft nahe beieinander, und obgleich wir Lachen mit Freude und Weinen mit Kummer assoziieren, gibt es auch Tränen der Freude. Der Schriftsteller Arthur Koestler wies darauf hin, daß das Weinen in den Lehrbüchern der Psychologie nicht behandelt wird, und versuchte, diesem Mangel durch eine eigene Analyse abzuhelfen. Er unterscheidet zwischen fünf Situationen, in denen motiviertes Verhalten von Weinen begleitet wird (Koestler, 1965, S. 273).« Dann erwähnen die Autoren kurz fünf solche Situationen – Verzückung, Trauer, Erleichterung, Mitgefühl, Selbstmitleid – und kommen zu dem Schluß: »Diese Beispiele zeigen, daß Emotionen motiviertes Verhalten irgendwie kommentieren. Weinen ist weder ein Trieb noch ein Ansporn, aber es ist ein Zeichen dafür, daß etwas für die Motivierung Bedeutsames stattfindet.«
Und das ist alles, was Studenten der Psychologie über das Weinen beigebracht wird!

105 So schilderte Romain Rolland die Art der religiösen Erfahrung in einem Brief an Freud, der gestand, nie dergleichen gefühlt zu haben. (Jones, 1957, S. 364.)

106 Vgl. 3. Kap.

107 Miller, Galanter u. Pribram (1973), S. 15.

108 Gellhorn (1957); vgl. Anhang II, S. 341.

109 Vgl. 1. Kap., S. 61.

110 Vgl. Sir Karl Popper: »Wenn eine neue Theorie eine Entdeckung oder ein Schritt nach vorn sein soll, muß sie mit ihrer Vorgängerin kollidieren; das heißt, sie sollte wenigstens zu einigen anderen Ergebnissen führen. Das bedeutet jedoch von einem logischen Gesichtspunkt aus, daß sie zu ihrer Vorgängerin in Widerspruch stehen muß: Sie muß sie stürzen. In diesem Sinn ist Fortschritt in der Wissenschaft – oder zumindest auffallender Fortschritt – immer revolutionär.« (1975)

111 Vgl. Koestler (1966), Buch I, 5.-11. Kap.

112 Hadamard (1949).

113 Ebd.

114 Vgl. Koestler (1966, 1968a u. a.).

115 Der Nobelpreisträger Albert Szent-Györgyi, Entdecker des Vitamin C, schrieb in diesem Zusammenhang: »Es gibt nur ein sicheres Mittel, um Fehler zu vermeiden: nichts tun oder zumindest vermeiden, etwas Neues zu tun . . . Das Unbekannte bietet keinen sicheren Halt, und wenn man sich

dorthin vorwagt, kann man höchstens hoffen, daß der drohende Mißerfolg ehrenwert sein wird.« (1957).

116 Das dreizehnbändige Hauptwerk des englischen Ethnologen James George Frazer (1854-1941) stellt eine jener monumentalen, strenggenommen vorwissenschaftlichen Kompilationen dar, die auf die zeitgenössische Meinungsbildung und die Ausprägung einer ganz neuen Forschungsrichtung einen kaum abzuschätzenden stimulierenden Einfluß ausgeübt haben. Die ersten Bände erschienen 1890, die letzten 1936. Eine gekürzte deutsche Übersetzung erschien zuletzt 1977 (Ullstein-Taschenbücher Nr. 3375, 2 Bde.).

117 Gombrich (1967), S. 29 u. 168.

118 Diese Feststellung Thorpes führte letztlich zum Symposion »Jenseits des Reduktionismus« in Alpbach 1968. Vgl. 1. Kap. bzw. A. Koestler u. J. R. Smythies (1970).

119 Skinner (1973a), zitiert in Koestler (1968), S. 19.

120 Jaynes (1976), S. XX.

121 Watson (1968), zitiert in Koestler (1968), S. 23.

122 Skinner (1973a), zitiert in Koestler (1968), S. 24.

123 Die anspruchsvollen Titel von Skinners Werken – z. B. *The Behaviour of Organisms* und *Science and Human Behaviour* – lassen durchaus nicht darauf schließen, daß der Verfasser seine Daten nahezu ausschließlich aus Konditionierungsexperimenten mit Ratten und Tauben gewann.

124 Vgl. hierzu *Das Gespenst in der Maschine*, Kap. 1-3.

125 Skinner (1973a), zitiert von Koestler (1968), S. 24.

126 Skinner (1957), S. 163.

127 Ebd., S. 438.

128 Ebd., S. 439.

129 Ebd., S. 150.

130 Ebd., S. 206.

131 Koestler (1968), S. 22.

132 Chomsky (1959).

133 Vgl. z. B. Macbeth (1971).

134 J. Huxley (1957).

135 Waddington (1957), S. 64 f.

136 Bertalanffy (1970), S. 82.

137 Ebd.

138 Hardy (1965), S. 207.

139 Bertalanffy (1970), S. 80.

140 J. Huxley (1954), S. 14.

141 Waddington (1952).

142 Monod (1971), S. 171.

143 Ebd., S. 153.

144 Ebd., S. 141.

145 Ebd., S. 179.

146 Darwin, zitiert in Macbeth (1971), S. 101.

147 Ausführlicher wird das Problem der Evolution des Auges z. B. bei Grassé (1973), S. 176-181, und bei Wolsky (1976), S. 106 f., erörtert.

148 Koestler (1968), S. 144 f.

149 Grassé (1973); Kursivierung dort.

150 Tinbergen (1972) S. 179.

151 Ebd., S. 9 f.

152 Macbeth (1971), S. 71 f. – Dieser glänzende Essay eines Harvard-Juristen beleuchtet die Mängel und inneren Widersprüche der neodarwinistischen Theorie. Sir Karl Popper nannte ihn einen »äußerst verdienstvollen und wirklich bedeutsamen Diskussionsbeitrag«.

153 Bertalanffy (1970), S. 81.

154 Es folgt eine Zusammenfassung der Darstellung dieser Episode aus *Der Krötenküsser* (1972), S. 58 ff.

155 Jenkin (1867).

156 Hardy (1965), S. 80.

157 Sein Sohn Francis Darwin erklärte später dazu: »Es nimmt nicht wunder, daß die meiner Meinung nach für meinen Vater stichhaltigste Kritik seiner These nicht von einem professionellen Naturforscher, sondern ausgerechnet von einem Professor der Technik, Fleeming Jenkin, kam.« (Zitiert von Hardy, 1965, S. 81.) – Dennoch hat Darwin in der 6. Auflage seines Werks Jenkin nicht einmal erwähnt.

158 Bateson (1914).

159 Ebd.

160 Grassé (1973), S. 21; Kursivierung dort.

161 Ebd., S. 351.

162 Ebd.

163 Ebd.

164 G. Bateson, private Mitteilung vom 2. 7. 1970.

165 Bateson (1913), S. 248.

166 Johannsen (1923), S. 140.

167 Vgl. 7. Kap., Abschnitt 9.

168 Butler (1951), S. 167; zitiert von Himmelfarb (1959), S. 362. – Butlers Roman *Erewhon*, 1872 anonym erschienen, ist eine der geistreichsten Satiren auf das viktorianische England. Erewhon, der Name eines fiktiven Landes, ist ein Anagramm des Wortes *nowhere* – nirgendwo.

169 Vgl. 1. Kap., Abschnitt 9.

170 Das klingt vielleicht wie eine boshafte Persiflage der Theorie. Ich habe diese Analogie zur Musik jedoch schon in *Das Gespenst in der Maschine* gebracht, und Monod hat sie in *Zufall und Notwendigkeit* (1971, S. 149) gleichsam bekräftigt: »So mancher ausgezeichnete Geist scheint auch heute noch nicht akzeptieren oder auch nur begreifen zu können, daß allein die Selektion aus störenden Geräuschen das ganze Konzert der belebten Natur hervorgebracht haben könnte.«

Die Genetiker haben auch Beadles bildlichen Vergleich der Mutationen (während der Reproduktion der Chromosomen) mit den Tippfehlern unaufmerksamer Maschinenschreiber akzeptiert (1963). Grassé erklärte dazu: »Die Mönche des Mittelalters machten Abschreibfehler, die die kopierten Texte veränderten und entstellten. Wer würde aber zu behaupten wagen, daß diese Fehler das Werk ausmachten?« (1973, S. 369).

171 Simpson, Pittendrigh und Tiffany (1957), S. 330.

172 Vgl. 1. Kap., Abschnitt 9.

173 Ein Begriff, der meines Wissens zuerst von L. L. Whyte vorgeschlagen wurde.

174 Grassé (1973).

175 Dieses Bild läßt sich fast uneingeschränkt auf Fehler in der Proteinherstellung von Mikro-Organismen anwenden, die auf »Nonsens-Silben« in der RNS zurückgehen (Gorini, 1966).

176 Vgl. S. 54.

177 Koestler, *The Ghost in the Machine* (1967), S. 133 f. In der deutschen Ausgabe des Werkes (1968) nicht enthalten.

178 Cannon (1958), S. 118.

179 Monod (1971), S. 17; Kursivierung dort.

180 Ebd., S. 30.

181 *Finalität:* Prinzip der Finalursache, d. h., die Vorgänge im Universum werden durch die Kraft ihres Ziels bestimmt. *Teleologie:* die Ansicht, daß Entwicklungen auf den Zweck oder die Absicht zurückgehen, dem bzw. der sie dienen *(Concise Oxford Dictionary).*

182 Grassé (1973), S. 277.

183 Vgl. *Der Krötenküsser* (1972), ein Bericht über Kammerers Leben und die Kontroverse, die seine Arbeit auslöste.

184 In Frankreich ist man in dieser Hinsicht toleranter. Lamarck war schließlich Franzose, während Darwin Brite war.

185 Kammerer in *New York Evening Post,* 23. 2. 1924.

186 Simpson (1950), zitiert von Hardy (1965), S. 14.

187 Thomson (1908), zitiert von Wood Jones (1943), S. 9.

188 Darlington im Vorwort zum Nachdruck der Erstausgabe von Darwins *On the Origin of Species* (1950).

189 Spencer (1876); Kursivierung dort.

190 Haldane (1940), S. 39.

191 J. Huxley (1954), S. 14.

192 Diesem Beweis am nächsten kamen vielleicht Kammerers umstrittene Experimente, die ich in *Der Krötenküsser* beschrieben habe, und J. V. McConnells Versuche mit *Planaria* (1965).

193 *The Times,* London, 26.6.1970.

194 Den Nobelpreis für Medizin und Physiologie 1975 teilten sich D. Baltimore, R. Dulbecco und H. M. Temin.

195 Grassé (1973), S. 366.

196 Ebd., S. 367.

197 Koestler (1972), S. 159.

198 Vgl. 1. Kap., Abschnitt 13.
199 Koestler (1968), S. 175.
200 Butler (1879).
201 Der interessierte Leser findet ein neueres Beispiel dafür in der Diskussion, die nach Professor Waddingtons Beitrag »Der gegenwärtige Stand der Evolutionstheorie« beim Alpbacher Symposion stattfand. Dabei brachte ich das alte Thema vom Strauß und dem Warzenschwein wieder zur Sprache (Koestler u. Smythies, 1970, S. 357 f.). Waddington, der ansonsten einen sehr kritischen Standpunkt zur synthetischen Theorie bezieht, verteidigte sie interessanterweise sofort, als sie von außen angegriffen wurde.
202 Waddington (1957), S. 182.
203 Ebd.
204 Wood Jones (1943), S. 22.
205 Zitiert von Smith (1975), S. 162 f.
206 Der folgende Abschnitt ist eine Zusammenfassung von *Das Gespenst in der Maschine* (1968), S. 159-162.
207 Abgesehen von den nahezu ausgestorbenen Kloakentieren, die Eier legen, aber ihre Jungen säugen – beispielsweise das Schnabeltier.
208 Simpson, Pittendrigh und Tiffany (1957), S. 472.
209 Simpson (1949), S. 180.
210 Man hat verschiedene Bezeichnungen für dieses Phänomen vorgeschlagen, u. a. »Konvergenz«, »Parallelismus«, »Homöoplase«, doch sie alle beschreiben es nur, erklären es nicht.
211 Vgl. 9. Kap., Abschnitt 7. – Eine ausgezeichnete kritische Erörterung findet sich bei L. L. Whyte (1965) und in W. H. Thorpes Rezensions dieses Werks (in *Nature*, 14. 5. 1966a).
212 Spurway (1949).
213 Whyte (1963).
214 Waddington (1957), S. 79.
215 Hardy (1965), S. 211.
216 Koestler (1968), S. 165.
217 Simpson (1950), zitiert von Hardy (1965), S. 14.
218 Sinnott (1961), S. 45.
219 Muller (1943), zitiert von Sinnott (1961), S. 45.
220 Coghill (1929).
221 Vgl. 7. Kap., Abschnitt 2.
222 Hardy (1965), S. 176.
223 Ebd., S. 172, 192 f.
224 J. Huxley (1950), zitiert von Koestler (1968), S. 180.
225 Zum Beispiel de Beer (1940) und Hardy (1965) in England, Kolzow (1937) und Tachtajan (1972) in der UdSSR.
226 Koestler (1968), S. 181.
227 Ein Begriff, der von Julian Huxley (1954, S. 5-32) vorgeschlagen wurde.
228 Young (1950), S. 74.

229 de Beer (1940), S. 118.
230 Zitiert von Tachtajan (1972).
231 Ebd.
232 Koestler (1968), S. 184.
233 Vgl. 8. Kap.
234 Vgl. Koestler (1948), 10. Kap., sowie (1968), 13. Kap.
235 Ein klassischer Fall dieser *Metaplasie* ist die Regeneration der Linse des Salamanderauges: »Wenn man die Linse mit feinen Instrumenten behutsam entfernt, wird sie durch eine neue Linse ersetzt, die am oberen Rand der Iris nachwächst; letztere ist der pigmentierte Teil des Auges, der die Pupille umschließt. Nach der Entfernung der Linse verschwindet zunächst das Pigment der oberen Iris, das heißt, es findet ein Prozeß der Entdifferenzierung statt. Dann trennen sich die beiden Gewebeschichten, die die Iris umgeben, und erweitern sich an dem Rand, wo sie ineinander übergehen, um ein Bläschen zu formen. Dieses Bläschen wächst nach unten und nimmt die Stelle ein, wo sich sonst die Linse befindet; schließlich löst es sich von der Iris und differenziert sich zu einer typischen Linse.« (Hamburger, 1973.)
236 Vgl. Koestler, *The Act of Creation* (1964), Buch II, 3. Kap. – In der deutschen Ausgabe des Werks (1966) nicht enthalten.
237 Herrick (1961).
238 Schrödinger (1946), S. 101.
239 Szent-Györgyi (1974).
240 Andere Begriffe wurden geprägt, die darauf hinausliefen, den Vitalismus in respektabler Gestalt wiederauferstehen zu lassen. So schlug der deutsche Biologe Woltereck den Terminus »Anamorphose« vor, um den Trend der Natur zur Entwicklung zunehmend komplexer Formen zu bezeichnen, während L. L. Whyte diesen Trend das »morphische Prinzip« nannte.
241 Szent-Györgyi (1974).
242 Vgl. 2. Kap., Abschnitt 4.
243 Selbst der vorsichtige Waddington sprach sich in einem seiner späteren Werke für eine »quasi-finalistische Betrachtungsweise« aus (1966).
244 Bergson (1912).
245 Grassé (1973), S. 401.
246 Hardy (1965), S. 229.
247 Thorpe (1966).
248 Vgl. 1. Kap., Abschnitt 6.
249 Heisenberg (1969), S. 102, 113.
250 Jung u. Pauli (1952), S. 164.
251 Der Begriff »Freiheitsgrade« bezeichnet in der Physik die Zahl der unabhängigen Koordinaten, durch die die Lage eines Systems festgelegt wird.
252 Popper (1950).
253 Polanyi (1966).
254 MacKay (1966).
255 *New Scientist*, 25. 1. 1973, S. 209.

256 Einige dieser Beweise habe ich in *Die Wurzeln des Zufalls*, in *The Challenge of Chance* und *The Heel of Achilles* erörtert.
257 Capra (1977), S. 48 f.
258 Newton, zitiert von Capra (1977), S. 54.
259 Dieser Begriff wurde aus *Finnegans Wake* (1939) von James Joyce entlehnt.
260 *E* steht für Energie, *m* für Masse und *c* für die Lichtgeschwindigkeit.
261 Capra (1977).
262 Russell (1930), S. 172 f.
263 Capra (1977), S. 73.
264 Koestler (1972a, 1973 und 1976).
265 Heisenberg, zitiert von Burt (1967), S. 80.
266 Heisenberg (1969), S. 63 f., 115.
267 Vgl. Koestler (1972a), S. 53.
268 Man kann nachweisen, daß die Unschärferelation das Bild selbst bei kürzester Belichtungszeit verschwommen erscheinen läßt.
269 Die häufige Erwähnung von Nobelpreisen soll unterstreichen, daß die in diesem Kapitel erwähnten seltsamen Theorien nicht von verschrobenen Außenseitern, sondern von international anerkannten Physikern entwickelt wurden.
270 Eccles (1953), S. 267 f.
271 Ebd., S. 279.
272 Firsoff (1967), S. 102 f.
273 Neutrinos sind Partikel kosmischen Ursprungs ohne physikalische Eigenschaften (wie Masse, Gewicht, Ladung oder Magnetfeld), die die Erde (und unsere Körper) zu Milliarden mit Lichtgeschwindigkeit durchqueren.
274 Dobbs (1967).
275 Walker (1973).
276 Antimaterie besteht aus Atomen, bei denen die elektrische Ladung ihrer Bestandteile umgekehrt ist.
277 Heisenberg (1960), S. 34.
278 Jeans (1931).
279 Hoyle (1966).
280 Wheelers 1962 veröffentlichtes Werk *Geometrodynamics* gilt bereits als moderner Klassiker der Physik.
281 Wheeler, zitiert von Chase (1972); Kursivierung dort.
282 Wheeler (1967), S. 246.
283 Margenau (1976), S. 218.
284 Bohm u. Hiley (1974); Kursivierung dort.
285 Margenau (1967), S. 218.
286 Jung (1967), Bd. 8, S. 500.
287 Ebd., S. 501.
288 Ebd., S. 478.
289 Zusammen mit Paulis Abhandlung »Der Einfluß archetypischer Vorstellungen auf die Bildung naturwissenschaftlicher Theorien bei Kepler« in Jung u. Pauli (1952).

290 Näheres in *Der Krötenküsser. Der Fall des Biologen Paul Kammerer,* (1972).
291 Kammerer (1919), S. 93.
292 Ebd., S. 165.
293 Ebd., S. 456.
294 Zitiert von Przibram (1926).
295 Vgl. Koestler (1973), S. 191 ff.
296 Jung u. Pauli (1952), S. 163 f.
297 Jung (1967), Bd. 8, S. 572.
298 Schopenhauer (1946).
299 Zum Einfluß dieses Begriffs auf die elisabethanische Philosophie und Dichtung vgl. *Die Nachtwandler,* Erster Teil, 2. Kap.
300 Pico della Mirandola (1557), S. 40.
301 Weaver (1964), S. 280.
302 Bohm (1951); Kursivierung dort.
303 Schrödinger (1946), S. 111.
304 Hardy, Harvie u. Koestler (1973), S. 133.
305 Die meisten berufen sich zwar nicht ausdrücklich auf akausale Faktoren, implizieren diese jedoch insofern, als sie die formative Tendenz als »irreduzibel«, d. h. nicht weiter zurückführbar betrachten.
306 Price, zitiert von Dobbs (1967), S. 239.
307 Dobbs (1967), S. 239.
308 Burt (1968), S. 50, 58 f.
309 Vgl. S. 234 f.
310 Grassé (1973), S. 401.
311 Wallace, zitiert von Macbeth (1971), S. 103.
312 In einer Mitteilung an die Linné-Gesellschaft legten Darwin und Wallace die Theorie zum erstenmal der Öffentlichkeit vor.
313 Zitiert von Macbeth (1971), S. 103.
314 Herrick (1961), S. 398 f.
315 Wallace, zitiert von Macbeth (1971), S. 103.
316 Koestler (1968), S. 323 f.
317 Koestler (1959), S. 49 ff., u. (1966), S. 379.
318 Butterfield (1924), S. 104.
319 J. Huxley (1954), S. 12.
320 Margenau (1967), S. 223 f.
321 Price (1949), S. 105–113.
322 Professor Carl Sagan, Direktor des Forschungslaboratoriums für Radiophysik und planetarische Studien an der Cornell-Universität, Ithaca/N.Y., beim CETI-Kongreß, 1971. Der Kongreß wurde von der amerikanischen Nationalen Akademie der Wissenschaften und der Sowjetischen Akademie der Wissenschaften organisiert; die Teilnehmer waren führende Wissenschaftler beider Länder. Die Protokolle (1973 veröffentlicht) sind ein Meilenstein in der Erforschung der Probleme außerirdischen Lebens und der möglichen Methoden, Kontakt zu außerirdischen Lebensformen herzustellen.

323 *New Scientist*, 21. 4. 1977.
324 Ebd.
325 Ebd.
326 Die häufig gestellte Frage, warum jene forgeschrittenen Zivilisationen nicht mit uns kommunizieren, sprengt den Rahmen dieses Buches; der Leser findet in Anhang III einige diesbezügliche Bemerkungen und bibliographische Hinweise.
327 Koestler (1954), S. 376 f.
328 Anhang I der englischen Originalausgabe dieses Werks entfällt in der deutschen Übersetzungsausgabe. Der Text ist unter der Überschrift »Jenseits von Atomismus und Holismus – Der Begriff des Holons« enthalten in A. Koestler u. J. R. Smythies (Hrsg.): *Das neue Menschenbild*, Wien – München 1970, S. 192-216. – Anhang I der deutschen Ausgabe bezieht sich auf Ausführungen im 1. Kap., Abschnitt 13.
Die Autoren danken Donald Foss für das Sammeln und Kodieren der Daten. Sie sind ferner den Professoren Douglas Lawrence und Ernest Hilgard von der Stanford-Universität sowie Professor Arnold Mechanic und Joanne D'Andrea vom California State College in Hayward für die großzügige Förderung der Studie zu Dank verpflichtet.
329 Zum Beispiel Sperling (1960), Averbach (1963) und Broadbent (1963).
330 Osgood (1953).
331 Woodworth u. Schlosberg (1954).
332 Die Abkürzungssymbole entsprechen in der Originalausgabe des Werks dem Anfangsbuchstaben des englischen Worts für das betreffende Kriterium.
333 Woodworth u. Schlosberg (1954), S. 697.
334 Vgl. S. 167.
335 Allport (1924).
336 Olds (1960).
337 Hebb (1949).
338 Pribram (1966).
339 Gellhorn (1963).
340 Ebd.
341 Cobb (1950).
342 Vgl. 14. Kap.
343 Vgl. Anmerkung 322.
344 Sagan (1973), S. 366 f.
345 Michel (1974).
346 *New Scientist*, 31. 3. 1977.
347 *International Herald Tribune*, 22. 4. 1977.
348 Goddard (1975), S. 106 f.
349 Krinow (1960), S. 9.
350 Gibbs-Smith (1970); Kursivierung dort.
351 Vgl. Koestler (1959), S. 374.
352 Michel (1974), S. 255.

Literaturverzeichnis

Allport, F. H.: *Social Psychology*, New York 1924.
Averbach, E.: in *J. Verb. Learn. Verb. Behav.*, Bd. 2, 1963, S. 60 ff.
Bartlett, F. C.: *Thinking*, London 1958.
Bateson, W.: *Problems of Genetics*, London 1913.
–: *Mendels Vererbungstheorien*, Leipzig – Berlin 1914.
Beadle, G. W.: *Genetics and Modern Biology*, Philadelphia 1963.
Beer, G. de: *Embryos and Ancestors*, Oxford 1940.
Bergson, H.: *Schöpferische Entwicklung*, Jena 1912.
–: *Das Lachen*, Meisenheim/Glan 1948.
Bertalanffy, L. v.: *Das biologische Weltbild*, Bern 1949.
–: in *Scientific Monthly*, Januar 1956.
–: »Gesetz oder Zufall: Systemtheorie und Selektion«, in *Das neue Menschenbild*, hrsg. v. A. Koestler u. J. R. Smythies, Wien – München 1970.
Boag, T. J., u. Campbell, D. (Hrsg.): *A Triune Concept of the Brain and Behaviour, Toronto* 1973.
Bohm, D.: *Quantum Theory*, London 1951.
– u.Hile, B.: *On the Intuitive Understanding of Non-Locality as Implied by Quantum Theory*, London 1974.
Bolk, L.: *Das Problem der Menschwerdung*, Jena 1926.
Bonner, J.: *Grundzüge der Biologie*, Düsseldorf 1965.
Boulogne, D. de: *Le Mécanisme de la Physionomie humaine*, Paris 1862.
Bowen, C. (Hrsg.): *The Humanoids*, London 1974.
Broadbent, D. E.: in *J. Verb. Learn. Verb. Behav.*, Bd. 2, 1963, S. 34 ff.
Burt, Sir C.: in *Science and ESP*, hrsg. v. J. R. Smythies, London 1967.
–: *Psychology and Psychical Research*, London 1968.
Butler, S.: *Evolution Old and New*, London 1879.
–: *Notebooks*, hrsg. v. G. Keynes u. B. Hill, New York 1951.
Butterfield, Sir H.: *The Origins of Modern Science*, London 1950.
Calder, N.: *The Human Conspiracy*, London 1976.
–: in *The Times*, London, 25. 2. 1976a.
Cannon, H. G.: *The Evolution of Living Things*, Manchester 1958.
Capra, F.: *Der kosmische Reigen*, Bern – München 1977.
Chase, L. B.: in *University. A Princeton Quarterly*, Sommer 1972.
Child, C. M.: *Physiological Foundations of Behaviour*, New York 1925.

Chomsky, N.: in *Language, Bd.* 35, Nr. 1, 1959, S. 26 ff.
–: *Aspekte der Syntax-Theorie,* Frankfurt/M 1968.
Cobb, S.: *Emotions and Clinical Medicine,* New York 1950.
Coghill, G. E.: *Anatomy and the Problem of Behaviour,* Cambridge 1929.
Darlington, C. D.: Vorwort zu *On the Origin of Species,* Nachdruck der Erstausgabe von Darwins Werk, London 1950.
Darwin, C. R.: *Das Variieren der Tiere und Pflanzen,* Stuttgart 1868.
–: *Die Entstehung der Arten,* Leipzig 1921 u. ö.
Dobbs, A.: in *Science and ESP,* hrsg. v. J. R. Smythies, London 1967.
Eastman, M.: *The Enjoyment of Laughter,* New York 1936.
Eccles, Sir J.: *The Neurophysiological Basis of Mind,* Oxford 1953.
– (Hrsg.): *Brain and Conscious Experience,* New York 1966.
Eiseley, L.: *Die ungeheure Reise,* München 1959.
–: *Darwin's Century,* New York 1961.
Farber, S. M., u. Wilson, R. H. L. (Hrsg.): *Control of the Mind,* New York 1961.
Field, J. (Hrsg.): *Handbook of Physiology: Neurophysiology,* Bd. 3, Washington 1961.
Firsoff, V. A.: *Life, Mind and Galaxies,* Edinburgh – London 1967.
Foss, B.: in *New Scientist,* 6. 7. 1961.
Frankl, V. E.: »Der Pluralismus der Wissenschaften und das Menschliche im Menschen«, in *Das neue Menschenbild,* hrsg. v. A. Koestler u. J. R. Smythies, Wien – München 1970.
Freud, S.: *Jenseits des Lustprinzips,* Wien 1920; auch in *Gesammelte Werke,* Bd. XIII, Frankfurt/M 1972, 7. Aufl.
–: *Gesammelte Werke,* Bd. I-XVIII, London 1940-52.
Garstang, W.: in *J. Linnean Soc. London, Zoology,* Bd. 35, Nr. 81, 1922.
–: in *Quarterly J. Microscopical Sci.,* Bd. 72, Nr. 51, 1928.
Gaskell, W. H.: *The Origin of Vertebrates,* London 1908.
Gellhorn, E.: *Autonomic Imbalance,* New York 1957.
– u. Loofbourrow, G. N.: *Emotions and Emotional Disorders,* New York 1963.
Geoffroy St. Hilaire, E.: *Philosophie anatomique,* 4 Bde., Paris 1818.
Gerard, R. W.: in *Science,* Bd. 125, 1957, S. 429 ff.
–: in *Hierarchical Structures,* hrsg. v. L. L. Whyte u. a., New York 1969.
Gibbs-Smith, C. H.: in *Flying Saucer Review,* Juli/August 1970.
Goddard, Sir V.: *Flight Towards Reality,* London 1975.
Golding, W.: *Die Erben,* Frankfurt/M 1964.
Gombrich, Sir E.: *Kunst und Illusion,* Köln 1967.
Gorini, L.: in *Scientific American,* April 1966.
Grassé, P.: *L'Evolution du Vivant,* Paris 1973.
Gray, W. u. Rizzo, N. D. (Hrsg.): *Unity through Diversity. A Festschrift for Ludwig von Bertalanffy,* New York – London – Paris 1973.
Hadamard, J.: *The Psychology of Invention in the Mathematical Field,* Princeton 1949.
Haeckel, E.: *Die Welträtsel,* Bonn 1899 u. ö.

Haldane, J. B. S.: *Possible Worlds*, London 1940.
Hamburger, V.: in *Encyclopaedia Britannica*, Bd. 19, 78c, 1973.
Hardy, Sir A.: *The Living Stream*, London 1965.
–: *The Divine Flame*, London 1966.
–, Harvie, R. u. Koestler, A.: *The Challenge of Chance*, London 1973.
–: *The Biology of God*, London 1975.
Harré, R. (Hrsg.): *Problems of Scientific Revolution*, Oxford 1975.
Harris, H. (Hrsg.): *Astride the Two Cultures*, London 1975.
Hayek, F. A. v.: *Studies in Philosophy, Politics and Economics*, London 1967.
Hebb, D. O.: *The Organization of Behaviour*, New York 1949.
–: *Einführung in die moderne Psychologie*, Weinheim 1967.
Heisenberg, W.: *Das Naturbild der heutigen Physik*, Hamburg 1960 (rde 8).
–: *Der Teil und das Ganze*, München 1969.
Herrick, C. J.: *The Evolution of Human Nature*, New York 1961.
Hilgard, E. R., u. Atkinson, R. C. (Hrsg.): *Introduction to Psychology*, New York 1967, 4. Aufl.
Himmelfarb, G.: *Darwin and the Darwinian Revolution*, London 1959.
Horney, K.: *Neue Wege der Psychoanalyse*, München 1977, 2. Aufl.
Hoyle, Sir F.: *October the First Is Too Late*, London 1966.
Huxley, A.: in *Control of the Mind*, hrsg. v. S. M. Farber u. R. H. L. Wilson, New York 1961.
Huxley, Sir J.: *Der Mensch in der modernen Welt*, Nürnberg 1950.
–, Hardy, Sir A., u. Ford, E. B. (Hrsg.): *Evolution as a Process*, New York 1954.
–: *Evolution in Action*, New York 1957.
Hydén, H.: in *Control of the Mind*, hrsg. v. S. M. Farber u. R. H. L. Wilson, New York 1961.
Hynek, J. A.: *The UFO Experience*, London 1972.
Jaensch, E.: *Eidetische Anlage und kindliches Seelenleben*, Leipzig 1936.
James, W.: *Die religiöse Erfahrung in ihrer Mannigfaltigkeit*, Leipzig 1914.
Jaynes, J.: *The Origin of Consciousness in the Breakdown of the Bicameral Mind*, Boston 1976.
Jeans, Sir J.: *Der Weltraum und seine Rätsel*, Stuttgart – Berlin 1931.
Jeffress, L. A. (Hrsg.): *Cerebral Mechanisms in Behaviour. The Hixon Symposium*, New York 1951.
Jenkin, F.: in *North British Review*, Juni 1867.
Jevons, F. R.: in *The Rules of the Game*, hrsg. v. T. Shanin, London 1972.
Johannsen, W.: in *Hereditas*, Bd. 4, 1923, S. 140.
Jokel, V.: *»Epidemic: Torture«* (Amnesty International), London 1975.
Jones, E.: *Sigmund Freud. Leben und Werk*, Frankfurt/M 1969.
Jones, F. Wood: *Habit and Heritage*, London 1943.
– u. Porteus, S. D.: *The Matrix of the Mind*, London 1929.
Jung, C. G.: *Die Dynamik des Unbewußten*, in *Gesammelte Werke*, Bd. 8, Zürich – Stuttgart 1967.
– u. Pauli, W.: *Naturerklärung und Psyche*, Zürich 1952.

Kammerer, P.: *Das Gesetz der Serie*, Stuttgart 1919.
Kluever, O.: in *A Handbook of Child Psychology*, hrsg. v. C. Murchison, Worcester/Mass. 1933.
Köhler, W.: *Intelligenzprüfungen an Menschenaffen*, Berlin 1921.
Kolzow, N.: *Die Organisation der Zelle*, Moskau 1936 (russ.).
Koestler, A.: *Twilight Bar*, London 1945.
–: *Insight and Outlook*, London 1948.
–: *Die Geheimschrift*, Wien – München 1954.
–: *Die Nachtwandler*, Bern – Stuttgart 1959.
–: in *Control of the Mind*, hrsg. v. S. M. Farber u. R. H. L. Wilson, New York 1961.
–: *Die Rache ist mein. Theorie und Praxis der Todesstrafe*, Stuttgart 1962.
– u. Jenkins, J. J.: in *Psychon. Sci.*, bd. 3,1965 (App. II).
–: *Der göttliche Funke*, Bern – München 1966.
–: *Das Gespenst in der Maschine*, Wien – München 1968.
–: *Drinkers of Infinity*, London 1968a.
–: in *The Pathology of Memory*, hrsg. v. G. A. Talland u. N. C. Waugh, New York – London 1969.
– u. Smythies, J. R. (Hrsg.): *Das neue Menschenbild. Die Revolutionierung der Wissenschaften vom Leben. Ein internationales Symposion*, Wien – München 1970.
–: *Der Krötenküsser. Der Fall des Biologen Paul Kammerer*, Wien – München 1972.
–: *Die Wurzeln des Zufalls*, Bern – München 1972a.
–, Hardy, Sir A. u. Harvie, R.: *The Challenge of Chance*, London 1973.
–: »Humour and Wit«, in *Encyclopaedia Britannica*, 1973, 15. Aufl.
–: *The Heel of Achilles*, London 1974.
–: Toynbee, A., u. a.: *Life After Death*, London 1976.
Kretschmer, E.: *Medizinische Psychologie*, Stuttgart 1975, 14. Aufl.
Krinow, E. L.: *Principles of Meteoritics*, Oxford 1960.
Kuhn, T.: *Die Struktur wissenschaftlicher Revolutionen*, Frankfurt/M 1967.
Lamarck, J. B.: *Zoologische Philosophie*, Leipzig 1909.
Lashley, K. S.: *The Neuro-Psychology of Lashley. Selected Papers*, New York 1960.
Lorenz, K.: *Das sogenannte Böse*, Wien 1966.
Macbeth, N.: *Darwin Retried*, London – Boston 1971.
McConnell, J. V.: *The Worm Re-Turns*, Englewood Cliffs/N. J. 1965.
MacKay, D. M.: in *Brain and Conscious Experience*, hrsg. v. Sir J. Eccles, New York 1966.
MacLean, P. D.: in *Psychosom. Med.*, Bd. 2, 1949, S. 338 ff.
–: in Amer. J. of Medicine, Bd. 25, Nr. 4, 1958, S. 611 ff.
–: in *Handbook of Physiology: Neurophysiology*, Bd. 3, hrsg. v. J. Field, Washington 1961.
–: *J. of Nervous and Mental Disease*, Bd. 135, Nr. 4, 1962.

–: in *The Triune Concept of the Brain and Behaviour,* hrsg. v. T. J. Boag u. D. Campbell, Toronto 1973.
Margenau, H.: in *Science and ESP,* hrsg. v. J. R. Smythies, London 1967.
Mayr, E.: *Artbegriff und Evolution,* Berlin 1967.
Mendel, G.: *Versuche über Pflanzenhybriden,* Zuerst in *Verhandlungen des naturforschenden Vereins in Brünn,* Bd. 4, 1865; auch Braunschweig 1970.
Michel, A.: in *The Humanoids,* hrsg. v. C. Bowen, London 1974.
Milgram, S.: *Das Milgram-Experiment,* Reinbek 1974.
–: in *Dialogue,* Bd. 8, Nr. 3/4, Washington 1975.
Miller, G. A., Galanter, E. u. Pribram, K. H.: *Strategien des Handelns,* Stuttgart 1973.
Monod, J.: *Zufall und Notwendigkeit,* München 1971.
Morris, D.: *Der nackte Affe,* München 1968.
Muller, H. J.: *Science and Criticism,* New Haven/Conn. 1943.
Murchison, C. (Hrsg.): *A Handbook of Child Psychology,* Worcester/Mass. 1933.
Needham, J.: *Order and Life,* New Haven/Conn. 1936.
–: *Time, the Refreshing River,* London 1941.
Olds, J.: in *Psychiatric Research Reports of the Amer. Psychiatric Association,* Januar 1960.
Osgood, C. E.: *Method and Theory in Experimental Psychology,* London – New York 1953.
Pattee, H. H.: in *Towards a Theoretical Biology,* hrsg. v. C. H. Waddington, Edinburgh 1970.
Penfield, W., u. Roberts, L.: *Speech and Brain Mechanisms,* Princeton 1959.
Pico della Mirandola, G.: *Opera Omnia,* Basel 1557.
Polanyi, M.: *The Tacit Dimension,* New York 1966.
Popper, Sir K.: in *British J. of Phil. Sci.,* Teil I u. II, 1950.
–: in *Problems of Scientific Revolution,* hrsg. v. R. Harré, Oxford 1975.
Prescott, W.: *Die Eroberung von Mexiko,* Berlin 1956.
Price, H. H.: in *Hibbert J.,* Bd. 47, 1949, S. 105 ff.
Przibram, H.: in *Monistische Monatshefte,* November 1926, S. 401 ff.
Russell, B.: *Mensch und Welt. Grundriß der Philosophie,* Stuttgart 1930.
–: *Unpopuläre Betrachtungen,* Zürich 1951.
Ruyer, R.: *La Gnose de Princeton,* Paris 1974.
Sagan, C. (Hrsg.): *Communication with Extra-Terrestrial Intelligences (CETI),* Cambridge/Mass. – London 1973.
Schopenhauer, A.: *Transcendente Spekulation über die anscheinende Absichtlichkeit im Schicksale des Einzelnen,* in *Sämtliche Werke,* Bd. 5, Brockhaus Verlag, Wiesbaden 1946.
Schrödinger, E.: *Was ist Leben?,* Bern 1946.
Shanin, T. (Hrsg.): *The Rules of the Game,* London 1972.
Simon, H. A.: in *Proc. Amer. Philos. Soc.,* Bd. 106, Nr. 6, 1962.
Simpson, G. G.: *The Meaning of Evolution,* New Haven/Conn. 1949.

–, Pittendrigh, C. S., u. Tiffany, L. H.: *Life. An Introduction to Biology*, New York 1957.
–: *This View of Life*, New York 1964.
Sinnott, E. W.: *Cell and Psyche. The Biology of Purpose*, New York 1961.
Skinner, B. F.: *The Behaviour of Organisms*, New York 1938.
–: *Verbal Behaviour*, New York 1957.
–: *Jenseits von Freiheit und Würde*, Reinbek 1973.
–: *Wissenschaft und menschliches Verhalten*, München 1973a.
Smith, E. L. (Hrsg.): *Intelligence Came First*, Wheaton/Ill. 1975.
Smuts, J.: *Die holistische Welt*, Berlin 1938.
Smythies, J. R. (Hrsg.): *Science and ESP*, London 1967.
Spencer, H.: *Die Principien der Biologie*, in *System der synthetischen Philosophie*, Bd. 2/3, Stuttgart 1876/77.
–: in *Essays on Education and Kindred Subjects*, London 1911.
Sperling, G.: in *Psychol. Monogr.*, 74 (II, Gesamtreihe Nr. 498), Washington 1960.
Spurway, H.: in *Supplemento. La Ricerca Scientifica (Pallanza Symposium)*, Rom 1949.
Szent-Györgyi, A.: *Bioenergetics*, New York 1957.
–: in *Synthesis*, Frühjahr 1974.
Tachtajan, A.: in *Phytomorphology*, Bd. 22, Nr. 2, Juni 1972.
Talland, G. A., u. Waugh, N. C. (Hrsg.): *The Pathology of Memory*, New York – London 1969.
Thomas, L.: *Das Leben überlebt*, Köln 1976.
Thompson, D. W.: *On Growth and Form*, Cambridge 1942.
Thomson, Sir J. A.: *Heredity*, London 1908.
Thorpe, W. H.: *Learning and Instinct in Animals*, London 1956.
–: in *Brain and Conscious Experience*, hrsg. v. Sir J. Eccles, New York 1966.
–: in *Nature*, 14. 5. 1966a.
–: Nachwort in *Das neue Menschenbild*, hrsg. v. A. Koestler u. J. R. Smythies, Wien – München 1970.
–: *Animal Nature and Human Nature*, Cambridge 1974.
Tinbergen, N.: *Instinktlehre*, Berlin – Hamburg 1972, 5. Aufl.
Vaihinger, H.: *Die Philosophie des Als Ob*, Berlin 1911; 1927.
Waddington, C. H.: in *The Listener*, 13. 2. 1952.
–: *The Strategy of the Genes*, London 1957.
–: *Die biologischen Grundlagen des Lebens*, Braunschweig 1966.
–: »Der gegenwärtige Stand der Evolutionstheorie«, in *Das neue Menschenbild*, hrsg. v. A. Koestler u. J. R. Smythies, Wien – München 1970.
– (Hrsg.): *Towards a Theoretical Biology*, Edinburgh 1970a.
Walker, E. H.: in *J. for the Study of Consciousness*, 1973.
Walter, W. Grey: *Observations on Man. His Frame, his Duty and his Expectations*, Cambridge 1969.
Watson, J. B.: *Behaviorismus*, Köln 1968.

Weaver, W.: *Die Glücksgöttin. Der Zufall und die Gesetze der Wahrscheinlichkeit*, München 1964.

Weiss, P. A. (Hrsg.): *Genetic Neurology*, Chicago 1950.

–: in *Cerebral Mechanisms in Behaviour*, hrsg. v. L. A. Jeffress, New York 1951.

–: *»Das lebende System: ein Beispiel für den Schichtendeterminismus«*, in *Das neue Menschenbild*, hrsg. v. A. Koestler u. . R. Smythies, Wien – München 1970.

Wheeler, J. A.: *Geometrodynamics*, New York 1962.

–: in *Batelle Rencontres*, 1967.

Whyte, L. L.: *The Unitary Principle in Physics and Biology*, London 1949.

–: *Internal Factors in Evolution*, New York 1965.

–, Wilson, A. G., u. Wilson, D. (Hrsg.): *Hierarchical Structures*, New York 1969.

Wolsky, M. de I., u. Wolsky, A.: *The Mechanism of Evolution*, Basel – München – Paris – London – New York 1976.

Woodger, J. H.: *Biological Principles*, London 1929.

Woodworth, R. S., u. Schlosberg, H. (Hrsg.): *Experimental Psychology*, New York 1954, revid. Ausg.

Young, J. Z.: *The Life of Vertebrates*, Oxford 1950.

Personen- und Sachregister